高等学校计算机课程规划教材

计算机组成原理

李玉玲 孙新德 张杰 白首华 周鹏 李志刚 编著

清华大学出版社
北京

内 容 简 介

本书重点介绍单处理机系统的基本组成及内部运行机制。全书共分 10 章,包括计算机系统概述、计算机中的数据表示、运算方法和运算器、多层次的存储系统、指令系统、中央处理器、外围设备、总线技术、输入输出系统和计算机结构新技术。本书内容经过精心组织,结构清晰、层次分明,力求概念叙述严谨、清晰,内容循序渐进、深入浅出。书中设计了大量难度不同的例题和习题,方便教学。

本书可作为高等学校"计算机组成原理"课程教材,也可作为计算机相关专业考研人员的参考用书或计算机爱好者的自学用书。

本书封面贴有清华大学出版社防伪标签,无标签者不得销售。
版权所有,侵权必究。举报: 010-62782989,beiqinquan@tup.tsinghua.edu.cn。

图书在版编目(CIP)数据

计算机组成原理/李玉玲等编著.—北京:清华大学出版社,2020.2(2022.12重印)
高等学校计算机课程规划教材
ISBN 978-7-302-53429-7

Ⅰ.①计… Ⅱ.①李… Ⅲ.①计算机组成原理-高等学校-教材 Ⅳ.①TP301

中国版本图书馆 CIP 数据核字(2019)第 179429 号

责任编辑:汪汉友
封面设计:傅瑞学
责任校对:梁 毅
责任印制:曹婉颖

出版发行:清华大学出版社
  网 址:http://www.tup.com.cn,http://www.wqbook.com
  地 址:北京清华大学学研大厦 A 座 邮 编:100084
  社 总 机:010-83470000 邮 购:010-62786544
  投稿与读者服务:010-62776969,c-service@tup.tsinghua.edu.cn
  质量反馈:010-62772015,zhiliang@tup.tsinghua.edu.cn
  课件下载:http://www.tup.com.cn,010-83470236
印 装 者:三河市铭诚印务有限公司
经 销:全国新华书店
开 本:185mm×260mm 印 张:21.25 字 数:516 千字
版 次:2020 年 3 月第 1 版 印 次:2022 年 12 月第 5 次印刷
定 价:59.00 元

产品编号:075256-02

出 版 说 明

信息时代早已显现其诱人魅力,当前几乎每个人随身都携有多个媒体、信息和通信设备,享受其带来的快乐和便宜。

我国高等教育早已进入大众化教育时代,而且计算机技术发展很快,知识更新速度也在快速增长,社会对计算机专业学生的专业能力要求也在不断翻新,这就使得我国目前的计算机教育面临严峻挑战。我们必须更新教育观念——弱化知识培养目的,强化对学生兴趣的培养,加强培养学生理论学习、快速学习的能力,强调培养学生的实践能力、动手能力、研究能力和创新能力。

教育观念的更新,必然伴随教材的更新。一流的计算机人才需要一流的名师指导,而一流的名师需要精品教材的辅助,而精品教材也将有助于催生更多一流名师。名师们在长期的一线教学改革实践中,总结出了一整套面向学生的独特的教法、经验、教学内容等。本套丛书的目的就是推广他们的经验,并促使广大教育工作者更新教育观念。

在教育部相关教学指导委员会专家的帮助和指导下,在各大学计算机院系领导的协助下,清华大学出版社规划并出版了本系列教材,以满足计算机课程群建设和课程教学的需要,并将各重点大学的优势专业学科的教育优势充分发挥出来。

本系列教材行文注重趣味性,立足课程改革和教材创新,广纳全国高校计算机优秀一线专业名师参与,从中精选出佳作予以出版。

本系列教材具有以下特点。

1. 有的放矢

针对计算机专业学生并站在计算机类课程建设、技术市场需求、创新人才培养的高度,规划相关课程群内各门课程的教学关系,以达到教学内容互相衔接、补充、相互贯穿和相互促进的目的。各门课程功能定位明确,并去掉课程中相互重复的部分,使学生既能够掌握这些课程的实质部分,又能节约一些课时,为开设社会需求的新技术课程准备条件。

2. 内容趣味性强

按照教学需求组织教学材料,注重教学内容的趣味性,在培养学习观念、学习兴趣的同时,注重创新教育,加强"创新思维""创新能力"的培养和训练;强调实践,案例选题注重实际和兴趣度,大部分课程各模块的内容分为基本、加深和拓宽内容 3 个层次。

3. 名师精品多

广罗名师参与,对于名师精品,予以重点扶持,教辅、教参、教案、PPT、实验大纲和实验指导等配套齐全,资源丰富。同一门课程,不同名师分出多个版本,方便选用。

4. 一线教师亲力

专家咨询指导,一线教师亲力;内容组织以教学需求为线索;注重理论知识学习,注重学习能力培养,强调案例分析,注重工程技术能力锻炼。

  经济要发展,国力要增强,教育必须先行。教育要靠教师和教材,因此建立一支高水平的教材编写队伍是社会发展的关键,特希望有志于教材建设的教师能够加入到本团队。通过本系列教材的辐射,培养一批热心为读者奉献的编写教师团队。

清华大学出版社

前　言

"计算机组成原理"是计算机学科类各专业学生的必修核心课，主要讨论的是计算机各大部件的基本原理、逻辑实现方法，及整机系统的连接技术，为计算机系统的分析、设计、开发及应用奠定基础。本课程在计算机教学中具有承上启下的作用，其先修课程包括电子技术基础、数字逻辑等。

"计算机组成原理"课程中涉及的基本概念较多，阐述的基本原理比较抽象，教学内容的应用目标不是十分直接，学生的直观感受较差，在计算机学科中被公认是一门既难教又难学的课程，课程教学对教材的要求比较高。

《高等学校计算机科学与技术专业核心课程教学实施方案》，鼓励教师根据学校的总体办学要求、人才培养的基本目标、具备的教学条件和学生的实际水平，在保证完成教学大纲基本要求的前提下，做出合适的选择，突出自己的特色。

作者在多年的教学过程中所接触的教材各有千秋。本教材主要针对普通本科院校的教学实际，对内容做适当精简，在表述上力求深入浅出、通俗易懂，为教师上课和学生自学提供方便。本教材在以下几个方面具有一定的特色。

（1）根据专业认证的要求，以及《高等学校计算机科学与技术学科公共核心知识体系和课程》对本课程所列出的知识单元的要求，本书内容突出"基本"二字，主要介绍计算机硬件系统的基本原理，对重点和难点进行适当处理。

（2）在强调计算机组成的基本概念和基本原理的基础上，对各大部件的基本组成和逻辑实现方法及互连技术的描述力求详细、恰当，注重与实际应用相结合，避免理论与实际脱节。在介绍基本概念和基本原理时，注意深入浅出、循序渐进，较多地给出示例，便于学生理解和掌握。

（3）作为专业基础课程的教材，在讲清基本原理的基础上，再提出先进技术和新的发展方向。避免过于求新，降低学生的学习难度。

（4）每章附有大量难度不同的习题，为读者从不同角度理解相关概念和基本原理，提供更多的训练、测试的机会。一般读者掌握基础题即可，需要考研的读者可以练习提高部分的题目。

全书共分10章。第1章是计算机系统概述，重点介绍计算机系统的基本组成和层次结构，使读者通过本章对计算机系统建立一个粗略的、完整的概念；第2章是计算机数据处理的基础，解决各种数据在计算机中如何表示的问题；第3～6章详细介绍了运算器、存储器、控制器的基本组成原理和逻辑实现方法；第7章简要介绍几种常用输入输出设备的基本组成原理；第8章和第9章介绍总线、输入输出系统等部件互连构成整机的技术；第10章介绍计算机结构的一些新技术。

本书由郑州航空工业管理学院的李玉玲、孙新德、白首华、周鹏和郑州轻工业大学的张杰、李志刚共同编著。本书的第1、3、5章由李玉玲编写,第4、7章由孙新德编写,第8、9章由白首华编写,第2、10章由张杰编写,第6章的1～7节由李志刚编写,第6章的其余部分和附录A由周鹏编写。全书由李玉玲统稿。

在本书的编写和出版过程中,得到了编者学校和智能工程学院、清华大学出版社的大力支持,参考了大量的文献资料,在此表示诚挚的谢意。

由于编者的水平有限,加之时间仓促,书中难免有不妥之处,恳请广大读者批评指正。

编 者

2019 年 5 月

目 录

第1章 计算机系统概述 ... 1
1.1 计算机的发展 ... 1
1.1.1 第一台电子计算机 ... 1
1.1.2 计算机的发展历程 ... 2
1.1.3 中国计算机的发展历程 ... 4
1.1.4 计算机的分类 ... 6
1.1.5 计算机的发展趋势 ... 7
1.2 计算机系统的硬件 ... 8
1.2.1 冯·诺依曼计算机结构 ... 8
1.2.2 计算机硬件组成 ... 10
1.3 计算机系统的软件 ... 13
1.3.1 计算机的系统软件 ... 14
1.3.2 计算机的应用软件 ... 15
1.4 计算机系统的多层次结构 ... 15
1.4.1 从计算机系统组成角度划分层次结构 ... 15
1.4.2 从语言功能角度划分层次结构 ... 16
1.4.3 硬件和软件的逻辑等价性 ... 17
1.5 计算机的主要性能指标 ... 17
本章小结 ... 19
习题1 ... 20

第2章 计算机中的数据表示 ... 22
2.1 数值型数据的表示 ... 22
2.1.1 真值和机器数 ... 22
2.1.2 定点和浮点格式 ... 28
2.1.3 十进制数串的表示 ... 33
2.2 非数值型数据的表示 ... 35
2.2.1 字符和字符串 ... 35
2.2.2 汉字的表示 ... 37
2.2.3 Unicode编码 ... 39
2.3 其他信息的数字化 ... 39
2.4 校验码 ... 40
2.4.1 奇偶校验码 ... 40
2.4.2 海明校验码 ... 41

2.4.3　循环冗余校验码 ··· 43
　本章小结 ·· 45
　习题 2 ·· 46

第 3 章　运算方法和运算器 ·· 50
3.1　定点加减运算 ·· 50
　　3.1.1　补码加法运算 ··· 50
　　3.1.2　补码减法运算 ··· 51
　　3.1.3　溢出概念及检测方法 ··· 53
　　3.1.4　基本二进制加法/减法器 ··· 55
　　3.1.5　十进制数的加法运算 ··· 58
3.2　定点乘法运算 ·· 60
　　3.2.1　移位和舍入操作 ··· 60
　　3.2.2　原码一位乘法 ··· 62
　　3.2.3　补码一位乘法运算 ··· 64
　　3.2.4　阵列乘法器 ··· 67
3.3　定点除法运算 ·· 70
　　3.3.1　手工运算 ··· 70
　　3.3.2　恢复余数除法 ··· 71
　　3.3.3　不恢复余数除法 ··· 71
　　3.3.4　阵列除法器 ··· 73
3.4　浮点运算 ·· 74
　　3.4.1　浮点加减运算 ··· 74
　　3.4.2　浮点乘除运算 ··· 77
3.5　逻辑运算 ·· 80
3.6　运算器的基本组成与实例 ·· 81
　　3.6.1　运算器的基本结构 ··· 81
　　3.6.2　多功能算术逻辑运算单元实例 ··· 84
　　3.6.3　浮点运算器示例 ··· 89
　本章小结 ·· 91
　习题 3 ·· 92

第 4 章　多层次的存储系统 ·· 96
4.1　存储系统概述 ·· 96
　　4.1.1　存储器分类 ··· 96
　　4.1.2　存储系统层次结构 ··· 97
　　4.1.3　主存的数据组织 ··· 98
　　4.1.4　主存储器的主要技术指标 ··· 101
4.2　半导体存储器 ·· 101

4.2.1 SRAM 存储器 ··· 102
  4.2.2 DRAM 存储器 ·· 105
  4.2.3 只读存储器和闪速存储器 ···························· 111
  4.2.4 存储器容量扩充 ····································· 114
  4.2.5 半导体存储器的封装 ································ 119
 4.3 并行存储技术 ·· 120
 4.4 高速缓冲存储器 ·· 124
  4.4.1 高速缓存工作原理 ··································· 124
  4.4.2 主存与 Cache 的地址映射 ··························· 126
  4.4.3 替换算法 ·· 131
  4.4.4 Cache 写策略 ······································· 131
  4.4.5 微型计算机中 Cache 技术的实现 ···················· 132
 4.5 虚拟存储器 ·· 133
  4.5.1 虚拟存储器的基本概念 ······························ 133
  4.5.2 页式虚拟存储器 ····································· 134
  4.5.3 段式虚拟存储器 ····································· 135
  4.5.4 段页式虚拟存储器 ··································· 136
  4.5.5 快表与慢表 ·· 136
本章小结 ·· 136
习题 4 ··· 137

第 5 章 指令系统 ··· 141
 5.1 概述 ··· 141
  5.1.1 指令系统的发展 ····································· 141
  5.1.2 指令系统的性能要求 ································ 142
  5.1.3 低级语言与硬件结构的关系 ························ 143
 5.2 机器指令的设计 ·· 143
  5.2.1 指令操作 ·· 144
  5.2.2 机器指令的基本格式 ································ 144
  5.2.3 指令字长 ·· 145
  5.2.4 地址码结构 ·· 145
  5.2.5 操作码设计 ·· 147
 5.3 寻址方式 ·· 150
  5.3.1 指令的寻址方式 ····································· 150
  5.3.2 数据的寻址方式 ····································· 151
  5.3.3 堆栈及堆栈寻址 ····································· 156
  5.3.4 相联存储方式 ······································· 157
 5.4 典型指令 ·· 160
  5.4.1 数据传送类指令 ····································· 160

	5.4.2 运算类指令	160
	5.4.3 程序控制类指令	161
	5.4.4 特权指令	161
	5.4.5 其他指令	161

5.5 RISC ··· 162
  5.5.1 RISC 的产生 ·· 162
  5.5.2 RISC 指令系统的特点 ····································· 163
  5.5.3 RISC 指令系统实例 ·· 163
本章小结 ··· 165
习题 5 ·· 165

第 6 章 中央处理器 169

6.1 CPU 的功能和组成 ·· 169
  6.1.1 CPU 的功能 ··· 169
  6.1.2 CPU 的基本组成 ··· 169
  6.1.3 CPU 中的主要寄存器 ······································· 170
6.2 控制器的组织 ··· 172
  6.2.1 控制器的基本组成 ·· 172
  6.2.2 控制器的硬件实现方式 ···································· 174
6.3 时序系统与控制方式 ·· 174
  6.3.1 指令执行的基本过程 ······································· 174
  6.3.2 多级时序系统 ·· 175
  6.3.3 控制器的基本控制方式 ···································· 178
6.4 指令周期分析 ··· 179
  6.4.1 典型指令周期分析 ·· 179
  6.4.2 指令流程图 ··· 180
6.5 硬布线控制器 ··· 184
  6.5.1 基本原理 ·· 184
  6.5.2 逻辑电路的设计 ··· 184
6.6 微程序控制器 ··· 186
  6.6.1 基本概念 ·· 186
  6.6.2 微程序控制器基本原理 ···································· 188
  6.6.3 微指令格式 ··· 189
  6.6.4 微程序流的控制 ··· 192
  6.6.5 微程序控制器的时序控制 ································· 193
  6.6.6 微程序设计举例 ··· 194
  6.6.7 动态微程序设计 ··· 196
6.7 流水线技术 ·· 196
  6.7.1 流水线的概念 ·· 196

  6.7.2 流水线的分类 ················ 198
  6.7.3 流水线的时空图及性能指标 ······· 199
  6.7.4 流水线的相关问题 ············· 201
  6.7.5 流水 CPU 的结构 ············· 203
 6.8 RISC CPU ························ 203
  6.8.1 RISC 的优化技术 ·············· 204
  6.8.2 RISC CPU 实例 ··············· 205
 6.9 典型处理器简介 ···················· 209
  6.9.1 传统 CPU ··················· 209
  6.9.2 现代 CPU ··················· 210
 本章小结 ··························· 212
 习题 6 ···························· 213

第 7 章 外围设备 ························ **218**
 7.1 外围设备概述 ····················· 218
  7.1.1 外围设备概念 ················ 218
  7.1.2 外围设备分类 ················ 218
  7.1.3 外围设备的地位与作用 ··········· 219
 7.2 辅助存储设备 ····················· 220
  7.2.1 磁介质存储设备 ··············· 220
  7.2.2 光存储设备 ·················· 225
  7.2.3 半导体存储设备 ··············· 228
  7.2.4 新型存储技术 ················ 229
 7.3 输入设备 ······················· 230
  7.3.1 输入设备概述 ················ 230
  7.3.2 键盘 ······················ 231
  7.3.3 鼠标 ······················ 231
  7.3.4 图像输入 ··················· 232
  7.3.5 声音输入 ··················· 233
 7.4 输出设备 ······················· 233
  7.4.1 输出设备概述 ················ 233
  7.4.2 打印输出设备 ················ 234
  7.4.3 显示输出设备 ················ 235
 本章小结 ··························· 242
 习题 7 ···························· 242

第 8 章 总线技术 ························ **244**
 8.1 总线的基本概念 ···················· 244
  8.1.1 总线特性 ··················· 244

8.1.2 总线性能指标···244
8.1.3 总线内部结构···245
8.1.4 总线标准··246
8.2 总线的分类···247
8.2.1 元件级总线··247
8.2.2 系统总线··247
8.2.3 外部总线··249
8.3 总线的连接方式···249
8.3.1 单总线···249
8.3.2 多总线···249
8.3.3 总线的层次结构··250
8.4 总线设计要素··251
8.4.1 总线仲裁··251
8.4.2 总线定时··253
8.4.3 总线数据传输模式··255
8.4.4 总线复用··255
8.5 典型总线··256
8.5.1 ISA 总线··256
8.5.2 PCI 总线··257
8.5.3 AGP 总线···262
8.5.4 USB 总线···262
本章小结···264
习题 8··264

第9章 输入输出系统···268
9.1 输入输出系统概述···268
9.1.1 输入输出系统的发展··268
9.1.2 输入输出接口类型··270
9.1.3 接口的基本功能···271
9.2 CPU 与接口之间的信息传送方式··273
9.2.1 程序控制方式···273
9.2.2 DMA 方式···275
9.2.3 通道控制方式···275
9.2.4 外围处理机方式···275
9.3 程序查询方式及其接口··275
9.3.1 程序查询流程···275
9.3.2 程序查询方式的接口电路··277
9.4 程序中断方式及其接口··277
9.4.1 中断的基本概念···277

  9.4.2 中断分类及作用 ·· 278
  9.4.3 中断过程 ·· 280
  9.4.4 中断判优 ·· 282
  9.4.5 中断嵌套和中断屏蔽 ·· 283
  9.4.6 程序中断接口 ··· 285
  9.4.7 中断控制器 ·· 286
 9.5 DMA方式及其接口 ··· 288
  9.5.1 DMA方式的基本概念 ·· 288
  9.5.2 DMA的传送方式 ·· 290
  9.5.3 基本DMA控制接口 ·· 291
  9.5.4 选择型和多路型DMA控制器 ··· 292
  9.5.5 8237DMA控制器 ·· 294
 9.6 通道控制方式 ·· 296
  9.6.1 通道的基本概念 ·· 296
  9.6.2 通道的类型与结构 ··· 297
  9.6.3 通道的工作过程 ·· 299
 本章小结 ··· 300
 习题9 ··· 300

第10章 计算机结构新技术 ··· 303
 10.1 并行技术 ·· 303
 10.2 多通道内存技术 ··· 304
 10.3 超线程技术 ··· 305
 10.4 多核技术 ·· 306
 10.5 多处理机 ·· 309
 10.6 计算机集群 ··· 310
 本章小结 ·· 311
 习题10 ··· 311

参考文献 ·· 313

附录A 数字逻辑基础知识 ·· 314

第1章 计算机系统概述

现代计算机是一种可以进行算术和逻辑运算,具有存储记忆功能,并能够按照程序自动、高速处理信息的智能电子设备。具有计算精确度高、存储容量大、逻辑运算能力强、自动化程度高等特点。它由硬件系统和软件系统所组成。没有安装任何软件的计算机称为裸机。脱离软件的硬件是一台无用的机器,脱离硬件的软件就失去运行的物质基础。

本章首先介绍计算机的发展历程及发展趋势,然后分别介绍计算机的硬件和软件组成,重点介绍计算机硬件的组成结构和基本工作原理。最后简单介绍计算机的层次结构和主要性能指标。通过本章的学习,将对计算机系统有一个粗略的、整体框架的认识,为后续章节的学习奠定基础。

1.1 计算机的发展

目前所说的计算机(Computer,俗称电脑)通常是指数字电子计算机。实际上,20世纪40年代第一台电子计算装置问世时,人们才开始使用"计算机"这一术语,并赋予了它现代计算机的含义。计算机的诞生对人类社会的发展产生了深远的影响。

1.1.1 第一台电子计算机

世界上第一台电子计算机名为ENIAC(Electronic Numerical Integrator and Calculator,电子数值积分和计算机),它是由美国宾夕法尼亚大学莫尔学院的莫奇利(John W. Mauchly)教授和他的学生埃克特(J. Presper Eckert)博士等人为美国陆军军械部阿伯丁弹道研究实验室研制的,如图1-1所示。该计算机被用于炮弹弹道轨迹计算。并于1946年正式投入运行,共使用了17468个真空电子管,功率为174kW,占地170m^2,重达30t,每秒可进行5000次加法运算。虽然它的性能还比不上今天一台最普通的微型计算机,但在当时已是运算速度的绝对冠军,运算精确度和准确度是史无前例的。以圆周率(π)的计算为例,中国古代的科学家祖冲之利用算筹,耗费15年才把圆周率精确到小数点后7位数。一千多年后,英国人香克斯以毕生精力计算圆周率,才精确到小数点后707位。而使用ENIAC进行计算,仅用了40s就创造了这个纪录,还发现香克斯的计算从第528位便出错了。

图1-1 第一台电子计算机ENIAC

ENIAC奠定了电子计算机的发展基础,开辟了一个计算机科学技术的新纪元。有人将其称为人类第三次产业革命开始的标志。尽管如此,ENIAC也存在如下问题。

(1) 采用十进制,逻辑线路复杂。

(2) 无存储器,只有 20 个十位累加器,存储 20 个十进制数。

(3) 还不完全具有"内部存储程序"的功能,它用布线接板进行控制,必须通过开关和插线来安装计算程序,甚至要搭接几天。

1944 年,数学家冯·诺依曼参与 ENIAC 的研制小组,在共同讨论的基础上,于 1945 年发表了一个全新的"存储程序通用电子计算机方案"。该方案是在一份关于 EDVAC (Electronic Discrete Variable Automatic Computer,离散变量自动电子计算机)的报告中提出的,其中对计算机的组成结构提出了以下重大的改进理论。

(1) 计算机采用二进制,即数据和指令均采用二进制存储在存储器中,预言二进制的采用将大大简化机器的逻辑线路。

(2) 编好的程序和原始数据事先存入存储器,然后再启动计算机工作,从而大大加快运算进程。

(3) 整个计算机的结构由运算器、控制器、存储器、输入装置和输出装置 5 个部分组成。

冯·诺依曼理论的提出,解决了计算机运算自动化和速度配合的问题,对后来计算机的发展起到了决定性作用。直至今日,绝大部分的计算机仍然采用冯·诺依曼方式进行工作,这种方式的计算机也称为冯·诺依曼结构计算机。

1.1.2 计算机的发展历程

事物的发展都会经历一个漫长的历史过程。现代计算机问世之前,计算机的发展也经历了机械式计算机、机电式计算机和萌芽期的电子计算机 3 个阶段。

1642 年,法国数学家帕斯卡采用与钟表类似的齿轮传动装置,制造了最早的十进制加法器。1678 年,德国数学家莱布尼茨制造的计算机可以进行十进制乘、除运算。英国数学家巴贝奇 1822 年制作差分机时提出一种设想,每次只完成一次算术运算,将发展为自动完成某个特定的完整运算过程,并与 1834 年设计了一种通用解析机,它可以进行各种算术和逻辑运算,能解多元方程组。按照巴贝奇的设想,解析机的结构相当复杂,它包含了现代计算机的一些主要思想,已经有了程序控制方式的雏形,但限于当时的技术条件而未能实现。1941 年德国克兰德·楚泽(Konrad Zuse,1910—1995 年)制成了全自动的继电器计算机 Z-3,它已经具备了二进制运算、数字存储地址的指令形式等现代计算机的特征。1940—1947 年,在美国也相继推出了 MARK-1、MARK-2、Model-1、Model-5 等继电器计算机。由于继电器的开关速度太慢,大约为百分之一秒,使当时的计算机速度受到很大限制。

ENIAC 诞生后短短的几十年间,微电子技术的发展推动了计算机的发展突飞猛进。构成计算机的主要电子器件相继使用了晶体管、中、小规模集成电路和大规模、超大规模集成电路,引起计算机的几次更新换代。每一次更新换代都使计算机的体积和耗电量大大减小,功能大大增强,应用领域进一步拓宽。计算机硬件技术发展的同时,软件技术发展也很快。通常根据构成计算机所用主要器件的不同将电子计算机划分为 5 代,实际上同时伴随有存储技术和软件技术的发展。

1. 第一代(1946—1957 年)电子管计算机

第一代电子计算机以 ENIAC 的研制成功为标志。其主要采用电子管元件作基本器件,用光屏管或汞延时电路作为存储器,输入或输出主要采用穿孔卡片或纸带。其体积大、耗电量大、存储容量小,运算速度一般为几千次每秒至几万次每秒,可靠性差,维护困难且价格昂贵。

此时的电子计算机无操作系统,通常使用机器语言或者汇编语言来编写应用程序。在此期间,形成了计算机的基本体系,确定了程序设计的基本方法。这一时代的计算机主要用于科学、军事等方面的计算。

除了 EDVAC 外,典型的第一代计算机还有 UNIVAC 和 IBM701。1951 年问世的 UNIVAC,它因预测了 1952 年美国大选艾森豪威尔的获胜得到认识和欢迎;1953 年,IBM 公司生产的第一台商业化计算机 IBM 701,使计算机走向商业化。

2. 第二代(1958—1964 年)晶体管计算机

1948 年发明的晶体管于 1956 年替代电子管成为计算机的基础器件。与第一代采用磁心或磁鼓作为存储器的计算机相比,第二代计算机的存储容量更大、体积更小、功耗更低、速度更快,一般为几万次每秒至几十万次每秒,在整体性能上有了很大的提高。

此时的系统软件出现了监控程序,提出了操作系统的概念,出现了 COBOL(Common Business-Oriented Language)和 FORTRAN(Formula Translator)等高级程序语言,这些语言以单词、语句和数学公式代替了二进制机器码,使计算机编程更容易。程序员、分析员和计算机系统专家等新的职业伴随整个软件产业一起诞生。

晶体管计算机被用于科学计算的同时,也开始在数据处理、过程控制方面得到应用。

第二代计算机的典型计算机有 IBM 公司的 IBM 7094 和 CDC 公司(Control Data Corporation,数据控制公司)生产的 CDC 1640。

3. 第三代(1965—1971 年)中小规模集成电路计算机

第三代计算机以 1964 年 IBM 成功研制的 360 系统为标志。1958 年,美国德州仪器的工程师 Jack Kilby 发明了集成电路(Integrated Circuit,IC)。20 世纪 60 年代中期,中小规模集成电路成为计算机的主要部件,主存储器也渐渐过渡到半导体存储器,使得计算机的体积更小、功耗更低、速度更快,一般为几十万次每秒至几百万次每秒。由于减少了焊点和接插件,可靠性更高。

此时的系统软件有了很大发展,出现了分时操作系统,使得计算机在中心程序的控制协调下可以同时运行许多不同的程序。出现了标准化的程序设计语言和人机会话式语言,例如 BASIC,采用了结构化程序设计方法。其应用领域也进一步扩大。

在此期间,机种多样化,生产序列化,出现了小型计算机,1965 年美国的 DEC(Digital Equipment Corporation,数字设备公司)推出第一台商业化的以集成电路为主要器件的小型计算机 PDP-8。

4. 第四代(1972 年至今)大规模和超大规模集成电路计算机

第四代计算机以美国的 Intel 公司研制的第一代微处理器 Intel 4004 为标志。基于半导体的发展,到了 1972 年,第一部真正的个人计算机诞生了。它所使用的微处理器内包含了 2300 个晶体管,每秒可以执行 6 万条指令,体积也缩小很多。随着半导体的发展,世界各国也不断翻开计算机史上新的一页。

20 世纪 70 年代中期,计算机制造商开始将计算机带给普通消费者,这时的小型机带有软件包(供非专业人员使用的程序和最受欢迎的字处理和电子表格程序等)。1981 年,IBM 推出个人计算机(Personal Computer,PC),主要用于家庭、办公室和学校。20 世纪 80 年代个人计算机的竞争使得价格不断下跌,微型计算机的拥有量不断增加,计算机的体积继续缩小,从桌上到膝上,再到掌上。

集成电路的规模由大到超大,再至巨大,集成度越来越高。微电子技术的发展促使计算机的体积越来越小,成本越来越低,性能和可靠性越来越高。

此时,操作系统也不断完善,应用软件也变得丰富多彩,计算机的应用遍及社会各个领域,成为人们不可缺少的工具。

5. 第五代计算机

目前人们使用的计算机都属于第四代计算机。在20世纪80年代初,日本首先提出第五代计算机发展计划,并引起各发达国家竞相开始研究。

第五代计算机的主要思想是模拟人类神经控制系统,本身具有学习机理,能模仿人的神经网络进行工作。它不仅能进行数值计算或处理一般的信息,主要能面向知识处理,具有形式化推理、联想、学习和解释的能力,能够帮助人们进行判断、决策、开拓未知领域和获得新的知识。它不仅需要人工智能的理论和技术,还涉及通信技术、仿生学等多种科学技术。

尽管目前还很难做到使"智能机器"真正具备人类的常识,也谈不上产生属于机器自身的"自我意识"。但人工智能技术在模式识别、知识处理方面已经取得很大的进步,并产生了明显的经济效益。应用大量专家知识和推理方法解决复杂问题的专家系统,已经广泛用于管理调度、辅助决策、故障诊断、教育咨询等各个方面。另外,计算机在文字、语音、图形图像的识别与理解及机器翻译等领域的应用也取得重大进展,相关产品也已经问世。

【知识拓展】

集 成 电 路

根据集成电路规模的大小,通常将其分为小规模集成电路(Small Scale Integration,SSI)、中规模集成电路(Medium Scale Integration,MSI)、大规模集成电路(Large Scale Integration,LSI)、超大规模集成电路(Very Large Scale Integration,VLSI)、特大规模集成电路(Ultra Large Scale Integration,ULSI)和巨大规模集成电路(Gigantic Scale Integration,GSI)。分类的依据是一片集成电路芯片上包含的逻辑门个数或元件个数,SSI通常指含逻辑门数小于10门或含元件数小于100个;中规模集成电路MSI所含逻辑门数为10~99门或含元件数100~999个;LSI含逻辑门数为100~9999门或含元件数1000~99 999个;VLSI指在一个芯片上集成10^6~10^7个元件或10 000个以上逻辑门;ULSI指在一个芯片上集成10^7~10^9个元件;GSI指一个芯片上集成10^9以上个元件的集成电路。

1965年由时任仙童半导体公司开发研究室主任戈顿·摩尔(Gordon Moore,Intel公司的创始人之一)指出"集成电路芯片上所集成的电路的数目,每隔18个月就翻一番",这就是著名的摩尔定律。当初预测这个假定只能维持10年左右,然而芯片制造技术的进步让摩尔定律保持了40年。

1.1.3 中国计算机的发展历程

1958年,中科院计算所研制成功的小型电子管通用计算机——103机,标志着我国第一台电子计算机的诞生。之后,我国计算机的发展也经历着晶体管计算机,以及小规模、中规模、大规模以至巨大规模集成电路计算机的发展过程。

1965年,中科院计算所研制成功第一台大型晶体管计算机109乙,之后推出109丙,该机在两弹试验中发挥了重要作用。

1974年,清华大学等单位联合设计、研制成功采用集成电路的DJS-130小型计算机,运算速度达100万次每秒。

1983年,国防科技大学研制成功运算速度上亿次每秒的银河-Ⅰ巨型机,这是我国高速计算机研制的一个重要里程碑。

1985年,当时的电子工业部计算机管理局研制成功与IBM PC兼容的长城0520 CH微型计算机。

1992年,国防科技大学研究出银河-Ⅱ通用并行巨型机,浮点运算的峰值速度达4亿次每秒(相当于每秒进行10亿次基本运算操作),为共享主存储器的四处理机向量机,其向量中央处理机所采用的中小规模集成电路是我国自行设计的,总体上达到20世纪80年代中后期的国际先进水平。

1993年,国家智能计算机研究开发中心(后成立北京市曙光计算机公司)研制成功曙光一号全对称共享存储多处理机,这是国内首次基于超大规模集成电路的通用微处理器芯片和标准UNIX操作系统设计开发的并行计算机。

1995年,曙光公司又推出了国内第一台具有大规模并行处理机(MPP)结构的曙光1000(含36个处理机),浮点运算的峰值速度为25亿次每秒,实际浮点运算运算的速度上了10亿次每秒的高性能台阶。曙光1000与美国Intel公司1990年推出的大规模并行机体系结构与实现技术相近,与国外的差距缩小到5年左右。

1997年,国防科技大学研制成功银河-Ⅲ百亿次并行巨型计算机系统,采用可扩展分布共享存储并行处理体系结构,由130多个处理结点组成,浮点运算峰值性能为130亿次每秒,系统综合技术达到20世纪90年代中期国际先进水平。

2001年,中科院计算所研制成功我国第一款通用的中央处理器(Central Processing Unit,CPU)——龙芯。2002年,在具有我国自主知识产权的龙腾服务器上采用了龙芯-1中央处理器。该服务器是国内第一台完全实现自有知识产权的产品,在国防、安全等部门发挥了重大作用。

近些年,我国在超级计算机的技术上发展迅猛,国防科技大学计算机研究所研制的银河系列机、中科院计算技术研究所研制的曙光系列机,以及国家并行计算机工程技术中心研制的神威系列机都先后登上全球超级计算排行榜的前列。2016年6月20日,神威·太湖之光超级计算机系统在法兰克福世界超级计算机大会上,登顶国际TOP500榜首,至2017年11月13日,神威·太湖之光以9.3亿亿次每秒的浮点运算速度夺得第4次全球超级计算机500强首冠。更重要的是,神威·太湖之光的处理器全是国产的。

图1-2 神威·太湖之光超级计算机

1.1.4 计算机的分类

计算机的分类方法较多,根据处理的对象、用途和规模不同可有不同的分类方法。

1. 按处理的对象划分

(1) 模拟计算机。这是一种根据相似原理用一种连续变化的模拟量作为运算对象的计算机。其特点是参与运算的数值由不间断的连续量表示,其运算过程是连续的。由于受元器件质量影响,其计算精度较低,电路结构复杂,抗干扰能力极差,应用范围较窄。模拟计算机目前已很少生产。

(2) 数字计算机。这是一种将参与运算的数值用非连续的数字量表示的计算机,其运算过程按数字位进行,具有逻辑判断等功能。相比模拟计算机,这种计算机计算精度更高,运算速度更快,抗干扰能力更强。

2. 根据计算机的用途划分

(1) 通用计算机。这种计算机用于解决一般问题,其适应性强,应用面广,可用于科学计算、数据处理和过程控制等领域,但其运行效率、速度和经济性依据不同的应用对象会受到不同程度的影响。

(2) 专用计算机。这是一种用于解决某一特定方面的问题的计算机,它配有专门开发的软件和硬件,应用于军事、自动化控制或仪器仪表等领域。专用计算机针对某类问题能显示出最有效、最快速和最经济的特性,但它的适应性较差。

3. 根据计算机的规模划分

计算机的规模由计算机的一些主要技术指标来衡量,例如字长、运算速度、存储容量、外围设备、输入和输出能力、配置软件丰富与否、价格高低等。计算机根据其规模大小可分为巨型计算机、大型主机、小型计算机、微型计算机、图形工作站等。

(1) 巨型计算机。巨型计算机又称超级计算机,一般用于国防尖端技术和现代科学计算等领域。巨型计算机速度最快,容量最大,体积最大,造价也最高。目前巨型计算机的运算速度已达几十亿亿次每秒,并且这个记录还在不断刷新。巨型计算机是计算机发展的一个重要方向,研制巨型计算机也是衡量一个国家经济实力和科学水平的重要标志。

(2) 大型主机。包括通常所说的大、中型计算机。具有较高的运算速度和较大的存储容量,一般用于科学计算、数据处理或用作网络服务器。但随着微型计算机与网络的迅速发展,很多应用中正在被高档微型计算机所取代。

(3) 小型计算机。小型计算机一般用于工业自动控制、医疗设备中的数据采集等方面,例如 DEC 公司的 PDP-11 系列、VAX-11 系列,HP 公司的 1000、3000 系列等。目前,小型计算机同样受到高档微型计算机的挑战。

(4) 微型计算机。微型计算机是目前发展最快、应用最广泛的一种计算机。个人计算机(Personal Computer,PC)是现在比较流行的微型计算机。微型计算机的中央处理器采用微处理芯片,体积小巧轻便。目前微型计算机使用的微处理芯片主要有 Intel 公司的 Pentium 系列、AMD 公司的 Athlon 系列,以及 IBM 公司 Power PC 等。

(5) 图形工作站。图形工作站是以个人计算环境和分布式网络环境为前提的高性能计算机,其规模介于微型计算机和小型机之间。通常配有高分辨率的大屏幕显示器及容量很大的内存储器和外部存储器,并且具有较强的信息处理功能、高性能图形图像处理功能以及联网功能。主要应用在专业的图形处理和影视创作等领域,如图1-3所示。

图1-3 图形工作站

1.1.5 计算机的发展趋势

随着科技的进步,各种计算机技术、网络技术的飞速发展,计算机的发展已经进入了一个快速而又崭新的时代,计算机也从功能单一、体积较大发展到了功能复杂、体积微小、资源网络化等。计算机由原来的仅供军事科研使用发展到人人拥有,计算机强大的应用功能产生了巨大的市场需要。未来计算机性能向着微型化、网络化、智能化和巨型化的方向发展。

(1)巨型化。人们对计算机的依赖性越来越强,特别是在天文、军事和科研教育领域,对计算机的存储空间和运行速度等要求越来越高,为了适应尖端科学技术的需要,高速度、大存储容量和功能强大的超级计算机得到了大力发展。

(2)微型化。计算机理论和技术上的不断完善促使微型计算机很快渗透到全社会的各个行业和部门,成为人们生活和学习的必需品。几十年来,计算机的体积不断的缩小,台式计算机、笔记本计算机、掌上计算机、平板计算机体积逐步微型化,为人们提供便捷的服务。因此,未来计算机仍会不断趋于微型化,体积将越来越小。

(3)网络化。互联网将世界各地的计算机连接在一起,从此进入了互联网时代。计算机网络化彻底改变了人们的生活,人们通过互联网进行沟通、交流(QQ、微博等),教育资源共享(文献查阅、远程教育等)、信息查阅共享(百度、谷歌)等,特别是无线网络的出现,极大的提高了人们使用网络的便捷性。

现在,计算机网络在交通、金融、企业管理、教育、邮电、商业甚至是家庭生活中都得到广泛的应用。目前各国都在致力于三网融合的开发与建设,即将计算机网、通信网、有线电视网合为一体。未来计算机将会进一步向网络化方面发展。

(4)智能化。智能化是计算机发展的必然趋势。现代计算机具有强大的功能和运行速度,但与人脑相比,其智能化和逻辑能力仍有待提高。人类不断在探索如何让计算机能够更好的反应人类思维,使计算机能够具有人类的逻辑思维判断能力,可以通过思考与人类沟通交流,抛弃以往的依靠程序编码来运行计算机的方法,直接对计算机发出指令。

目前,计算机的CPU以电子器件为基本元件,随着处理器的不断完善和更新换代的速度加快,计算机结构和构成元件也会发生很大的变化。近年来的研究发现,电子电路的局限性将会使电子计算机的发展受到限制,人们已经开始研制生物计算机、光子计算机、量子计算机等不使用集成电路的计算机,并取得了一定的进展。随着光电技术、量子技术和生物技术的发展,新型计算机的发展将日新月异。

计算机经过几十年的发展,已经成为一门复杂的工程技术学科,其应用从国防、科学计算到家庭、办公、教育、娱乐,无所不在。

1.2 计算机系统的硬件

计算机的硬件是指组成计算机的所有电子器件和机电装置的总称,是构成计算机系统的物质基础。相对于软件,硬件是看得见、摸得着、实实在在的物理实体。现代计算机均遵照存储程序的计算机体系结构,其计算机硬件由运算器、控制器、存储器、输入设备和输出设备五大功能部件组成。本节主要介绍存储程序计算机硬件组成结构,及其各功能部件协调工作的简单工作原理。

1.2.1 冯·诺依曼计算机结构

现代计算机是一个能够自动处理信息的电子设备,它之所以能够实现自动化信息处理,是由于采用了"存储程序"的工作方式,其基本原理是1945年由冯·诺依曼提出的,它确立了现代计算机的基本组成和工作方式。

冯·诺依曼计算机的特点如下。

(1) 计算机硬件系统由运算器、控制器、存储器、输入设备和输出设备5个基本部分组成,每个部分都规定了基本功能。

(2) 数据和指令在代码的外形上没有区别,都是"0"或"1"组成的二进制编码,只是各自约定的含义不同。

(3) 采用存储程序的方式。事先将程序(包括指令和数据)存入存储器中,计算机在运行程序时自动地、连续地从存储器中依次取出指令并加以执行,直到程序执行完毕,不需要人工干预。存储程序是计算机能高速自动运行的基础,它也是冯·诺依曼思想的核心内容。

早期的冯·诺依曼计算机以运算器为中心,其结构如图1-4所示。其中,输入输出设备与存储器之间的数据传输都需通过运算器。

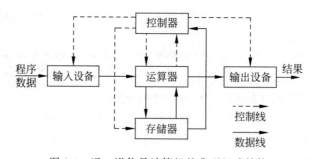

图1-4 冯·诺依曼计算机的典型组成结构

现代计算机已转化为以存储器为核心,并采用了总线结构,五大部件通过系统总线完成指令所传达的操作。这样,系统连线减少,结构变得清晰,大大简化了硬件的设计。运算器和控制器合称为中央处理单元(Central Processing Unit,CPU)。典型的单CPU、单总线计算机的组成结构如图1-5所示。

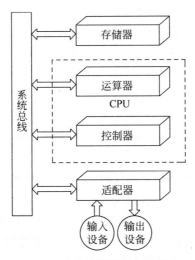

图 1-5 现代计算机的组成结构

【知识拓展】

计算机的体系结构

计算机诞生到现在已几十年,其体系结构尽管不断改变,但绝大多数计算机仍沿用冯·诺依曼的体系结构。其核心思想是存储程序并按地址顺序执行。指令和数据放在同一个存储器中,存储器线性编址且按地址访问,指令在存储器中按其执行顺序存放。计算机执行程序时,按顺序从主存储器中自动取出指令并逐条执行。

在冯·诺依曼结构的计算机中,程序指令和数据存储在同一个存储器的不同物理位置,取数据和取指令通过同一套数据总线,使得信息流的传输成为限制计算机性能的瓶颈,影响了数据处理速度的提高。很多微处理器总线采用分时复用的方式,这样可在一定程度上使问题得到缓解。但在一些速度要求很高的应用环境中,单纯依靠分时复用仍不能满足,为此出现了哈佛结构。

哈佛结构的计算机中,程序指令和数据分别放在不同的存储器中,通过不同的总线取指令和存取数据,这就允许取指令和取操作数同时进行,大大地提高了系统的工作速度。例如 DSP 和 ARM 等微处理器,采用了哈佛结构,方便实现数据处理和现场实时控制。

冯·诺依曼结构实现简单,成本低,但速度慢。哈佛结构速度快,结构复杂,对外围设备的连接与处理要求高,外围存储器的扩展不方便,早期通用 CPU 难以采用这种结构。现在的处理器对外连接,很多采用冯·诺依曼结构,但是由于内部 Cache 的存在,芯片内部已经类似改进型哈佛结构。

无论是冯诺依曼结构还是哈佛结构,其运行程序或执行指令的控制方式都属于控制驱动方式,由程序计数器控制指令执行的次序,当它指向某条指令时才驱动该条指令执行。符号处理、函数归纳、逻辑推理等非数值信息处理或人工智能问题的求解,都需要寻求能更有效地开发其并行性的控制方式。20 世纪 70 年代以来,提出了数据驱动、需求驱动和模式匹配 3 种新的驱动方式。

- 在数据驱动方式的计算机中,只要程序中任意一条指令中所需的数据(数据令牌)已经齐备,就可立即启动这条指令的执行(称为"点火")。一条指令的运算结果又流向下一条指令,作为下一条指令的操作数来驱动下一条指令的执行。程序中各指令的执行顺序仅仅是由指令间的数据依赖关系决定。

- 需求驱动方式计算机的操作仅在需要用到其输出结果时才开始启动。如果该操作由于操作数未到而不能再次得到输出结果,则该操作再去启动能得到它的各个输入数的操作,也可能那些操作还要去启动另外一些操作,这样就把需求链一直延伸下去,直至遇到常数或外部输入的数据已经到达为止,然后再反方向地去执行运算。归约机就属于需求驱动结构,它通过对函数求值的需求,激发相应指令的执行。

- 模式匹配驱动方式的计算机是通过搜索,获得与给定标识符号(模式)相匹配的对象来激发指令的执行。在 Prolo(Programming in logic,逻辑编程语言)程序设计语言中,其计算运行由谓词模式匹配加以驱动。谓词是代表客体之间关系的一种字符串模式,主要用于求解非数值的符号演算。面向智能的计算机,例如 Lisp 机、神经网络等都属于模式匹配驱动结构计算机。

这些新型计算机结构和程序设计语言只适合于某一领域,并不能代替当前的通用计算机。控制驱动方式的计算机系统仍然是计算机系统结构的主流。

1.2.2 计算机硬件组成

构成计算机的五大部件都有相对独立的功能,在控制器的控制下协调统一地完成各自不同的工作。

1. 存储器

存储器主要用来存放计算机要执行的程序或者程序所处理的数据。程序是计算机操作的依据,数据是计算机操作的对象,它们均以二进制的形式存储在存储器中。

(1) 存储单元。存储器就像一个庞大的仓库,它被分成一个一个的单元。每个单元存放一定位数的"0"或"1",它们可能是数据或指令,称为单元内容。其简单的组成结构如图 1-6 所示。

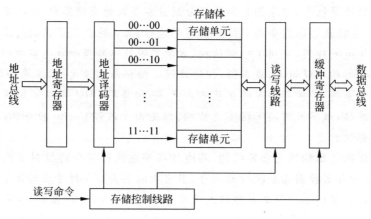

图 1-6 存储器的组成结构

存储单元按某种顺序进行编号,每个单元都对应一个唯一的编号,这个编号称为单元地址。只要给定一个单元地址,就可以通过地址译码找到对应的单元,从而对该单元读取信息和写入信息。可见,单元地址与存储单元是一一对应的,控制器也是根据其地址进行访问。因此可以说存储单元是对应一个地址编号、存放一定位数二进制编码的电路集合。一个存储单元存放的二进制信息也称为一个存储字,其位数称为存储字长。

存储单元的地址也是二进制编码,图1-6中的二进制编码就是每个单元的地址编号。每个单元只有一个地址,但存储在其中的信息则是可变的。

(2) 存储容量。存储器是由一个或多个存储体构成的。其能够存放的二进制信息的总量称为它的存储容量。对于一个存储器芯片来说,其容量通常用字数(单元数)乘以存储字长(单元位数)来表示。例如1K×4位,它表示一个芯片有1K个单元,每个单元可以存放4位二进制编码;对于系统的存储器,通常用字节数表示,例如4GB、1TB等。

【小常识】

存储容量的单位

位/比特(bit,b):存储器容量的最小表示单位,二进制编码序列中的一个"0"或"1"就是一个比特位。

字节(Byte,B):也是计算机中最常用、最基本单位。1字节等于8比特,即1B=8b。

随着计算机存储容量的增大,存储器又以千字节(Kilobyte,KB)、兆字节(Megabyte,MB)、吉字节(Gigabyte,GB)和太字节(Terabyte,TB)为容量单位,更高的还有拍字节(Petabyte,PB)等数量单位。

其中,1KB=1024B,1MB=1024KB,1GB=1024MB,…,它们之间存在1024倍的数量级关系。事实上,$1K=2^{10}≈10^3$,$1M=2^{20}≈10^6$,$1G=2^{30}≈10^9$……

(3) 内存与外存。CPU能够直接访问的存储器称为内存储器(简称内存)。为了适应CPU的速度,内存的存取速度较高,一般由半导体器件构成。其位成本较高,容量有限。为了提高整个计算机系统的性价比,解决速度、容量和价格之间的矛盾,计算机系统中通常设置位成本较低的大容量的外部存储器(简称外存),例如硬盘、光盘等。例如目前一个4GB的内存条和一个1TB的硬盘的价格相当。

外部存储器属于外围设备,它不能被CPU直接访问,其程序需要导入到内存才能被CPU执行。通常人们把要永久保存的、大量的程序或数据存储在外存,而把一些临时的或少量的数据和程序放在内存。内存只是用来暂时存储程序和数据。例如,人们在使用WPS软件处理文稿时,你在键盘上敲入的字符,先被临时存入内存中,当选择存盘时,内存中的数据才会被存入外存(硬盘或优盘)中。

注意:目前内存是由半导体存储器构成,但是不能说半导体存储器就是内存。人们日常使用的U盘也是一种半导体存储器,其存取速度较快,但它仍属于外部存储器,其信息须导入到内存才能被CPU访问。

为了解决速度、容量、成本之间的矛盾,计算机系统中通常采用主存、辅存和高速缓存的三级结构。关于存储器的内部结构,存储系统中内、外存、高速缓存之间的协调工作的原理,详见第4章介绍。

2. 运算器

运算器是计算机系统中进行数据加工和处理的部件,可以完成各种算术和逻辑运算。算术运算指各种数值运算,例如加、减、乘、除等;逻辑运算是进行逻辑判断的非数值运算,例如与、或、非、异或、移位等。计算机中任何复杂的运算都可以转化为基本的算术逻辑运算,由运算器实现。

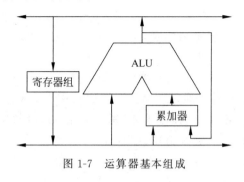

图 1-7 运算器基本组成

组成运算器的核心部件是算术逻辑运算单元(Arithmetic Logic Unit,ALU),另外还包含累加器和若干个寄存器,其基本组成结构如图1-7所示。寄存器用于暂时存储参加运算的各种数据以及运算后的结果。除了一般寄存器的功能外,累加器还在连续运算中用于存放中间结果或最终结果,因此具有"累加"的功能。关于运算器内部的具体结构及各种运算的实现方法在本书第3章详细介绍。

说明:从本质上来说,寄存器和存储器都是半导体器件构成的存储电路。寄存器一般在CPU内部,用于临时存储参加运算的各种数据或运算后的结果。寄存器存储速度高,但能存的信息量很少,多数只有几十字节。存储器在CPU外部,用来存储计算机要执行的程序或程序处理的数据,其存储信息量较多,一般都在兆字节(MB)、吉字节(GB)数量级。

3. 控制器

控制器是整个计算机的指挥中心,它发布各种操作命令控制计算机的各功能部件有条不紊地进行工作。

(1) 控制器的功能。计算机的工作过程是通过执行程序进行的。存放在内存中的程序是一组按照特定顺序排列的指令序列。控制器提供地址访问存储器,逐条从内存中取出指令,加以分析,然后根据指令的功能产生一系列控制信号,发向相应的执行部件,控制它们完成指令要求的操作。上述过程周而复始,保证了计算机自动连续地工作。要实现上述功能,控制器应该包含程序计数器、指令寄存器、指令译码器、微操作控制器及定时部件。关于控制器的组成结构和具体功能实现详见本书第6章。

(2) 程序和指令。程序是为计算机解决某一问题或完成某一任务,由一组特定编程语句构成的有序集合。编程语言分高级语言、汇编语言和机器语言3种。指令是计算机硬件能够直接执行,完成一些基本操作的编程语句,它属于机器语言。

指令的代码是二进制形式,其编码中包含两部分信息,一部分是表明这条指令进行何种操作,另一部分表明指令操作的数据位置。前者称为操作码,后者称为地址码。指令的一般格式如下:

操作码	地址码

假设某计算机只有8条指令,其操作码可用3位二进制编码来定义,如表1-1所示。

表 1-1 指令及操作码

指令	操作码	指令	操作码	指令	操作码	指令	操作码
加法	001	乘法	011	取数	101	停机	111
减法	010	除法	100	存数	110	打印	000

例如,指令编码 101 1000 可以用来表示从 1000 单元取数送入累加器;而 001 1000 表示从 1000 单元取数和累加器相加,结果存入累加器,等等。不同的计算机的指令的格式及编码规则会有区别,详细内容参考第 5 章指令系统。

(3) 数据流和指令流。计算机中存储或流动的信息既有指令又有数据,从形式上看,它们都是二进制数码,控制器是如何区分哪些表示的是指令哪些是数据呢?一般来讲,在取指令阶段,从内存中读出的信息流是指令流,它流向控制器;而在执行指令阶段,从内存中读出或写入内存的信息流是数据流,它由内存流向运算器,或者由运算器流向内存。

4. 输入输出设备及适配器

输入设备用来把人们熟悉的某种形式的信息转换为计算机内部能够识别的二进制信息。理想的计算机输入设备应该"会看""会听",即能够把人们用文字或语言所表达的问题,直接送入计算机内部处理。目前常用的输入设备有键盘、鼠标、扫描仪、光笔、摄像头、语音输入装置等。

输出设备的作用是将计算机处理的结果转变为人或其他设备能接收或识别的信息形式。理想的输出设备应该"会写""能讲",目前已经有很多这样的设备。例如常用的显示器、打印机、绘图仪等可以认为是"会写",也有一些"能讲"的输出语音设备问世。

输入输出设备统称外围设备,简称外设。它们是计算机与外部世界信息交互的通道。外围设备种类繁多,速度各异,它们不能直接与高速的主机相连,而是通过一定的"接口"电路相连。接口的作用相当于一个转换器,也称适配器,可以保证外围设备与主机之间可靠地进行信息的交流。不同类型的外设有不同的适配器,例如显卡是显示器的适配器。

5. 总线

总线是连接计算机系统各部件并进行数据传送的公共通道,是构成计算机系统的骨架。传统总线,按其传送的信号的作用不同分为地址总线(Address Bus,AB)、数据总线(Data Bus,DB)、控制总线(Control Bus,CB)3 种。计算机系统中有多种总线,关于总线相关概念和技术的内容在第 8 章详细介绍。

计算机的硬件系统中,通常将 CPU 和内存储器合称为主机。计算机以 CPU 为控制中心,输入和输出设备与存储器之间的数据传输通过 CPU 来控制执行。现代计算机中,运算器和控制器已经被集成在一个芯片上,即人们日常看到的 CPU 芯片,也称为微处理器。目前很多 CPU 芯片内部还包含高速缓存(Cache)及其他功能电路,例如单片机的 CPU 中还有大量的接口电路。详细内容见本书第 6 章。

1.3 计算机系统的软件

软件泛指在计算机硬件上运行的各类程序、数据文件及相关的文档资料。程序是计算机可以执行的,而文档不能执行。程序是计算机软件的主体,所以一般说到软件主要是指程序。一台计算机中全部程序的集合,统称为这台计算机的软件系统。软件的作用是扩大计算机系统的功能,提高计算机系统的效率,为计算机运行服务提供技术支持。按照软件的功能不同,人们把计算机的软件划分为系统软件和应用软件两大类。

1.3.1 计算机的系统软件

系统软件是为整个计算机系统配置的、不依赖于特定应用领域的一些通用软件,用来管理计算机的硬件系统或软件资源。只有在系统软件的管理下,计算机的各硬件部分才能协调一致地工作。系统软件为应用软件提供了运行环境,离开了系统软件,应用软件不能运行。系统软件也有很多种,主要包括操作系统、语言处理程序和数据库管理系统三大类。

1. 操作系统

操作系统(Operating System,OS)是直接运行在裸机上的最基本的系统软件,其他软件都必须在操作系统的支持下才能运行。它由早期的计算机管理程序发展而来,目前已成为计算机系统各种资源(包括硬件资源和软件资源)的管理者、控制者、调度者和监督者,它可以合理地组织计算机的工作流程,协调计算机各部件之间、系统和用户之间的关系,提高各类资源的利用率,方便用户使用计算机系统,为其他软件的开发提供必要的基础和软件接口。

操作系统的规模和功能可大可小,随不同的要求而异,种类繁多。例如,MS-DOS 是 20 世纪 80 年代普遍使用的单用户单任务的操作系统;Windows 7 是目前使用较多的单用户多任务操作系统;而 UNIX 是常用的多用户多任务操作系统,它允许多个用户同时使用一台计算机的资源。随着计算机通信的普及,出现了网络操作系统,它通过其内核程序、传输规程、服务规程、网络文件系统和网络管理监控等,实施网上资源共享和信息通信。

2. 语言处理程序

计算机程序设计的语言可分为三大类:机器语言、汇编语言和高级语言。机器语言是计算机的硬件可以直接识别并执行的二进制编码语言(通常用八进制或十六进制书写),但难以记忆,只有了解计算机的结构才能理解每条语句(指令)的用法,用它编程难度很大,容易出错,难于阅读。为了克服机器语言的缺点,人们常采用一些容易记忆的符号代替相应的机器指令,即汇编语言。例如采用 ADD、SUB、MUL 分别表示加法、减法和乘法指令的操作码,可以用符号表示数据或地址。汇编语言程序相对容易编写和阅读。但本质仍是一种面向具体计算机的语言,移植性很差。编程常用的 C 和 Java 等语言都是面向解题算法的高级语言。

各种汇编语言和高级语言都有自己的基本符号和语法规则,用这些语言编写的程序(源程序)不能被计算机硬件直接执行,必须翻译成机器语言程序(目标程序)。将汇编语言源程序翻译成机器语言目标程序的称作汇编程序。编译程序则是将高级语言程序翻译成机器语言目标程序的软件。也有些高级语言采用边解释(或翻译)边执行的方式完成程序的执行过程,此时的翻译程序也叫解释程序。无论是汇编程序、解释程序还是编译程序,它们都是用于处理软件语言的程序,统称为语言处理程序,属于系统软件。

3. 数据库管理系统

数据库技术是计算机应用技术中发展最快、应用最广的一个分支。人们日常生活中已经大量使用着一些数据库应用系统,例如学校的学籍管理系统,一些企事业单位使用的工资或财务管理系统等。数据库应用系统主要由数据库、数据库管理系统以及相应的应用程序组成。

数据库管理系统(Database Managment System,DBMS)是为数据库的建立、使用和维护而配置的软件。它建立在操作系统的基础之上,对数据库进行统一的管理和控制。利用它可以方便地建立、删除、维护数据库，对数据库中的数据进行各种操作。它是数据库应用系统开发人员与数据库之间联系的桥梁，是一个平台，也是一种系统软件。常用的数据库管理软件有 Oracle、Sybase、MySQL、Informix 等。

1.3.2 计算机的应用软件

应用软件是为解决某个特定应用领域的实际问题而编制的程序。计算机的应用领域极为广泛，应用软件也各种各样，例如解决科学与工程计算问题的科学计算软件，实现生产过程自动化的控制软件，用于企业财务、人事管理的管理软件，具有人工智能的专家系统，等等。应用软件从其服务对象的角度，又可分为专用应用软件和通用应用软件两类。

1. 专用的应用软件

专用的应用软件是按照用户的特定需求，用于解决特定问题而开发的软件。其应用面较窄，往往只限于特定的部门及其下属单位使用。这种软件的运行效率较高，开发成本较高。例如前面提到的某企业的人事管理软件、某特定的生产过程的控制软件等。

2. 通用的应用软件

通用的应用软件是指计算机的应用过程中，迅速推广使用并不断更新的一些通用工具软件。例如现在计算机中普遍都安装的 Word（文字处理软件）、Excel（电子表格处理软件）等办公工具软件。

1.4　计算机系统的多层次结构

计算机系统以硬件为基础，通过配置软件扩充功能，形成了一个十分复杂的有机系统。采用层次结构的观点和方法去描述计算机系统的组成与功能，有利于正确理解计算机系统的工作过程，明确软件、硬件在计算机系统中的地位和作用，控制计算机系统的复杂性。计算机系统分层的方法有很多种，下面从系统内部的有机组成和程序设计语言功能的角度，介绍两种常用的层次结构模型。

1.4.1 从计算机系统组成角度划分层次结构

采用计算机系统解决问题的一般过程是，根据用户提出的任务建立相应的数学模型，确定算法，然后程序员编写某种语言的源程序，使用语言处理程序将源程序翻译成机器语言的目标程序，最后由计算机硬件执行目标程序，得到结果。其中的编程、编译（或者汇编）及目标程序进入内存等过程都需要操作系统的支持。图 1-8 自上而下看反映了上述应用计算机求解问题的过程。

第 1 层是最底层，代表真实的硬件实体（硬核）。对于微程序控制的计算机，每条机器指令都由一串微指令构成的微程序解释并执行，而微指令执行的基本微操作直接由硬件来实现。此时微程序级又是硬核中的最基本层。这是计算机硬件设计人员看到的计算机。

第 2 层是机器语言程序设计人员所看到的计算机。指令系统层定义了硬件与编译器之间的接口，它也是硬件和软件之间的联结面。一方面，指令系统会表明计算机具有哪些硬件功能，是硬件设计的基础；另一方面，指令系统层为编译器提高明确的编译目标。

第 3 层操作系统层是系统程序员看到的计算机。操作系统是在指令系统层提供的指令

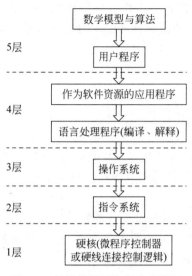

图 1-8 从计算机系统组成角度划分的层次结构

和特性之上,又增加了一些系统调用和特性的程序。操作系统层为高层系统程序(如编译器)或访问硬件资源的应用软件提供支持。人们可以在其他相关课程中进一步体会。

第 4 层是语言处理程序和其他作为软件资源的应用程序,它提供了接近人类自然语言的高级编程语言、符号及各种例行程序,例如各种编辑、编译、调试环境的程序等。

第 5 层是面向问题的应用程序层。用户根据对任务的分析,构建数学模型,设计算法,选择恰当的程序设计语言编制用户程序。

图 1-8 直观展示了构成一个计算机系统时从下向上逐级生成的过程。首先拟定指令系统,采用微程序或硬线连接方法实现指令功能的硬核;然后配置操作系统和所需的语言处理程序及各种软件资源,将它们置于操作系统的管理调度之下;最后编制用户程序,编译并执行。

1.4.2 从语言功能角度划分层次结构

如果将计算机功能抽象为"能执行某种程序设计语言编写的程序"的机器,人们可以得到一种按语言功能划分的计算机层次结构,如图 1-9 所示。

人们实际看到的机器是只能执行机器语言的物理实体,这一级称为实际机器。如果机器指令由微程序解释执行,下面又有微程序机器。它们都是计算机系统的硬件。

虚拟机(Virtual Machine)是一种特殊的软件,它在计算机平台和终端用户之间创建一种环境,终端用户可以基于这个软件所创建的环境来操作自己的软件。使用某种语言编程的程序员,看到的就是可以执行这种语言的机器,即具有这种语言功能的虚拟机。例如,C 语言程序员看到计算机能接收并执行 C 语言编写的程序,他所看到的就是一台可以执行 C 语言的虚拟机,它是通过配置 C 语言编译程序才具有了处理 C 语言程序的功能。

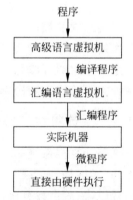

图 1-9 从语言功能角度划分的层次结构

高级语言源程序是经过高级语言虚拟机编译后,由实际机器执行。如果用户程序是汇编语言编写的,由汇编语言虚拟机汇编后,实际机器执行。

不难看出,计算机系统虽然复杂,但具有明显的层次性。采用分层的观点来分析或设计计算机时,可以根据需要,忽略一些无关的细节,针对相应层次去观察、分析计算机的组成、性能和工作机理,或进行系统各层面的设计,使得复杂的问题变得更容易解决。例如,有人专门致力于微处理器的研制工作,有人致力于操作系统的开发,也有人专门进行编译程序的开发,等等。本书重点讨论的是第 1、2 层中计算机硬件组成的基本原理和实现方法。

1.4.3 硬件和软件的逻辑等价性

计算机系统以硬件为基础,通过配置软件扩充其功能。在计算机系统设计时,硬件只完成最基本的功能,复杂的功能通过软件实现。在早期的计算机中,硬件和软件之间的界限十分清楚。随着计算机技术的发展,软件、硬件之间的界限变得越来越模糊。许多功能既可以由硬件实现,也可以在硬件支持下靠软件实现。例如,乘法运算可由硬件乘法器实现,也可以由乘法子程序实现。

从理论上说,任何由软件完成的操作都可以直接由硬件来实现,任何由硬件完成的指令功能都可以由软件来模拟。对于某些功能采用软件还是硬件实现,要根据当时的成本、速度、可靠性等因素来决定。例如,在早期的微型计算机或单片机中,由于硬件造价高,硬件只实现较简单的指令功能,例如加、减、移位等运算,没有直接实现乘除运算、浮点运算的指令。乘除运算、浮点运算不能由硬件直接完成,要通过一段程序完成相应的运算,即硬件软化。现代的计算机中,大多都具有完成乘/除运算、浮点运算的电路,即一条指令可完成原来一段程序的功能。随着微电子技术的发展,集成芯片上制作复杂逻辑电路的成本越来越低,原来依靠软件实现的功能转化为大规模、超大规模的集成电路直接实现,出现了软件硬化,这样系统将具有更高的处理速度和更强的功能。软件硬化成为一种趋势。

从系统设计者的角度来说,需要确定哪些功能由硬件实现,哪些功能由软件实现。对用户来说,更关心的是系统具有哪些功能。这些功能是硬件还是软件实现,对用户来说,在逻辑上是等价的。

1.5 计算机的主要性能指标

在评价一台计算机性能时,需要知道从哪些方面进行衡量。衡量计算机性能的指标有很多种,计算机的用途不同,其侧重点也不尽相同。这里主要从速度、容量两方面简单介绍主频、机器字长、存储容量、存储器带宽、运算速度等常用的性能指标。

1. 主频

主频或时钟周期(主频的倒数)在很大程度上影响着计算机的工作速度。CPU 的工作节拍是由主时钟信号控制的,这个时钟信号的频率就是 CPU 的主频。在相同条件下,主频越高,CPU 的工作节拍越快,运算速度越高。当然 CPU 的运算速度还受 CPU 流水线等其他多方面因素的影响。

主频通常用处理器每秒发出的电子脉冲数来测定,计量单位一般为兆赫兹(MHz),现在主流微型计算机 CPU 的主频一般为 2~4GHz。

2. 机器字长

机器字长是指在 CPU 中,运算器一次最多能直接处理的二进制信息的位数。位数越多,运算精度越高。它由 CPU 内部的寄存器、加法器以及总线的位数决定,因此也直接影响着硬件的造价。为了处理字符数据,尽可能充分利用存储空间,一般机器字长都是 1B 长度的整数倍。为了适应不同类型数据计算的需要,协调精度和造价的关系,许多计算机都允许按字节或半字长、全字长、双字长等进行运算。早期微型计算机字长多为 8 位、16 位,现在以 64 位为主,大中型计算机多以 32 位和 64 位为主。

3. 存储器带宽

存储器带宽是指单位时间内从存储器读出的二进制位数的值。它与 CPU 外部数据总线宽度和总线传输信息的速度有关,是影响计算机运行速度的一个重要指标。

注意:CPU 与存储器之间的数据总线与 CPU 内部的总线宽度(机器字长)有可能不同。例如 Intel 8086、80286、80486 的 CPU 内部和外部数据总线宽度相同,而 8088、80386SX 的外部数据总线宽度小于内部;但 Pentium CPU 的外部数据总线为 64 位,内部寄存器是 32 位,这是因为其内部有 2 条 32 位流水线。

4. 运算速度

计算机的运算速度与处理器的主频、执行何种操作、主存的存取速度等很多因素都有关系。衡量计算机运算速度不能单从某一方面来定,必须综合考虑每条指令的执行时间以及它们在全部操作中所占的比例。目前,一般用以下 3 个参数描述。

(1) CPI(Cycle Per Instruction)指的是执行一条指令的平均时钟周期数,计算公式如下:

$$CPI = \frac{执行某段程序所需的 CPU 时钟周期数}{该程序包含的指令条数}$$

(2) MIPS(Million Instruction Per Second)指平均每秒执行百万条定点指令的数量。对于一个给定的程序,计算公式如下:

$$MIPS = \frac{某段程序指令数}{该程序的执行时间 \times 10^6}$$

(3) FLOPS(Floating-point Operation Per Second)表示每秒执行浮点操作的次数,计算公式如下:

$$FLOPS = \frac{程序中的浮点操作次数}{该程序的执行时间}$$

MPIS 在一定程度上可以反映处理器的运算速度。但是它过于依赖指令集,用来比较指令集不同的处理器性能好坏有时并不准确。对不同的程序,即使是同一台计算机,有时差别也会较大。

FLOPS 取决于计算机和程序两方面,它只能用来衡量处理器浮点操作的性能,不能体现整体性能。不过,由于 FLOPS 是基于操作而不是基于指令,用它来比较两种不同的处理器相对客观一些。当然,浮点操作的类型不同,运算时间相差也会很大,例如浮点加要远远快于浮点除。

除此之外,与处理器运算速度相关的参数还有 3 个。

(1) 吞吐量。吞吐量是一台计算机在某一时间间隔内能够处理的信息量。

(2) 响应时间。响应时间是从有效输入到系统产生响应之间的间隔时间。

(3) CPU 执行时间。CPU 执行时间是 CPU 执行一段程序所占用的时间。

$$CPU 执行时间 = 程序时钟周期数 \times 时钟周期$$

5. 存储容量

计算机的存储系统包含主存和外存以及高速缓存。相对于主存,高速缓存的容量很小。外存不能被 CPU 直接访问,需要执行的程序与处理的数据要调入主存才能被 CPU 访问。

计算机处理能力的大小在很大程度上与主存有关。因此一般来说,计算机存储容量指的是主存容量的大小。

存储容量表示存储器中可以存放的所有二进制位的总数。关于存储器的容量前面已经介绍,在此不再赘述。

【知识拓展】

计算机的体系结构、组成与实现

计算机体系结构(Computer Architecture)主要研究的是硬件和软件功能的划分,确定硬件和软件的界面,即哪些功能应划分给硬件子系统完成,哪些功能应划分到软件子系统中完成。其更多情况下是指计算机的外特性,即硬件子系统的结构概念及其功能特性。从机器语言或汇编语言程序员的角度看,不同的计算机系统具有不同的属性。在高级语言程序员看来,它们几乎没什么区别,具有相同的属性,因此计算机系统结构是机器语言和汇编语言程序设计人员所见到的计算机系统属性。

计算机组成(Computer Organization)是依据体系结构所确定的硬件子系统的概念结构和功能特性来研究硬件子系统各组成部件的内部结构、相互联系及实现机器指令级的各种功能和特性,即研究的是计算机体系结构的逻辑实现。例如,AMD Opteron 64 与 Intel Pentium 4 的指令系统相同,即两者的系统结构相同,但内部组成、流水线和 Cache 结构完全不同,相同的程序在两台机器上的运行时间一般是不同的。

计算机实现(Computer Implementation)是指计算机组成的物理实现。它包括处理器、主存储器等部件的物理结构,器件的集成度和速度,器件、模块、插件、底板的划分与连接,专用器件的设计,电源、冷却、装配等技术及有关的制造技术和工艺等。

系统结构的不同会使采用的组成技术产生差异,计算机组成也会影响系统结构。计算机实现是计算机系统结构和组成的基础,其技术的发展,特别是器件技术的发展,促进了组成和结构的发展。计算机系统结构、组成和实现之间的关系如图1-10所示。随着计算机技术的迅猛发展,三者之间的关系将变得越来越模糊。

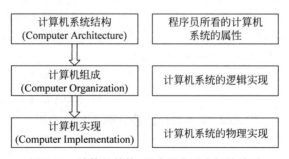

图 1-10 计算机结构、组成和实现之间的关系

本 章 小 结

计算机系统以硬件为基础,通过配置软件扩充其功能。理论上来说,任何由软件实现的操作都可以直接由硬件来完成;任何由硬件实现的指令都可以由软件来模拟。硬件和软件

在逻辑上是等价的。计算机设计时,软件和硬件功能的分配要综合考虑成本、速度、可靠性等多种因素。

计算机系统结构十分复杂,但具有明显的层次性。采用分层的观点来分析或设计计算机时,可以根据需要忽略一些无关的细节,针对相应层次去观察、分析计算机的组成、性能、工作机理,也可以进行系统各层面的设计,使复杂问题更容易解决。从计算机系统组成的角度划分层次,有利于认识计算机系统的构成过程;从语言的角度划分层次,有助于理解各种语言的实质和实现途径。

本章重点介绍了冯·诺依曼计算机的基本组成和工作原理。冯·诺依曼计算机的特点主要包括 3 个方面:

(1) 计算机硬件由运算器、控制器、存储器、输入设备和输出设备五大部件组成。
(2) 数据和指令均采用二进制形式。
(3) 采用了"存储程序"的思想。其核心思想是程序存储并按地址顺序执行。

另外,简单介绍了计算机的几个主要性能指标,它是设计计算机的主要依据。

习 题 1

1. 电子计算机技术在六十多年中虽有很大的进步,但至今仍具有"存储程序"的特点,最早提出这种概念的科学家是(　　)。
   A. 牛顿　　　　　B. 爱因斯坦　　　　C. 爱迪生　　　　D. 冯·诺依曼
2. 从构成的器件角度,计算机的发展经历了 4 代。但从系统结构来看,至今为止,绝大多数计算机仍是(　　)式计算机。
   A. 实时处理　　　B. 智能化　　　　　C. 并行　　　　　D. 冯·诺依曼
3. 通常划分计算机发展时代是以(　　)为标准的。
   A. 所用电子器件　B. 运算速度　　　　C. 计算机结构　　D. 所用语言
4. 完整的计算机系统应包括(　　)。
   A. 运算器、存储器和控制器　　　　　B. 外围设备和主机
   C. 主机和实用程序　　　　　　　　　D. 配套的硬件设备和软件系统
5. 冯·诺依曼机工作的基本方式的特点是(　　)。
   A. 多指令流单数据流　　　　　　　　B. 按地址访问并顺序执行指令
   C. 堆栈操作　　　　　　　　　　　　D. 存储器按内容选择地址
6. 电子计算机的运算器、控制器和主存储器合称为(　　)。
   A. CPU　　　　　B. ALU　　　　　　C. 主机　　　　　D. UP
7. 输入输出装置以及外接的辅助存储器称为(　　)。
   A. 操作系统　　　B. 主机　　　　　　C. 存储器　　　　D. 外围设备
8. 计算机硬件能够直接识别和执行的只有(　　)。
   A. 高级语言　　　B. 汇编语言　　　　C. 机器语言　　　D. 符号语言
9. 计算机的软件系统可分为(　　)。
   A. 程序和数据　　　　　　　　　　　B. 操作系统和语言处理系统
   C. 数据和文档　　　　　　　　　　　D. 系统软件和应用软件

10. 将高级语言程序翻译成机器语言程序需借助于(　　)。
    A. 连接程序　　　　B. 编辑程序　　　　C. 编译程序　　　　D. 汇编程序
11. 解释术语：存储程序、机器字长、存储单元、存储容量、主机、虚拟机、CPU、ALU、CPI、MIPS。
12. 简要说明冯·诺依曼计算机的特点，并指出其核心思想。
13. 计算机的硬件由哪些部件组成？简要说明各部件的功能。
14. 计算机的系统软件主要包括哪几种？简要介绍其功能。
15. 什么是内存？什么是外存？简要说明二者之间的区别。
16. 指令和数据都在主存中，CPU 在执行程序时如何进行区分？
17. 数据总线宽度、机器字长、存储字长、指令字长分别指的是什么？它们之间有什么关系？
18. 计算机系统分层的目的是什么？如何分层？
19. 简要说明硬软件之间的逻辑等价性。
20. 查阅资料，了解巴贝奇、克兰德·楚泽、冯·诺依曼在计算机发展中的贡献。
21. 查阅资料，了解计算机的发展趋势。

第 2 章 计算机中的数据表示

计算机工作的本质是对数据进行加工和处理。现实世界中的数据有很多种,在计算机中大致分为数值型和非数值型两大类。不同的数据在计算机中的表示形式不同;同一种数据由于应用的场合不同,在计算机中也可以有多种不同的表示形式。数据在计算机中的不同表示形式,对计算机的结构和性能有直接的影响。因此本章内容是学习计算机组成原理的基础。

本章重点介绍数值型数据的多种机器编码及定点与浮点格式,简单介绍字符与汉字的编码,以及信息传输时的校验码。

2.1 数值型数据的表示

在计算机中,无论是何种形式的数据均采用数字化形式表示,即用"0""1"两个基本符号构成的编码表示,以便采用数字电路实现其存储与处理。本节介绍数值型数据的各种表示形式。

2.1.1 真值和机器数

日常生活中,人们习惯使用十进制表示数据的大小,考虑到数据在计算机中的存储及处理电路的实现,数据全部采用二进制码"0""1"来表示。

由于二进制表示的数据位数较长,书写不方便,计算机中也使用八进制、十六进制表示。为了避免出现误会,通常采用下标或后缀的方法说明数制的不同。后缀 B 表示二进制,H 表示十六进制,O 表示八进制。例如 $2358H=(2358)_{16}$,表示该数为十六进制数。

通常人们用正号(+)、负号(-)加上二进制或十进制的数值来表示数据的大小,这种数据表示形式在计算机原理中称为真值。例如+1011101B,或-123.45 等,其中的正号(+)经常省略。

计算机不认识"+""-",因此正负号也要进行"数字化",一般"0"表示正数,"1"表示负数。在计算机原理中将这种连同符号一起"数字化"的数据表示形式称为机器数。例如真值为-1011101 的二进制数的机器数可以表示为 11011101。其中,最左边的"1"是符号位,表示负数。

1. 无符号数和有符号数

无符号数就是没有符号位,整个机器字长的二进制位均为数值位,相当于数的绝对值。例如,10010B 表示十进制无符号数的 18。

机器字长为 n 位的无符号数的表示范围为 $0\sim 2^n-1$。若字长为 8 位,则数的表示范围为 $0\sim 255$。

对于有符号数,通常约定机器字长的最高位为符号位,其余位为数值部分。符号位和数值位如何联合表示一个数?计算机中有多种编码形式,以适应不同的应用场合的需要。常用的编码形式有原码、反码、补码和移码。

例如,4位机中机器数1001,原码时表示-1,补码时表示-7,反码则表示-6。

为了方便区分真值和各种机器数,约定x表示真值,$[x]_原$表示原码,$[x]_补$表示补码,$[x]_反$表示反码,$[x]_移$表示移码。

2. 原码

原码是最容易理解的一种机器数表示形式。一个有符号数的原码定义为,最高位为符号位,且"0"表示正,"1"表示负,数值部分为真值的绝对值。即除去符号用"0"或"1"表示外,其余部分与真值相同。

若真值x为纯整数,n位处理器中,$x=+x_{n-1}x_{n-2}\cdots x_1$时,$[x]_原=0\,x_{n-1}x_{n-2}\cdots x_1$;

$x=-x_{n-1}x_{n-2}\cdots x_1$时,$[x]_原=1\,x_{n-1}x_{n-2}\cdots x_1$。

其原码定义的数学表达式为

$$[x]_原=\begin{cases}x, & 2^{n-1}>x\geq 0\\ 2^{n-1}-x=2^{n-1}+|x|, & 0\geq x>-2^{n-1}\end{cases}$$

例如,8位机中,

$x=+1001101$时,

$$[x]_原=01001101;$$

$x=-1001101$时,

$$[x]_原=11001101$$

若真值x为纯小数,n位机中,

$x=+0.x_{n-1}x_{n-2}\cdots x_1$时,

$$[x]_原=0.x_{n-1}x_{n-2}\cdots x_1$$

$x=-0.x_{n-1}x_{n-2}\cdots x_1$时,

$$[x]_原=1.x_{n-1}x_{n-2}\cdots x_1$$

其原码定义的数学表达式为

$$[x]_原=\begin{cases}x, & 1>x\geq 0\\ 1-x=1+|x|, & 0\geq x>-1\end{cases}$$

例如,5位机中,

$x=+0.1001$时,

$$[x]_原=0.1001$$

$x=-0.1001$时,

$$[x]_原=1.1001$$

说明:实际上,在计算机中小数点是不存在的,只存在于人们的表达形式中。

根据原码的定义,真值0用原码表示时有两种不同的形式:

$$[+0]_原=000\cdots 0 \qquad [-0]_原=100\cdots 0$$

原码表示的优点是直观易懂,真值与原码之间的转换简单。实现乘、除法运算的规则简单,两数的数值部分直接乘或除就是结果的数值部分,两数的符号位异或就是结果的符号位。

原码表示的缺点是,实现加、减运算的规则较复杂。如果两数相加,异号须相减。相减时还需判断两数绝对值的大小,绝对值大的减绝对值小的,结果的符号为绝对值大的数的符号。如果两数相减,异号又变为相加。这样的规则用电路实现起来较为麻烦。

3. 补码

为了简化数据在计算机中进行加减运算的实现过程,引入了补码的表示形式。

(1) 模和同余。如果能够将减法运算转换为加法运算实现,计算机中只需设置加法器,无须另外设置减法器,这样将简化运算器的电路实现。如何将减法运算化为加法呢?这里借用一下模和同余的概念。

① 模。模是指一个计量器的容量,可用 M 表示。例如对于一个 4 位二进制计数器,当计数器从 0 累加到 15 之后,再加 1,计值值就变为 0,这个计数器的容量 $M = 2^4 = 16$,即模为 16。同理,字长为 n 位的纯整数的模为 2^n,纯小数(有符号数)的模为 2。

② 同余。若两整数 A 和 B 除以同一个正整数 M,所得余数相同,则称 A 和 B 对 M 同余,即 A 和 B 在以 M 为模时相等,可写作:

$$A = B \pmod{M}$$

对钟表而言,其模 $M = 12$,4 点和 16 点、3 点与 15 点分别是同余的。

假设当前时针指向 8 点,若要将时针拨到 6 点,有两种方法:逆时针拨 2 小时或顺时针拨 10 小时。前者代表 $8-2=6$,后者可以认为是 $8+10=6 \pmod{12}$。因为

$$\frac{10}{12} = \frac{12-2}{12} = 1 + \frac{-2}{12}$$

即 -2 和 10 同余。同余的两个数,具有互补的关系,-2 和 10 对模 12 来说是互补的,也可以说 -2 的补数是 10(模为 12)。

可见,只要确定了模,就可以找到一个与负数等价的正数来代替此负数,这样就可以将减法运算用加法实现。这个与负数等价的正数称为该负数的补数。将补数的概念应用到计算机中,形成了补码表示形式。

(2) 补码的定义。有符号数 x 的补码定义为

$$[x]_{\text{补}} = \begin{cases} x \pmod{M}, & 0 \leqslant x < \dfrac{M}{2} \\ M + x \pmod{M}, & -\dfrac{M}{2} \leqslant x < 0 \end{cases}$$

对于 n 位纯整数机,其模为 2^n,数 x 的补码为

$$[x]_{\text{补}} = \begin{cases} x, & 2^{n-1} > x \geqslant 0 \\ 2^n + x, & 0 > x \geqslant -2^{n-1} \end{cases}$$

例如,8 位机中,

$x = +11100$ 时,

$$[x]_{\text{补}} = 00011100$$

$x = -11100$ 时,

$$[x]_{\text{补}} = 100000000 - 11100 = 11100100$$

对于 n 位纯小数机,其模为 2,数 x 的补码为

$$[x]_{\text{补}} = \begin{cases} x, & 1 > x \geqslant 0 \\ 2 + x, & 0 > x \geqslant -1 \end{cases}$$

例如,若机器字长为 8 位,则

$x=+0.1011$ 时,

$$[x]_{\text{补}}=0.1011000$$

$x=-0.1011$ 时,

$$[x]_{\text{补}}=10.0000000-0.1011000=1.0101000$$

根据补码的定义,真值 0 用补码表示只有一种表示形式:

$$[+0]_{\text{补}}=[-0]_{\text{补}}=000\cdots0$$

注意:补码表示的数据范围比原码在负数方向上多了一个值。

纯整数 n 位机,$[-2^{n-1}]_{\text{补}}=100\cdots0(n-1$ 个 $0)$,最高位的"1"既表示符号,代表"负",又有数值的含义,代表 2^{n-1}。例如,8 位整数机,补码可以表示-128,$[-128]_{\text{补}}=10000000$。

纯小数 n 位机,$[-1]_{\text{补}}=1.00\cdots0(n-1$ 个 $0)$,最高位的"1"既表示符号,代表"负",又有数值的含义,代表数 1。例如 8 位纯小数机,$[-1]_{\text{补}}=1.0000000$。

补码表示的缺点是真值与原码之间的换算不够直接,实现乘法运算不方便。事物总是存在两面性。

(3) 补码与真值之间的转换。由定义可知,正数的补码与原码是一样的,其与真值之间的转换很简单,不再赘述。

对于负数,根据补码的定义求其补码要进行一次减法运算,这从本质上没有消除减法运算。因此,实现求负数的补码的电路不是根据定义设计的,而是采用以下两种方法。

① 负数 x 的补码等于将其原码除符号位之外的各位变反后末位加 1。即符号位为 1,数值部分为真值的绝对值按位变反后末位加 1。

例如,若上例中的 $x=-11100$ 在 8 位机中

$$[x]_{\text{原}}=1\ 0011100$$

则

$$[x]_{\text{补}}=1\ 1100011+1=1\ 1100100$$

与前述对比可以看出,与利用定义求得的结果一样。这种方法实现时,可以在加法电路的基础上,加一点反相器即可。消除了定义方法求补码中的减法运算过程。详细内容参见 3.1 节。

② 另一种更有效的方法是,对 x 的原码自低位向高位查看,遇到的第一个"1"及其右边的"0"保持不变,剩余的左边的各位取反,符号位保持不变。

例如,若 $[x]_{\text{原}}=1\ 0\ 0\ 1\ 1\ 1\ 0\ 0$,则

$$[x]_{\text{补}}=1\ \underline{1\ 1\ 0\ 0}\ 1\ 0\ 0$$

这种方法避免了加 1 运算。在实际运算器的设计中,求补逻辑电路的实现就是采用此方法。

上述两种已知原码求补码的方法,同样也适合已知补码求原码。

例如,若 $[x]_{\text{补}}=1\ 0\ 1\ 0\ 1\ 0\ 1\ 1$,则

$$[x]_{\text{原}}=1\ \underline{1\ 0\ 1\ 0}\ 1\ 0\ 1$$

(4) 位数扩展。当数据真值的二进制位数比机器字短时,数值部分的位数要进行扩展。

对于纯整数机,由于真值位数扩展时,是在数值的高位部分补"0",而这些"0"在求补码时会由于符号位的不同而有不同的变化。对于正数,高位补的"0"不变;对于负数,高位补的"0"变成了"1",即补码中扩展位与符号位相同,相当于符号在扩展,因此也称为符号位扩

展。总之,正数补码位数扩展时,高位补"0";负数补码位数扩展时,高位补"1"。

例如,+46=+10 1110B,当机器字长为 7 位时,则

$$[+46]_\text{补}=010\ 1110$$
$$[-46]_\text{补}=101\ 0010$$

当机器字长为 8 位时,数值部分是 7 位,则

$$46=010\ 1110B$$
$$[+46]_\text{补}=0010\ 1110$$
$$[-46]_\text{补}=1101\ 0010$$

当机器字长为 16 位时,数值部分是 15 位,46=000 0000 0010 1110B,则

$$[+46]_\text{补}=0000\ 0000\ 0010\ 1110,$$
$$[-46]_\text{补}=1111\ 1111\ 1101\ 0010$$

其中,下画线部分是符号扩展的结果。

对于纯小数机,由于真值位数扩展时,是在数值的低位部分补"0",这些"0"对求补码没有任何影响。因此,对于纯小数机,无论是正数还是负数,位数扩展时,只需在低位部分补"0"即可。

例如:

当 $x=+0.1011$ 时,

在 5 位机中,

$$[x]_\text{补}=0.1011$$

8 位纯小数机中,

$$x=+0.1011000$$
$$[x]_\text{补}=0.1011000$$

当 $x=-0.1011$ 时,

在 5 位机中,

$$[x]_\text{补}=1.0101$$

8 位纯小数机中,

$$x=-0.1011000$$
$$[x]_\text{补}=1.0101000$$

4. 反码

正数的反码和原码相同;负数的反码是将原码中符号位不变,数值部分中的各位变反。

例如,在 8 位纯整数机中,

$x=+11100$ 时,

$$[x]_\text{反}=00011100$$

$x=-11100$ 时,

$$[x]_\text{反}=11100011$$

在 8 位纯小数机中,

$x=+0.1001$ 时,

$$[x]_\text{反}=0.1001000$$

$x = -0.1001$ 时,
$$[x]_{反} = 1.0110111$$

事实上,负数求补码和求反码的区别只是最低位是否加 1,因此,反码的数学表达式只是将补码的表达式中,负数部分最低位减去了 1。

对于纯整数 n 位机,x 反码的数学表达式为
$$[x]_{反} = \begin{cases} x, & 2^{n-1} > x \geq 0 \\ (2^n - 1) + x, & 0 \geq x > -2^{n-1} \end{cases}$$

对于纯小数 n 位机,x 反码数学表达式为
$$[x]_{反} = \begin{cases} x, & 1 > x \geq 0 \\ (2 - 2^{-(n-1)}) + x, & 0 \geq x > -1 \end{cases}$$

其中,x 为真值。

真值 0 的反码表示有两种表示形式:
$$[+0]_{反} = 00\cdots0$$
$$[-0]_{反} = 11\cdots1$$

5. 移码

移码主要用于表示浮点数的阶码。由于阶码是整数,这里只讨论 x 是整数时的移码。n 位机中,定义 x 移码的数学表达式为
$$[x]_{移} = 2^{n-1} + x, \quad 2^{n-1} > x \geq -2^{n-1}$$

例如,8 位机中,

$x = +10101$ 时,
$$[x]_{移} = 2^7 + 10101 = 10010101$$

$x = -10101$ 时,
$$[x]_{移} = 2^7 - 10101 = 01101011$$

从定义可以看出,移码就是在真值的基础上加上一个固定值,这个固定值称为偏移值。

对比补码和移码的数学定义式,可以看出,n 位机中,
$$[x]_{补} = [x]_{移} + 2^{n-1}$$

即补码与移码只是最高位(符号位)不同,数值部分没有区别。因此,上述求补码的方法在求移码时都可以使用。

注意:移码符号位的表示规律与原码、反码、补码的相反。即移码最高位为"0",表示其真值为负数;移码最高位为"1",表示其真值为正数。

如果将移码看作无符号数,其大小直观地反映了真值的大小。移码全为"0"时,所对应的真值最小,全为"1"时,所对应的真值最大。因此,浮点数的指数(阶码)常用移码表示。这样在比较两个浮点数大小时,可以直接从阶码的编码看出,阶码编码大的浮点数就大。

上述 4 种编码方法各有所长,实际上它们也分别使用在不同的场合。由于补码表示时加减运算方便,目前计算机中广泛采用的是补码表示、补码存储、补码运算的方式;也有一些是用原码存储和传送数据,用补码进行运算;另外,还有一些是做加减运算时采用补码,做乘除运算时采用原码。移码主要用于表示浮点数的阶码。

【例 2-1】 将十进制真值 $x(-127,-1,0,+1,+127)$ 列表写出其对应的二进制形式及原码、反码、补码、移码。

解：根据定义和 4 种编码之间的关系，得到上述真值所对应的各编码值如表 2-1 所示。

表 2-1 真值对应的原码、反码、补码、移码

真值 x （十进制）	真值 x （二进制）	$[x]_{原}$	$[x]_{反}$	$[x]_{补}$	$[x]_{移}$
-127	-1111111	11111111	10000000	10000001	00000001
-1	-0000001	10000001	11111110	11111111	01111111
$+0$	$+0000000$	00000000	00000000	00000000	10000000
-0	-0000000	10000000	11111111		
$+1$	$+0000001$	00000001	00000001	00000001	10000001
$+127$	$+1111111$	01111111	01111111	01111111	11111111

同一个二进制码，由于所表示的含义不同，相对应的实际数值不同。表 2-2 给出 8 位二进制码 00000000～11111111 含义不同时，与其实际值之间的相应关系。

表 2-2 实际值对应的原码、反码、补码、移码

二进制码	无符号数	原码	反码	补码	移码
00000000	0	$+0$	$+0$	0	-128
00000001	1	$+1$	$+1$	$+1$	-127
00000010	2	$+2$	$+2$	$+2$	-126
01111110	126	$+126$	$+126$	$+126$	-2
01111111	127	$+127$	$+127$	$+127$	-1
10000000	128	-0	-127	-128	0
10000001	129	-1	-126	-127	$+1$
10000010	130	-2	-125	-126	$+2$
11111110	254	-126	-1	-2	$+126$
11111111	255	-127	-0	-1	$+127$

从表 2-2 中也看到，移码的大小顺序与对应的数的大小顺序相同。

2.1.2 定点和浮点格式

日常使用的数据中，很多是带小数点的数据。在计算机中，小数点的问题如何解决呢？在计算机中，没有专门设置电路来表示数据的小数点，而是采用不同的数据格式约定小数点的位置。常用的数据格式有定点格式和浮点格式两种。

1. 定点格式

定点格式约定机器中小数点的位置是固定不变的。由于约定，机器中就不再使用"."表示。对于任意 n 位定点数 x，在计算机中的格式如图 2-1 所示。

理论上讲，定点格式的小数点可以固定在任何位置。但计算机设计时通常将数据设定为纯小数和纯整数两种。前者小数点约定在符号位与最高数值位之间；后者小数点约定在所有数值位后。

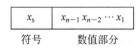

图 2-1 计算机中的定点格式

根据前面所述,对于有符号数,采用的编码不同,定点格式所表示的数据范围不同。对于 n 位纯整数机来说,原码和反码表示的范围为 $-(2^{n-1}-1) \sim +(2^{n-1}-1)$;补码和移码表示的范围为 $-2^{n-1} \sim +[2^{n-1}-1]$。对于 n 位纯小数机来说,原码和反码表示的范围为 $-[1-2^{-(n-1)}] \sim +[1-2^{-(n-1)}]$;补码和移码表示的范围为 $-1 \sim +[1-2^{-(n-1)}]$。

【例 2-2】 设机器字长 16 位,试写出:
(1) 定点纯整数原码表示时,能表示的最大正数和最小负数;
(2) 定点纯小数原码表示时,能表示的最大正数和最小负数;
(3) 定点纯整数补码表示时,能表示的最大正数和最小负数;
(4) 定点纯小数补码表示时,能表示的最大正数和最小负数。
要求:同时给出上述各数对应的机器数形式。

解:
(1) 定点纯整数原码表示。
最大正数 $= 2^{15}-1 = +32767$,对应的机器数为 0111 1111 1111 1111。
最小负数 $= -(2^{15}-1) = -32767$,对应的机器数为 1111 1111 1111 1111。
(2) 定点纯小数原码表示。
最大正数 $= 1-2^{-15} = (+0.111\cdots 11)_2$,对应的机器数为 0.111 1111 1111 1111。
最小负数 $= -(1-2^{-15}) = (-0.111\cdots 11)_2$,对应的机器数为 1.111 1111 1111 1111。
(3) 定点纯整数补码表示。
最大正数 $= 2^{15}-1 = +32767$,对应的机器数为 0111 1111 1111 1111。
最小负数 $= -2^{15} = -32768$,对应的机器数为 1000 0000 0000 0000。
(4) 定点纯小数补码表示。
最大正数 $= 1-2^{-15} = (+0.111\cdots 11)_2$,对应的机器数为 0.111 1111 1111 1111。
最小负数 $= -1$,对应的机器数为 1.000 0000 0000 0000。

对于只能处理定点数的计算机称为定点计算机。定点格式中,小数点的位置不同,字长一定的定点机,能处理的数据的范围有所不同。当人们要处理其他各种范围的数据时,需将实际数据乘上一个比例因子,将其转化为定点机所能处理范围内的数据,得到的运算结果再根据比例因子还原成实际值。

2. 浮点格式

在科学计算中,常常会同时遇到非常大和非常小的数。如果用同样的比例因子进行处理,很难兼顾数值范围和运算精度的要求,为此引入浮点数表示。

(1) 浮点数的一般格式。所谓浮点数表示,是指小数点在数据中的位置可以根据需要而浮动。与数学中的科学计数法相似,任意一个 R 进制数 N,其浮点数可以写成
$$N = M \times R^E$$
其中,M 称为尾数(Mantissa),表明数据的有效数字的位数,决定了数据的精度;E 称为阶码(Exponent),用一个整数,指明了小数点在数据中的位置;R 称为基数(Radix),计算机中一般规定为 2、8 或 16。

例如,二进制数 101.00101 的浮点数形式可以写成 1.0100101×2^2、10100.101×2^{-2}、0.10100101×2^3 等。阶码的取值不同,小数点的位置在尾数中进行浮动。

计算机中,浮点数的一般格式如图 2-2 所示。

阶码部分E　　　数符M_S　　尾数数值部分M

图 2-2　浮点数的一般格式

图 2-2 中,基数约定为 2,阶码 E 和尾数 M 通常情况下是有符号数,E_S 表示阶码的符号,M_S 表示浮点数的数符。多数计算机中,尾数是纯小数,采用原码或补码表示;阶码为纯整数,采用补码或移码表示。

浮点数的具体格式有很多种。尾数和阶码可以采用不同的机器码,数符的位置有放在首位的,尾数有的采用 1.M 形式。例如 IEEE 754 浮点格式。

(2) 浮点格式表示的数据范围。浮点格式表示的数据范围主要由阶码的位数决定,精度主要由尾数的位数决定。合理选择阶码和尾数的位数,可以使有限的字长表示足够大的数据范围。

阶码和尾数所用机器码不同,其所能表示的数据范围也不同。假设在上述浮点格式中阶码采用移码表示,尾数为纯小数,采用补码表示,其真值为

$$x = (-1)^S \times (0.M) \times 2^{E-K}, \quad K = 2^m$$

其中,E 是把阶码编码作为无符号二进制数的值。

例如,32 位浮点格式,阶码部分占 8 位(包括阶符 1 位),采用移码表示;尾数占 24 位(包括数符 1 位),采用补码表示,则阶码部分全为 1 时,$E_S E_1 E_2 \cdots E_7 = 111\cdots 1$,$E = 255$,指数最大为 $255-128=127$;阶码部分全为 0 时,$E_S E_1 E_2 \cdots E_7 = 00\cdots 0$,指数最小为 $0-128=-128$。对于浮点数,指数越大,对应的数据绝对值越大。结合补码表示的尾数大小,该浮点格式可表示的数据范围如下:

最大正数为 $+0.111\cdots 11 \times 2^{+127}$,对应的浮点格式为

1 111 1111 0 111 1111 1111 1111 1111 1111

最小正数为 $+0.000\cdots 01 \times 2^{-128}$,对应的浮点格式为

0 000 0000 0 000 0000 0000 0000 0000 0001

最大负数为 $-0.000\cdots 01 \times 2^{-128}$,对应的浮点格式为

0 000 0000 1 111 1111 1111 1111 1111 1111

最小负数为 $-1.000\cdots 00 \times 2^{+127}$,对应的浮点格式为

1 111 1111 1 000 0000 0000 0000 0000 0000

对于尾数部分全为"0"的浮点数,无论其阶码为何值,计算机都把该浮点数看成"0",也称为机器"0"。若某数的指数小于阶码能够表示的最小值,无论该数的尾数为何值,也认为是机器"0"。

显然,浮点格式表示的数据范围比定点格式要大很多。

(3) 规格化浮点数。同一个数的浮点表示形式是不唯一的。例如,二进制数 101.00101 的浮点数可以写成 1.0100101×2^2、10100.101×2^{-2} 或 0.10100101×2^3 等形式。为了提高运算的精度,应充分利用尾数有限的位数,尽可能多的存储有效数字。因此规定,当浮点数的尾数值不为 0 时,尾数的最高数值位应该为有效位,即尾数的绝对值应大于或等于 0.5。这种形式的浮点数称为规格化浮点数。例如上述二进制数 101.00 101 的规格化浮点数只

有 0.10100101×2^3 一种形式。

当尾数采用原码表示时,规格化浮点数的尾数数值部分的第一位应为1。当尾数采用补码表示时,规格化浮点数的尾数的符号和数值最高位一般应为01或10的形式。在浮点运算中,如果原始数据或运算结果不是这样的格式,要进行规格化处理。规格化处理的方法很简单,对尾数进行移位,直到满足上述规格化要求。尾数每左移一位,阶码减1;尾数右移一位,阶码加1。

例如,真值 $N = -0.0010100 \times 2^{011}$,显然,该数不符合规格化要求。将尾数左移(相当于小数点右移)两次,尾数变为 -0.10100,指数减2变为001,规格化后的 N 为 -0.10100×2^{001}。

若采用上述一般浮点格式,阶码4位(含阶符),尾数8位(含数符),数符在阶码的后面,尾数采用原码表示。规格化之前,N 的浮点格式为

$$0011\ 1\ 0010100$$

其中低8位为原码表示的尾数部分,尾数数值的最高位不为1,为非规格化。将尾数数值部分左移,直到最高数值位为1,共左移了两次,阶码部分减2,变成了0001,规格化后 N 的浮点格式为

$$0001\ 1\ 1010000$$

若上述格式中的尾数采用补码表示,规格化之前的浮点格式为 $0011\ 1\ 1101100$,低8位为补码表示的尾数部分,尾数的符号位和数值的最高位相同,为非规格化。将尾数数值部分左移,直到尾数的符号位和数值部分的最高数值位不同,共左移了两次,阶码部分减2,变成了0001,即规格化后 N 的浮点格式为

$$0001\ 1\ 0110000$$

注意:有一种特例。当尾数采用补码表示,尾数是 -0.5 时,其对应的补码为 1.1000000,其尾数的最高两位是相同的,不是01或10的形式,也是满足规格化要求的。

例如,浮点格式为 $0011\ 11000000$ 的数据真值是 $-0.1000000 \times 2^{011}$,代表的十进制数为 -0.5×2^3,其浮点格式 $0011\ 11000000$ 是规格化格式。

【例 2-3】 假设一个32位二进制所表示的非零规格化浮点数 x 的真值为
$$x = (-1)^S \times (0.M) \times 2^{E-128}$$
其中,阶码部分占8位(包括阶符1位),采用移码表示;尾数占24位(包括数符1位),采用补码表示。试写出该格式所表示的规格化浮点数的最大正数、最小正数、最大负数、最小负数,并给出相应浮点格式的二进制码。

解:该浮点格式所能表示的规格化浮点数如下:

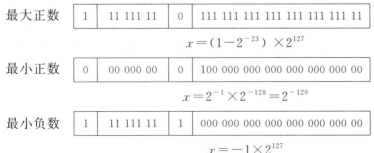

| 最大负数 | 0 | 00 000 00 | 1 | 1 00 000 000 000 000 000 000 00 |

$$x = -2^{-1} \times 2^{-128} = -2^{-129}$$

(4) IEEE 754 浮点格式。由于各机器的浮点数的基数可以不同,阶码的位数和尾数的位数也可以不同,因此浮点数的格式可以有很多种,有的差别很大。为了便于软件的移植,浮点数的表示格式应有统一的标准。1985 年 IEEE(Institute of Electrical and Electronics Engineers,电气和电子工程师协会)制定了 IEEE 754 浮点格式标准。该标准规定浮点数的基数为 2,阶码 E 用移码表示,尾数用原码表示,考虑到规格化时尾数的最高数值位总为"1",IEEE 754 格式将这个"1"默认存储,使得实际尾数的位数比存储的多一位。实数的 IEEE 754 标准的浮点数格式如图 2-3 所示。

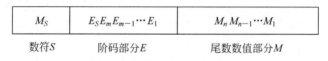

图 2-3 IEEE 754 标准的浮点数格式

其真值为

$$(-1)^S \times (1.M) \times 2^{E-K}$$

注意:这里阶码部分移码的偏移值 $K = 2^m - 1$,比上述通常意义的移码的偏移值小 1。也就是说,如果阶码部分为 8 位时,其偏移值 K 为 127。

IEEE 754 标准规定了 3 种浮点数的格式:单精度、双精度和扩展精度。前两种和 C 语言中的 float 和 double 类型数据的存储格式对应。限于篇幅,这里只介绍前两种浮点数格式。

单精度浮点数格式如图 2-4 所示。

单精度浮点数共占 32b(4B),其中,阶码部分占 8 位(包括阶符),尾数数值部分占 23 位,由于最高数值位上的"1"被隐含,因此实际尾数数值是 24 位。

双精度浮点数格式如图 2-5 所示。

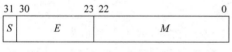
图 2-4 单精度浮点数格式

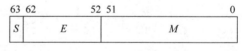
图 2-5 双精度浮点数格式

双精度浮点数共占 64b(8B),其中,阶码部分占 11 位(包括阶符),尾数数值部分占 52b 空间,由于最高数值位上的"1"被隐含,因此实际尾数数值占 53b 空间。

对于阶码 E 的编码为全"0"和全"1"(单精度 E 为 255,双精度 E 为 2047)的情况,IEEE 754 规定其表示一些特殊的数值。E 为"0",且 M 为 0 时,表示机器 0;E 为全"1",且 M 为 0 时,表示±∞;若 E 为全"0",而 M 为非"0",IEEE 754 认为是非规格化数;若 E 为全"1",而 M 为非"0",IEEE 754 认为是 NaN(Not a Number 非数值)数据。即 IEEE 754 标准中的规格化普通数应该是:M 非"0",阶码 E 的值应该为 1~254(或 1~2046),对应的实际指数值为 -126~127(或 -1022~1023)。

【例 2-4】 将十进制数 19.625 转换为 IEEE 754 标准的单精度浮点格式。

解:

第 1 步,将十进制转换为二进制数:

$$(19.625)_{10} = (10011.101)_2$$

第 2 步,二进制进行规格化:
$$1.0011101 \times 2^4$$

第 3 步,求阶码 E:

$E = 4 + 127 = 131$,二进制编码为 10000011。

第 4 步,写出对应的单精度浮点格式:

尾数不够 23 位,后面补 0,$M = 00111010000000000000000$,整数部分的 1 为隐含,正数符号位为 0。对应的单精度浮点格式为

0 10000011 001 1101 0000 0000 0000 0000

【例 2-5】 将 $-67/256$ 转换为 IEEE 754 标准的单精度浮点格式。

解:按照上例的方法和步骤。

将 $-67/256$ 转换为二进制并进行规格化:
$$-67/256 = -(1000011)_2 \times 2^{-8} = -(1.000011)_2 \times 2^{-2}$$

求阶码 E:$E = -2 + 127 = 125$,对应的二进制编码为 1111101。

写出对应的单精度浮点格式:

阶码不够 8 位,前补 0,$E = 01111101$。

尾数不够 23 位,后补 0,$M = 00001100000000000000000$,整数部分的 1 隐含。

负数符号位为 1。

对应的单精度浮点格式为 1 01111101 000 0110 0000 0000 0000 0000。

【例 2-6】 将 IEEE 754 标准的单精度浮点数 43698000H 转换为十进制数。

解:将十六进制编码写成二进制形式,并分离出符号位、阶码和尾数

43698000H = 0100 0011 0110 1001 1000 0000 0000 0000

即

符号位为 0。

阶码 $E = 10000110$。

尾数 $M = 11010011000000000000000$。

求阶码的真值:$E - 127 = 10000110 - 1111111 = +111$。

以规格化形式写出该数的二进制形式为 1.11010011×2^7。

将其转化为非规格化二进制形式为 11101001.1。

将其转化为十进制形式为 $128 + 64 + 32 + 8 + 1 + 0.5 = 233.5$。

2.1.3 十进制数串的表示

十进制是人们熟悉的数据表示方法,一些通用性较强的计算机中设置有十进制数据的表示,以便直接对十进制数进行运算和处理。十进制数在计算机中以数串的形式存储和处理。十进制数串在计算机内的表示形式有字符串形式和压缩的十进制数串形式两种。

1. 字符串形式

字符串形式是把十进制数串当作一个字符串,每一个十进制数位及其正、负符号都用相应的 ASCII 码表示,各占用 1B 存储空间。在主存中存储时,十进制数串存放在连续的多字节中。因此,为了指明这个数,需要给出该数在主存中的起始地址及串的长度。目前,很多

键盘输入的十进制数串是以字符串的形式进行存储的。

在以字符串形式进行存储时,1B 存储空间只能存放一位十进制数。实际上,每个十进制数码用 4 位二进制编码表示就可以了,因此字符串形式造成存储空间的浪费。在数据处理时,还需要将数串中每一位十进制数码提取出来,重新构成十进制数,也给数据处理带来一些不便。因此,一般用于非数值计算的应用领域中。

2. 压缩的十进制数串形式

压缩的十进制数串是指 1B 存储空间存放两位十进制数的 BCD 码,多个连续的字节构成十进制数串,这样既节省了存储空间,也便于直接进行十进制算术运算,是广泛采用的表示形式。

压缩的十进制数串中的十进制数码常采用 8421 BCD 码表示。符号也用 4 位二进制编码表示,存放在最低数值位之后。符号位可以选择 4 位编码中没有表示十进制数码的 6 个编码中的任何两个表示。例如编码 1100 表示正号(+),1101 表示负号(-)。另外,规定十进制数串的数值位加符号的个数不是偶数时,在最高数值位之前补 0 的编码。

例如:

+123 的压缩十进制数串形式为

| 0001 | 0010 | 0011 | 1100 |

-2648 的压缩十进制数串表示为

| 0000 | 0010 | 0110 | 0100 | 1000 | 1101 |

【知识拓展】

BCD 码

用 4 位二进制数表示一位十进制数的编码称为 BCD 码(Binary Code Decimal)。从 4 位二进制的 16 个编码中选取 10 个编码表示十进制的 10 个数码的方法可以有很多种。常用的有 8421 码、2421 码、余 3 码、Gray(格雷)码等。它们与十进制数码之间的对应关系如表 2-3 所示。

表 2-3 4 位二进制编码

十进制	8421 码	2421 码	余 3 码	Gray 码
0	0000	0000	0011	0000
1	0001	0001	0100	0001
2	0010	0010	0101	0011
3	0011	0011	0110	0010
4	0100	0100	0111	0110
5	0101	1011	1000	1110
6	0110	1100	1001	1010
7	0111	1101	1010	1011
8	1000	1110	1011	1001
9	1001	1111	1100	1000

8421码中的8、4、2、1分别表示编码中从高向低每一位的"权"。例如,编码为0110的8421码代表十进制的6,即$0×8+1×4+1×2+0×1=6$。

同样道理,2421BCD码相应位的"权"分别是2、4、2、1。例如,编码为1101的2421码代表十进制的7,即$1×2+1×4+0×2+1×1=7$。

余3码是在按顺序排好的4位二进制的16个编码中去掉前面3个和后面3个,取中间的10个编码表示十进制的10个数码。即0011表示十进制的0,0100表示十进制的1,以此类推。

Gray码的特点是相邻两个编码中只有一个二进制位的状态发生变化。因此可以有很多种编码方案,表2-3中只给出了其中最常用的一种。

由于8412码与十进制数之间的转换简单,需要的译码电路简单,所以应用较广。

2.2 非数值型数据的表示

在计算机对非数值的文字和其他符号进行处理时,要将文字和符号进行数字化,即用二进制编码来表示文字和符号。西文字符最常用到的编码方案是ASCII编码;我国也制定了汉字的编码方案。

2.2.1 字符和字符串

1. ASCII 编码

ASCII码(American Standard Code for Information Interchange,美国信息交换标准代码)表示字符数据,被ISO(国际化标准组织)采纳,作为国际通用的信息交换代码。

ASCII码由7位二进制数组成,可以表示128个不同的字符。包括10个十进制数码(0~9)、26个英文字母的大小写(A~Z,a~z)、34个专用符号和32个控制字符,其中有95个对应计算机终端能输入、可显示和打印的字符。字符的具体ASCII编码如表2-4所示。

表2-4中ASCII码的特点如下。

① 前32个字符和最后一个字符为控制字符,在通信中起控制作用。

② 数字0~9的ASCII码分别为30H~39H,去掉7位中的最高3位011,剩余低位部分正好是对应的数字的值。这样,对于键盘输入的十进制数字很方便变换为压缩型BCD码进行存储。

③ 在英文字母中,A的ASCII码值为41H,a的ASCII码值为61H,相差20H,且由小到大依次排列。因此,只要知道了A的ASCII码,也就知道了其他字母的ASCII码。

通常,将字符的ASCII码的最高位置"0",或填写一位奇偶校验位,在内存中存储时占用1B存储空间。

2. 字符串及其存储

字符串是指连续的一串字符,一般情况下,它们占用主存中连续的多个字节,1B空间可存放一个字符。当主存的字长是2B或4B时,在同一主存字中,可以按从低位字节向高位字节顺序存放字符串,也可以按从高位字节向低位字节的次序存放字符串,这两种方式都常

表 2-4 字符的 ASCII 编码

低4位			ASCII 控制字符						ASCII 打印字符								
二进制	十六进制	十进制	高3位→	000 (0)				001 (1)				010 (2)	011 (3)	100 (4)	101 (5)	110 (6)	111 (7)
			字符	Ctrl	代码	转义字符	字符解释	十进制	Ctrl	代码	转义字符	字符解释					Ctrl
0000	0	0	null	^A	NUL	\0	空字符	16	^P	DLE		数据链路转义	32 (space)	48 0	64 @	80 P	96 `	112 p
0001	1	1	☺	^A	SOH		标题开始	17	^Q	DC1		设备控制 1	33 !	49 1	65 A	81 Q	97 a	113 q
0010	2	2	☻	^B	STX		正文开始	18	^R	DC2		设备控制 2	34 "	50 2	66 B	82 R	98 b	114 r
0011	3	3	♥	^C	ETX		正文结束	19	^S	DC3		设备控制 3	35 #	51 3	67 C	83 S	99 c	115 s
0100	4	4	♦	^D	EOT		传输结束	20	^T	DC4		设备控制 4	36 $	52 4	68 D	84 T	100 d	116 t
0101	5	5	♣	^E	ENQ		查询	21	^U	NAK		否定应答	37 %	53 5	69 E	85 U	101 e	117 u
0110	6	6	♠	^F	ACK		肯定应答	22	^V	SYN		同步空闲	38 &	54 6	70 F	86 V	102 f	118 v
0111	7	7	beep	^G	BEL	\a	响铃	23	^W	ETB		传输块结束	39 '	55 7	71 G	87 W	103 g	119 w
1000	8	8	backspace	^H	BS	\b	退格	24	^X	CAN		取消	40 (	56 8	72 H	88 X	104 h	120 x
1001	9	9	tab	^I	HT	\t	横向制表	25	^Y	EM		介质结束	41)	57 9	73 I	89 Y	105 i	121 y
1010	A	10	换行	^J	LF	\n	换行	26	^Z	SUB		替代	42 *	58 :	74 J	90 Z	106 j	122 z
1011	B	11	♂	^K	VT	\v	纵向制表	27	^[	ESC	\e	溢出	43 +	59 ;	75 K	91 [	107 k	123 {
1100	C	12	♀	^L	FF	\f	换页	28	^\	FS		文件分隔符	44 ,	60 <	76 L	92 \	108 l	124	
1101	D	13	回车	^M	CR	\r	回车	29	^]	GS		组分隔符	45 -	61 =	77 M	93]	109 m	125 }
1110	E	14	♫	^N	SO		移入	30	^^	RS		记录分隔符	46 .	62 >	78 N	94 ^	110 n	126 ~
1111	F	15	☼	^O	SI		移出	31	^_	US		单元分隔符	47 /	63 ?	79 O	95 _	111 o	127 ⌂ backspace 代码;DEL

用。例如,一个字长为 4B 的内存存放字符串"IF□A>B□THEN□X=2",可以是图 2-6 所示的两种存放形式(其中□表示空格符)。

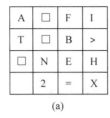
(a)

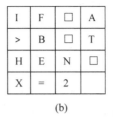
(b)

图 2-6 字符串在主存中的存放形式

2.2.2 汉字的表示

汉字的字符数量多,字形复杂,读音多变,常用的就有约七千个。汉字要进入计算机,在计算机中存储、传输、交换,需要时按字形输出。因此,在汉字计算机中需要用于输入、内部处理和输出 3 种类型的编码。

1. 汉字国标码、区位码

国标码是我国 GB 2312—1980 标准中规定的编码,主要用于汉字信息处理系统或者通信系统之间交换信息。它规定一个汉字必须用 2B 的长度表示,每字节只用低 7 位编码,最高位均未作定义。因此,最多能够表示出 128×128＝16384 个汉字。目前,国标码共收集了 6763 个常用汉字。

GB 2312—1980 标准将汉字分成 94 个区,每个区又包含 94 个位,每位存放一个汉字,因此每个汉字就有一个区号和位号,所以也经常将国标码称为区位码。例如,汉字"青"在 39 区 64 位,其区位码是 3964;汉字"岛"在 21 区 26 位,其区位码是 2126。

2. 汉字机内码

汉字机内码,简称汉字内码,是汉字在计算机内部进行存储、交换、检索等操作的一种代码,一般采用两字节表示。

国标码可以对 16384 个汉字给出唯一的编码,但它并不是真正的汉字内码。由于国标码每字节的最高位都是"0",与国际通用的标准 ASCII 码无法区分。例如,2B 的内容分别是 30H 和 21H 时,既可以认为是一个汉字"啊"的国标码,也可以理解为两个英文字符"0"和"!"的 ASCII 码。因此,国标码必须进行某种变换才能在计算机内部使用。

将国标码的 2B 长度的最高位设定为"1",得到相应的机内码。例如,汉字"啊"的机内码是 10110000 10100001。

在计算机系统中,由于机内码的存在,输入汉字时允许用户根据自己的习惯,使用不同的输入码,进入计算机系统后均转换为机内码存储。

有些系统中字节的最高位用于奇偶校验位,此时汉字内码用 3B 长度进行表示。

【知识拓展】

汉字的编码标准

目前,汉字编码的标准还没有完全统一,除国标码外,还有 BIG-5 码等其他的汉字编码方案。这就造成了各种汉字处理系统之间无法通用的局面。为使世界上包括汉字在内的各种文字的编码走上标准化、规范化的道路,1992 年 5 月国际标准化组织 ISO 通过了《通用多八位编码集(UCS)》(ISO/IEC10640),同时我国也制定了新的国家标准 GB 13000—1993(简称 CJK 字符集)。全国信息标准化技术委员会在此基础上发布了《汉字扩展内规范》,其中收集了中国、日本、韩国三国汉字共 20 902 个(简称 GBK 字符集),可以在很大程度上满足汉字处理的要求。

3. 汉字的输入编码

为了能直接使用西文标准键盘把汉字输入到计算机中,必须为汉字设计专门的输入编码。目前常用的输入编码方法有以下几种。

(1) 数字编码。常用的数字编码是国标区位码。每输入一个汉字需按 4 次键。例如汉字"中"的区位码为 5448。

数字编码的优点是无重码,且输入码与内码之间的转换比较方便,缺点是代码难于记忆。

(2) 拼音码。拼音码是以汉语拼音为基础的输入方法。凡掌握汉语拼音的人,无须训练和记忆,即可使用。但汉字同音字太多,输入重码率很高,按拼音输入后还要进行同音字选择,影响输入的速度。

(3) 字形编码。字形编码是根据汉字的形状实现输入的编码。汉字总数虽多,但组成汉字的笔画有限。把汉字的笔画用字母或数字进行编码,按笔画的顺序依次输入,表示一个汉字。例如五笔字型编码就是一种最有影响的字形编码。

根据汉字的字型进行编码,优点是重码率较低,其缺点是编码的规则较多,难于记忆,必须经过训练才能较好地掌握。

为了加快输入速度,在上述方法的基础上,发展了词组输入、联想输入等多种快速输入方法,但这些都是利用键盘进行"手动"输入。理想的输入方式是利用语音或图像识别技术"自动"将汉字输入到计算机内,使计算机能认识汉字、听懂汉语,并将其自动转换为机内码。目前这样的理想已经成为现实,例如写字板实现手写输入,通过话筒语音输入,通过扫描仪识别文字输入等。

4. 汉字字模码

字模码是用点阵表示汉字字形的代码,是供计算机输出汉字(显示或打印)用的信息编码。

根据汉字输出的要求不同,点阵的多少也不同。一般的点阵规模有 16×16,24×24,64×64 等,每一个点用一个二进制位(bit,b)存储。图 2-7 给出 16×16 点阵表示的汉字"英"的编码。在相同点阵中,不管其笔画多少,每个汉字所占的字节数均相等。

字模点阵的信息量很大,所占用的存储空间很大。例如,使用 16×16 的点阵时,每个汉字占用 32B 的存储空间。因此,字模点阵只能用来构成汉字库,而不能用于机内存储。将每个汉字的点阵代码存储在字库中,当显示或打印输出时检

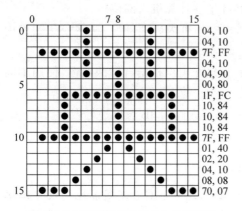

图 2-7 汉字"英"的 16×16 点阵编码

索字库,输出字模点阵,得到字形。

为了节省存储空间,字形数据压缩技术被普遍采用。例如,矢量汉字是采用矢量方法将汉字点阵字模进行压缩,得到汉字字形的数字化信息。

2.2.3 Unicode 编码

汉语、英语、日语等各种不同的文字均有各自的编码,对于国际商业和通信很不方便。人们寻求一种特定的字符编码系统,以适用于世界上所有语言。1988 年,几个主要的计算机公司提出了 Unicode 编码。其中每个字符均采用 2B 长度,共可以表示 65536 个不同字符。从原理上说,Unicode 可以表示现在或将来任何语言中使用的字符。因此,Unicode 编码也被称为统一代码。

Unicode 编码并不是从零开始构造,它兼顾已存在的编码方案,前 128 个字符编码 0000h~007Fh 与 ASCII 码字符一致。同时,也有足够的扩展空间。这种编码方式对国际商业和通信来说非常有用,因为在一个文件中可能需要包含汉语、英语和日语等不同的文字。Unicode 还适合于软件的本地化,即针对特定的国家修改软件。使用 Unicode,软件开发人员可以修改屏幕的提示、菜单和错误信息,以适合不同的语言和地区。目前,Unicode 编码在 Internet 中有着较为广泛的使用,Microsoft 和 Apple 公司也已经在各自的操作系统中支持 Unicode 编码。

尽管 Unicode 对现有的字符编码做了明显改进,但并不能保证它能很快被人们接受。ASCII 码和无数的有缺陷的扩展 ASCII 码已经在计算机世界中占有一席之地,要把它们逐出计算机世界并不是一件很容易的事。

2.3 其他信息的数字化

除了数值型和文字型数据之外,计算机能处理的信息还有语音、图像、图形等。这些信息在计算机中也必须用二进制编码的形式来表示。

1. 语音信息的数字化

语音是人发出的一系列气流脉冲激励声带振动而产生的不同频率的信息,是一种模拟信号。它以连续波的形式传播,不能直接被计算机使用。对声音信号进行采样和量化后才能存入计算机。

(1) 对声音进行采样。由麦克风、录音机等录音设备把语音信号变成频率、幅度连续变化的电流信号。它是一个模拟信号,不能被计算机接受。这个信号经过采样得到一组与声音信号幅值相对应的离散值,其中包含了声音信号的频率和幅值的特征信息。

(2) 量化。将采样得到的声音的离散的数据值转换成一个 n 位二进制的数字量,这个过程称为量化。量化后的数据形式可以被计算机所接收。

(3) 编码。对量化后的二进制数字按照一定的格式进行编码,形成相应格式的文件存储。为了方便存储或传输,音频信息通常还要进行压缩。常用的声音文件格式有 MP3、MAV、MIDI 等。当计算机播放语音信息时,把声音文件中的信息解码,将数字信号还原成模拟信号,通过音响设备输出。

2. 图像信息的数字化

一幅图像可以看作是由一个个像素点构成的。图像的数字化,就是对每个像素点的灰度值进行采样、量化,再进行编码的过程。常用的图像信息的文件格式有 BMP、GIF、JPG 等。

视频信息可以看成由连续变换的多幅图像构成的。播放视频时,每秒需传输和处理 30 幅以上的图像。视频信息数字化后的存储量相当大,需要进行压缩处理。常用的视频文件格式有 AVI、MPG 等。

3. 图形信息的数字化

图形是一种抽象化的图像。图形输出后与位图图像一样,但位图图像的基本元素是像素点,而图形的基本元素是图元。对于图元,只需要知道图元的几个特征数据就可以通过图形指令进行描述。例如,只需要知道半径和圆心就能画出圆的图形。因此,图形信息只需要存储包含的各图元指令,所以占用的存储空间比位图图像小许多。但是,图形显示时要经过数学计算,占用的时间比位图图像要长。

2.4 校 验 码

信息在物理信道中传输时,由于元件故障或线路本身电气特性产生的随机噪声(又称热噪声),以及相邻线路间的串扰等各种外界因素,都会造成信号失真,出现数据传输错误。为了减少和避免这类错误,一方面可从电路、电源和布线等方面采取措施,提高抗干扰能力;另一方面,可在数据编码上采用一些具有特征的编码法并附加少量电路,以便发现错误,甚至能确定错误的性质和出错的位置,进而实现自动改错。前者称为检错,后者称为纠错。

由于计算机中的信息是二进制形式表示,所以发现某位出现错误,纠错会很简单,只需取反即可。因此纠错的关键在于如何快速、准确地发现错误。检错的常用技术是,在有效数据向信道发送之前,先按照某种关系附加上一定的校验位,构成传输码(也称校验码)后再发送出去;接收端收到传输码后,按约定检查有效信息位和校验位之间的关系是否符合要求,如果不符合约定的关系,说明传输中出现了错误。常用的校验码的有奇偶校验码、海明码和循环冗余码 3 种。

2.4.1 奇偶校验码

奇偶校验码是一种简单的数据校验码。它是在若干有效信息位上,增加一个校验位构成的。如果校验位的取值使得整个校验码中"1"的个数是奇数,称为奇校验码;如果校验位的取值使得整个校验码中"1"的个数是偶数,则称为偶校验码。

假如有效信息位为 $D_{n-1}D_{n-2}\cdots D_1 D_0$,则

$$奇校验位的值 = \overline{D_{n-1} \oplus D_{n-2} \oplus \cdots \oplus D_1 \oplus D_0}$$

$$偶校验位的值 = D_{n-1} \oplus D_{n-2} \oplus \cdots \oplus D_1 \oplus D_0$$

例如:	有效数据	奇校验位	偶校验位
	00000000	1	0
	01010100	0	1
	11110110	1	0

形成校验位、进行校验的电路实现很简单。以 8 位有效信息 $D_7D_6\cdots D_1D_0$ 为例,其奇偶校验位的形成和校验电路如图 2-8 所示。A 输出端为 1,表明偶校验码出错;B 输出端为 1,表明奇校验码出错。注意,奇偶校验位本身也可能出错。

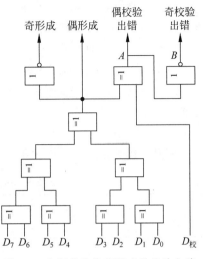

奇偶校验方法简单,电路实现容易,而且只需要一位额外的存储空间,因此应用较多。但是单向奇偶校验只能检测出校验码中有奇数个位出错,不能发现偶数个错误,也不能确定哪位出错。

对于大量字节的数据块在传送时,经常将数据块中的多字节排列成矩阵,除了横向校验外,纵向同时也进行校验,这种横、纵同时校验的方法也称为交叉奇偶校验。交叉校验可以发现两位同时出错的情况。这在一定程度上对单向的奇偶校验是一种弥补。

例如,长度为 4B 的一个信息块,横向和纵向均定为奇校验,有效信息和校验位的值如下:

图 2-8 奇偶校验位的形成及校验电路

	D_7	D_6	D_5	D_4	D_3	D_2	D_1	D_0		横向校验位
第1B内容	1	1	0	0	1	0	1	1	→	0
第2B内容	0	1	0	1	1	1	0	0	→	1
第3B内容	1	0	0	1	0	1	1	0	→	1
第4B内容	1	0	1	1	0	0	1	1	→	0
	↓	↓	↓	↓	↓	↓	↓	↓		
纵向校验位	0	1	0	0	1	1	0	1		

假设第 3B 内容中的 D_5 和 D_2 位出错,其横向校验码中仍有奇数个 1,单从横向看不出错误。但是 D_5 列和 D_2 列的各有一个错误,因此 D_5 列和 D_2 列的纵向奇校验码会发现该列出错。

2.4.2 海明校验码

奇偶校验并不总是有效。如果数据中出现错误的位数为偶数,使用奇偶校验码就无法发现错误。即使奇偶校验检测出了错误,也不能指出哪一位出现了错误。如果一条信息中包含更多用于纠错的位,且通过妥善安排这些纠错位,使得不同的出错位产生不同的错误结果,就可以找出出错位置。例如,在一个 7 位的信息中,单个数据位出错有 7 种可能,用 3 个错误控制位可以确定是否出错及哪一位出错。

海明码是 R. Hamming 在 1950 年提出,至今仍在广泛使用的一种有效的校验码。它的本质是多重奇偶校验,可以用来自动纠正一位差错。

下面,借用简单的奇偶校验码的生成原理来说明海明码的构造方法。若对 $k(=n-1)$ 位有效信息 $a_{n-1}a_{n-2}a_{n-3}\cdots a_1$ 增加一位奇偶校验位 a_0,构成一个 n 位的码字 $a_{n-1}a_{n-2}a_{n-3}\cdots a_1a_0$ 发送出去,则在接收端检验时,可按关系式 $S=a_{n-1}\oplus a_{n-2}\oplus\cdots\oplus a_0$ 计算 S。若得到的 $S=0$,则表示无错;若 $S=1$,则有错。关系式 $S=a_{n-1}\oplus a_{n-2}\oplus\cdots\oplus a_0$ 称为监督关系式,S 称为校正因子。若增加校验位,也即增加了监督关系式和校正因子,就可以用来区分更多的情况。若有两个校正因子 S_1、S_2,其取值有 00、01、10 和 11 这 4 种,因此可以表达 4 种不同的情况。例如,00 表示无差错,01、10 和 11 可以用来指出 3 种不同情况的差错,从而可以进一步区分是哪一位出错。

假设为 k 个数据位设置 r 校验位,则 r 个校验位能表示 2^r 个状态,可用其中的一个状态指出整个 $k+r$ 位的海明码"没有发生错误",用其余的 2^r-1 个状态指出有错误且不同的状态值指明相应的位发生错误,包括 k 个数据位和 r 个校验位。因此校验位的位数应满足如下关系:

$$2^r \geqslant k+r+1$$

根据上述关系式。有效数据位 k 和校验位 r 的值的对应关系如表 2-5 所示。

表 2-5 有效数据位 k 与校验位 r 的对应关系

k 值	2～4	5～11	12～26	27～57	58～120	121～247
最小的 r 值	3	4	5	6	7	8

下面以 $k=4$ 为例来说明海明码的构成原理及其检错的方法。

4 位有效信息需 3 位校验位,设相应的海明码为 $a_6a_5a_4a_3a_2a_1a_0$,3 个校验位 $a_2a_1a_0$ 的值分别由有效信息位的 3 个分组校验得到。根据上述分析,3 个校验位与其相应的奇偶校验组可以构成 3 个监督关系式,得到 3 个校正因子 S_2、S_1、S_0。若 S_2、S_1、S_0 全为"0",表示无错;若 S_2、S_1、S_0 只有一个为"1",表示相应序号的校验位出错;$S_2S_1S_0$ 的其他 4 种编码分别用来表示 4 个有效信息位 $a_6a_5a_4a_3$ 中的某一位出错。设对应关系如表 2-6 所示。

表 2-6 错码位置

$S_2S_1S_0$	000	001	010	100	011	101	110	111
错码位置	无错	a_0	a_1	a_2	a_3	a_4	a_5	a_6

由表 2-6 可知,a_0、a_3、a_4、a_6 中任何一位出错 S_0 都为 1,a_1、a_3、a_5、a_6 中任何一位出错 S_1 都为 1,a_2、a_4、a_5、a_6 中任何一位出错 S_2 都为 1。因此,监督关系式为

$$S_0 = a_0 \oplus a_3 \oplus a_4 \oplus a_6$$
$$S_1 = a_1 \oplus a_3 \oplus a_5 \oplus a_6$$
$$S_2 = a_2 \oplus a_4 \oplus a_5 \oplus a_6$$

正常情况下,即无差错时,S_2、S_1、S_0 应全为 0。将它们代入上述 3 个式子后可求得 3 个校验位 a_2、a_1、a_0 的值为

$$a_0 = a_3 \oplus a_4 \oplus a_6$$
$$a_1 = a_3 \oplus a_5 \oplus a_6$$
$$a_2 = a_4 \oplus a_5 \oplus a_6$$

由此,在已知有效信息后就可以算出每个校验位的值,然后构成海明校验码进行发送。

在接收端收到校验码后,按监督关系式计算校正因子,若它们全为 0,则无错;若不全为 0,则根据错码位置表来判定是哪一位出错,从而进行纠正。例如,码字在传输中有一位出错,在接收端收到的是 0011101,将收到的码字的相应位代入上述监督关系式,得到 $S_2=0$、$S_1=1$,$S_0=1$,说明 a_3 这一位出错了,发送端传输的正确的码字应该是 0010101。接收端接

收后进行纠正,并将低 3 位校验位去掉就可得到有效信息 0010。

2.4.3 循环冗余校验码

在许多检错手段中,循环冗余校验(Cyclic Redundancy Check,CRC)码是最著名的一种,其特点是检错能力极强、开销小、易于用编码器及检测电路实现。其漏检率低于 0.0047%,在性能上和开销上也远远优于奇偶校验等方式。因而,在数据存储和数据通信领域,CRC 无处不在,x.25 通信协议的 FCS(帧检错序列)和磁盘驱动器的读写都采用了 CRC 作为检错手段。

由于循环冗余校验码的任何一个二进制编码都与一个系数为 0 或 1 的多项式一一对应,因此循环冗余校验码又称为多项式码。例如,二进制码 1101010 对应的多项式为 $x^6+x^5+x^3+x^1$,而多项式 $x^7+x^5+x^4+x^2+x^0$ 对应的二进制编码为 10110101。

CRC 的指导思想是,设 k 位有效信息对应的多项式位 $M(x)$ 增加 r 位校验位,构成 $k+r$ 位校验码,这种编码也叫做 (k,r) 码。将待编码的有效信息左移 r 位(空出的 r 位用来拼接校验位)构成多项式 $M(x)x^r$;用约定的一个多项式 $G(x)$ 去除 $M(x)x^r$,得到的商为 $Q(x)$、余数为 $R(x)$。假如将 $M(x)x^r-R(x)$ 作为校验码传送,接收方得到后用 $G(x)$ 去除,余数应该为零,若不为 0,表示传输有错。

CRC 的本质是模 2 除法。多位二进制模 2 除法与普通意义上多位二进制除法类似,但每次的求余数时采用的是模 2 减法,每一位的结果不影响其他位,即不向上一位借位,所以实际上就是异或。另外在如何确定商的问题上规则也有区别。普通除法根据余数减除数是否够减确定商是 1 还是 0,而多位模 2 除法采用模 2 减法,即不带借位的二进制减法,因此考虑余数够减除数与否是没有意义的。实际上,在 CRC 运算中,总能保证除数的首位为 1,因此,在模 2 除法运算时,余数首位是 1 且位数与除数相同,商就可以是 1;位数不够时商为 0,余数右补一位再继续比较,直到位数相同,商再为 1,再模 2 减,得到新余数,以此得到所需的结果。

图 2-9 给出一个示例说明模 2 除法和普通二进制除法的不同。

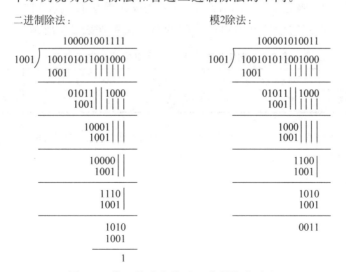

图 2-9 模 2 除法和普通二进制除法对比

1. 循环冗余校验码的编码方法

由于 0 与 0 模 2 减法的结果为 0,0 与 1 的模 2 减为 1,因此,上述 $M(x) \times x^r - R(x)$ 的模 2 运算,实际上就是在 k 位有效信息后面拼接 r 位校验位。CRC 的编码步骤如下:

(1) 将待编码的 k 位有效信息表示多项式 $M(x)$ 左移 r 位,得到 $M(x) \times x^r$,空出的 r 位用来拼接校验位。

(2) 选取一个 $r+1$ 位的多项式 $G(x)$,对 $M(x) \times x^r$ 作模 2 的除法运算,

$$[M(x) \times x^r]/G(x) = Q(x) + R(x)/G(x)$$

其中,余数 $R(x)$ 多项式对应的代码就是校验位的编码。

(3) 在 k 位有效信息位后面拼接 r 位校验位得到相应的 CRC 编码。

说明: 多项式 $G(x)$ 也称为生成多项式,具体选取方法后续介绍。

【例 2-7】 根据上述步骤求 4 位有效信息 1101 的 CRC 编码。设生成多项式的代码是 1011。

解:

(1) 由于生成多项式是 4 位,因此校验位应该有 3 位,即 $r=3$。

(2) 根据 4 位有效信息 1101,$M(x) \times x^r$ 对应的编码应为 1101000。

(3) 求 $M(x) \times x^r / G(x)$ 的余数,即对 1101000/1011 进行模 2 除,得余数

$$1101000/1011 = 1111 + 1/1011$$

即 3 位余数为 001。

注意: 余数的位数比除数的位数少一位。如果前面位是 0 时,0 不能省略。

(4) 将 3 校验位拼在 4 位有效信息 1101 的后面,得到其 CRC 编码为 1101001。

2. 循环冗余校验码的检错与纠错

接收端把收到的 CRC 码用约定的生成多项式 $G(x)$ 去除,如果余数为 0,认为传输无差错;如果有一位出错,余数不为 0。不同的位数出错,得到的余数不同,且存在唯一的对应关系。根据这一对应关系可以找到出错误位并进行取反纠错。

设例 2-7 的 CRC 码为 $a_6 a_5 a_4 a_3 a_2 a_1 a_0$ 中,如果接收端收到的代码和生成多项式 $G(x)$ 进行模 2 除,得到的余数与出错位之间的对应关系如表 2-7 所示。

表 2-7 例 2-7 中出错位与余数之间的对应关系

余数	000	001	010	011	100	101	110	111
错码位置	无错	a_0	a_1	a_3	a_2	a_6	a_4	a_5

如果其中的某一位出错,余数将得到表 2-7 中相应的值。对上述余数补 0 后继续除,经过几次后,余数将进入 011、111、101、001 的循环中。这也是循环码的来源。

3. 生成多项式的选择

并非任何一个 $r+1$ 位的多项式都可以作为生成多项式 $G(x)$ 使用。生成多项式应满足如下要求:

(1) 任何一位发生错误都应使余数不为 0。

(2) 不同位发生错误应当使余数不同。

(3) 对余数做模 2 除法,应使余数循环。

CRC 是一种很有效的差错校验方法。理论上可以证明循环冗余校验码的检错能力有以下特点：

(1) 可检测出所有奇数个错误。

(2) 可检测出所有双比特的错误。

(3) 可检测出所有小于等于校验位长度的连续错误。

(4) 以相当大的概率检测出大于校验位长度的连续错误。

例如，若 $G(x)$ 含有 $x+1$ 因子，可检测出所有奇数个错误。

CRC 校验码的差错控制效果取决于 $G(x)$ 的阶数，阶数越高，效果越好。目前，常用的生成多项式 $G(x)$ 的方法分别如下。

CRC-12：$x^{12}+x^{11}+x^3+x^2+x+1$。

CRC-16：$x^{16}+x^{15}+x^2+1$。

CCITT：$x^{16}+x^{12}+x^5+1$。

本 章 小 结

无论是何种数据信息，在计算机中都采用二进制编码表示。符号位数字化后的数值数据的编码称为机器数。根据小数点位置是否浮点，数值型数据有定点和浮点两种格式。

使用定点格式时，根据小数点所在位置的不同，可分为定点纯小数和定点纯整数。定点数又分无符号数和有符号数。对于有符号数，根据其符号位和数值部分联合表示数据大小的不同，常用的机器码有原码、补码、反码和移码 4 种。不同的编码在数据处理中的应用不同。原码与真值之间的转换简单，补码特别适合于定点数据的加减运算，移码常用来作为浮点数的阶码的编码。

一个数据的浮点格式包含阶码、尾数、基数 3 部分信息。阶码采用纯整数形式，尾数为纯小数形式。阶码位数的多少决定着数据的范围，尾数位数的多少决定了数据的精度。由于阶码和尾数均是可以各种编码，数据的浮点数的格式可以有很多种。IEEE 754 浮点格式是很多高级语言中采用的浮点数据格式，要注意其格式与一般的浮点格式中的阶码和尾数的含义有一定的差别。

在计算机中的西文字符采用 ASCII 表示和存储。为了便于键盘输入、存储、检索、显示和打印，中文字符需要有输入编码、存储内码和字模 3 种编码。

声音、图形和图像信息在计算机中存储和处理，也要转化为二进制形式，要经过信息的采样、量化和编码等过程。

为了提高信息的可靠性，计算机中使用校验码进行检错和纠错。常用的校验码有奇偶校验、海明码和循环冗余校验码 3 种。奇偶校验码是一种最简单的检错码，可以检查出奇数位出错。海明码是一种多重奇偶校验编码，纠错能力较强。循环冗余码是目前通信系统中广泛使用的一种纠错码。

习 题 2

一、基础题

1. 设定点整数机字长为 8 位,分别写出下列各数的原码、反码、补码和移码。
   (1) +47；
   (2) -35；
   (3) -1；
   (4) -125。

2. 设定点小数机字长为 8 位,分别写出下列各数的原码、反码、补码。
   (1) +43/64；
   (2) -53/128；
   (3) -1；
   (4) -125/128。

3. 已知 8 位机中数 x 的原码如下,写出对应的补码。
   (1) $[x]_{原}=10110011$；
   (2) $[x]_{原}=01010110$；
   (3) $[x]_{原}=10010110$；
   (4) $[x]_{原}=01100101$。

4. 已知下列数的补码,写出对应的原码和真值。
   (1) $[x]_{补}=01010011$；
   (2) $[x]_{补}=10011011$；
   (3) $[x]_{补}=11011011$；
   (4) $[x]_{补}=11110110$。

5. 设某机器字长为 16 位,分别写出采用下列不同编码格式时所能表示的数值的范围。
   (1) 无符号数；
   (2) 原码定点小数；
   (3) 补码定点小数；
   (4) 原码定点整数；
   (5) 补码定点整数。

6. 试将下列 8 位机器字长时的 $[x]_{补}$ 扩展成 16 位字长。
   (1) $[x]_{补}=01010011$；
   (2) $[x]_{补}=10011011$；
   (3) $[x]_{补}=11011011$；
   (4) $[x]_{补}=01110110$。

7. 字长为 32 位的浮点数,其符号位 1 位；阶码 8 位(包括阶符),用移码表示,基数为 2；尾数是 23 位纯小数,用补码表示。试给出其规格化数所能表示的数。
   (1) 非零最小正数；
   (2) 最大正数；

(3) 绝对值最小的负数；
(4) 绝对值最大的负数。
要求写出真值和相应的浮点格式。

8. 设某32位的浮点数的格式如图2-10所示，其中符号位为1位；阶码为8位（包括阶符），用移码表示，基数为2；尾数为23位，纯小数，用补码表示。试写出下列浮点数代码所代表的十进制真值。

| 阶段(8位) | 数符(1位) | 尾数(23位) |

图2-10 32位浮点数的格式

(1) $(3F880000)_{16}$；
(2) $(C3F00000)_{16}$。

9. 写出下列十进制数对应的 IEEE 754 标准的单精度浮点数的机器数形式。要求用十六进制形式表示。

(1) +57；
(2) −284；
(3) −15.625；
(4) −13/32；
(5) +67/256；
(6) −123/1024。

10. 写出下列 IEEE 754 单精度浮点数所代表的十进制数值。

(1) 3F800000H；
(2) C3F00000H。

11. 数据表示为什么要区分定点数和浮点数？

12. 写出下列 ASCII 对应的字符或给定字符的 ASCII 码。

(1) 0110111、1100001、1001010、0100101、0110010。
(2) F、g、W、s、8、4、SOH（标题开始）。

13. 试计算采用 32×32 点阵字形表示一个汉字的字模占多少字节？若存储 7000 个这样的汉字，则汉字库需要多少字节的存储容量？

14. 声音信号为什么不能直接被计算机使用？需要通过哪些步骤将声音信号转变后以文件形式进行存储？

15. 写出下列信息的奇校验码和偶校验码。假设校验位放在最低位。

(1) 100110001；
(2) 011010011。

二、提高题

1. 定点 8 位字长，采用补码形式表示时，一个字所能表示的整数范围是（　　）。

　　A. −127～127　　　　　　　　　　B. −128～128
　　C. −128～127　　　　　　　　　　D. −127～128

2. 某机字长 32 位，其中 1 位符号位，31 位表示数值。若采用定点小数表示，则最大正小数为( )。

    A. $+(1-2^{-32})$ B. $+(1-2^{-31})$ C. 2^{-32} D. 2^{-31}

3. 零的原码可以用以下哪个代码表示( )。

    A. 11111111   B. 10000000   C. 01111111   D. 11000000

4. 在( )编码的机器数中，零的表示形式是唯一的。

    A. 原码   B. 反码   C. 补码   D. 原码和反码

5. 8位定点原码整数10100011的真值是( )。

    A. -1011100 B. -0100011 C. $+1011101$ D. -1011101

6. 若某数 x 的真值为 -0.1010，在计算机中该数的编码为 1.0101，则该数所用的机器码是( )。

    A. 原码   B. 补码   C. 反码   D. 移码

7. 计算机中表示地址时使用( )。

    A. 无符号数   B. 原码   C. 反码   D. 补码

8. 计算机系统中采用补码运算的目的是为了( )。

    A. 与手工运算保持一致   B. 提高运算速度

    C. 简化计算机的设计   D. 提高运算精度

9. 在定点小数机中，下列说法正确的是( )。

    A. 只有原码能表示-1 B. 只有反码能表示-1

    C. 只有补码能表示-1 D. 原码、反码和补码均可表示-1

10. 某机器字长为8位，若$[x]_{补}=0110\ 1111$，则$[-x]_{补}=$( )。

    A. 0110 1111   B. 10010000   C. 10010001   D. 11110000

11. 设寄存器的内容为10000000，若它表示-127，则存储的是( )。

    A. 原码   B. 反码   C. 补码   D. 移码

12. 设寄存器的内容为10000000，若它等于-128，则为( )。

    A. 原码   B. 反码   C. 补码   D. 移码

13. 在浮点数编码格式中，( )在机器数中不出现，是隐含的。

    A. 阶码   B. 符号   C. 尾数   D. 基数

14. 浮点数的表示范围和精度主要取决于( )。

    A. 阶码的位数和尾数的位数

    B. 阶码采用的编码和尾数的位数

    C. 阶码采用的编码和尾数采用的编码

    D. 阶码的位数和尾数采用的编码

15. 当用一个16位的二进制数表示浮点数时，下列方案最好的是( )。

    A. 阶码取4位(含阶符1位)，尾数取12位(含数符1位)

    B. 阶码取5位(含阶符1位)，尾数取11位(含数符1位)

    C. 阶码取8位(含阶符1位)，尾数取8位(含数符1位)

    D. 阶码取10位(含阶符1位)，尾数取6位(含数符1位)

16. 假定下列字符码中有奇偶检验位，但没有数据错误，采用奇检验的字符码是( )。

    A. 11001010   B. 11010111   C. 11001100   D. 11001011

17. 设在数据传送中采用偶校验,若接收到代码为 10111011,则表明传送中(　　)。

　　A. 未出现错误　　　　　　　　　　B. 最低位出错

　　C. 未出现错误或出现偶数位错　　　D. 出现奇数位错

18. 写出 8 位和 16 位机中下列各数的原码和补码。

(1) $-35/64$；

(2) $+25$；

(3) -127；

(4) -128；

(5) 用小数表示的 -1；

(6) 用整数表示的 -1。

19. 浮点数的阶码为什么常用移码来表示？移码和补码之间有什么关系？

20. 设某机字长为 8 位(含一符号位),若 $[x]_{补}=11001001$,则 x 的真值和 $[-x]_{补}$ 是多少？

21. 字长为 32 位的浮点数,阶码 8 位,用移码表示；数的符号位(1 位)在中间；尾数是 23 位纯小数,用补码表示；基数为 2。写出规格化数所能表示的正数范围和负数范围。要求分别写出真值的十进制算式和对应的浮点格式编码。

22. 已知下面数据块横向、纵向均为奇校验,指出至少有多少位出错。

								校验位
1	0	0	1	1	0	1	1	→ 0
0	0	1	1	0	1	0	1	→ 1
1	1	0	1	0	0	0	0	→ 0
1	1	1	0	0	0	0	0	→ 0
0	1	0	0	1	1	1	1	→ 0
↓	↓	↓	↓	↓	↓	↓	↓	
校验位　1	0	1	0	1	1	1	1	

23. 求有效信息 1001110 的海明校验码。

24. 设有效信息是 1010110010001111,生成多项式是 x^5+x^2+1,试求出对应的校验位,写出相应的 CRC 编码。

第3章 运算方法和运算器

运算器是计算机进行算术运算和逻辑运算的主要部件。运算器的逻辑结构取决于机器指令系统的运算功能及数据的表示形式和运算方法。本章主要讨论数值数据在计算机中进行算术运算和逻辑运算的实现方法以及运算部件的基本结构和工作原理,使读者对CPU中的运算器的功能及实现方法有一个全面的认识。重点是定点算术运算、浮点算术运算和算术逻辑运算单元(ALU)。

3.1 定点加减运算

数值型数据在计算机中是以一定的编码方式表示的。即使是同一种算术运算,若采用的编码不同,其运算法则、实现方法也不同。

采用原码表示的数据,在进行加、减运算时,要先看是加还是减,还要看两数的符号。同号加、异号减要进行加运算;同号减、异号加要用减法运算,且还要比较两数的大小,运算结果的符号取决于绝对值大的数。在电路实现时,既有加法器还要有减法器。

采用补码表示数据时,可以将加减运算中的异号加和同号减,转换为加法运算。而且在进行加的过程中,符号位也像数值位一样参与运算。这大大简化了加减运算电路的实现。因此,计算机中普遍采用补码进行定点加减运算。本节也仅介绍补码的加减运算及其实现方法。

3.1.1 补码加法运算

可以证明,两个有符号数相加,和的补码等于两个数的补码相加的和。即

$$[x+y]_补 = [x]_补 + [y]_补$$

说明:补码相加时符号位和数值位一起参与运算。

根据补码的定义,下面分4种情况证明上式的正确性。

(1) $x>0, y>0$。因为 x、y 均为正数,则 $x+y$ 也为正数。

根据补码的定义,得

$$[x]_补 = x, \quad [y]_补 = y, \quad [x+y]_补 = x+y$$

因此

$$[x+y]_补 = [x]_补 + [y]_补$$

(2) $x<0, y<0$。因为 x、y 均为负数,则 $x+y$ 也为负数。

根据补码的定义,得

$$[x]_补 = M+x, [y]_补 = M+y, [x+y]_补 = M+x+y \quad (\mod M)$$

其中,定点 n 位整数机模的 $M=2^n$,对于定点小数机来说,$M=2$,则

$$[x]_补 + [y]_补 = M+x+M+y = M+(M+x+y) = M+x+y = [x+y]_补$$

即

(3) $x>0, y<0$。根据补码的定义,得

$$[x+y]_{补}=[x]_{补}+[y]_{补}$$

$$[x]_{补}=x,[y]_{补}=M+y$$

因此

$$[x]_{补}+[y]_{补}=M+x+y$$

其中,$x+y$有正、负两种可能:

$x+y>0$时,

$$[x+y]_{补}=x+y=M+x+y=[x]_{补}+[y]_{补} \quad (\bmod M)$$

$x+y<0$时,

$$[x+y]_{补}=M+(x+y)=x+(M+y)=[x]_{补}+[y]_{补}$$

(4) $x<0, y>0$。这种情况与(3)类似。

根据$[x+y]_{补}=[x]_{补}+[y]_{补}$,可以得到补码加法的运算规则如下:

将参加运算的两个数用补码表示,然后对两个补码进行加法运算,符号位和数值位一起参与运算,得到的就是两个数的和的补码。

【例 3-1】 设 $x=-1101, y=+0110$,利用补码加法运算求 $x+y$。

分析:补码加法运算,即运算电路的输入端是两数的补码。因此,在做题时要先根据真值写出两数的补码,然后再由加法运算电路进行运算。最后,要将运算结果转换为真值给出。

解:$[x]_{补}=1,0011$, $[y]_{补}=0,0110$

$$\begin{array}{r} 1,0011 \quad [x]_{补} \\ +\quad 0,0110 \quad [y]_{补} \\ \hline 1,1001 \quad [x+y]_{补} \end{array}$$

即$[x+y]_{补}=1,1001$,所以 $x+y=-0111B=-7$。

验证:$x=-1101B=-13, y=+0110B=+6, x+y=-7$,结果正确。

说明:将符号位与数值部分之间增加逗号,达到区分二者的目的,同时突出符号位在运算时也像数值位一样参与了运算。

【例 3-2】 设 $x=+1011, y=-0101$,利用补码加法运算求 $x+y$。

解:$[x]_{补}=0,1011$, $[y]_{补}=1,1011$

$$\begin{array}{r} 0,1011 \quad [x]_{补} \\ +\quad 1,1011 \quad [y]_{补} \\ \hline \boxed{1}\,0,0110 \quad [x+y]_{补} \end{array}$$

即$[x+y]_{补}=0,0110$,所以 $x+y=+0110B=+6$。

验证:$x=+1011B=+11, y=-0101B=-5, x+y=11-5=+6$,结果正确。

补码相加最高位的进位丢掉,不影响结果的正确性。

3.1.2 补码减法运算

根据补码加法公式可得

$$[x-y]_{补}=[x]_{补}+[-y]_{补}$$

那么,如果能根据$[y]_{补}$很方便地得到$[-y]_{补}$,就可以利用加法器来实现减法运算了。

可以证明,$[-y]_{补}$等于$[y]_{补}$连同符号位在内的变反后末位再加1,这个过程也称为对$[y]_{补}$变补。即

$$[-y]_{补}=[[y]_{补}]_{变补}$$

设 n 位机中$[y]_{补}=y_S,y_{n-2}\cdots y_1 y_0$,下面分两种情况证明上式的正确性。

(1) $y>0$。

因为 y 是正数,则

$$[y]_{补}=[y]_{原}=0,y_{n-2}y_{n-3}\cdots y_1 y_0 \tag{3-1}$$

因为$[-y]_{原}=1,y_{n-2}\cdots y_1 y_0$,根据负数的补码和原码之间的关系:

$$[-y]_{补}=1,\bar{y}_{n-2}\bar{y}_{n-3}\cdots \bar{y}_1 \bar{y}_0+1 \tag{3-2}$$

对比式(3-1)和式(3-2)可知,$[-y]_{补}$等于$[y]_{补}$连同符号位在内的变反后末位再加1。即

$$[-y]_{补}=[[y]_{补}]_{变补}$$

(2) $y<0$。

因为 y 是负数,则

$$[y]_{补}=1,y_{n-2}y_{n-3}\cdots y_1 y_0 \tag{3-3}$$

根据负数的补码和原码之间的关系:$[y]_{原}=1,\bar{y}_{n-2}\bar{y}_{n-3}\cdots \bar{y}_1 \bar{y}_0+1$

而$[-y]_{原}$只是将$[y]_{原}$的符号位变为0,即$[-y]_{原}=0,\bar{y}_{n-2}\bar{y}_{n-3}\cdots \bar{y}_1 \bar{y}_0+1$。

因为 y 是负数,$-y$ 为正数,所以

$$[-y]_{补}=[-y]_{原}=0,\bar{y}_{n-2}\bar{y}_{n-3}\cdots \bar{y}_1 \bar{y}_0+1 \tag{3-4}$$

对比式(3-3)和式(3-4)可知,$[-y]_{补}$等于$[y]_{补}$连同符号位在内的变反后末位再加1,即

$$[-y]_{补}=[[y]_{补}]_{变补}$$

注意:某数的"补码"和"变补"是不同的。一个数是正数时其补码和原码相同;对于负数,其补码也是在符号位不变的前提下,对数值位按位变反末位加1。而"变补"则不论是正还是负,一律包括符号位在内按位变反末位加1。

根据变补的概念,则

$$[x-y]_{补}=[x]_{补}+[-y]_{补}=[x]_{补}+[[y]_{补}]_{变补}$$

即$[x-y]_{补}$的运算可以变为求$[x]_{补}$和$[[y]_{补}]_{变补}$加法运算。这样,求两个有符号数差的过程中没有了减法运算,只需要将补码表示的减数进行变补后与被减数相加即可。

【例3-3】 设 $x=-1001,y=+0101$,利用补码减法运算求 $x-y$。

解:$[x]_{补}=1,0111,[y]_{补}=0,0101$

$[-y]_{补}=[[y]_{补}]_{变补}=1,1011$

```
    1,0111      [x]_补
+   1,1011      [-y]_补
  ─────────
  [1]1,0010     [x-y]_补
```

即$[x-y]_{补}=1,0010$,所以 $x-y=-1110B=-14$。

验证:$x=-1001B=-9,y=+0101B=+5,x-y=-14$,结果正确。

与例2-2类似,这里最高位的进位丢掉,结果正确性。

说明:补码运算电路的输入端是两数的补码,输出端也是补码。与补码加法运算一样,

补码减法运算时,参加运算的已知数据是 x、y 的补码。在进行求 $[-y]_{补}$ 时,应根据 $[y]_{补}$ 来求 $[[y]_{补}]_{变补}$,不能直接根据 y 的真值写出 $[-y]_{补}$。做题步骤是计算机工作过程的体现,步骤中第一步写出 $[x]_{补}$、$[y]_{补}$,表示 x、y 的真值已转化为机器码存入内存或寄存器中,后续步骤是在这两个原始数据的基础上开始运算的。

【例 3-4】 设 $x=+0110,y=-0101$,利用补码减法运算求 $x-y$。

解:$[x]_{补}=0,0110$, $[y]_{补}=1,1011$

$$[-y]_{补}=[[y]_{补}]_{变补}=0,0101$$

```
      0,0110    [x]_补
  +   0,0101    [-y]_补
  ─────────────
      0,1011    [x-y]_补
```

即 $[x-y]_{补}=0,1011$,所以 $x-y=+1011B=+11$。

验证:$x=+0110B=+6,y=-0101B=-5,x-y=6-(-5)=+11$,结果正确。

综上所述,补码加减运算的规则如下:

(1) 参与运算的两个操作数用补码表示;

(2) 符号位与数值位一样参与运算;

(3) 若相加,两数的补码直接相加;若相减,将减数的补码连同符号位一起按位取反,末位再加 1,然后与被减数的补码相加;

(4) 运算的结果为和(或差)的补码。

3.1.3 溢出概念及检测方法

1. 溢出的概念

通过前面关于定点数据和浮点数据格式的介绍已经知道,不同数据格式的机器码所能表示的数据范围是不同的。例如 n 位机定点整数格式,补码能表示的数据范围是 $[-2^{n-1},2^{n-1}-1]$。在运算过程中,若数据超出机器所能表示的数据范围就称为有溢出。如果超出机器所能表示的最大正数,称为正溢出;超出机器所能表示的最小负数,称为负溢出。

【例 3-5】 设 $x=+1011,y=-0110$,试利用补码减法运算求 $x-y$。

解:$[x]_{补}=0,1011$, $[y]_{补}=1,1010$, $[-y]_{补}=[[y]_{补}]_{变补}=0,0110$

```
      0,1011    [x]_补
  +   0,0110    [-y]_补
  ─────────────
      1,0001    [x-y]_补
```

即 $[x-y]_{补}=1,0001$,所以 $x-y=-1111B=-15$。

验证:$x=+1011B=+11,y=-0110B=-6,x-y=11-(-6)=17$,显然补码运算的结果不正确。

这是因为 5 位二进制补码所能表示的数据范围是 $-16\sim+15$,而正确的 $x-y$ 运算结果 17 超出了这个范围。补码运算过程中,机器无法正确表示它。由于超出了所能表示的正数最大值,是正溢出。

2. 溢出的检测方法

发生溢出时,补码运算得到的结果不是正确的实际运算结果。因此要采取一定的办法检测出是否有溢出,以便及时进行相应的处理。常用的溢出的检测方法有以下两种。

(1) 采用双进位位判别。设 C_n 为两补码相加时符号位的进位，C_{n-1} 为最高数值位向符号位的进位，溢出条件为
$$\text{OVR} = C_n \oplus C_{n-1}$$
即，若两进位位相同，则没有溢出，若不同，则表示有溢出。

【例 3-6】 设 $x=-1011, y=-0110$，利用补码加法运算求 $x+y$。

解：$[x]_{补}=1,0101$，$[y]_{补}=1,1010$

$$\begin{array}{r} 1,0101 \quad [x]_{补} \\ +\ 1,1010 \quad [y]_{补} \\ \hline 10,1111 \quad [x+y]_{补} \end{array}$$

此时，$C_n=1, C_{n-1}=0, \text{OVR}=1$，表示运算过程中发生了溢出。因此，运算结果是错误的。大家可以自己验证。

这种检测方法的电路实现相当简单，因此广泛采用。但是，它只能检测出有溢出，说明结果是错误的，却不能得到正确的结果。

(2) 采用双符号位的方法。一个符号位只能表示正、负两种情况，当发生溢出时，符号位的含义就产生了混乱。如果将符号位扩充为两位（S_{f1}、S_{f2}），可以证明，其 4 种组合分别表示以下 4 种情况。

$S_{f1} S_{f2} = 00$，无溢出，结果为正；
$S_{f1} S_{f2} = 11$，无溢出，结果为负；
$S_{f1} S_{f2} = 01$，正溢出；
$S_{f1} S_{f2} = 10$，负溢出。

即，若两符号位相同，则无溢出，否则有溢出。因此，溢出条件为
$$\text{OVR} = S_{f1} \oplus S_{f2}$$

当有溢出时，最高位仍然表示正确结果的符号。

双符号位的补码也称为"变形补码"。可以证明，变形补码的加减运算规则与上述普通补码的运算规则一样成立，双符号位同时像数值位一样参与运算。

【例 3-7】 利用变形补码重做例 3-4。

解：$[x]_{补}=\mathbf{00},0110$，$[y]_{补}=\mathbf{11},1011$，$[-y]_{补}=[[y]_{补}]_{变补}=\mathbf{00},0101$

$$\begin{array}{r} \mathbf{00},0110 \quad [x]_{补} \\ +\ \mathbf{00},0101 \quad [-y]_{补} \\ \hline \mathbf{00},1011 \quad [x-y]_{补} \end{array}$$

即 $[x-y]_{补}=\mathbf{00},1011$。由于 $S_{f1} S_{f2}=\mathbf{00}$，无溢出，结果为正，所以 $x-y=+1011\text{B}=+11$。

【例 3-8】 利用变形补码重做例 3-6。

解：$[x]_{补}=\mathbf{11},0101$，$[y]_{补}=\mathbf{11},1010$

$$\begin{array}{r} 11,0101 \quad [x]_{补} \\ +\ 11,1010 \quad [y]_{补} \\ \hline \boxed{1}\,10,1111 \quad [x+y]_{补} \end{array}$$

最高符号位的进位自然丢掉。由于 $S_{f1} S_{f1}=\mathbf{10}$，所以有负溢出。

双符号位检测溢出的方法不仅可以判断溢出，并能指出是正溢出还是负溢出。更重要

的是,如果有溢出,还可以对结果做简单的处理后得到正确的结果。只需要将低位符号位作为最高数值位,即将区分符号位和数值位的标记左移一位,即可以得到正确的运算结果。

如例 3-8 中,补码加运算有溢出,$\lceil x+y \rceil_{补}$ 的正确结果 1,01111,其中分隔符右边为数值部分,左边为数据的符号位。即 $x+y = -10001B = -17$,结果正确。

第 1 章中已经知道,参加运算的操作数和运算结果存放在主存单元或寄存器中。为了减少电路的开支,采用双符号位的方法时,操作数和结果在寄存器和主存单元存储时,仍保持单符号位,只是在运算时才扩充为双符号位。

3.1.4 基本二进制加法/减法器

补码加减运算的核心是多位二进制加法器,后面介绍的定点乘、除法运算和浮点加、减、乘、除运算,其运算的核心部件仍是加法器,加法器的性能直接影响着运算器的性能。这里讨论基本二进制加/减法器的实现方法和提高运算速度的相关措施。

1. 串行进位的加/减法器

全加器的逻辑符号和内部原理如图 3-1 所示。

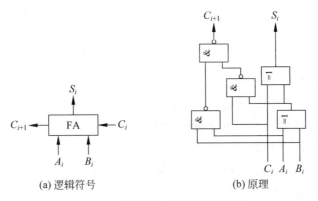

图 3-1 全加器的逻辑符号及原理

图 3-1 中,A_i、B_i 为参加运算的两个二进制数,C_i 是低位传来的进位,S_i 为本位和,C_{i+1} 为向高位的进位。其输入输出间的逻辑关系表达式为

$$S_i = A_i \oplus B_i \oplus C_i$$
$$C_{i+1} = A_i B_i + (A_i \oplus B_i) C_i$$

根据多位二进制运算规则,多个一位二进制全加器级联可以构成多位二进制加法器。若再将每个全加器的 B 输入端附加一定的控制电路,即可构成串行进位的基本二进制加/减法器,如图 3-2 所示。

(1) 电路的基本功能。

该电路可以实现有符号数的加法、减法,也可以实现无符号数的加法和减法。

① 当电路输入信号为两个有符号数 A 和 B 的补码时。

$M = 0$,B 的补码经过异或门不受影响。多位全加器的加法运算实现的是 A 的补码和 B 的补码的求和,即两个有符号数的加法运算。输出结果 S 为两个有符号数补码的和,或者说和的补码。

$M = 1$,B 的补码经过异或门后取非,同时最低位全加器的 C_0 为 1,即多位全加器的输

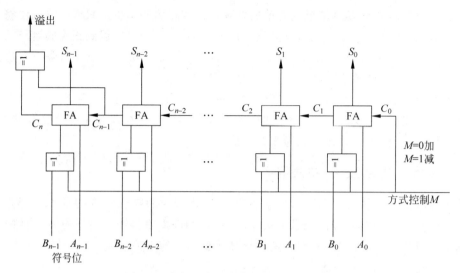

图 3-2 串行进位的基本二进制加/减法器

入端是 $[[B]_{补}]_{变补}$。因此,多位全加器的加法运算完成的是 $[A]_{补}$ 和 $[[B]_{补}]_{变补}$ 相加,即 $[A]_{补}+[-B]_{补}$,实现了两个有符号数的减法运算。输出结果 S 为两个有符号数补码的差,或者说差的补码。

② 当电路输入信号为两个无符号数 A 和 B 时。

$M=0$,无符号数 B 经过异或门不受影响,多位全加器的加法运算实现的是无符号数 A 和 B 的求和,即两个无符号数的加法运算,结果为两无符号数的和。

$M=1$,无符号数 B 经过异或门后取非,同时最低位全加器的 C_i 为 1。经过多位全加器的加法运算实现的是 A 和 B 变补之后的求和,相当于两个无符号数的减法运算。结果为两无符号数的差,并以补码形式表示。

(2) 电路的时延。

令 $G_i=A_iB_i$,$P_i=A_i \oplus B_i$,上述 C_{i+1} 的函数表达式变为

$$C_{i+1}=G_i+P_iC_i$$

则

$$C_1=G_0+P_0C_0$$
$$C_2=G_1+P_1C_1$$
$$\cdots$$
$$C_n=G_{n-1}+P_{n-1}C_{n-1}$$

若根据上述表达式实现运算过程,由于每一级的进位都直接依赖于低一级的进位,即进位信号是逐级形成的。因此,这样的加法器也称为串行进位加法器,或行波进位加法器。

假设每个"与"门、"或"门的延迟时间为 T,则每一级全加器单纯由进位引起的延迟时间为 $2T$。设一个异或门的延迟时间近似为 $3T$,则图 3-2 所示的 n 位串行二进制加法器的总延迟时间为 $9T+2nT$。

当二进制运算的位数较多时,进位信号传递带来的延迟时间将成为影响加法器运算速度的主要因素,且与位数成正比例关系。如何改进以提高加法器的运算速度?

2. 并行加法器的快速进位

将上述串行进位关系表达式进行如下变换：

$C_1 = G_0 + P_0 C_0$

$C_2 = G_1 + P_1 C_1 = G_1 + P_1 G_0 + P_1 P_0 C_0$

$C_3 = G_2 + P_2 C_2 = G_2 + P_2 G_1 + P_2 P_1 G_0 + P_2 P_1 P_0 C_0$

$C_4 = G_3 + P_3 C_3 = G_3 + P_3 G_2 + P_3 P_2 G_1 + P_3 P_2 P_1 G_0 + P_3 P_2 P_1 P_0 C_0$

……

若以每个表达式中最后的等号为依据实现运算过程，每一个进位表达式都是多个与门之后再相或的逻辑，即各级进位均可以由两级门电路组成。由于每一个 G_i、P_i 都只与该位的输入数据 A_i、B_i 有关，因此各进位信号可以同时产生，即进位不需要传递。这样构成的加法器叫做并行进位加法器。

并行进位也叫先行进位(Carry Look Ahead，CLA)。对于 n 位并行加法器，其进位的延迟时间只有 $2T$，与 n 无关。这种方式大大提高了加法器的运算速度。

但是，随着加法位数的增多，高位进位表达式中的乘积项及每个乘积项的因子数会很多。实现高位进位的电路中与门、或门的输入端会很多，因此采用单级并行进位是不现实的。一般单级并行进位加法器 4 位的较多，3.6.2 节介绍的 Intel 74181 就是 4 位并行进位加法器实现的 ALU。

3. 分组并行进位方式

实际上，多位并行进位通常采用分组方式。把 n 位字长分成多个小组，组内各位之间是并行进位，组与组之间有串行进位或并行进位两种。

(1) 组内并行，组间串行方式。以 16 位二进制加法为例。16 位可以分成 4 组，每 4 位一组采用一个 4 位并行进位加法器。4 个 4 位并行进位加法器级联可以构成 16 位组内并行进位、组间串行进位加法器，其逻辑框图如图 3-3 所示。

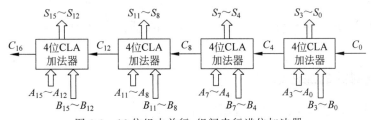

图 3-3 16 位组内并行、组间串行进位加法器

这种方式的进位延迟时间为 $4 \times 2T$，与组数成正比。当组数较多时，这种方式的时延是不容忽视的。

(2) 组内并行，组间并行方式。当加法器的位数大于等于 16 时，为了加快运算速度，一般采用多级先行进位方式。下面以 16 位加法器为例，说明两级先行进位的方法。

对 4 位先行进位的最高进位信号 C_4 的表达式进行变换：

$C_4 = G_3 + P_3 G_2 + P_3 P_2 G_1 + P_3 P_2 P_1 G_0 + P_3 P_2 P_1 P_0 C_0 = G_1^* + P_1^* C_0$

其中，

$G_1^* = G_3 + P_3 G_2 + P_3 P_2 G_1 + P_3 P_2 P_1 G_0$

$P_1^* = P_3 P_2 P_1 P_0$

同理可推出 16 位加法器的高位的进位如下：

$C_8 = G_2^* + P_2^* C_4 = G_2^* + P_2^* G_1^* + P_2^* P_1^* C_0$

$C_{12} = G_3^* + P_3^* C_8 = G_3^* + P_3^* G_2^* + P_3^* P_2^* G_1^* + P_3^* P_2^* P_1^* C_0$

$C_{16} = G_4^* + P_4^* C_{12} = G_4^* + P_4^* G_3^* + P_4^* P_3^* G_2^* + P_4^* P_3^* P_2^* G_1^* + P_4^* P_3^* P_2^* P_1^* C_0$

由于 P_i^*、G_i^*（$i=1\sim4$）都只与自己组内的 4 位加法器的 P_i 和 G_i 有关，而 P 和 G 又只与自己的 4 位加法器的输入数据 A_i、B_i 有关，因此，如果上述 4 个函数表达式采用同样的与门、或门实现，则 C_4、C_8、C_{12}、C_{16} 可以同时输出，即组间是并行的，无须等待低位组的进位。16 位组间并行进位加法器的逻辑如图 3-4 所示。其中 BCLA 是先行进位加法器（CLA）的改进电路：最高位向前的进位（C_4）不引出，而是将 P_i^*、G_i^* 引出。

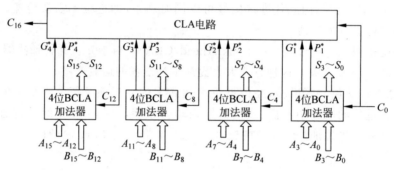

图 3-4　16 位组间并行进位加法器的逻辑

估算一下，组间并行进位方式下，16 位二进制加法器的延迟时间。若不考虑每个 4 位二进制先行进位加法器的所有 P 和 G 的延迟时间，C_0 经过 $2T$ 产生第 1 小组的 C_1、C_2、C_3 及 G_i^* 和 P_i^*；再经过 $2T$，由 CLA 电路产生 C_4、C_8、C_{12}、C_{16}；再经过 $2T$，才能产生第 2、3、4 小组内的 $C_5\sim C_7$、$C_9\sim C_{11}$、$C_{13}\sim C_{15}$。即组间先行进位加法器的输出需要延迟时间是 $6T$，与 n 无关。

采用三级先行进位结构可以扩展到 64 的位加法器。这样，加法器的字长对延迟时间的影响很小。

3.1.5　十进制数的加法运算

前述定点加减运算的数据是二进制数，有些通用计算机中还设置了十进制整数的加减运算功能。十进制数的加减运算可以直接设计相应的逻辑电路实现，也可以在二进制加法器的基础上加上适当的调整电路来实现，在计算机中多数采用后者。

1. 十进制 BCD 码相加的运算规则

一位十进制数相加，向前的进位代表 10。例如 $7+8=15$，得到两位数，高位的 1 代表 10。在计算机中，十进制数采用 BCD 码表示，即一位十进制数采用 4 位二进制编码表示，7 和 8 的 8421BCD 码为 0111 和 1000。若采用 4 位二进制数加法电路直接实现十进制数的 BCD 码加法运算，则 $0111+1000=1111$，显然不是 15 的 BCD 码（0001 0101），结果不正确。这是由于 4 位二进制相加，最高位向前的进位表示 16，与十进制相加的进位相差 6。若将 4 位二进制相加的结果再加上 6，即 $1111+0110=0001\,0101$，正好是 15 的 BCD 码。因此，利用二进制加减运算电路实现十进制数的 BCD 码加法运算需要进行校正。由于计算机中的

BCD 码可以有 8421BCD 码、2421BCD 码、余 3 码等,不同的 BCD 码的校正规则不同,相应的实现电路也不同。这里仅以 8421 码为例说明其校正方法。

两个一位十进制数(8421 码表示)相加的运算规则如下。

(1) 将两个 BCD 码数按"逢二进一"的原则相加,即按二进制数的加法规则相加。

(2) 当相加的和小于等于 9 时,无须校正,二进制加的结果正确。

(3) 当相加的和大于等于 10 时,+6 校正。加 6 时产生的进位为本位十进制数相加产生的进位。

例如,实现 9+8=17 的计算过程如下:

① 十进制的 9 和 8 以 8421 码 1001 和 1000 两个编码输入到二进制运算电路。

② 二进制加法器对 1001 和 1000 按照二进制加法规则进行运算,本位结果为 1000,最高位向前有进位。

③ 因运算结果大于等于 10,必须进行修正。由二进制电路完成本位 1000 加 0110(十进制 6)的运算,结果为 0111,是十进制 9+8 的本位和 7 的 BCD 码。

同理,实现 3+5 的计算过程是 0011+0101=1000,因为和小于等于 9,无须修正,1000 为 3+5 的运算结果 8 的 BCD 码。

2. 一位十进制加法电路

根据上述 BCD 运算规则,在基本二进制加法运算电路的基础上,增加校正实现一位十进制 BCD 加法运算的逻辑电路设计过程如下。

设 $S_3S_2S_1S_0$ 和 C_4 分别为两个一位十进制数 BCD 码加法运算的本位和及进位,$S_3'S_2'S_1'S_0'$ 和 C_4' 为普通的 4 位二进制加法的本位和及进位。4 位 8421 码结合一位进位最多可以表示 20 个数,其对应的二进制与一位十进制的 BCD 码之间的关系如表 3-1 所示。

表 3-1 8421 码的校正关系

十进制数	8421 码					校正前的二进制数					校正关系
	C_4	S_3	S_2	S_1	S_0	C_4'	S_3'	S_2'	S_1'	S_0'	
1~9	0	0	0	0	0	0	0	0	0	0	不校正
	...					...					
	0	1	0	0	1	0	1	0	0	1	
10	1	0	0	0	0	0	1	0	1	0	+6 校正
11	1	0	0	0	1	0	1	0	1	1	
12	1	0	0	1	0	0	1	1	0	0	
13	1	0	0	1	1	0	1	1	0	1	
14	1	0	1	0	0	0	1	1	1	0	
15	1	0	1	0	1	0	1	1	1	1	
16	1	0	1	1	0	1	0	0	0	0	
17	1	0	1	1	1	1	0	0	0	1	
18	1	1	0	0	0	1	0	0	1	0	
19	1	1	0	0	1	1	0	0	1	1	

根据表 3-1 的校正关系,容易得到 $C_4 = C_4' + S_3'S_2' + S_3'S_1'$

$C_4 = 1$ 代表两个十进制数相加之和大于 10,需要进行校正。因此,可以利用 C_4 作为校正因子,在第一级普通 4 位二进制加法器输出后,设置二级加法器,根据 C_4 的不同将第一级输出的和再加 0 或 6。具体电路如图 3-5 所示。

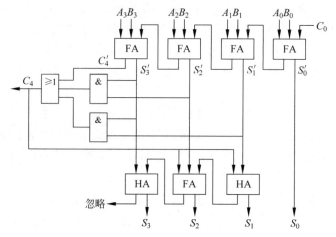

图 3-5　一位 8421 码十进制加法器

显然,十进制加法运算比二进制运算复杂,速度也要慢很多。

3.2　定点乘法运算

与加法和减法相比,定点乘法、除法运算要复杂得多。一些功能简单的单片机和早期的计算机中,通常不设置乘/除法指令,也就是说运算器中没有乘法运算的功能电路,而是采用软件的方式实现乘法运算。这样,运算器的硬件结构简单,但是软件实现乘法运算的速度太慢。随着微电子技术的发展,硬件实现乘法运算的成本降低,目前大多数计算机采用硬件实现乘法运算。

硬件实现乘法运算的方法大体上有两种:
(1) 在加法器的基础上,增加右移及其他一些控制电路实现;
(2) 采用高速阵列乘法器。

前者只需在加减运算器的基础上增加少量硬件,但是运算速度受限,多在微小型计算机中采用。大中型计算机中,由于其对乘法运算的性能要求较高,普遍采用阵列乘法器。

在乘法运算和后续的除法和浮点运算中,都会涉及移位操作,在移位时又会产生舍入处理问题。因此,本节先介绍移位和舍入操作,然后介绍前述两种硬件实现乘法运算的方法。

3.2.1　移位和舍入操作

1. 移位操作

移位可以分为左移和右移。对于无符号数和有符号数,其移位操作的具体过程不同。

对于无符号数来说,很简单,数据直接逐位左移或右移一位,结果等于原来值乘 2(左移)或除 2(右移)。例如二进制数 10010(十进制为 18),左移一位,低位补 0,结果为 100100(十进制为 36),是移位前的 2 倍。如果右移一位,最高位补 0 的结果为 01001(十进制为 9),

是移位前的1/2。这样的移位称为逻辑移位。

对于有符号数来说,通过移位也能实现乘2或除2的功能。由于有符号数的最高位是符号位,因此无论是左移还是右移,符号位都要保持不变。左移时最高数值位移出去丢掉,右移时最低数值位移出去丢掉。对于不同机器码,移位时空出位的处理方法不同。

(1) 原码的移位规则。无论正、负,无论左移、右移,符号位不变,空出的位补0。

例如,在6位机中,二进制数−01010(十进制数是−10)移位前原码为101010,左移后原码为110100(十进制数−20的原码),右移后原码为100101(十进制数−5的原码)。

例如,在6位机中,二进制数+00110(十进制数是+6)移位前原码为000110,左移后原码为001100(十进制数+12的原码),右移后原码000011(十进制数+3的原码)。

(2) 补码的移位规则。无论正、负,无论左移、右移,符号位不变。正数空出的位均补0;负数左移时空出的低位补0,右移时空出的高位补1。

例如,在6位机中,二进制数−01010(十进制数是−10)移位前补码为110110,左移后补码为101100(十进制数−20的补码),右移后补码为111011(十进制数−5的补码)。

例如,在6位机中,二进制数+00110(十进制数是+6)移位前补码为000110,左移后补码为001100(十进制数+12的补码),右移后补码为000011(十进制数+3的补码)。

上述例子通过左移、右移均实现了有符号数的乘2(左移)或除2(右移)运算。但是,若原始数据的最低位是1时,右移时会出现误差。若原始数据乘2的结果超出机器字长所能表示的数据范围时,左移时最高位的有效值被丢掉,保留的移位结果就是错误的。例如在6位机中,若二进制数为−10010,则十进制数是−18,移位前原码为110010,左移后原码为100100,即十进制数−4的原码。左移时最高数值位1移丢,结果错误。移位前补码为101110,左移后补码为111100,即十进制数−4的补码。左移时最高数值位0移丢,结果错误。

其实,乘2结果超出机器所能表示的数据范围,也是前面所说的溢出。因此,运算结果不发生溢出的情况下,按照上述规则左移或右移,可以实现无符号或有符号数乘2或除2的运算功能。

计算机中,移位功能通常由移位寄存器来实现。也有很多计算机不专门设置移位寄存器,而是在加法器的输出端加一个移位器,通过简单的与、或门,实现直传(不移位)、左斜移位(左移一位)和右斜移位(右移一位)的功能。其逻辑电路如图3-6所示。

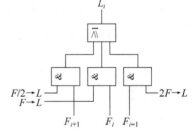

图3-6 移位器逻辑电路

图3-6中,$2F{\rightarrow}L$、$F{\rightarrow}L$和$F/2{\rightarrow}L$分别表示左移一位、直传和右移一位的3个控制信号。当$2F{\rightarrow}L$有效时,F_{i-1}位变为移位后的第i位,即L_i,相当于左移一位,实现乘2运算;当$F/2{\rightarrow}L$有效时,F_{i+1}位变为移位后的第i位,即L_i,相当于右移一位,实现除2运算;$F{\rightarrow}L$有效时,移位后的等于F_i,即直传。

注意:移位器和移位寄存器不同,它本身只有移位功能,没有寄存功能,所以移位后的结果一定要保存到有关的寄存器中。3.6.1节中的AM2901中就采用移位逻辑的方法。

2. 舍入操作

在移位操作中，由于受到硬件的限制，右移时低位部分移出去，需要进行一些舍入处理，尽可能减少移出带来的误差。舍入的方法有很多种，常用的有下面 4 种。

(1) 就近舍入。其实质类似于十进制的四舍五入，超出规定位数的多余位的值大于最低有效位值的一半，最低有效位加 1；小于一半，舍掉；正好是一半时，最低有效位为 0，多余位舍掉，最低有效位为 1，最低有效位加 1，向上进 1 使其变为 0。

例如，字长为 8 位的运算器，由于移位操作运算结果为 1000 1101 101，共 11 位。多余 3 位的值为 101，大于一半 100 的值，带划线的 1 是最低有效位，要加 1，舍入操作后的结果为 1000 1110。若移位操作的运算结果为 1000 1101 011，由于 011 小于 100，被舍掉，结果为 1000 1101。若移位操作的运算结果为 1000 1101 100，由于多余位等于 100，且最低有效位为 1，最低有效位加 1 后向上进 1，舍入操作后的结果为 1000 1110。若移位操作的运算结果为 1000 1100 100，多余位直接舍掉，舍入操作的结果为 1000 1100。

(2) 朝 0 舍入。即朝数轴原点方向舍入，就是简单截尾。这种方法容易导致误差积累。

(3) 朝 $+\infty$ 舍入。对正数来说，只要多余位不为 0，最低有效位就加 1；对于负数来说，截尾，绝对值变小，数值变大。

(4) 朝 $-\infty$ 舍入。这种处理方法正好与朝 $+\infty$ 舍入相反。若为正数，只需简单截尾；若为负数，只要多余位不为 0，最低有效位就要加 1。

各种舍入方法特点不同，适应的场合不同，人们可以根据所处理数据的特点选择相应的舍入处理方法。

3.2.2 原码一位乘法

由于原码表示时，一个数的数值部分是该数的绝对值，因此对于有符号数的乘法运算，原码表示比补码表示更容易实现。

原码乘法只需要将原码的数值部分直接相乘，就可以得到乘积的数值部分，两数的符号位进行异或得到乘积的符号位。其本质是无符号数的乘法运算。下面从手工乘法运算入手，说明原码乘法运算的实现方法。

手工计算两个无符号二进制数的乘法过程与十进制乘法运算过程类似。例如：$x = 1101, y = 1011$，其求乘积的过程为

$$
\begin{array}{r}
1101 \\
\times\ 1011 \\
\hline
1101 \\
1101 \\
0000 \\
+\ 1101 \\
\hline
10001111
\end{array}
$$

为了后续叙述的方便，乘数的每一位与被乘数的乘积被称为"位积"，位积累加过程中得到的结果，被称为"部分积"。

直接采用基本的加法器实现上述过程存在一些问题。一方面，计算机只能实现两个操作数相加，不能进行 n 个位积相加的运算；另一方面，n 位机中，加法器一般只能实现 n 位

加法,不能直接进行 2n 位的加运算。

在早期的计算机中采用串行的 1 位乘法方案,把 n 个位积求和转化为 n 次"累加—移位"操作。具体过程是,部分积初始为 0;从乘数的最低位开始,每次求得的 1 位乘数的位积,与部分积进行一次累加,得到的部分积右移一次;这样进行 n 次"求位积—累加—移位",最后得到的结果就是两数的乘积。

如果已知两数的原码,只需在上述无符号乘法运算结果的最高位前增加乘积的符号位,就可以得到原码的乘积。乘积的符号位通过两数的符号位异或运算得到。这种原码乘法运算的方案称为原码一位乘法,其逻辑实现如图 3-7 所示。

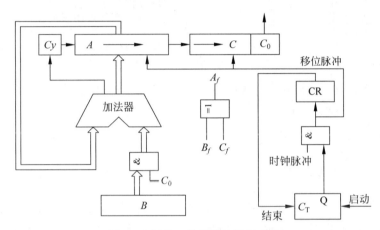

图 3-7　原码一位乘法运算原理图

说明:

(1) 运算前,被乘数和乘数的数值部分分别放在寄存器 B 和 C 中,符号位 B_f 和 C_f 单独处理。A 为部分积的高位,初始值为 0;CR 为减一计数器,初值为乘数的位数,即运算器的字长。运算后,乘数不再保留,A 存放乘积数值部分的高位,C 存放低位部分。

(2) 操作过程为,若乘数寄存器 C 的最低位 C_0 为 1,被乘数 B 进入加法器的输入端,与部分积 A 相加;如果 C_0 为 0,加法器输入端的值为 0,相当于不加。加法运算后,进位位 C_y、寄存器 A 和 C 的内容作为一个整体右移一位,即进位位成为 A 的最高位,原来的 A 的最低位进入 C 寄存器成为 C 的最高位,C 的最低位移出去自然丢掉。上述过程重复执行多次,执行次数由计数器的值(乘数的位数)决定。

这种方法不需要很多器件,只是在原有基本加法器的电路基础上,增加简单的移位及其控制电路,硬件简单。早期的微小型计算机中广泛采用。

【**例 3-9**】　设 $x=+1101$, $y=-1011$,试采用原码一位乘法计算 $x \times y$。

解:

作为原码乘法运算,其输入的原始数据是 x 和 y 的原码。

$$[x]_原 = 01101, \quad [y]_原 = 11011$$

运算前各寄存器的状态为

$$|x|=1101 \to B, \quad |y|=1011 \to C, \quad 0 \to A, \quad B_f=0, \quad C_f=1$$

开始运算：

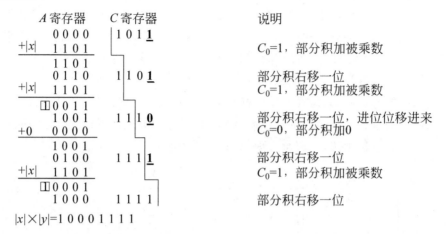

$|x|\times|y|=1\,0\,0\,0\,1\,1\,1\,1$

因为 $A_f=B_f\oplus C_f=0\oplus1=1$，所以 $[x\times y]_原=1\,10001111$，即 $x\times y=-10001111$。

验证：$x=+1101B=+13$，$y=-1011B=-11$，$(+13)\times(-11)=-143$，而 $x\times y=-10001111B=-143$，运算结果正确。

3.2.3 补码一位乘法运算

虽然原码乘法运算比补码乘法简单,但由于计算机中加减运算的有符号数多采用补码表示,也就是说,计算机存储的有符号数通常情况下是补码形式。因此运算器中的乘法运算也要针对补码表示的数据进行。

在基本加减法器基础上的补码乘法运算,大体有以下两种方法。

(1) 间接补码乘法。在原码一位乘法的基础上,增加算前求补和算后求补电路。算前求补电路根据乘数和被乘数的补码,得到相应的绝对值；然后由无符号一位乘法电路进行乘法运算；算后求补是将无符号数乘法运算的结果(即乘积的绝对值),结合符号位得到乘积的补码。该方法是在无符号数的基础上增加算前求补和算后求补实现的补码乘法,也称为间接补码乘法。由于前述介绍了无符号数一位乘法的实现,后续仅介绍求补电路的实现。

(2) 直接补码乘法。像补码加减运算一样,将补码中的符号位与数值位一起进行乘法运算。这种补码乘法运算称为直接补码乘法。这里重点介绍直接的补码一位乘法。

补码一位乘法常用的方法是比较法,是由英国的 Booth 夫妇提出的,所以又称为 Booth 算法。Booth 算法实现补码一位乘法的过程与原码一位乘法的过程类似。不同之处如下：

(1) 运算前,寄存器 B 中存放被乘数的补码,C 中存放乘数的补码。

(2) 在乘数寄存器的最低位后增加了一个附加位,用 C_{-1} 表示。C_{-1} 的初值为 0。

(3) 考虑到符号数补码加减运算的溢出,加法器采用双符号位变形补码运算,即部分积和被乘数采用双符号位。

(4) 补码一位乘法运算时,控制逻辑要根据 C_0 与 C_{-1} 两位的组合情况,来决定部分积所加的内容。若 C_0 与 C_{-1} 的值相同,部分积加 0;若 $C_0 C_{-1}$ 两位的值为 (0,1),部分积加被乘数;若 $C_0 C_{-1}$ 两位的值为 (1,0),则部分积减被乘数。部分积累加运算后,寄存器 A、C 及 C_{-1} 整体右移。

(5) 由于加减法器进行的是补码运算,也就是说寄存器 A 中最高位存放的是符号位。因此移位时寄存器 A 的移位按照补码移位的规则进行。

(6) n 位补码数相乘时,共累加 n 次,移位 $n-1$ 次,最后一次累加后不移位。

【例 3-10】 设 $x=-1101$(十进制 -13),$y=-1011$(十进制 -11),试采用 Booth 算法计算 $x \times y$。

解:运算前各寄存器存储的原始数据:

$$[x]_\text{补}=11,0011 \to B, \quad [y]_\text{补}=1,0101 \to C, \quad 0 \to A, \quad 0 \to C_{-1}$$

由于检查相邻两位的值为 (1,0) 时,部分积要减被乘数,因此先求出 $[-x]_\text{补}$

$$[-x]_\text{补}=[[x]_\text{补}]_\text{变补}=00,1101$$

开始运算:

```
                    A            C    C₋₁      说明
              00,0000      1,0 1 0 1 0         C₀为C的末位,C₋₁为附加位
      +[-x]补  00,1101                          C₀C₋₁=10,部分积减被乘数
              ─────────
              00,1101
              00,0110      1 1,0 1 0 1          部分积右移一位
      +[x]补   11,0011                          C₀C₋₁=01,部分积加被乘数
              ─────────
              11,1001
              11,1100      1 1 1,0 1 0          部分积右移一位
      +[-x]补  00,1101                          C₀C₋₁=10,部分积减被乘数
              ─────────
              00,1001
              00,0100      1 1 1 1,0 1          部分积右移一位
      +[x]补   11,0011                          C₀C₋₁=01,部分积加被乘数
              ─────────
              11,0111
              11,1011      1 1 1 1 1,0          部分积右移一位
      +[-x]补  00,1101                          C₀C₋₁=10,部分积减被乘数
              ─────────
              00,1000
```

由于 A、C 中的原始数据的最高位是符号位,最后运算结果中 C 的最低位是原来乘数的符号位,因此取 C 中的高位部分(丢掉最低位 1)1111 与 A 中的部分 00,1000 组成最终乘积结果。即 $[x \times y]_\text{补}=00,10001111$,$x \times y=+10001111$(十进制 $+143$)

验证:$(-13) \times (-11)=+143$,运算正确。

【例 3-11】 设 $x=-1101$,$y=+1011$,试采用 Booth 算法计算 $x \times y$。

解:运算前各寄存器存储的原始数据:

$$[x]_\text{补}=11,0011 \to B$$

$$[y]_\text{补}=0,1011 \to C, 0 \to A, 0 \to C_{-1}$$

$$[-x]_\text{补}=00,1101$$

开始运算:

	A	C	C_{-1}	说明
	00,0000	0,1011	**0**	$C_0C_{-1}=10$，部分积减被乘数
$+[-x]_{补}$	00,1101			
	00,1101			
	00,0110	10,101	**1**	部分积右移一位
$+0$	00,0000			$C_0C_{-1}=11$，部分积加0
	00,0110			
	00,0011	010,10	**1**	部分积右移一位
$+[x]_{补}$	11,0011			$C_0C_{-1}=01$，部分积加被乘数
	11,0110			
	11,1011	0010,1	**0**	部分积右移一位
$+[-x]_{补}$	00,1101			$C_0C_{-1}=10$，部分积减被乘数
	00,1000			
	00,0100	00010,	**1**	部分积右移一位
$+[x]_{补}$	11,0011			$C_0C_{-1}=01$，部分积加被乘数
	11,0111			

$[x \times y]_{补} = 11,01110001$

验证：$x \times y = -10001111B = -143 = (-13) \times (+11)$，运算正确。

【知识拓展】

Booth 算法原理的数学推理

设被乘数 $[x]_{补} = x_s.x_1 \cdots x_{n-1}x_n$，乘数 $[y]_{补} = y_s.y_1 \cdots y_{n-1}y_n$，最高位为符号位。

由于补码乘法时，补码的符号位要参与运算。若将 $[x]_{补}$ 和 $[y]_{补}$ 按原码规则运算，对所得结果通过校正可以得到正确的结果 $[x \times y]_{补}$。校正关系如下式：

$$[x \times y]_{补} = [x]_{补} \times 0.y_1 \cdots y_{n-1}y_n + [-x]_{补} \times y_s$$

对上式进行如下变换：

$$[x \times y]_{补} = [x]_{补} \times (0.y_1y_2 \cdots y_n) + [-x]_{补} \times y_s$$
$$= [x]_{补} \times (y_1 2^{-1} + y_2 2^{-2} + \cdots + y_n 2^{-n}) + [-x]_{补} \times y_s$$
$$= [x]_{补} \times \{-y_s + (y_1 - y_1 2^{-1}) + (y_2 2^{-1} - y_2 2^{-2}) + \cdots$$
$$\quad + (y_n 2^{-(n-1)} - y_n 2^{-n}) + 0\}$$
$$= [x]_{补} \times \{(y_1 - y_s) + (y_2 - y_1) 2^{-1} + \cdots + (0 - y_n) 2^{-n}\}$$
$$= [x]_{补} \times \{(y_1 - y_s) + (y_2 - y_1) 2^{-1} + \cdots + (y_{n+1} - y_n) 2^{-n}\}$$

其中 y_{n+1} 为附加位，初值为 0，$[x \times y]_{补}$ 可以通过如下递推得到 $[x \times y]_{补}$：

$$[z_0]_{补} = 0$$
$$[z_1]_{补} = 2^{-1}\{[z_0]_{补} + (y_{n+1} - y_n)[x]_{补}\}$$
$$[z_2]_{补} = 2^{-1}\{[z_1]_{补} + (y_n - y_{n-1})[x]_{补}\}$$
$$\vdots$$
$$[z_n]_{补} = 2^{-1}\{[z_{n-1}]_{补} + (y_2 - y_1)[x]_{补}\}$$
$$[x \times y_n]_{补} = 2^{-1}\{[z_n]_{补} + (y_1 - y_s)[x]_{补}\}$$

其中，$[z_0]_{补}$ 为初始部分积，$[z_1]_{补} \sim [z_n]_{补}$ 分别为各次累加并移位后的部分积。

可以发现，每次累加时的增量取决于乘数相邻两位差值。若前一位大于后一位(1,0)，差值为负，部分积减去 $[x]_{补}$；若前一位小于后一位(0,1)，差值为正，部分积加 $[x]_{补}$；两位相同时，部分积加 0。正是由于这种运算是根据乘数相邻两位的比较结果 $(y_i - y_{i-1})$ 来确定运算操作,因此称为比较法。

说明:这里是以定点小数为例进行的推导,事实上,计算机中的数据没有小数点,上述推导所得的运算方法,对整数乘法运算同样适用。

3.2.4 阵列乘法器

无论是原码一位乘法,还是 Booth 算法,实现 n 位数的相乘,都需要累加(或减)、移位 n 次(或 $n-1$ 次),随着 n 值的增大,即使采用并行进位的加法器实现,时延也是较大的。为了提高乘法的运算速度,可以将一位乘改为两位乘法,每次部分积右移两次,运算速度可以提高一倍,但这样仍不能满足某些高速运算器的要求。自从大规模集成电路问世以来,高速的单元阵列乘法器应运而生。为了达到高性能的乘法运算,目前普遍采用阵列乘法器。

1. 阵列乘法器的基本原理

设两个不带符号的二进制整数

$$A = a_{m-1} \cdots a_1 a_0$$
$$B = b_{n-1} \cdots b_1 b_0$$

则二进制乘积

$$P = A \times B = \left(\sum a_i 2^i\right)\left(\sum b_j 2^j\right) = \sum\sum (a_i b_j) 2^{i+j}$$

下面以 5 位×5 位为例说明并行阵列乘法器的基本原理。

设 $A = a_4 a_3 a_2 a_1 a_0$,$B = b_4 b_3 b_2 b_1 b_0$,则 $A \times B$ 的算式如下:

					a_4	a_3	a_2	a_1	a_0
×					b_4	b_3	b_2	b_1	b_0
					a_4b_0	a_3b_0	a_2b_0	a_1b_0	a_0b_0
				a_4b_1	a_3b_1	a_2b_1	a_1b_1	a_0b_1	
			a_4b_2	a_3b_2	a_2b_2	a_1b_2	a_0b_2		
		a_4b_3	a_3b_3	a_2b_3	a_1b_3	a_0b_3			
+	a_4b_4	a_3b_4	a_2b_4	a_1b_4	a_0b_4				
p_9	p_8	p_7	p_6	p_5	p_4	p_3	p_2	p_1	p_0

若所有的 $a_i b_j$ 同时用与门逻辑产生,剩下的就是多项带进位的加法求和运算。显然,设计高速并行乘法器的基本问题,就是如何缩短被加数矩阵中执行加法的时间。

将上述求和过程做如下分解实现:

前两行纵向对齐的两项 (a_1b_0, a_0b_1)、(a_2b_0, a_1b_1)、(a_3b_0, a_2b_1)、(a_4b_0, a_3b_1) 各采用一个全加器分别相加(全加器的 C_{-1} 为 0);得到的本位和向下分别与下一行对应的乘积项再次相加,此时全加器的 C_{-1} 为前一行全加器斜向的进位;得到的本位和再向下分别与再下一行的乘积项相加,以此类推,即图 3-8 所示实现过程。

图 3-8 中,FA 是一位全加器,FA 的斜线方向为进位输出,竖线方向为本位和输出。由于同一级的全加器运算之间没有任何关系,因此不存在进位时延。根据全加器内部结构,当本位和输出时,其对应的进位位已经输出,也就是说下一级的全加器运算时不需要额外等待上一级全加器的进位输出。这样,只有最后一次部分积相加时,要考虑全加器之间的进位时

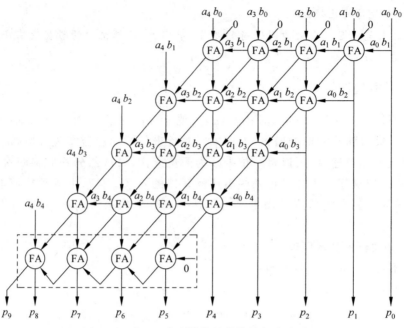

图 3-8　5 位×5 位不带符号数的并行乘法原理

延问题,也就是说只有一级的加法进位链时延要考虑。而前述相加——移位方法中每次的部分积相加都有进位链时延。因此,阵列乘法的运算速度大大提高。这种乘法器要实现 $n \times n$ 位时,需要 $n \times (n-1)$ 个全加器和 n^2 个"与"门,电路相对移位相加的方法复杂。

2. 带符号阵列乘法器

对于有符号数补码阵列乘法器,与前述一位乘法运算的原理类似,可以在无符号阵列乘法器的基础上增加算前求补和算后求补电路来实现,称为间接补码阵列乘法器。也可以将补码的符号位作为数值位直接参与阵列乘法运算,称为直接补码阵列乘法器。由于后者推导较为复杂,这里只介绍间接补码阵列乘法器的实现。间接补码阵列乘法器的原理如图 3-9 所示。

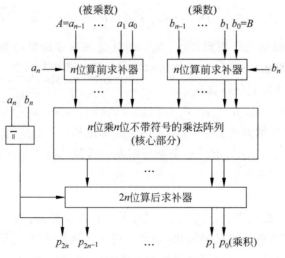

图 3-9　间接补码阵列乘法器原理

3. 求补电路

第 2 章中已经介绍,正数的补码,符号位为 0,数值部分与真值一样。负数补码的符号位为 1,数值部分的求法有两种:一种是真值的数值部分按位变反末位加 1;另一种是将真值数值部分从低位向高位依次检查,遇到第一个 1 之前的各位(包括第一个 1)保持不变,之后按位变反。第一种负数求补的运算可以在加法器的基础上增加一点电路来实现,这已在本章基本加减运算器中介绍。第二种求补运算的逻辑电路,如图 3-10 所示。

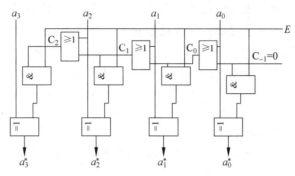

图 3-10 求补运算逻辑电路

图 3-10 中控制信号 E 是数的符号,$E=1$,表示负;$E=0$,表示正。对图中逻辑进行分析,如果输入信号是真值的数值部分,输出就是对应补码的数值部分;如果输入信号是补码的数值部分,输出的是对应真值的数值部分,也即绝对值。因此,该电路可以作为算前求补器,也可以作为算后求补器使用。

下面通过一个示例说明间接补码阵列乘法器的运算过程。

【例 3-12】 设 $x=+15,y=-13$,用带求补器的补码阵列乘法器实现 $x \times y$ 运算。

解:补码阵列乘法器要求输入信号是乘数和被乘数的补码,输出是两有符号数乘积的补码。
运算电路的输入数据:
$$[x]_补=0,1111, \quad [y]_补=1,0011$$
乘积的符号位单独处理,$[x]_补$ 和 $[y]_补$ 经算前求补后输出 x、y 的绝对值:
$$|x|=1111, \quad |y|=1101$$
$|x|$ 和 $|y|$ 经过无符号阵列乘法运算:

```
          1111
      ×   1101
          1111
         0000
        1111
      + 1111
      11000011
```

输出为两数绝对值的乘积,即 $|x| \times |y|=11000011$。
两数符号位异或得到乘积的符号:$1 \oplus 0=1$。
在乘积的符号位的控制下,$|x| \times |y|$ 经过算后求补,得到整个电路的输出:$[x \times y]_补=100111101,x \times y=-11000011B=-195$。
验证:$(+15) \times (-13)=-195$,运算结果正确。

3.3 定点除法运算

除法运算与乘法运算类似,对于有符号数的补码除法,也有间接补码除法器和直接补码除法器两种。前者是在无符号数除法运算电路的基础上增加算前求补器和算后求补器实现；后者是直接将补码的符号位和数值位一起参与运算。由于直接补码除法的原理更加复杂,而间接补码的算前、算后求补原理又与乘法器的类似,因此本节只介绍无符号数的除法运算和实现方法。对于有符号数的符号处理问题参照乘法运算的相关内容。

计算机实现各种运算,都是在模拟人工运算的基础上,改进存在的问题,得到便于计算机实现的运算方法。对于定点除法运算,人们也从无符号数的手工除法运算入手。

3.3.1 手工运算

手工进行二进制除法运算与十进制运算完全类似。由于整数的商有可能是小数或包含小数,对于定点整数机来说,商的存储要进行一定的处理。因此,为了便于计算机实现,除法运算器较多地采用定点小数除法。要求被除数的绝对值小于除数的绝对值。若不满足,进行除法之前要先进行一些处理。

设 $x=0.1011$,$y=0.1101$,手工进行计算 x/y。

完全手工运算的过程如下：

```
              0.1 1 0 1
     1101 ) 10110
             1101
            ─────
             10010
              1101
             ─────
              10100
               1101
              ─────
               0111
```

运算结果：商等于 0.1101,余数为 0.0111×2^{-4}。

计算机实现时,不能完全模拟人的思维,可以考虑像乘法运算那样通过减—移位—再减的方法实现除法运算。将上述手工运算变换为如下过程。

```
                0.1 1 0 1
0.1 1 0 1 ) 0.1 0 1 1 0           被除数小于除数,商上0
           -0.0 1 1 0 1           除数右移1位,相减,商上1
            ─────────
            0.0 1 0 0 1 0         得余数
           -0.0 0 1 1 0 1         除数右移1位,相减,商上1
            ─────────
            0.0 0 0 1 0 1 0 0     得余数。补一位后不够减,商上0,除数右移1位
           -0.0 0 0 0 1 1 0 1     除数右移1位,相减,商上1
            ─────────
            0.0 0 0 0 0 1 1 1     得余数。得到4位商,除运算结束
```

在上述运算过程中,去掉减法中高位的无效0,与十进制除法的算式是完全类似的。这里这样写,主要是为了对步骤运算进行总结,以便计算机实现。实际上,上述运算过程中的"余数不动,除数右移",也可以按照"除数不动,余数左移"运算。因为余数左移出去的高位是无用的0,这样每次减运算的位数是固定的,等于除数的位数。因此,计算机中通常都采用余数左移减除数的方法实现。

3.3.2 恢复余数除法

手工运算时,若不够减,则商上 0,补一位后再减。而计算机不能像人那样能够心算,如果不够减,即余数为负时,正常考虑是将减掉的除数再加上,恢复减之前的余数,然后再继续向下运算。这种处理方法叫做恢复余数法。

恢复余数法的具体运算过程为被除数减除数,若余数为正,商上 1,余数左移后减除数;若余数为负,商上 0,恢复余数,即把减掉的除数再加回去,然后余数左移后再减除数;得到新的余数后,再"判断正负→上商→余数左移→减除数",连续进行多次,得到 n 位商,终止运算。

由于恢复余数法中,不够减时要增加一次加法,因此运算步骤不固定,控制比较复杂,而且恢复余数的加法运算也额外增加了运算时间。在实际计算机设计时多采用不恢复余数法。

3.3.3 不恢复余数除法

不恢复余数法与恢复余数法的不同在于,当余数为负,即不够减时,不再恢复余数,而是将下一步的减除数变为加除数运算。其数学依据如下:

设 R_i 为第 i 次的余数,B 表示除数。当余数为负时,(R_i+B) 表示恢复余数,再进行第 $i+1$ 次处理,即余数左移再减除数,则第 $i+1$ 次的余数 $R_{i+1}=2\times(R_i+B)-B=2\times R_i+B$。等式右边的表达式相当于直接将 R_i 左移一位,再加除数。即当第 i 次余数为负时,可以不恢复余数,在下一步直接将 R_i 左移后加除数,得到第 $i+1$ 次的余数,即不恢复余数。

不恢复余数的运算步骤如下:

① 被除数减除数,余数为负,商上 0,余数左移后加除数。
② 若新的余数为正,商上 1,余数左移后继续减除数;若余数为负,商上 0,余数左移后下次加除数。
③ 重复步骤②,直到得到所需要位数的商,终止运算。

不恢复余数法运算步骤数固定,每次得到的位商可以控制下一步进行加法还是减法,因此控制简单、方便。在基本加减运算器的基础上实现的原理框图如图 3-11 所示。

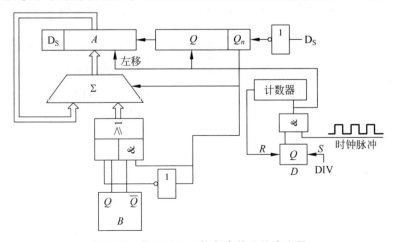

图 3-11 使用基于不恢复余数法的除法器

(1) 运算前,寄存器 $B(n$ 位$)$放除数,寄存器 $A(n+1$ 位$)$和 $Q(n$ 位$)$存放被除数,其中 A 存放被除数的高位部分,Q 存放低位部分,不够部分低位补 0。运算过程中,每求出一位商放在寄存器 Q 的最低位,寄存器 A 存放余数。运算后,寄存器 Q 为最终的商,A 的内容右移多次后得到真正的余数。CR 计数器为减一计数,初值为除数的位数。

(2) 操作步骤如下:

① 被除数减除数,差为正,即被除数大于除数,进行溢出处理。差为负($D_S=1$),商上 0 (Q_n 置"0");A、Q 整体左移一位,$Q_n=0$ 控制加法器下一步做加法运算。在 $Q_n=0$ 的控制下,加法器的输入端为除数 B 的原变量,即余数(A)加除数(B)。

② 若 A(新余数)为负,即($D_S=1$),商上 0;A、Q 整体左移一位,余数(A)加除数(B)。若 A(新余数)为正,即($D_S=0$),商上 1(Q_n 置"1");A、Q 整体左移一位,$Q_n=1$ 控制加法器下一步做减法运算。在 $Q_n=1$ 的控制下,加法器的输入端为除数 B 的反变量,即余数(A)减除数(B)。

③ CR 计数器减一,若不等于 0,继续执行步骤②,直到 CR 减一为 0 结束运算。

注意:采用余数左移减除数的方法,最后运算结果的余数要进行右移。运算过程中左移了多少次,最后要右移多少次,才能得到正确的余数。

【**例 3-13**】 设 $x=0.101001$,$y=0.111$,试采用不恢复余数法计算 x/y。

解:运算前,$x=0.101001 \rightarrow A$、Q,其中 $A=00.101$,$Q=0010$,$y=0.111 \rightarrow B$,CR 计数器初值为 3。

由于运算过程中有减法,减法变为补码加,$[-y]_{补}=11.001$。

开始运算:

```
              A          Q          说明
           00.101      0010
       +[-y]补 11.001
           ─────────
           11.110      0010.        部分余数为负,商上0
           11.100      010.0        A、Q整体左移一位
       +[y]补  00.111
           ─────────
           00.011      010.1        部分余数为正,商上1
           00.110      10.10        A、Q整体左移一位
       +[-y]补 11.001
           ─────────
           11.111      10.10        部分余数为负,商上0
           11.111      0.100        A、Q整体左移一位
       +[y]补  00.111
           ─────────
           00.110      0.101        部分余数为正,商上1
```

x/y 的商为 0.101

余数为 0.110×2^{-3}

说明:最后得到的余数有可能是负数,结果以补码形式在寄存器 A 中。要得到正确的余数需要按补码右移的方式移位。

3.3.4 阵列除法器

在乘法运算的实现中,采用了全加器阵列,实现了并行操作,大大提高了乘法运算的速度。对于除法运算,也有阵列除法器提高除法运算的速度。而且对于不同的运算方法都有相应的阵列除法器。这里仅以不恢复余数串行阵列除法器为例,说明阵列除法器的思想。图 3-12 是实现不恢复余数法的串行阵列除法器的原理图。

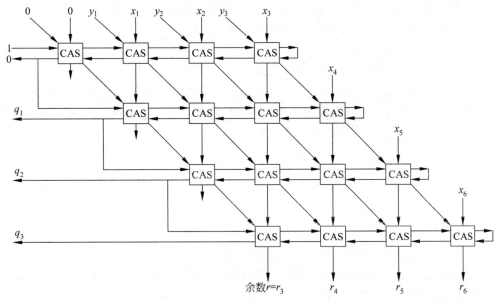

图 3-12 使用不恢复余数法的串行阵列除法器

图 3-12 中,被除数 $x=0.x_1x_2x_3x_4x_5x_6$,除数 $y=0.y_1y_2y_3$,商 $q=0.q_1q_2q_3$,余数 $r=0.00r_3r_4r_5r_6$。其中每一个方框为一个可控加法/减法(CAS)单元,其内部逻辑如图 3-13 所示。

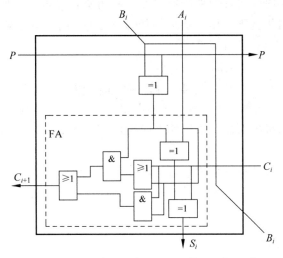

图 3-13 可控加法/减法(CAS)单元逻辑电路

可控加法/减法(CAS)单元的原理：当 $P=1$ 时，CAS 做减法运算，实现 $A_i-B_i-C_i$；当 $P=0$ 时，CAS 做加法运算，实现 $A_i+B_i+C_i$。C_{i+1} 表示产生的借位或进位，S_i 为本位和或差。

图 3-12 所示不恢复余数法阵列除法器的运算过程：

(1) 第一行 $P=1$，执行减法操作，即被除数减除数(n 位)，且余数为负，得商的最高位 0。

(2) 前一行的商作为下一行的 P 控制下一行进行加法或减法操作。即上一行的商为 0，下一行做加法运算；上一行的商为 1，下一行做减法运算；

(3) 余数不动，除数右移。

(4) 步骤(2)和(3)重复进行多次，直到得到 n 位商为止。

图 3-12 所示阵列除法器是采用多个 CAS 单元实现的不恢复余数除法。运算时，沿着每一行都有进位(或借位)传播，同时所有行在它们的进位链上都是串行连接。如果将 CAS 的 S_i 和 C_{i+1} 的函数表达式做如下变换：

$$S_i = A_i \oplus (B_i \oplus P) \oplus C_i$$
$$= A_i B_i \overline{C_i} P + A_i \overline{B_i} \overline{C_i} \overline{P} + \overline{A_i} B_i C_i P + A_i B_i C_i \overline{P} + A_i \overline{B_i} C_i P +$$
$$\overline{A_i} \overline{B_i} \overline{C_i} P + \overline{A_i} B_i \overline{C_i} \overline{P} + \overline{A_i} \overline{B_i} C_i \overline{P}$$
$$C_{i+1} = (A_i + C_i) \cdot (B_i \oplus P) + A_i C_i$$
$$= A_i B_i \overline{P} + A_i \overline{B_i} P + B_i C_i \overline{P} + \overline{B_i} C_i P + A_i C_i$$

这两个表达式都可以采用一个三级组合逻辑电路(包括反向器)来实现，即每一个基本的 CAS 单元的延迟时间为 $3T$ 单元。

因此，对一个 $2n$ 位除以 n 位的不恢复余数阵列除法器来说，CAS 单元的数量为 $(n+1)^2$，考虑最大情况下的信号延迟，其除法执行时间为

$$t_d = 3(n+1)^2 T$$

其中，n 为除数的位数。

显然，除法运算的时间比阵列乘法器的运算时间要长得多。因此，在设计程序时，能用乘法运算实现的功能，尽量不使用除法。例如，乘(除)2^n 的运算通常采用左(右)移的方法去实现，而不采用乘(除)法进行运算。

3.4 浮点运算

浮点运算的实现，可根据需要采用软件或硬件两种方式实现。这里仅讨论硬件实现的有关问题。

第 2 章中已介绍，数的浮点格式包括阶码和尾数两大部分，前者是定点整数，后者是定点小数，所以浮点运算可以在定点运算的基础上实现。为了确保浮点数的唯一性和最长的有效位数，参加浮点运算的数据和运算结果都必须是规格化的。

3.4.1 浮点加减运算

浮点数的加减运算比定点数的加减运算要复杂得多。手工进行浮点数运算时，首先要

通过小数点左移或右移将两数的小数点对齐,然后进行加或减。因此,计算机进行浮点加减运算,基本步骤大致包括对阶、尾数加减、规格化处理等。

设两个非 0 的规格化浮点数 x、y 分别为
$$x = 2^{E_x} M_x, \quad y = 2^{E_y} M_y$$
其中,M_x、M_y 为浮点数 x 和 y 的尾数,E_x、E_y 为浮点数 x 和 y 的阶码。

1. 对阶

两个浮点数相加或相减,首先要把小数点对齐。浮点数中的小数点的实际位置取决于阶码的大小,对齐小数点就是使两数的阶码相等,这个过程叫做对阶。

首先求两阶码的差:
$$\Delta E = E_x - E_y$$

当 $\Delta E = 0$ 时,两阶码相等,无须对阶,直接进入下一步,尾数进行加或减法操作。

当 $\Delta E \neq 0$ 时,需要进行对阶。对阶时,可以右移较小的数(增加它的指数),或左移较大的数(减小它的指数)。无论哪种操作都可能导致数字的丢失。但右移丢失的是低位的数字,比左移丢失的高位数字所造成的误差相对要小。因此,对阶操作总是阶码小的向阶码大的看齐,阶码小的尾数右移。尾数每右移一位,相应的阶码加 1,直到两数的阶码相等。右移的次数等于两数的阶差。当 $\Delta E > 0$ 时,M_y 右移,每右移一位,E_y 加 1,直到 $E_x = E_y$ 为止。若 $\Delta E < 0$ 时,M_x 右移,每右移一位,E_x 加 1,直到 $E_x = E_y$ 为止。

2. 尾数加减运算

对阶之后,尾数的加减运算实际上还是定点加减运算。其运算方法与前面介绍的定点加减运算方法相同,采用变形补码加减。这里不再赘述。

3. 尾数结果的规格化

尾数加减运算得到的数不是规格化数时,必须进行规格化。

尾数加减运算时,多采用双符号位补码运算。运算后的结果可能是以下 6 种情况之一。

(1) 00.1…;
(2) 11.0…;
(3) 00.0…;
(4) 11.1…;
(5) 01.…;
(6) 10.…。

第(1)和(2)两种情况,符合规格化的要求,已是规格化数,不需要再进行规格化处理。

第(4)种情况中,若 11.100…0,也是规格化数。

第(3)种情况和第(4)种中"××…×"为非全 0 的情况,不符合规格化的要求,需要尾数左移进行规格化处理。尾数每左移一位,相应的阶码减 1,直至成为规格化为止。这种规格化的过程称为左规。

第(5)和(6)两种情况,在定点运算中是溢出;但在浮点运算中,只表明尾数的运算结果大于 1,不能认为是浮点数的溢出,此时将尾数右移实现规格化。这种规格化的过程称为右规。右规最多只有一次。

4. 舍入处理

由于硬件的限制,在对阶和右规时有可能将尾数的低位丢失,对结果带来一定的误差。

关于舍入操作方法参见 3.2.1 小节。

5．溢出判断和处理

与定点加减运算一样，浮点加减运算也可能出现溢出。浮点数的溢出是由阶码决定的。当阶码部分超出了它能表示的数的范围，就认为浮点数有溢出。若阶码正溢出（上溢），浮点数真正溢出，机器停止运算，做溢出中断处理；若阶码负溢出（下溢），浮点数趋于 0，机器不做溢出处理，而是当做机器零处理。

若两数中有一个为零，无须进行上述运算过程：

（1）加法运算中的任何一个数为 0，结果直接就是另一个数。

（2）减法运算时，若减数 y 为 0，结果等于被减数 x。若被减数 x 为 0，结果是将减数 y 改变符号。如果尾数采用补码表示，结果的尾数就是 $[M_y]_{变补}$。

综上所述，浮点加减运算的过程可以用图 3-14 所示流程表示。

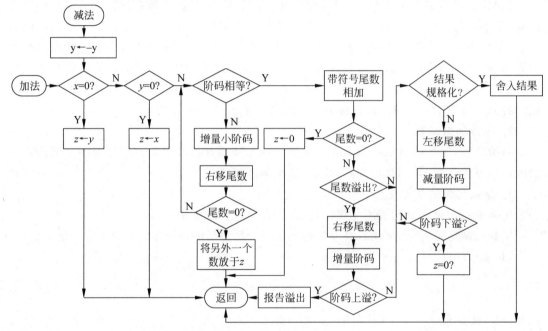

图 3-14　浮点加减运算的流程

【**例 3-14**】　若浮点数 $x=2^{010}\times 0.11011011$，$y=2^{100}\times(-0.10101100)$，求 $x+y$。假设浮点格式为：阶码占 4 位（包括阶符），尾数占 9 位（包括数符），阶码、尾数均用补码表示。

解：x、y 的浮点表示为

$$[x]_{浮}=\underbrace{0010}_{阶码},\underbrace{0.11011011}_{尾数}$$

$$[y]_{浮}=0100,1.01010100$$

注意：上式中中间的逗号只是为了阅读方便而添加的。

（1）对阶。对阶过程和后续的规格化处理中，阶码的加、减运算采用双符号位的变形补码运算。

$$[\Delta E]_{补}=[E_x-E_y]_{补}=00\,010+11\,100=11\,110$$

$$\Delta E = -010 < 0$$

x 的阶码小,其尾数右移 2 位,对阶后的 x 浮点格式为

$$[x]'_{浮} = 0100, 0.00110110(11)$$

(2) 尾数求和。尾数求和运算时采用双符号位的变形补码运算:

$$\begin{array}{r} 00.00110110(11) \\ +\ 11.01010100 \\ \hline 11.10001010(11) \end{array}$$

(3) 尾数规格化处理。由于尾数运算结果的符号位与最高数值位相同,是非规格化数据,所以应进行左规。尾数左移一次,变为 11.00010101(1);阶码减 1,变为 00 011。

(4) 舍入处理。采用 0 舍 1 入的处理方法,尾数末位加 1,结果为 11.00010110。

(5) 判断溢出。阶码的符号位为 00,没有溢出。

因此,最终结果为

$$[x+y]_{浮} = 00\ 011, 1.00010110$$
$$x + y = 2^{011} \times (-0.11101010)$$

说明:运算前和运算后,寄存器中存放的浮点数的阶码和尾数全部是单符号位的补码形式。在运算过程中,阶码和尾数的加减运算器中采用的是双符号位补码。

注意:对于 IEEE 754 浮点格式,其尾数采用原码表示,整数部分的"1"是隐含的。运算是要按照其具体格式进行运算和规格化。

3.4.2 浮点乘除运算

浮点乘除运算相对加减运算来说简单得多。计算机实现两浮点数乘(除)的运算方法,与手工进行浮点乘除运算类似,两浮点数乘(除),就是尾数乘(除),指数加(减)。

设两个非 0 规格化浮点数:

$$x = M_x \times 2^{E_x}, \quad y = M_y \times 2^{E_y}$$

则

$$x \times y = (M_x \times M_y) \times 2^{E_x + E_y}$$
$$x / y = (M_x / M_y) \times 2^{E_x - E_y}$$

其中,尾数乘(除)的运算方法与前述定点数乘(除)的运算方法一样,这里就不再赘述。指数的加(减)运算则根据阶码的编码方式不同,运算方法不同。如果阶码采用补码表示,阶码的加(减)运算与定点数的补码加(减)运算方法一样。这里仅讨论阶码采用移码表示时的加减运算。

因为

$$[E_x]_{移} = 2^n + E_x, \quad [E_y]_{移} = 2^n + E_y$$

则

$$[E_x]_{移} + [E_y]_{移} = 2^n + E_x + 2^n + E_y = 2^n + [2^n + (E_x + E_y)] = 2^n + [E_x + E_y]_{移}$$

即

$$[E_x + E_y]_{移} = [E_x]_{移} + [E_y]_{移} - 2^n$$

因此,移码表示时,乘积的阶码是两浮点数的阶码相加(符号位于数值位一起参与运算)后再减 2^n。

同样
$$[E_x]_{\text{移}} - [E_y]_{\text{移}} = 2^n + E_x - 2^n - E_y = E_x + E_y$$
$$= (2^n + (E_x - E_y)) - 2^n$$
$$= [E_x - E_y]_{\text{移}} - 2^n$$

即
$$[E_x - E_y]_{\text{移}} = [E_x]_{\text{移}} - [E_y]_{\text{移}} + 2^n$$

浮点数除法运算时,商的阶码是两浮点数的阶码相减(符号位与数值位一起参与运算)后再加 2^n。

说明:前面浮点数加减运算的对阶中,若阶码采用移码表示,求阶差的移码减法运算也要在阶码相减后加偏移量 2^n。

尾数乘(除)运算的结果也有可能不是规格化数据,因此也要进行规格化和舍入处理。阶码的加(减)也有可能产生上溢或下溢,也要进行溢出的判断和处理。

综上所述,浮点乘除运算的具体过程可以用图 3-15 所示流程表示。

【例 3-15】 设浮点数 $x=0.5, y=-0.4375$,求 $x \times y$。假设浮点数格式:阶码 4 位(包括阶码符号 1 位),移码表示;尾数 5 位(包括数的符号 1 位),补码表示。

解:先将十进制数变成二进制,然后写出相应的浮点形式:
$$x = 0.5 = 0.1\text{B} = (0.1)_2 \times 2^0$$
$$y = -0.4375 = -0.0111\text{B} = (-0.111)_2 \times 2^{-1}$$

则两操作数的浮点形式为

$$\quad\quad\quad\quad\text{阶码}\quad\text{尾数}$$
$$[x]_{\text{浮}} = 1\,000, 0.1000$$
$$[y]_{\text{浮}} = 0\,111, 1.0010$$

(1) 阶码相加。
$$[E_x + E_y]_{\text{移}} = [E_x]_{\text{移}} + [E_y]_{\text{移}} - 2^3 = 1\,000 + 0\,111 - 1000 = 0111$$

(2) 尾数相乘。采用间接补码阵列除法器实现:
$$[M_x]_{\text{补}} = 0.1000, \quad |M_x| = 0.1000$$
$$[M_y]_{\text{补}} = 1.0010, \quad |M_y| = 0.1110$$
$$|M_x| \times |M_y| = 0.1000 \times 0.1110 = 0.01110000$$

因两操作数符号不同,乘积的符号为 1。
$$[M_x \times M_y]_{\text{补}} = 1.10010000$$

(3) 规格化及舍入处理。因为 $[M_x \times M_y]_{\text{补}} = 1.10010000$ 为非规格化数,所以要进行左规一次:

尾数左移一位,阶码减 1。故 $[M_x \times M_y]_{\text{补}} = 1.00100000$ 的尾数保留 5 位,舍入后,
$$[M_x \times M_y]_{\text{补}} = 1.0010$$
$$[E_x + E_y]_{\text{移}} = 0110$$

(4) 溢出判断及处理。阶码无溢出,浮点乘法运算器输出结果为
$$[x \times y]_{\text{浮}} = 0110, 1.0010$$

所以

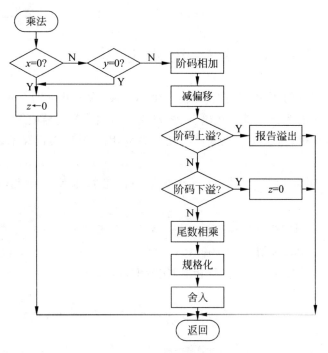

(a) 乘法运算的流程

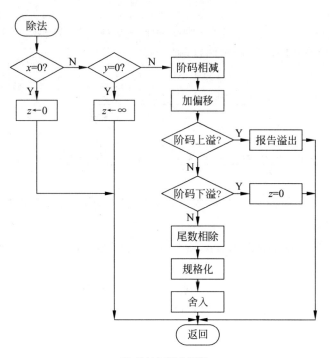

(b) 除法运算的流程

图 3-15 浮点乘(除)运算的流程

$$x \times y = (-0.1110)_2 \times 2^{-10} = (-0.00111)_2$$

验证：$x \times y = (0.1)_2 \times 2^0 \times (-0.111)_2 \times 2^{-1} = (-0.00111)_2$，结果正确。

3.5 逻辑运算

计算机在解决实际问题时，除了需要进行加、减、乘、除等基本的算术运算外，还会遇到许多逻辑问题。常用的逻辑运算有逻辑与、逻辑或、逻辑非、逻辑异或等。

逻辑运算是按位进行，位与位之间没有任何关系，因此其实现比算术运算简单得多。

1. 逻辑非

对某数进行逻辑非运算，就是对该数的每一位进行求反。因此，逻辑非又称求反操作。

假设 $x = x_{n-1} x_{n-2} \cdots x_1 x_0$，则 $z = \bar{x} = \overline{x_{n-1} x_{n-2} \cdots x_1 x_0}$。

例如，若 $x = 10110010$，则 $\bar{x} = 01001101$。

每一位的求反操作用一个非门（反相器）实现即可。

2. 逻辑乘

逻辑乘运算是对参加操作的两数按位进行"与"操作，因此，逻辑乘运算又称逻辑与运算。

若参与运算的两操作数 $x = x_{n-1} x_{n-2} \cdots x_1 x_0$，$y = y_{n-1} y_{n-2} \cdots y_1 y_0$，则 x 和 y 的逻辑乘写为 $x \cdot y$。

若令 $z = x \cdot y = z_{n-1} z_{n-2} \cdots z_1 z_0$，则 $z_i = x_i \cdot y_i (i = 0, 1, \cdots, n-1)$。

例如，设 $x = 10110010$，$y = 10101011$，则

```
   1 0 1 1 0 0 1 0    x
 · 1 0 1 0 1 0 1 1    y
   ─────────────────
   1 0 1 0 0 0 1 0    x·y
```

即 $x \cdot y = 10100010$。

逻辑乘运算一般用与门实现。由于 $A \cdot B = \overline{\bar{A} + \bar{B}}$，因此逻辑乘也可用或非门实现。

3. 逻辑加

逻辑加运算是对参加操作的两数按位进行"或"操作，因此，逻辑加运算也称逻辑或运算。

若参与运算的两操作数 $x = x_{n-1} x_{n-2} \cdots x_1 x_0$，$y = y_{n-1} y_{n-2} \cdots y_1 y_0$，则 x 和 y 的逻辑加写为 $x + y$。

若令 $z = x + y = z_{n-1} z_{n-2} \cdots z_1 z_0$，则 $z_i = x_i + y_i (i = 0, 1, \cdots n-1)$。

例如，设 $x = 10110010$，$y = 10101011$，则

```
   1 0 1 1 0 0 1 0    x
 + 1 0 1 0 1 0 1 1    y
   ─────────────────
   1 0 1 1 1 0 1 1    x+y
```

即 $x + y = 10111011$。

逻辑加运算一般用或门实现。由于 $A + B = \overline{\bar{A} \cdot \bar{B}}$，因此逻辑加也可用与非门实现。

4. 逻辑异或

逻辑异或运算是对参加操作的两数按位进行"异或"操作。

若参与运算的两操作数为

$$x = x_{n-1}\ x_{n-2} \cdots x_1 x_0$$
$$y = y_{n-1}\ y_{n-2} \cdots y_1 y_0$$

x 和 y 的逻辑异或写为 $x \oplus y$。

若令 $z = x \oplus y = z_{n-1}\ z_{n-2} \cdots z_1 z_0$，则 $z_i = x_i \oplus y_i (i=0,1,\cdots,n-1)$。

例如，设 $x=10110010, y=10101011$，则

$$
\begin{array}{r}
10110010 \quad x \\
\oplus\ 10101011 \quad y \\
\hline
00011001 \quad x \oplus y
\end{array}
$$

即 $x \oplus y = 00011001$。

逻辑异或可以用来实现模 2 加法运算。

逻辑异或运算可以直接用异或门实现，或用两级与非门实现。

3.6 运算器的基本组成与实例

运算器的主要功能是进行数据运算，其核心部件是算术逻辑单元(ALU)。除此之外，运算器中还包括一定数量用来临时存放数据的寄存器，进行数据选择的多路选择器以及实现内部数据传输的总线等部件。在实际应用中，由于对计算机速度、性能、用途、价格等方面的要求不同，运算器的具体逻辑组织差异很大。例如，参与运算的数据格式不同，定点运算器和浮点运算器的组织结构及复杂程度有很大区别；二进制和十进制运算的逻辑电路也有差异。即使是同一种运算，由于实现方法不同，其运算器的逻辑实现也会有很大差异。例如乘法运算有原码一位乘法、补码一位乘法、阵列乘法等多种实现方法，其相应的逻辑电路差别很大。另外，CPU 的运算指令功能不同，例如是否设置乘、除运算指令，也大大影响运算器的组织结构。本节只是简单地从一般概念上介绍运算器的基本组成及总线结构，给出一些定点运算器(包括 ALU)和浮点运算器的实例。

3.6.1 运算器的基本结构

1. 运算器的基本组成

运算器的基本组成包括实现算术、逻辑运算功能的 ALU，提供操作数据与暂存结果的寄存器组及有关的判断和控制电路等组成部分。

图 3-16 所示为运算器的一种基本组成结构，其 ALU 的输入端增加了一级锁存器。如果 ALU 输入数据的来源较多时，也可以在 ALU 输入端增加多路选择器，例如 AM 2901。

AM 2901 是一个 4 位二进制定点运算器，可以实现定点整数的加、减、移位和逻辑操作，其内部结构如图 3-17 所示。具体组成及功能如下：

(1) ALU 可以完成 3 种算术运算和 5 种逻辑运算。

(2) 有一个包含 16 个通用寄存器的寄存器组。

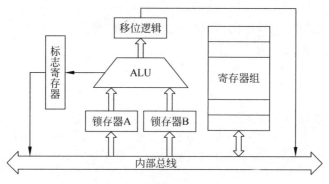

图 3-16 运算器的基本组成结构

(3) 通用寄存器组中的寄存器通过 A 锁存器或 B 锁存器为 ALU 提供操作数,由 A 口地址和 B 口地址对寄存器进行选择。

(4) 在 ALU 的输入端有两个多路选择器选择不同来源的输入数据参与运算。

(5) ALU 运算的结果可以由三态门控制是否输出到 Y。

(6) ALU 的运算结果存入通用寄存器之前有一个移位器,可以实现乘 2(左移)、除 2(右移)操作,也可以直通。

(7) 另有一个乘商寄存器能对自己的内容进行左、右移位,其结果也可以送往 ALU。

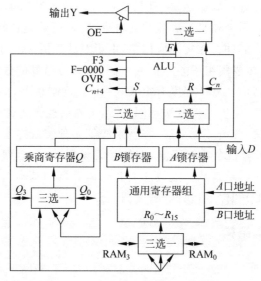

图 3-17 Am2901 运算器的内部结构

2. 运算器的总线结构

运算器的结构设计,主要是围绕 ALU 和寄存器同数据总线之间如何传送操作数和运算结果进行。组成运算器的各部件之间的连接一般也采用总线结构,这个总线称为 CPU 的内部总线,是 CPU 内部的数据通路。运算器内部总线大体有 3 种基本结构,如图 3-18 所示。

(1) 单总线结构的运算器。单总线结构的运算器如图 3-18(a)。由于所有部件都接到

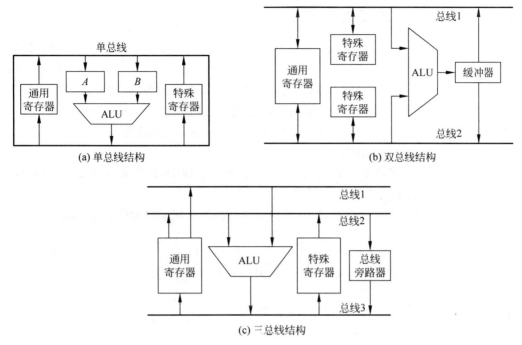

图 3-18 运算器的 3 种总线结构

同一总线上,所以数据可以在任何两个寄存器之间,寄存器和 ALU 之间传送。由于同一时间内只能有一个操作数放在单总线上,需要设置 A、B 两个锁存器,两个操作数分两步进入锁存器,然后由 ALU 进行运算,存储运算结果需要在第 3 个时段进行。

这种结构的主要缺点是操作速度较慢。但是由于它只需控制一条总线,控制电路比较简单。

(2) 双总线结构的运算器。双总线结构的运算器如图 3-18(b)所示。两个数据可以分别通过总线 1、总线 2 同时送至 ALU 的两个输入端,由 ALU 的组合逻辑进行运算。由于 ALU 形成操作结果输出时,两条总线都被输入数据占用,ALU 的处理结果不能直接加到总线上去,所以 ALU 输出端需设缓冲寄存器。假如在总线 1、2 和 ALU 输入端之间各有一个输入缓冲寄存器,可以把两个输入数先放至这两个缓冲寄存器中,此时 ALU 就可以直接把运算结果送至总线 1 或总线 2 上去。总之,双总线结构完成一次运算的操作比单总线结构减少一步。

双总线结构的特殊寄存器分为两组,它们分别与一条总线交换数据。这样,通用寄存器中的数就可进入到任一组特殊寄存器中去,从而使数据传送更为灵活。

(3) 三总线结构的运算器。三总线结构的运算器如图 3-18(c)所示。三总线结构中,ALU 的两个输入端分别由两条总线提供操作数,而 ALU 的输出则与第 3 条总线相连。这样,算术逻辑操作就可以在一步的控制内完成。由于 ALU 本身有时间延迟,所以打入输出结果的选通脉冲必须考虑到这个延迟。如果某一个操作数不需要运算和修改,不必借助于 ALU,可以通过总线旁路器,把数据从总线 2 传送到总线 3。显然,三总线结构的运算器的特点是操作时间快,但控制较前两种复杂。

3.6.2 多功能算术逻辑运算单元实例

构成运算器的核心部件是算术逻辑运算单元(ALU),它既可以完成算术运算,又可以完成逻辑运算。根据前述加、减、乘、除运算方法的介绍,4 种运算的核心可以归结为加法运算。因此,ALU 的核心是并行加法器。一般的加法器只能完成加、减运算,不能同时完成"与""或""异或"等逻辑运算。如果在普通的加法电路前端增加一级逻辑电路,可以实现多种算术和逻辑运算功能。Intel 74181 就是一种典型的多功能算术逻辑运算单元。

1. 74181 的基本功能及引脚

74181 是一个 4 位多功能算术、逻辑运算单元,可以实现 16 种算术运算和 16 种逻辑运算,其加法器采用先行进位方式。

它可以工作在正逻辑或负逻辑状态,其对应正逻辑的功能引脚如图 3-19 所示。

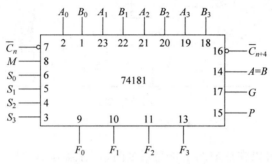

图 3-19 74181ALU 芯片的引脚

(1) $A_3 \sim A_0$、$B_3 \sim B_0$ 分别是参加运算的两个 4 位二进制操作数,$F_3 \sim F_0$ 是运算结果的输出,C_n 是最低位的外来进位,C_{n+4} 是 4 位运算向高位的进位。

(2) M 表示工作方式:$M=0$ 进行算术运算,$M=1$ 进行逻辑运算。

(3) $S_3 \sim S_0$ 用来选择 16 种运算中的某一种。

(4) G 为组进位产生函数,P 为组进位传递函数,是为多级并行进位准备的。详细内容见本节后续介绍。

其基本运算功能如表 3-2 所示。

表 3-2 74181ALU 算术/逻辑运算单元的功能

工作方式输入选择				正逻辑输入与输出	
S_3	S_2	S_1	S_0	逻辑 $M=1$	算术运算 $M=0\ C_n=1$
0	0	0	0	$\overline{A}$	A
0	0	0	1	$\overline{A+B}$	$A+B$
0	0	1	0	$\overline{A}B$	$A+\overline{B}$
0	0	1	1	逻辑 0	-1
0	1	0	0	$\overline{AB}$	$A+A\overline{B}$
0	1	0	1	$\overline{B}$	$(A+B)+A\overline{B}$
0	1	1	0	$A \oplus B$	$A-B-1$

工作方式输入选择				正逻辑输入与输出	
S_3	S_2	S_1	S_0	逻辑 $M=1$	算术运算 $M=0$ $C_n=1$
0	1	1	1	$A\bar{B}$	$A\bar{B}-1$
1	0	0	0	$\bar{A}+B$	$A+AB$
1	0	0	1	$\overline{A\oplus B}$	$A+B$
1	0	1	0	B	$(A+\bar{B})+AB$
1	0	1	1	AB	$AB-1$
1	1	0	0	逻辑 1	$A+A$
1	1	0	1	$A+\bar{B}$	$(A+B)+A$
1	1	1	0	$A+B$	$(A+\bar{B})+A$
1	1	1	1	A	$A-1$

2. 74181 逻辑实现

（1）多功能逻辑。为了实现其多功能,在基本加法器的数据输入端增加了多功能函数发生器。其单元电路结构框图如图 3-20 所示。

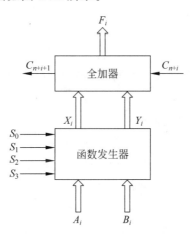

图 3-20　74181 的基本单元电路

图 3-20 中,功能选择控制端 S_3、S_2、S_1、S_0 控制输入端 A_i、B_i,产生不同的 X_i、Y_i。X_i 受 S_1、S_0 控制,Y_i 受 S_3、S_2 控制,其组合函数关系如表 3-3 所示。

表 3-3　X_i、Y_i 与选择控制端和输入端之间的关系

S_0	S_1	Y_i	S_2	S_3	X_i
0	0	$\bar{A}_i$	0	0	1
0	1	$\bar{A}_i B_i$	0	1	$\bar{A}_i+\bar{B}_i$
1	0	$\bar{A}_i \bar{B}_i$	1	0	$\bar{A}_i+B_i$
1	1	0	1	1	$\bar{A}_i$

则

$$X_i = \overline{S_3 A_i B_i + S_2 A_i \bar{B}_i}$$

$$Y_i = \overline{A_i + S_0B_i} + \overline{S_1\overline{B_i}}$$

这样,全法器的和 $F_i = X_i \oplus Y_i \oplus C_{n+i}$ 是受 S_3、S_2、S_1、S_0 控制下的 A_i、B_i 的函数,S_3、S_2、S_1、S_0 控制端的状态不同,得到的 F_i 不同。

(2) 先行进位。对于每一位全加器,将上述 X_i、Y_i 的表达式带入 $C_{n+i+1} = X_iY_i + Y_iC_{n+i} + X_iC_{n+i}$,化简后可以得到:

$$C_{n+i+1} = Y_i + X_iC_{n+i}, \quad i = 0,1,2,3$$

其每一位的进位表达式:

$$C_{n+1} = Y_0 + X_0C_n$$
$$C_{n+2} = Y_1 + X_1C_{n+1} = Y_1 + Y_0X_1C_n$$
$$C_{n+3} = Y_2 + X_2C_{n+2} = Y_2 + Y_1X_2 + Y_0X_1X_2 + X_0X_1X_2C_n$$
$$C_{n+4} = Y_3 + X_3C_{n+3} = Y_3 + Y_2X_3 + Y_1X_2X_3 + Y_0X_1X_2X_3 + X_0X_1X_2X_3C_n$$

74181 的加法器是根据上述 4 个表达式的"与""或"逻辑实现的,即采用的是先行进位的方式。其内部逻辑电路如图 3-21 所示。

若设

$$G = Y_3 + Y_2X_3 + Y_1X_2X_3 + Y_0X_1X_2X_3$$
$$P = X_0X_1X_2X_3$$

则

$$C_{n+4} = G + PC_n$$

74181ALU 芯片中,G、P 作为组进位传递信号引出,以便于实现多组 ALU 之间的先行进位。

3. 74182CLA 及多级先行进位实现

(1) 74182CLA。74181 ALU 只能实现 4 位二进制的运算,如果要实现更多位的运算,需要多片 74181 进行级联。为了实现多片 74181 之间的先行进位,Intel 公司还提供了 74182 先行进位部件(CLA)。其内部逻辑电路如图 3-22 所示。

对于每一个 74181 来说,有 $C_{n+4} = G + PC_n$,其中 C_{n+4} 是 4 位运算最高位的进位,G、P 为组进位传递信号,它们只与自己的输入数据 X_i、$Y_i (i=0,1,2,3)$ 有关。假设 4 片 74181 的组进位传递信号分别为 P_3、G_3、P_2、G_2、P_1、G_1、P_0、G_0,每个低位 74181 向高位 74181 的进位信号分别为:

$$C_{n+x} = G_0 + P_0C_n$$
$$C_{n+y} = G_1 + P_1C_{n+x} = G_1 + G_0P_1 + P_0P_1C_n$$
$$C_{n+z} = G_2 + P_2C_{n+y} = G_2 + G_1P_2 + G_0P_1P_2 + P_0P_1P_2C_n$$

由于 C_{n+x}、C_{n+y}、C_{n+z} 表达式中的信号 P_i、G_i 是 4 个 74181 同时输出的,因此 C_{n+x}、C_{n+y}、C_{n+z} 是同时输出的。

对于最高位 74181 向前的进位:

$$G_3 + P_3C_{n+z} = G_3 + P_3G_2 + G_1P_2P_3 + G_0P_1P_2P_3 + P_0P_1P_2P_3C_n = G^* + P^*C_n$$

可以将 G^*、P^* 引出,便于实现更高级的进位传输。

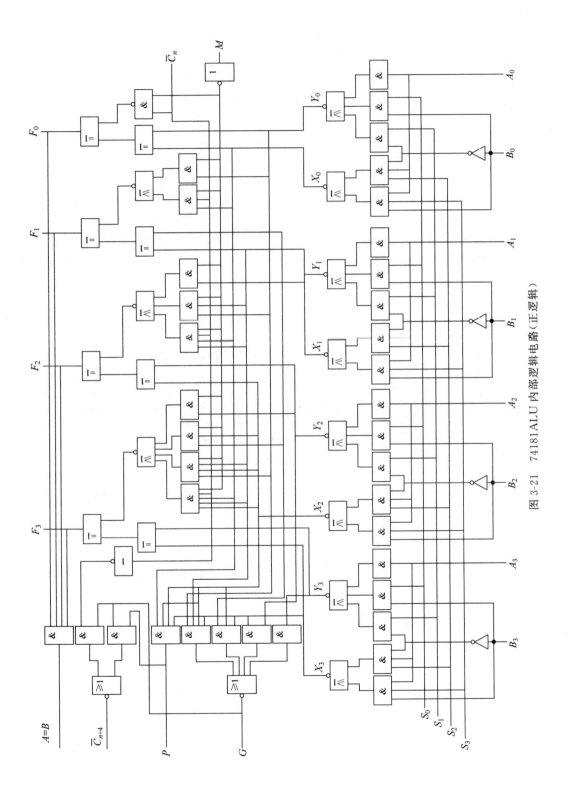

图 3-21 74181ALU 内部逻辑电路（正逻辑）

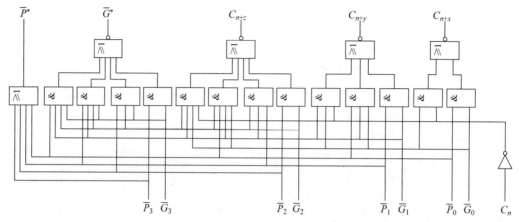

图 3-22 74182CLA 的逻辑电路

（2）多级先行进位 ALU。采用 4 片 74181 和一片 74182 可以组成 16 位两级先行进位的 ALU。用两个 16 位先行进位的 ALU 级联可以组成的 32 位 ALU，其逻辑如图 3-23 所示。

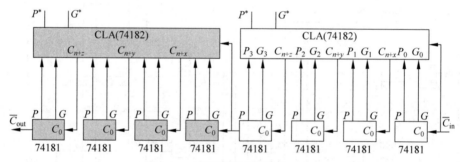

图 3-23 32 位两级先行进位 ALU

74181 和 74182 结合可以组成不同位数和结构的 ALU。位数不同、结构不同，运算所花费的时间不同。表 3-4 列出了多种位数和结构的 ALU 的芯片数目与对应的运算时间。

表 3-4 不同位数和结构的 ALU 运算时间

位数	ALU 结构	总的加法时间/ns	芯片数量	
			74181	74182
4	一级 ALU	21	1	0
8	一级行波 ALU	36	2	0
16	一级行波 ALU	60	4	0
16	两级 ALU	36	4	1
32	一级行波 ALU	110	8	0
32	两级行波 ALU	62	8	2
48	一级行波 ALU	160	12	0
48	两级行波 ALU	101	12	3

续表

位数	ALU 结构	总的加法时间/ns	芯片数量	
			74181	74182
48	三级 ALU	64	12	4
64	一级行波 ALU	210	16	0
64	两级行波 ALU	136	16	4
64	三级 ALU	88	16	5

3.6.3 浮点运算器示例

浮点运算的实现,可以采用专门的浮点运算部件,或者与定点运算一起使用一套运算器。早期的微型计算机系统中浮点运算往往独立于定点运算器,由专门的部件实现。

根据浮点四则运算的规则,浮点运算器通常包括阶码运算器和尾数运算器两大部分。阶码运算器是一个定点运算器,能完成加减运算时的阶码比较,乘除运算时的阶码加减,及规格化时的阶码加 1 或减 1 操作,结构相对简单。尾数运算器是一个定点小数运算器,能完成加减运算时的尾数求和,以及乘除运算时尾数的乘除,另外还应该有快速移位功能,结构相对复杂一点。

1. 80x87 协处理器

80x87 是 Intel 公司为处理浮点数据的算术运算和多种函数计算而设计生产的专用算术处理器。由于它们的算术运算是配合 80x86 进行的,所以又称为协处理器。486SX 以下的微型计算机,80x87 是任选件;而 486DX 及其以上的微型计算机,80x87 已被集成在 CPU 芯片之中。

(1) 80x87 协处理器与 80x86 之间以异步方式进行工作。80x87 相当于 80x86 的一个 I/O 部件,虽然它有自己的指令,但不能作为独立的 CPU 使用,因为写主存的操作是 80x86 完成的。如果 80x86 从内存读取的指令是 80x87 的浮点运算指令,就以输出方式把该指令送到 80x87,80x87 接收后进行译码并执行浮点运算。在 80x87 运算期间,80x86 可取下一条指令予以执行,因而实现了并行工作。如果 80x87 执行浮点运算指令期间 80x86 又取一条 80x87 指令,80x87 给出"忙"的标志信号加以拒绝。

(2) 80x87 协处理器的数据格式。80x87 可处理包括二进制浮点数、二进制整数和压缩十进制数串三大类 7 种不同的数据类型,这些数据类型的格式如图 3-24 所示。

其中,整数最高位为符号位,采用补码表示,有 16、32 和 64 位 3 种格式。浮点数的格式符合 IEEE 754 标准。压缩的十进制数串是特殊形式的整数,80 位的低 72 位表示 18 位十进制数,最高位为符号位。

(3) 80x87 的内部结构。80x87 的内部结构如图 3-25 所示。它不仅仅是一个浮点运算器,还包括了执行数据运算所需的全部控制线路。由总线控制逻辑部件、数据接口与控制部件、浮点运算部件 3 个主要功能模块组成。

在浮点运算部件中,分别设置了阶码(指数)运算部件和尾数运算部件。还有加速移位操作的移位器。它们通过指数总线和尾数总线与 8 个 80 位字长的寄存器相连。这些寄存器按"先进后出"的栈操作方式工作,也可以按寄存器的编号访问某一个寄存器。

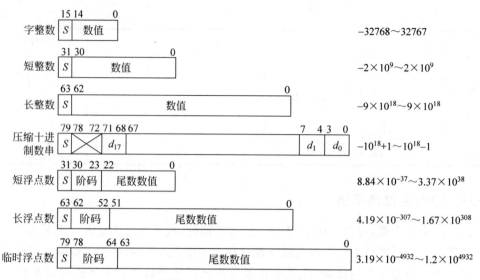

图 3-24 80x87 的数据格式

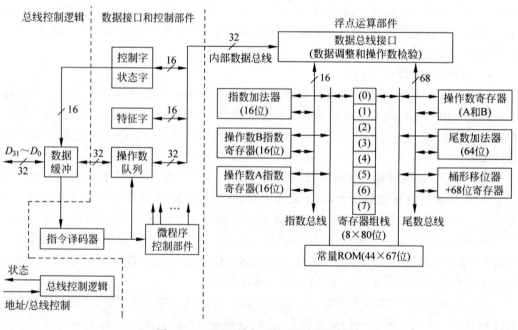

图 3-25 80x87 浮点运算器的内部结构

全部数据在 80x87 中均以 80 位的临时浮点数的形式表示。80x87 从主存取数或向主存写数时,用 80 位的临时浮点数与其他数据类型自动转换。

2. 奔腾 CPU 的浮点运算器

奔腾 CPU 的浮点运算器包含在芯片内,CPU 的整体结构如图 3-26 所示。浮点运算部件采用流水线设计,内有专用的加法器、乘法器和除法器,有 8 个 80 位寄存器组成的寄存器堆,内部数据总线为 80 位宽。浮点部件可以支持 IEEE 754 标准的单精度和双精度格式的浮点数,也使用临时实数的 80 位浮点数。对于浮点数的取整、加法、乘法等操作,采用了新的算法,并用硬件来实现,其执行速度约为 80486 的 10 倍。

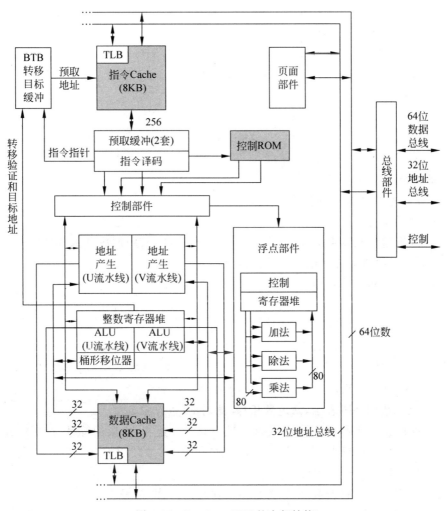

图 3-26 Pentium CPU 的内部结构

本 章 小 结

运算器是计算机处理数据的功能部件,它可以进行算术运算和逻辑运算,其核心是 ALU。运算器的逻辑结构与机器指令系统的运算功能,数据的表示形式和运算方法等有关。

定点加减运算通常采用补码实现。补码的加减运算规则使得计算机中的减法转化为加法实现。运算过程中符号位可以当做二进制数与数值部分一起进行运算。大大地简化了硬件的设计。

定点数的乘法运算可以采用原码或补码实现,具体有原码一位乘法、补码一位乘法(Booth 算法)等串行乘法算法。定点数的除法运算也可以采用原码和补码实现,具体有恢复余数法和不恢复余数(加减交替)法等除法算法。它们的逻辑电路都是在基本的加减法器的基础上增加一些左右移位和控制电路实现,运算速度较慢。为了提高运算方法,常采用阵列乘法器和阵列乘法器。

浮点数的阶码和尾数均是定点数,浮点运算可以在定点运算器的基础上实现。一般,浮点运算器由阶码运算部件和尾数运算部件两部分构成。

无论是定点加减运算还是乘除运算,其核心部件都是基本的二进制加减法器。为了提高运算速度,在加减运算器中采用了先行进位的措施;对于复杂的浮点加减、乘除运算,引入流水线技术。

习 题 3

一、基础题

1. 运算器的主要功能是进行( )。
   A. 逻辑运算　　　　　　　　　　　B. 算术运算
   C. 逻辑运算和算术运算　　　　　　D. 只做加法算术/逻辑运算

2. 运算器虽由许多部件组成,但核心部件是( )。
   A. 算术逻辑运算单元　　　　　　　B. 多路开关
   C. 数据总线　　　　　　　　　　　D. 累加寄存器

3. 大部分计算机内的减法是通过( )实现。
   A. 将被减数加到减数中　　　　　　B. 从被减数中减去减数
   C. 补数相加　　　　　　　　　　　D. 从减数中减去被减数

4. 补码加/减法是指( )。
   A. 操作数用补码表示,两尾数相加/减,符号位单独处理
   B. 操作数用补码表示,符号位和尾数一起参加运算,结果的符号与加/减数相同
   C. 操作数用补码表示,符号位一起参与运算,减某数用加某数的机器负数代替,结果的符号在运算中形成
   D. 操作数用补码表示,由数符决定两尾数的操作,符号位单独处理

5. 当采用双符号位进行数据运算时,若运算结果的双符号位为 01,则表明运算( )。
   A. 无溢出　　　　　　　　　　　　B. 正溢出
   C. 负溢出　　　　　　　　　　　　D. 不能判别是否溢出

6. 当定点运算发生溢出时,应( )。
   A. 向左规格化　　　　　　　　　　B. 向右规格化
   C. 发出出错信息　　　　　　　　　D. 舍入处理

7. 加法器采用先行进位的目的是( )。
   A. 优化加法器的结构　　　　　　　B. 节省器材
   C. 加速传递进位信号　　　　　　　D. 实现减法运算

8. 设机器字长 8 位(含 1 位符号位),若机器数 DAH 为补码,则算术左移一位的结果为( ),算术右移一位的结果为( )。
   A. F4H,6DH　　　　　　　　　　　B. B4H,EDH
   C. B5H,EDH　　　　　　　　　　　D. B4H,6DH

9. 原码乘法是( )。
   A. 用原码表示操作数,数值部分直接相乘,符号位单独处理

B. 用原码表示操作数,然后两数直接相乘(包括符号位)

C. 被乘数用原码表示,乘数取绝对值,然后相乘

D. 乘数用原码表示,被乘数取绝对值,然后相乘

10. 浮点加减中对阶的原则是(　　)。

　　A. 将较小的一个阶码调整到与较大的一个阶码相同

　　B. 将较大的一个阶码调整到与较小的一个阶码相同

　　C. 将被加数的阶码调整到与加数的阶码相同

　　D. 将加数的阶码调整到与被加数的阶码相同

11. 设浮点数的尾数为纯小数,用原码表示,最高位为符号位,则(　　)是规格化的数。

　　A. 1.101101　　　　B. 0.001101　　　　C. 1.011011　　　　D. 0.000110

12. 定点运算器用来进行(　　)。

　　A. 十进制数加法运算

　　B. 定点数运算

　　C. 浮点数运算

　　D. 既进行定点数运算也进行浮点数运算

13. 74181ALU可具有(　　)。

　　A. 16种算术运算功能

　　B. 16种算术运算功能和16种逻辑运算功能

　　C. 16种逻辑运算功能

　　D. 4位乘法运算和除法运算功能

14. 4片74181和1片74182组成16位ALU,其进位信号传递是(　　)。

　　A. 组内、组间均为串行进位　　　　　　B. 组内并行进位,组间串行进位

　　C. 组内串行进位,组间并行进位　　　　D. 组内、组间均为并行进位

15. 已知 x 和 y,试用变形补码计算 $x+y$,并指出结果是否溢出。假设机器字长为6位。

　　(1) $x=11011, y=10101$。

　　(2) $x=-10110, y=-01010$。

　　(3) $x=-10100, y=01001$。

16. 已知 x 和 y,试用变形补码计算 $x-y$,并指出结果是否溢出。假设机器字长为6位。

　　(1) $x=11011, y=-10101$。

　　(2) $x=-10110, y=01010$。

　　(3) $x=-10100, y=-01001$。

17. 设某加法器的输入数据为 $A=A_3 A_2 A_1 A_0$ 和 $B=B_3 B_2 B_1 B_0$,进位链小组信号为 $C_4 C_3 C_2 C_1$,低位来的进位信号为 C_0,请分别按下述两种方式写出 $C_4 C_3 C_2 C_1$ 的逻辑表达式。

(1) 串行进位方式。

(2) 并行进位方式。

18. 已知 $x=1011, y=-0101$,求 $[x]_补$、$[x/2]_补$、$[x/4]_补$、$[2x]_补$、$[y]_补$、$[2y]_补$、$[y/2]_补$、$[y/4]_补$。假设机器字长为5位。

19. 设下列数据长8位,包括一位符号位,补码表示,分别写出每个数据右移或左移两

位后的结果,并给出真值验证移位和乘除运算间的关系。

(1) 01101100。

(2) 10010011。

(3) 11100110。

(4) 10001110。

20. 用原码一位乘法计算 $x \times y$。

(1) $x=11011, y=-11111$。

(2) $x=-11010, y=-01110$。

21. 用原码加减交替法计算 x/y。

(1) $x=10101, y=-11011$。

(2) $x=-10101, y=11011$。

22. 设浮点数的阶码(包括阶符)占 4 位,尾数占 7 位(包括数符),阶码和尾数均采用补码表示。试用浮点运算规则计算 $x+y$、$x-y$(要求写出详细运算步骤,并进行规格化)。

(1) $x=0.110101 \times 2^{-001}, y=-0.010010 \times 2^{001}$。

(2) $x=(-0.011010) \times 2^{-010}, y=0.100101 \times 2^{-001}$。

23. 设浮点数的阶码 4 位(包含阶符 1 位),尾数 7 位(包含数符 1 位),尾数采用原码表示,阶码采用移码表示。试用浮点运算规则计算下列各题。

(1) $x=2^3 \times (13/16), y=2^4 \times (-7/16)$,求 $x \times y$。尾数乘法采用原码一位乘法。

(2) $x=2^3 \times (-13/16), y=2^5 \times (15/16)$,求 x/y。尾数除法采用加减交替法。

二、提高题

1. 在定点二进制运算器中,减法运算一般通过(　　)来实现。

　　A. 原码运算的二进制减法器　　　　B. 补码运算的二进制减法器

　　C. 补码运算的十进制加法器　　　　D. 补码运算的二进制加法器

2. 下列说法正确的是(　　)。

　　A. 采用变形补码进行加减运算可以避免溢出

　　B. 只有定点运算才有可能溢出,浮点运算不会溢出

　　C. 只有带符号数的运算才有可能溢出

　　D. 将两个同符号数相加有可能溢出

3. 在定点运算中产生溢出的原因是(　　)。

　　A. 运算过程中最高位产生了进位或借位

　　B. 参加运算的数据超出了机器所能的表示范围

　　C. 运算结果超出了机器所能表示的范围

　　D. 寄存器的位数太少,不得不舍弃最低有效位

4. 下溢是指(　　)。

　　A. 运算结果的绝对值小于机器所能表示的最小绝对值

　　B. 运算结果小于机器所能表示的最小负数

　　C. 运算结果小于机器所能表示的最小正数

　　D. 运算结果的最低有效位产生的错误

5. 在双符号位判断溢出的方案中,出现负溢出时,双符号位应当为(　　)。

A. 00　　　　　　B. 01　　　　　　C. 10　　　　　　D. 11

6. 采用规格化的浮点数是为了（　　）。
   A. 增加数据的表示范围　　　　　　B. 方便浮点运算
   C. 防止运算时数据溢出　　　　　　D. 提高数据的表示精度

7. 在串行进位的加法器中,影响加法器运算速度的关键因素是（　　）。
   A. 门电路的级延迟　　　　　　　　B. 元器件速度
   C. 进位传递延迟　　　　　　　　　D. 各位加法器速度的不同

8. 用 8 片 74181 和两片 74182 可组成（　　）。
   A. 组内并行进位、组间串行进位的 32 位 ALU
   B. 二级先行进位结构的 32 位 ALU
   C. 组内先行进位、组间先行进位的 16 位 ALU
   D. 三级先行进位结构的 32 位 ALU

9. 下列逻辑部件中,不包括在运算器内的是（　　）。
   A. 累加器　　　　　　　　　　　　B. 运算状态寄存器
   C. ALU　　　　　　　　　　　　　D. 指令寄存器

10. 下面关于浮点运算器的描述正确的是（　　）。
    A. 浮点运算器可使用两个独立的定点运算部件实现
    B. 阶码部件需要实现加、减、乘、除 4 种运算
    C. 阶码部件只进行阶码相加、相减和比较操作
    D. 尾数部件只进行乘法和除法运算

11. 分析图 3-2 完成加减法运算的过程,指出其时间延迟的主要原因,给出提高运算速度的改进措施。

12. 用补码乘法（Booth 算法）计算 $x \times y$。
    (1) $x = 11011, y = -11111$。
    (2) $x = -11010, y = -01110$。

13. 已知 $x = 0.10101, y = -0.11011$,用原码加减交替法计算 $[x/y]_原$,并还原成真值。

14. 设浮点数的阶码 4 位（包括阶符）,用移码表示;尾数 7 位（包括数符）,用补码表示。试按浮点运算规则计算下列各式。
    (1) $[2^3 \times (13/16)] \times [2^4 \times (-9/16)]$,尾数乘法采用 Booth 算法。
    (2) $[2^{-2} \times (13/32)] \times [2^3 \times (15/16)]$,尾数除法采用加减交替法。

15. 用 74181 和 74182 芯片构成一个 32 位的 ALU,采用多级分组并行进位,要求速度尽可能快。试画出相应的逻辑框图。

16. 设计一个余 3 编码的十进制加法器单元电路。

第4章 多层次的存储系统

存储器是计算机系统中具有记忆功能的部件或设备,用来存放程序和数据,是计算机的核心部件之一。计算机性能的优劣与存储系统的设计有着密切的关系。为了满足计算机对存储器大容量、高速度、低成本的要求,现代计算机的存储器设计为一个多层次的存储系统。本章将在对存储器概述的基础上,重点讨论主存储器的工作原理、组成方式及性能优化方法,此外还将介绍高速缓冲存储器和虚拟存储器的基本原理。

4.1 存储系统概述

存储器中存放的数据或程序都用二进制数表示,理论上讲,只要具有两种明显对立且物理状态稳定的物质都可以用来存储二进制信息,都可以用来制作存储器。现代计算机系统中常常用到多种类型的存储器。多种存储器可构成一个存储系统以满足应用需要。

4.1.1 存储器分类

根据存储器的使用材料、功能、特性的不同,存储器有多种不同的分类方法。

1. 按照存储介质分类

存储介质是存储器中承载信息的载体。数字电子计算机的存储介质必须有两个明显区别的物理状态,分别用来表示二进制编码"0"或"1"。存储介质的状态还应该能够改变以便进行读写操作。存储介质状态改变的速度影响着存储器的读写速度。下面是几种常见介质的存储器。

(1) 磁介质存储器。使用磁性材料作为存储介质的存储器称为磁介质存储器。在磁介质存储器中,常使用组成磁介质的小磁体的磁极方向表示二进制编码"0"或"1"。常见的磁介质存储器有磁带、软磁盘、硬磁盘等。

(2) 半导体存储器。使用半导体器件作为存储介质的存储器称为半导体存储器,例如寄存器、内存条、Flash Memory 等。半导体存储器通常可读可写且速度很高。

(3) 光存储器。使用光敏材料做成的存储器称为光存储器,通常使用可激光照射的光敏材料表面区域的物理性态表示二进制编码 0 或 1,常见的有 CD(Compact Disc)、DVD(Digital Versatile Disc)、BD(Blue-ray Disc)等类型。

另外,人们正在研究,把生物工程技术产生的蛋白质分子作为存储介质来存储数据,根据微观粒子的量子特性进行数据存储。

2. 按照存储器在计算机系统的作用地位分类

(1) 主存储器(Main Memory)。主存储器简称主存,是计算机系统的主要存储器,用来存放计算机运行期间正在执行的程序和处理的数据,通常由半导体存储器构成,可以被 CPU 直接访问。

(2) 辅助存储器(Secondary Memory)。辅助存储器简称辅存,是主存的补充,容量大,速度较低,位成本低,常用来存放计算机运行期间暂时不用的系统程序和大型数据文件及数据库。常用的辅助存储器有磁盘存储器、光盘存储器,也有半导体存储器,例如优盘。

(3) 高速缓冲存储器(Cache)。高速缓冲存储器位于计算机 CPU 与主存之间,满足计算机对存储系统的高速要求,具有速度高、容量小的特点,一般由高性能的半导体存储器构成。

(4) 其他。CPU 内部服务于运算器和控制器的存储器称为寄存器,由半导体材料做成,容量小,速度高。计算机主机内的存储器称为内存,主要是主存,还包括 Cache,可以与 CPU 直接交换信息。属于外围设备的存储器称为外存,也叫辅助存储器,它们通过 I/O 接口与 CPU 通信。

3. 按照存取方式分类

(1) 存取时间与物理地址无关(随机访问)。这类存储器的特点是可以根据地址直接访问相应的存储单元,速度高。以半导体器件作为存储介质的主存就属于这一类存储器。

(2) 存取时间与物理地址有关(顺序访问)。对这类存储器进行存取操作时,必须首先按照一定的顺序进行地址查询,查询到目标以后再进行存取。常用的磁盘、光盘等辅助存储器都属于这一类。

4. 按照内容可变性分类

断电后信息消失的存储器称为易失性存储器,例如随机读写存储器(RAM)。断电后信息不丢失的存储器称为非易失性存储器,例如硬磁盘、只读存储器(ROM)。

有些存储器一旦存储数据,其内容是不能擦除重写的,只能读取,例如半导体只读存储器(ROM)、光只读存储器(CD-ROM)。有些存储器则可以随意读写、可擦除后再写,例如 RAM、磁盘等。

4.1.2 存储系统层次结构

一台实用的计算机往往要求其存储系统存储容量大、存储速度高、存储成本低。为了解决存储容量、存取速度和成本之间的矛盾,通常把各种不同存储容量、不同存取速度的存储器按照一定体系结构组织起来,形成一个有机的存储系统。

现代计算机的存储系统通常包含高速缓冲存储器(Cache)、主存储器和辅助存储器 3 级,其层次结构如图 4-1 所示。

高速缓冲存储器(Cache)一般由高速的半导体存储器构成,用来高速存取指令和数据以匹配 CPU 运算的高速度,和主存储器相比具有速度高、容量小的特点,主要用来满足计算机对存储系统的高速度要求。为了进一步提高存储系统性能,又可把高速缓冲存储器分为一级缓存、二级缓存等。一级缓存速度最高,常集成于 CPU 内,其他缓存则集成于主板内。

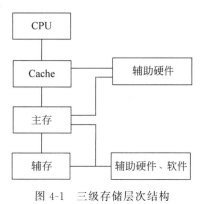

图 4-1 三级存储层次结构

主存用来存放计算机运行期间的大量程序和数据,速度和容量均介于 Cache 和外存之间。它能和 Cache 交换数据和指令。

辅存是主存的补充,容量大,速度较低,成本低,主要用来满足计算机对存储系统大容量、低成本的要求。

在存储器体系结构中，各层之间的信息调度由辅助硬件或软件完成。CPU 首先访问 Cache，如果 Cache 中没有，则存储系统通过辅助硬件到主存储器中去找；如果主存没有 CPU 要访问的内容，则存储系统通过辅助硬件或软件到辅存中去找。然后把找到的数据逐级上调。三级存储系统中信息流动和存读速度之间的关系如图 4-2 所示。

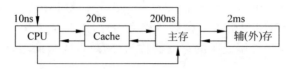

图 4-2　存储系统信息流和各层级访问速度关系

计算机系统的存储器及其特性比较如图 4-3 所示。

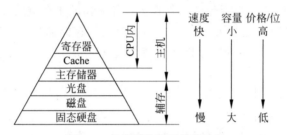

图 4-3　存储系统的存储器比较

4.1.3　主存的数据组织

主存储器是整个存储系统的核心，用来存储计算机运行期间所需要的程序和数据。CPU 可直接随机地访问主存。

主存通常由存储体、地址译码器、读写电路组成。其框图如图 4-4 所示。

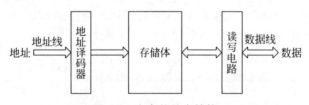

图 4-4　主存的基本结构

1. 存储体

存储体是存储器的核心，通常由半导体电路构成。程序和数据都以二进制数"0""1"的形式存放于存储体。

2. 存储元与存储字

在存储体中，与 1 个二进制位（1bit）所对应的存储空间或物理对象称为存储元。主存的存储元通常对应一个电路。

为了在一个存储器中存储大量信息，一个存储体往往包含很多存储元。为了提高存储器工作效率，实际中对存储器进行读写操作时总是一次写入或读出若干个二进制位。主存储器能够作为一个整体存入或读出的二进制数位数称为存储器的存储字。存储字大小由主存结构决定,通常等于主存数据线根数。存储字大小未必等于机器字长,也未必等于存储单元大小。

3. 存储单元与地址

为了存储器使用方便,人们把若干个存储元作为一个整体并指定一个唯一编号。这个整体对象称为存储单元,编号称为存储单元地址。地址用二进制数表示,与存储单元一一对应。CPU得到一个地址,就可以访问一个存储单元,所以说主存储器是按照地址进行随机访问的。

存储器的地址位数通常由存储器的地址线根数决定。地址译码器把地址线传来的地址译码选中对应的一个存储单元。一个存储器具有的地址个数由存储器地址位数决定,如果地址是 n 位,则寻址范围 $N=2^n$。

如果计算机的每一个存储单元空间大小等于1b,则称此计算机按位编址;如果计算机的每个存储单元空间大小等于8b,则称此计算机按字节编址;如果计算机的每个存储单元空间大小等于存储字长,则称此计算机按字编址。计算机系统结构决定了其编址形式。字节编址是使用最多的编址形式。按字节编址的计算机,其最小寻址单位是1B。所以,存储单元是CPU对主存访问操作的最小存储单位。

例如,IBM 370是字长为32位的计算机,主存按字节编址,那么把1个字的数据或指令存入主存,需要4个连续的地址,占据4个连续的存储单元。

4. 数据在主存中的存放

(1) 边界对齐规则。计算机的存储字、指令字、机器字和存储单元大小未必一致,所以数据在主存中的存放方式必须科学设计,否则计算机将不能正常工作。因此,每种计算机在设计时都要规定出所支持的数据类型和存放规则。下面以字节编址为例简单介绍一下这个问题。

假设某主存存储字是64位,存储单元是8位(1字节),机器字长32位,可使用的数据类型有字节(8位)、半字(16位)、单字(32位)和双字(64位)。图4-5表示了3种存放方式。

图4-5(a)4种不同长度的数据一个接着一个存放,是一种不浪费存储器资源的存储方式。但是存在两个问题,一是存取字节数据之外的其他类型数据时需要较长时间,因为无论是半字、单字还是双字型数据存放时都有可能跨越两个存储字存放,存取一个数据就需要访问两次存储器;二是存储器的读写控制比较复杂。

图4-5(b)所示的存储方法克服了上述两个缺点,规定所有数据都从存储字的起始位置存放,存储字剩余部分不再使用。这种存储方法的缺点是浪费资源严重。

图4-5(c)是综合前两种情况优缺点后的折中方案。规定双字数据的起始位置地址最末3位必须是000,单字数据的起始位置地址最末2位必须是00,半字数据的起始位置地址最末1位必须是0。这种方式可以保证所有类型数据不出现跨越存储字存放,能在一个存取周期内完成数据存取,而且存储资源浪费程度有所降低。这是实际计算机系统中使用较多的主存存储方式,称为边界对齐存储方式。

(2) 二进制数据高低位存放规则。数据在主存中存放时还要考虑二进制数的高低位问题。数据在存放到内存里的时候,有两种存放方式,即大端方式(Big Endian)和小端方式(Little Endian)。在小端方式中,内存中的高地址单元存放数据的高位,内存中的低地址单

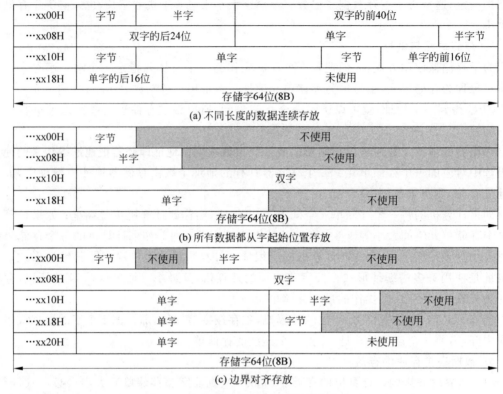

图 4-5 字节编址的主存储器数据存放方式

元存放数据的低位；在大端方式中，内存中的高地址单元存放数据的低位，内存中的低地址单元存放数据的高位。例如一个 8 位十六进制数 12345678H，存储器按照字节编址，分别按照大端和小端方式存放，如图 4-6 所示。这里，存储单元是 8 位空间，可以存放 2 位十六进制数。

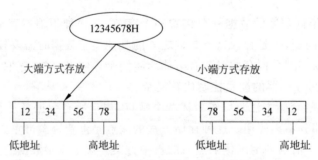

图 4-6 大端方式和小端方式存放的区别

采用大端方式比较符合人的习惯，而采用小端方式利于计算机处理。两种方式没有优劣之分，例如 Intel 80x86 采用了小端方式，IBM 379、Motorola 680x0 等采用了大端方式，Power PC 和 ARM 则既支持大端方式又支持小端方式。

在存放顺序规则不同的系统之间进行数据通信时，需要进行转换。了解存储方式的好处在于可以清楚地知道每一个数据的字节顺序，从而得到其正确的真值。

4.1.4 主存储器的主要技术指标

存储器的基本功能决定了其最基本的技术指标是存储容量和存取速度,有时也会考虑到可靠性和功耗。

1. 存储容量

存储容量是指一个存储器可以容纳的最大信息量,常用字节数(Byte,B)表示存储容量大小。

主存还常用地址个数与存储字大小的乘积来表示主存容量大小。此时存储器容量就可用字(Word,W)数来表示。

例如,某计算机的主存容量为 64K×16 位,表示它有 64K 个地址(16 根地址线),存储字大小为16(16 根数据线)。主存容量是 64KW(千字),若改用字节数表示则记为 128KB。

2. 存取速度

主存的存取速度通常用存取时间、存取周期和带宽等参数来描述。

(1) 存取时间。存取时间又称访问时间或读写时间,是指从启动一次存储器操作到完成该操作所经历的时间。例如,读出时间是指从 CPU 向主存发出有效地址和读命令开始,直到将被选中单元的内容读出为止的时间;写入时间是指从 CPU 向主存发出有效地址和写命令开始,直到数据被写入到所选中的单元为止的时间。存储器存取时间越小,其速度越高。

(2) 存取周期。存取周期又称读写周期、访存周期,是指连续两次访问存储器操作之间所需的最短时间间隔。一般情况下,存取周期要大于存取时间,因为每次读写操作完成后总需要一些时间进行状态恢复,否则就不能进行下一次操作。

(3) 带宽。存储器带宽又称数据传输速率,是指每秒从存储器进出的最大数据量,单位可以是字每秒(Wps)、字节每秒(Bps)或比特每秒(bps)。主存带宽是描述主存存取速度的最直接指标。

在计算机发展过程中,CPU 运算速度提高比较快,主存速度一度成为计算机系统性能提高的瓶颈。从概念来说,提高主存带宽的措施有缩短存取周期、增加存储字长和多体并行等。

3. 可靠性

可靠性是指在规定时间内,存储器无故障读写的概率。常用平均无故障间隔时间(Mean Time Between Failures,MTBF)来衡量存储器可靠性。MTBF 越长,说明存储器的可靠性越高。

4. 功耗

功耗反映了存储器耗电的多少。功耗高的存储器耗电高、发热多,不但影响器件工作可靠性、影响大数据存储应用,而且不符合"绿色"理念。

4.2 半导体存储器

半导体存储器性能优异,在计算中得到广泛应用。根据存储器物理特性,可把半导体存储器分为随机访问存储器(RAM)、只读存储器(ROM)和闪速存储器(Flash Memory)。

RAM 又可分为静态读写存储器(SRAM)和动态读写存储器(DRAM)。下面详细介绍它们的原理和特性。

4.2.1 SRAM 存储器

SRAM(Static Random Access Memory)是静态随机存取存储器,常以稳态的触发器为存储元,具有速度高的特点,在计算机中常用于高速存取的场合。

1. SRAM 的存储元

SRAM 存储器通常采用锁存器(触发器)作为存储元。只要直流电源一直给这个记忆电路供电,它就可无限期地保持记忆的状态"1"或状态"0";如果电源断电,它存储的数据(1或 0)就会丢失。

在图 4-7 所示的存储元中,选择线与存储器地址线相连,当需要操作存储元时可以通过选择线选定该存储元。当人们选中存储元时(选择线置"1"),"数据出"的状态("1"或"0")完全由"数据入"的状态("1"或"0")决定,并且"数据出"的状态在"数据入"重新写入新数据之前保持稳定。应用时,是向存储元写入数据还是从存储元读出数据,由 CPU 发出的读写命令决定。CPU 发出的读写命令经过存储元的读写控制线传递。

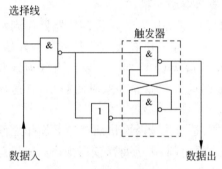

图 4-7 SRAM 的存储元

SRAM 的存储元是触发器,具有稳定的状态,可以连续地读取,所以存取速度高;但是这种存储元结构复杂,不易于集成为大容量,功耗也较大,所以 SRAM 一般容量较小。因此,SRAM 通常用作高速缓冲存储器。

2. 基本的 SRAM 存储器结构

通常使用存储元阵列组成存储器。基本的 SRAM 存储元阵列如图 4-8 所示。

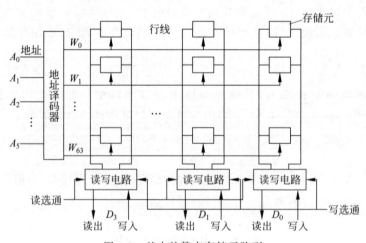

图 4-8 基本的静态存储元阵列

从图 4-8 可以看出,由存储元阵列构成的存储器包括 3 个基本部分:存储元阵列作为存储体;读写电路构成存储器控制模块,负责控制存储器读写状态以及数据的流出和流入;

译码器构成存储器地址变换模块,负责把存储器接收到的存储单元地址转换成存储单元选择命令。存储元阵列与外界交换信息的信号线分为地址线、数据线和控制线 3 类。地址线共 6 条,表示为 $A_0 \sim A_5$,可以接收 6 位地址,地址个数为 2^6,经过译码器对应 64 条行线。数据线共 4 条(写入和读出采用一条双向传输线),表示为 $D_0 \sim D_3$,可以传输 4 位数据。控制线(读选通和写选通)主要用于传递读或者写命令。

当需要读写存储器时,CPU 首先通过地址线发送一个地址,存储器接收到地址后经译码器产生选择命令,选中特定的存储单元(图中的某一行),CPU 再发出读写命令,控制模块接收到命令打开读写开关,数据便可以流出或流入存储单元。

思考:对于图 4-8 所示的存储器,其地址空间是多大?存储单元是多大?存储字长为多少?存储器容量是多大?访问某个存储单元的方式是顺序访问还是随机访问?

为了获得较大的存储容量,实用的 SRAM 芯片多采用双译码方式的立体阵列结构。因为这种结构可以有更高的集成度而且封装方便。

图 4-9 是一款 32K×8 位的 SRAM 结构示意图。它的地址线共 15 条,其中 $A_0 \sim A_7$ 经行译码输出 256 个行选择线,$A_8 \sim A_{14}$ 经列译码输出 128 个列选择线;每一个存储单元含 8 个存储位元,8 条双向数据线 $I/O_0 \sim I/O_7$ 进行 8 位数据的输入输出,存储字长为 8 位。

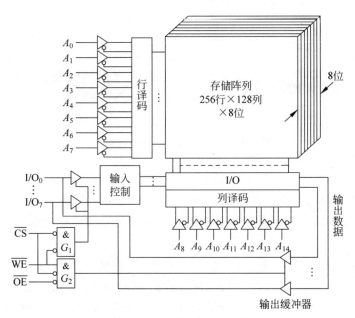

图 4-9 32K×8 位 SRAM 的结构

工作时,CPU 向 SRAM 存储器发出读写控制命令和存储单元地址。写入数据时,控制信号中的 $\overline{CS}$(片选信号)有效(低电平)时打开门 G_1 和 G_2;读写控制信号 $\overline{WE}=0$(写有效),门 G_1 开启,G_2 门关闭;8 个输入缓冲器被打开,同时 8 个输出缓冲器被关闭,8 条 I/O 数据线上的 8 位数据被同时写入到地址指定的存储单元中。输出数据时,控制信号中的 $\overline{CS}$(片选信号)有效(低电平)时打开门 G_1 和 G_2;读出使能信号 $\overline{OE}$ 置低电平,开启 G_2;读写控制信号 $\overline{WE}=1$(读有效),G_2 门开启,门 G_1 关闭;8 个输出缓冲器被打开,同时

8个输入缓冲器被关闭,地址指定的存储单元中的8位数据被同时读出到8条I/O数据线上。

SRAM工作时,地址有效、状态控制、数据读或者写等事件的发生都是在CPU控制下进行,严格遵循一定的时间关系。如图4-10的波形图反映了这种时间关系。

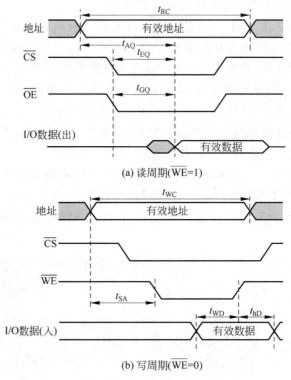

图4-10 SRAM的读写周期

在读周期中,地址线先有效,以便进行地址译码,选中存储单元。为了读出数据,$\overline{CS}$和$\overline{OE}$也必须有效(由高电平变成低电平)。从地址有效开始,经过t_{AQ}数据线I/O上出现有效的读出数据。之后$\overline{CS}$和$\overline{OE}$恢复高电平,t_{RC}以后才允许地址线电平发生变化。t_{RC}叫称为读周期。

在写周期中,也是地址线先有效,接着$\overline{CS}$有效、写有效($\overline{WE}$电平由高到低)。t_{WD}时间段内进行数据写入,之后撤销写命令$\overline{WE}$和片选$\overline{CS}$。为了使数据能够可靠写入,I/O上的数据需要维持t_{hD}时间,$\overline{CS}$的维持时间也通常也比读周期长。t_{WC}称为写周期时间。为了控制方便,一般都取$t_{WC}=t_{RC}$,统称存储器存取周期。

SRAM用作主存时,地址线、数据线和控制线分别经过地址总线、数据总线和控制总线与CPU相连。经典的SRAM芯片Intel 2114外特性如图4-11所示,图中的V_{CC}表示电源,GND表示接地,连同地址线、数据线、控制线,共计18个引脚,其容量是1K×4位。

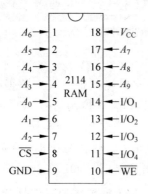

图4-11 Intel 2114芯片外特性

4.2.2 DRAM 存储器

DRAM(Dynamic Random Access Memory,动态随机存取存储器)因其存储元简单,易于组织大容量存储器,常用作计算机的主存。

1. DRAM 存储元的记忆原理

DRAM 的存储元电路比较简单,通常由一个 MOS 晶体管和电容器组成,如图 4-12 所示。记忆电路中的 MOS 管作为开关使用,而所存储的信息"1"或"0"由电容器上的电荷量来体现:电容器充满电荷的状态代表存储"1",电容器放电没有电荷的状态代表存储"0"。

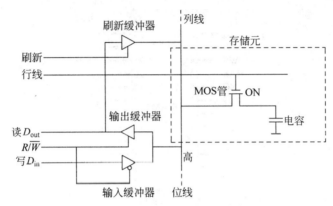

图 4-12 DRAM 存储元的逻辑结构与操作

向存储元写入"1"时,首先关闭输出缓冲器和刷新缓冲器,打开输入缓冲器($R/\overline{W}=0$),输入数据 $D_{in}=1$ 送到存储元位线上,然后行选线上置高电平,打开 MOS 管,位线上的高电平给电容器充电,表示存储了"1"。

向存储元写入"0"时,首先关闭输出缓冲器和刷新缓冲器,打开输入缓冲器($R/\overline{W}=0$),输入数据 $D_{in}=0$ 送到存储元位线上,然后行选线上置高电平,打开 MOS 管,电容器通过 MOS 管和位线放电,表示存储了"0"。

从存储元读出数据,则首先关闭输入缓冲器和刷新缓冲器,打开输出缓冲器($R/\overline{W}=1$),然后行选线上置高电平,打开 MOS 管。如果存储元存储的是 1,D_{out} 将有电流流出,表示读出了 1;如果存储元存储的是 0,由于电容器未存电荷,D_{out} 将没有电流流出,表示读出了 0。

读操作对存储信息具有破环性,所以读出数据后还要再原样写回去,这个过程称为刷新。刷新过程是:打开刷新缓冲器,从输出缓冲器流出的电流会分流进入刷新缓冲器,再通过列线和 MOS 管给电容器充电。这相当于把读出的数据重新写入到存储元中。

事实上,由于电容上的电荷量会随时间和温度而减少,因此未进行读写操作的存储器也要定期进行刷新。因为正常的读操作是随机发生的,而存储元的刷新需要定时进行。刷新过程的本质是一次"假读"的过程,对存储元的刷新时间等于其存取时间。

思考:为何 SRAM 具有速度高、集成难的特点,而 DRAM 却具有速度较低、集成易的特点?为何称 RAM(包括 DRAM 和 SRAM)为易失性存储器?

2. DRAM 芯片的逻辑结构

与 SRAM 一样,若干 DRAM 存储元组成阵列,形成各种 DRAM 芯片。图 4-13 给出一个典型 DRAM 芯片的逻辑结构。与前述 SRAM 芯片相比较，DRAM 芯片有两个特点。

(1) 引入了行地址锁存器和列地址锁存器。DRAM 芯片一般容量较大，需要的地址线较多，引入行地址锁存器和列地址锁存器可以节省地址线根数。使用 10 根地址线分时传送 20 位地址分别给行地址锁存器和列地址锁存器，到芯片内部再把两部分合起来，使芯片的地址容量达到 1M。从图 4-13（a）可以看出，只有 10 个地址引脚 $A_0 \sim A_9$，地址个数却达 1M。

(2) 增加了刷新电路。存储元的定时刷新通常按行进行。由于刷新与读写操作都要提供行地址，因此设置了 2 选 1 多路开关，来提供刷新行地址或正常读写的行地址。

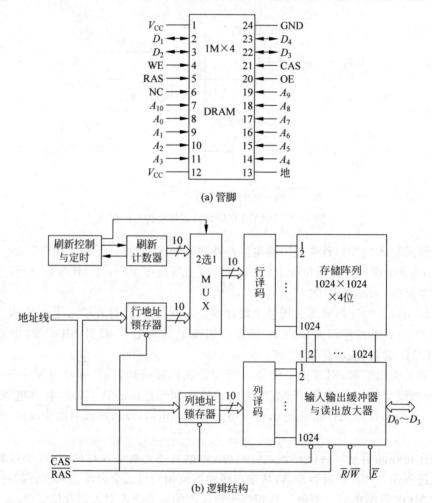

图 4-13　1M×4 位 DRAM 芯片

3. DRAM 的刷新

(1) 刷新周期。同一存储元两次被刷新的最短时间间隔称为存储器的刷新周期。刷新周期的典型值是 2~16ms，由于刷新时存储器不能进行正常的读写，所以刷新周期长的存储器可以有更加卓越的性能。

(2) 刷新信号周期。存储器的刷新按行进行，行地址由刷新计数器提供，该计数器输入时钟信号的周期称为刷新信号周期。实际上，也是相邻两行刷新的时间间隔。

(3) 刷新方式。DRAM 的刷新方式常见的有集中刷新、分散刷新和异步刷新 3 种。下面以存储矩阵为 128×128 的 DRAM 存储器为例,说明 3 种方式的特点。设该存储器的刷新周期为 2ms。

① 集中刷新。集中刷新是指 DRAM 的所有行在一个刷新周期内集中刷新一遍,刷新过程中停止读写操作,如图 4-14(a)所示。

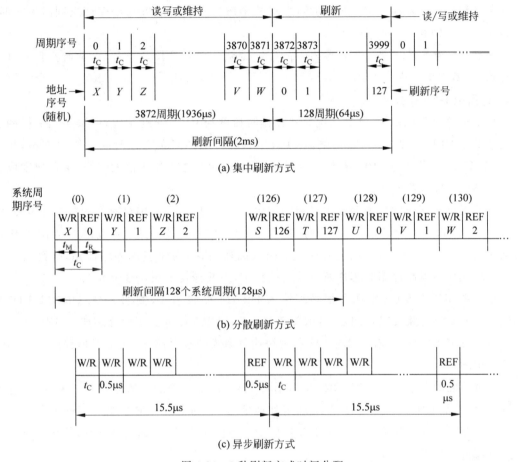

图 4-14 3 种刷新方式时间分配

2ms 的时间间隔分为两部分,前一段时间进行正常的读写操作,后一段时间进行集中刷新。刷新时正常的读写操作停止,数据线输出被封锁,所有刷新结束后,又开始正常的读写操作。

集中刷新方式的优点是读写操作时不受刷新工作的影响,因此系统的存取速度比较高。缺点是刷新期间必须停止读写操作,容易产生"死区",且容量越大死区就会越长,甚至达到无法容忍的程度。

② 分散刷新。分散刷新是把每行的刷新分散到读写周期中,刷新和读写交替进行,如图 4-14(b)所示。这样刷新没有了"死区",但是系统读写的最小时间间隔成为正常读写的 2 倍。影响了系统的存取速度。

③ 异步刷新。异步刷新是指将每行的刷新平均分布在整个刷新周期中,即将刷新周期

除以总行数,得到128个时间段,在每个时间段内刷新一行。把所有行刷新一遍的时间恰好等于DRAM的刷新周期。在每一个时间段内,用于刷新的时间较少,仅相当于芯片的存取周期,剩余的较多时间内DRAM可以进行正常读写。随着DRAM刷新周期增长和芯片存取周期的变短,异步刷新的优势将变得更加明显。

(4) 刷新控制。刷新过程需要使用专门的刷新控制电路进行控制。刷新控制电路的主要任务是解决存储器刷新和CPU访问之间的矛盾。当刷新请求与访问请求同时发生时,应该优先进行刷新。

注意:刷新不依赖于外部的访问,对CPU透明。刷新是按行进行的,刷新操作时仅需要行地址,不需要列地址。

4. 高级DRAM技术

对于一个计算机系统,理想情况是主存读写速度与CPU速度相等,但事实是主存的速度通常低于CPU速度。以PC为例,在1998年以前,DRAM的存取时间大约为60ns,相当于16.7MHz,而当时的CPU速度已达到300MHz,两者之间存在很大差距,主存速度成为计算机系统性能提高的瓶颈。

不断提高主存速度是主存技术发展的主要目标。目前,提高主存速度的技术有多种,大致可分3类:改进存储芯片设计和制造技术,提高存储芯片读写速度;改进主存结构,优化访问控制,实现并行操作,提高主存带宽;引入高速缓存,构建多级存储体系,提高访存速度。这里先介绍提高存储器芯片速度的一些技术,后两种技术在4.3节介绍。

随着主存技术发展,出现了很多高速的DRAM存储芯片,例如FPM-DRAM、EDUO DRAM、CDRAM、SDRAM、DDR SDRAM、Rambus DRAM等。下面介绍典型的几种。

(1) FPM DRAM。FPM DRAM称为快速页模式动态存储器,它是根据程序的局部性原理实现的。

通过前面的介绍可以知道,DRAM工作时,首先由低电平的行选通信号$\overline{RAS}$确定行地址,然后再由低电平的列选信号$\overline{CAS}$确定列地址,从而确定待存取数据的存储单元。下一次寻找存储单元的过程仍然是先由$\overline{RAS}$确定行地址、再由$\overline{CAS}$确定列地址,依次类推。这样的读写过程是很慢的。

事实上,存储器中的程序或数据一般存放在地址连续的存储单元中。对于同一行的存储单元,其行地址相同。如果连续取同一行中的多个单元,可以不改变行地址,只需改变列地址。FPM DRAM就是基于这种思想,将一个行地址对应的所有单元的集合为一页(Page),以页为单位进行数据传输,允许对一页中每一个列地址对应的单元进行快速地读。

图4-15显示了FPM DRAM按页读取数据的时序。

(2) SDRAM。早期的计算机中,DRAM与CPU并不同步,CPU必须等待DRAM完成内部操作后才能开始下一地址的读写操作。这种等待通常需要几个时钟周期,制约了系统的数据传输率。同步动态存储器(Synchronous DRAM,SDRAM)使用了与CPU相同的时钟信号。SDRAM和CPU在系统时钟控制下同步工作,取消了等待时间,减少了数据传送的延迟时间,因而加快了系统速度。

SDRAM基于多存储矩阵结构,每一个存储矩阵,可以独立工作。当CPU从一个存储

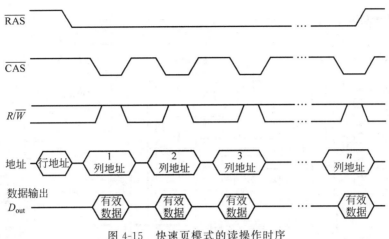

图 4-15　快速页模式的读操作时序

矩阵访问数据时,另一个存储矩阵已开始为读写数据做准备,通过存储矩阵间的紧密切换,系统访问主存效率可以得到成倍的提高。SDRAM 不仅可用作主存,在显示卡上的显存方面也有广泛应用。

图 4-16(a)显示的是 64M 位的 SDRAM 内部结构逻辑图。外部除了地址、数据、控制信号线以外,还有系统时钟输入信号 CLK、时钟允许信号 CKE、数据屏蔽信号 DQM。模式寄存器可以指定猝发读写的长度,该长度是同步地向系统总线上发送数据的存储单元个数。模式寄存器也允许程序员调整从接受读请求命令到开始传输数据的延迟时间。

图 4-16(b)表示读操作时序,其中猝发长度为 4W(字),$\overline{CAS}$ 时延为 2 个时钟周期。在时钟上升沿,通过 $\overline{CS}$、$\overline{CAS}$ 为低而保持 $\overline{RAS}$、$\overline{WE}$ 为高来启动猝发读命令。地址输入确定了猝发分组的起始地址。读写命令中的 NOP 表示空操作。

SDRAM 普遍采用 168 引脚的 DIMM 封装,3.3V 电压,功耗低,速度高。SDRAM 支持 PC66/100/133/150 等不同的规范,表示其工作频率可以为 66MHz、100MHz、133MHz 或 150MHz,能与相应的 CPU 同步工作。

(3) DDR SDRAM。DDR SDRAM(Double Data Rate SDRAM,DDR,双倍速率 SDRAM)。DDR 可以说是 SDRAM 的升级版本。SDRAM 是在一个时钟周期内传输一次数据,而 DDR 是在时钟信号上升沿与下降沿各传输一次数据,这使得 DDR 的数据传输速度为传统 SDRAM 的两倍。由于仅多采用了下降沿信号,因此并不会造成能耗的增加。DDR SDRAM 一般采用 184 引脚的封装,工作电压 2.5V,标准有 DDR 200、DDR 266、DDR 333 和 DDR 400。DDR 266 表示存储器工作频率 133MHz,等效传输率 266MHz,传输带宽 2.1GBps。

在 DDR 之后,主存家族中又陆续出现了速度更高的 DDR2、DDR3 和 DDR4。

DDR2 与 DDR 最大的不同是提高了数据预读取能力,DDR 是 2 位数据预读取,DDR2 是 4 位数据预读取。也就是说,DDR2 每个时钟能够以 4 倍于外部总线的速度读写数据。DDR2 采用 240 线封装,工作电压 1.8V,标准有 DDR2 400、DDR2 533、DDR2 667、DDR2 800 等几种。

DDR3 可以视为 DDR2 的改进版,进一步把预读取能力提高为 8 倍,工作频率也进一步

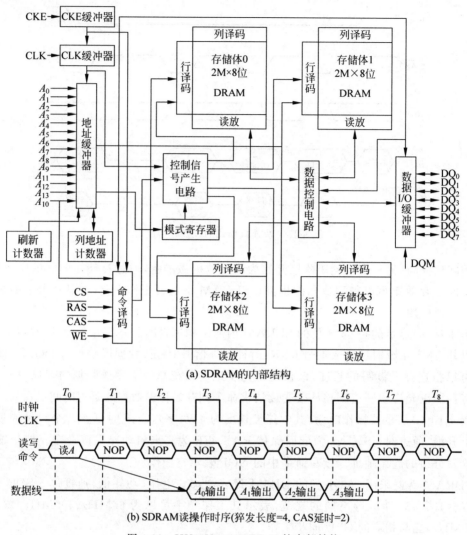

(a) SDRAM的内部结构

(b) SDRAM读操作时序(猝发长度=4, CAS延时=2)

图 4-16　HY57V641620ET-H 的内部结构

提高,支持的传输带宽达到 12.8GBps。2012 年 9 月,JEDEC(电子设备工程联合委员会)发布了 DDR4 内存标准规范。DDR4 没有进一步提高数据预读取能力,仍保持 DDR3 的 8 位,重点是提高频率和带宽,规定最低标准是 DDR4 1600。DDR4 的引脚线增加为 284,工作电压降至 1.2V 和 1.1V。

表 4-1　DDR SDRAM 内存性能变化

频率/MHz	200	266	333	400	533	667	800	1066	1333	1600	1866	2133	2666	3200	4266
DDR	√	√	√	√											
DDR2				√	√	√	√								
DDR3							√	√	√	√	√				
DDR4										√	√	√	√	√	√

【知识拓展】

多通道内存技术

为了进一步提高 CPU 与内存之间数据传输带宽,提高计算机系统性能,新型计算机普遍采用了多通道内存技术。多通道内存技术是基于内存控制与管理技术解决 CPU 总线带宽与内存带宽矛盾的理想方案,价格低、性能高,理论上可以成倍提高内存带宽。

一般微型计算机中使用的双通道内存技术,在北桥芯片组内集成两个内存控制器,这两个内存控制器相互独立工作且智能互补,可以在彼此零等待情况下同时运行。CPU 可以对两个通道上的内存分别寻址和读取数据。CPU 在工作的时候只感受到高速内存的存在,感受不到双内存的存在。

随着 Intel Core i7 平台发布,三通道内存技术也应运而生。三通道内存技术是双通道内存技术的发展,进一步提高了内存带宽。

4.2.3 只读存储器和闪速存储器

RAM 存储器可读可写,使用非常方便,但是其内容具有易失性和可更改性。ROM 具有非易失性和永久保存性,而且内容不易被修改,具有很高的安全性。闪速存储器吸取了 RAM 和 ROM 的优点,可读可写,使用方便,同时又可长久保存信息。

1. ROM

ROM(Read Only Memory,只读存储器)只能读不能写,那么其内容从哪来呢?事实上,ROM 的内容是在特定的条件下写入的,工作时一般只能读出。根据其写入的方式不同,将 ROM 可分为掩膜 ROM 和可编程 ROM 两大类。

(1)掩膜 ROM。掩膜 ROM 的内容是固定,由厂家生产时写入。一旦 ROM 芯片做成,其内容就不能再改变。大部分 ROM 芯片利用晶体管是导通还是截止表示存储"1"或"0"。

图 4-17 是 16×8 位的 ROM 阵列结构示意图。地址输入线有 4 条,单译码结构,地址个数为 16,可以访问 16W(字),每个字长为 8 位。16 条行选线和 8 条列选线交叉形成 128

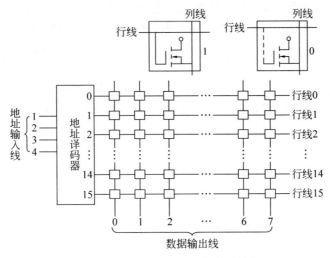

图 4-17 16×8 位 ROM 的阵列结构

个交叉点,每一个交叉点对应一个 MOS 管存储元。当行选线与 MOS 管栅极连接时,MOS 管导通,列线上为高电平,表示该存储元存储了"1"。当行选线与 MOS 管栅极不连接时,MOS 管截止,表示该存储元存储了"0"。

为了获得较大的存储容量,ROM 存储器也可以做成像图 4-9 所示那样的双译码立体阵列结构。

(2) 可编程 ROM。可编程 ROM 又根据可编程的次数及修改的方式不同分为 PROM、EPROM 和 E²PROM。

PROM(Programmable ROM,可编程只读存储器)只可以进行一次编程。在芯片出厂时,其内容为全"1"或全"0",使用时根据需要进行修改(编码)。由于其存储元的特性,其修改是破坏性的,修改一次后其状态不能再恢复,因此只能改动 1 次。

EPROM(Erasable Programmable ROM,可擦除可编程只读存储器)是一种可多次改写的 ROM。改写时,需先经过紫外线照射抹去原来内容,使全为"1",然后在通过专用的写入设备写入新的内容。UVEPROM 也是这里所说的 EPROM。

EEPROM(Electrically Erasable Programmable ROM,电擦除的可编程 ROM)有时也写为 E²PROM,其擦除过程不需要专门的设备,可以在正常的工作过程中带电进行,只是所需的工作电压比正常读写时的电源电压要高一点。因此 EEPROM 是目前使用最多的一种 ROM。

2. 闪速存储器(Flash Memory)

Flash Memory 是从 EEPROM 改进而来,是高密度、非易失性的读写存储器。它既有 RAM 的优点,又有 ROM 的优点,称得上是存储技术划时代的进展。今天以 Flash Memory 为核心的大容量辅助存储器越来越受到广大计算机用户欢迎。不足之处,速度比不上 DRAM,擦写次数还不足够高。

(1) 闪存的存储元。Flash Memory 电路芯片设计的核心是存储单元(Cell)的设计,包括其结构、读/写/擦方式。闪速存储器的存储元结构如图 4-18 所示。存储元由单个 MOS 管组成。MOS 管除有漏极 D、源极 S、控制栅极之外,还有一个至关重要的浮空栅。当控制栅极加上足够的正向电压时,浮空栅将聚集起超量电子(带负电)。此时可假定 MOS 管存储了"0"。如果控制栅不加电压,浮空栅不带电,此时则可定义为存储了"1"。

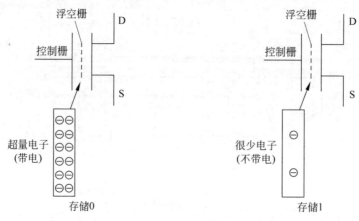

图 4-18 闪存的存储元

(2) 闪存的基本操作。闪存有 3 种基本操作：编程（写入）、读取、擦除。一般情况下读取速度最高。

闪存初始时所有存储元均处于"1"状态（控制栅未加电状态）。编程（写入）时，如果写入"1"，就不给控制栅极加电；如果要写入"0"，通过给控制栅极一定的正向电压使浮空栅带负电。

读操作时，控制栅极和漏极都加上正电压，检测源极的电流流出。如果存储元原来存储了"0"，因为浮空栅积聚过量电子提高了 MOS 管导通的门槛电压，控制栅极所加电压未能使 MOS 管导通，源极上检测不到电流，说明读出数据"0"；如果存储元原来存储的是"1"，浮空栅没有聚集电子，MOS 管门槛电压未变，控制栅极所加电压使 MOS 管导通，源极可以检测到电流，说明读出数据"1"。

擦除闪存的内容就是让浮空栅释放掉所聚集的过量电子。为此，在源极 S 上加正电压，控制栅极不加电压，源极所加电压形成的电场力把浮空栅上的多余电子全部吸走，结果闪存所有存储元都变成"1"状态，即未进行任何存储的"初始状态"。

(3) 闪存结构。闪存是包含大量存储元的阵列结构。最简单的矩阵结构，如图 4-19 所示。行线和列线可以确定存储元位置，通过检测位线上电流变化实现数据读取。

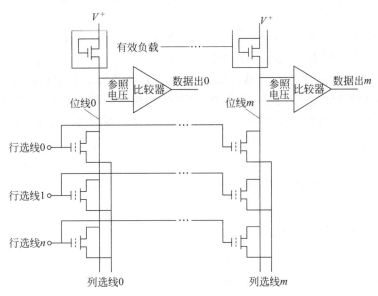

图 4-19　闪存的阵列结构

现在市场上主流的 Flash Memory 存储器主要采用两种编址结构：NOR 和 NAND 结构。Intel 于 1988 年首先开发出 NOR Flash 技术，彻底改变了原先由 EPROM 和 EEPROM 一统天下的局面。紧接着，1989 年，日本的东芝公司发表了 NAND Flash 结构，强调更低的存储成本、更高的性能，并且像磁盘一样可以通过接口轻松升级。NOR 结构的存储元是并联组织，可以随机访问，可以与 DRAM 一样用作主存。NAND 结构的存储元是顺序组织，顺序访问，与硬盘类似，常用作辅存。

4.2.4 存储器容量扩充

由于存储芯片的容量总是有限的,容量越大,制作工艺越难,价格越高。因此总是利用一些芯片组合构成大容量存储器。而若干芯片构成的主存储器还需要与 CPU 连接,才能在 CPU 的正确控制下完成读写操作。本节重点介绍存储器容量的扩展方法以及主存与 CPU 的连接方法。

1. 存储器容量扩充

由小容量存储器芯片构成大容量主存时,首先要确定所用芯片的数量,然后考虑如何把芯片连接起来,确保正常工作。

根据主存设计要求的总容量和选定的存储芯片容量,可以计算出所需芯片数。

$$芯片数 = \frac{总容量}{芯片容量}$$

例如,采用容量为 1M×4 位的存储器芯片构成 8M×16 位的主存储器,则需要

$$8M \times 16 / (1M \times 4) = 32 \text{ 片}$$

将多片组合进行存储器容量扩展,通常有位扩展、字扩展、字数和位数扩展 3 种情况。

(1) 位扩展。用 $N \times M$ 位的存储器芯片组成 $N \times L$ 位的存储器,其中 L/M 为整数,称为位扩展。需 L/M 个芯片。

芯片的字数与存储器的字数相同,但每个字的位数不够。需要 L/M 个芯片中的每个芯片输出 M 位,共同构成 L 位的主存存储字。多片之间的连接方式如下:

① 每个芯片的 M 位数据信号线分别引出,构成存储器的 L 位数据信号线;
② 所有芯片的地址信号线对应位并联后引出,构成存储器的地址信号线;
③ 所有芯片的读写控制线分别并联后引出,作为存储器的读写信号线;
④ 所有芯片的片选信号线并联后引出,形成存储器的选择信号线。

这样连接,确保 CPU 访问存储器时,所有芯片同时被选中,所有芯片地址编号相同的单元构成 L 位存储字,同时输出或同时写入。

【例 4-1】 试利用 1M×4 位的 SRAM 芯片,构成一个容量为 1M×8 位的存储器。

解:需要的芯片数为

$$\frac{1M \times 8}{1M \times 4} = 2 \text{（片）}$$

1M×8 位的存储器,与 CPU 连接的地址线有 20 根,与芯片的地址线数相同,每根分别对应相连;存储器与 CPU 连接的数据线有 8 根,而存储器芯片仅有 4 根,需要由 2 个芯片的数据线分别引出构成。2 个芯片需同时选中或同时不选中,对 2 个芯片地址相同的单元同时进行读或同时进行写操作。因此 2 个芯片的片选信号要并联在一起,读控制信号并联,写控制信号并联。2 个芯片构成 1M×8 位存储器的具体连接如图 4-20 所示。

(2) 字扩展。用 $N \times M$ 位的芯片组成 $K \times M$ 位的存储器,其中 K/N 为整数,称为字扩展。需 K/N 个芯片。

字扩展的芯片位数满足存储器的要求,但字数不够。因此,CPU 访问存储器时,由不同的芯片分别独立操作完成。多片之间的连接有以下特点。

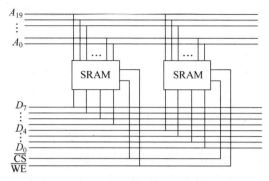

图 4-20 SRAM 位数扩展示意图

① 所有芯片的 M 位数据信号线对应位并联后引出,与 M 位数据总线相连;
② 所有芯片的地址信号线对应位并联后引出,与地址总线中的低位部分对应位相连;
③ 所有芯片的读写控制信号线分别并联后引出,与总线中的读写信号相连;
④ 每个芯片的片选信号线单独引出,分别与地址总线中的高位地址译码后的输出信号线相连。

【例 4-2】 利用 1M×8 位的 DRAM 芯片,构成一个容量 2M×8 位的存储器。

解:需要的芯片数为 $\dfrac{2M\times 8}{1M\times 8}=2$ 片。

1M×8 位的芯片构成 2M×8 位的存储器,芯片的位数与存储器的位数相同,可以由芯片的数据线引出直接与 CPU 的 8 位数据相连。由于 1 个芯片的字数不够,需要 2 个芯片分别独立工作,即它们的片选信号不能同时有效。假设对存储器中的两个芯片进行顺序访问,可以将地址总线的高位地址译码产生片选信号。本例只有 2 个芯片,需要 2 个片选信号,无须译码,1 个非门即可。具体连接如图 4-21 所示。A_{20} 为 1 时,选中右面的芯片,A_{20} 为 0 时,选中左面的芯片。因为片选 $\overline{CS_0}$ 和 $\overline{CS_1}$ 都是低电平有效。

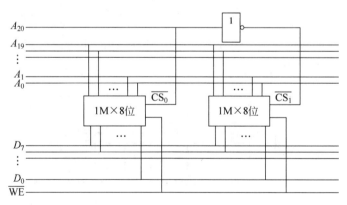

图 4-21 字容量扩展

(3) 字数和位数同时扩展。用 $N\times M$ 位的芯片组成 $K\times L$ 位的存储器,其中 K/N、L/M 均为整数,需要字数和位同时进行扩展。共需 $(K/N)\times(L/M)$ 个芯片。

连接的基本思想是,将 L/M 个芯片进行位扩展成为一组,对 K/N 组位扩展后的芯片组进行字扩展,组内芯片的片选信号并接,每组的片选信号分别与译码器输出连接。

【例 4-3】 试利用 1K×4 位的存储芯片构成 4K×8 位的存储器。

解：需要的芯片数为 $\dfrac{4K\times 8}{1K\times 4}=8$（片）

芯片的位数和字数均不能满足存储器的要求，因此需要字数和位数同时扩展。

要构成的存储器容量为 4K×8 位，需要将 8 片 1K×4 位的芯片分为 4 个芯片组，每一个芯片组进行位数扩展，由 4 位扩展到 8 位；4 个芯片组进行字扩展。每一个芯片组中的两个芯片需同步读写，其片选线并联一起；4 个芯片组实现字扩展，每一个芯片组需分别被选中，并独立完成读写操作，即 4 个芯片组的片选信号不能同时有效，一般采用译码电路来产生。

译码电路设计主要依据存储器的地址范围。对于本题，没有指明存储器的地址范围，这里假定存储器是从 000H 开始连续的 4K 个单元。4 个芯片组分别提供 1K 个单元，而且每个芯片组内部的单元地址是连续的。这样，可以将 12 位地址信号中的低 10 位（$A_0 \sim A_9$）直接与每个芯片的 10 位地址信号相连，其余的高 2 位（$A_{10}A_{11}$）译码产生 4 组芯片的片选信号。

具体连接如图 4-22 所示，其中的 $\overline{WE}$ 为读写控制信号。

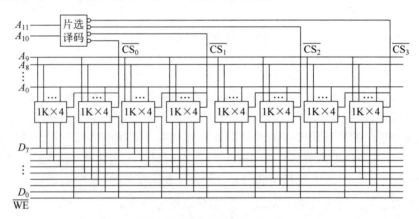

图 4-22 字和位数同时扩展

当芯片较多、数据和地址信号线较多时，为了画图方便，也可以采用图 4-23 的简易方法表示存储器容量的扩展连接。

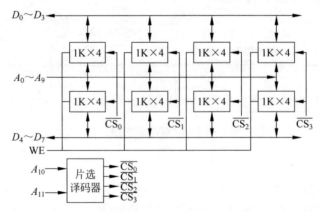

图 4-23 4K×8 位的字和位数同时扩展的存储器连接简易表示

2. 主存与 CPU 的连接

主存与 CPU 通常通过 3 组传输线实现连接：进行地址传递的地址总线(AB)，进行数据传递的数据总线(DB)，进行控制命令传递的控制总线(CB)，如图 4-24 所示。

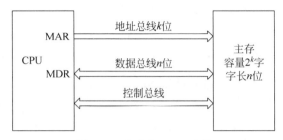

图 4-24 主存与 CPU 连接

存储器地址寄存器(MAR)和存储器数据寄存器(MDR)是 CPU 和主存之间的接口。MAR 可以接受来自程序计数器(PC)的指令地址或来自地址形成器的操作数地址，以确定要访问的单元。MDR 是向主存写入数据或从主存读出数据的缓冲部件。MDR 和 MAR 在功能上属于主存，但在很多计算机系统中常常放在 CPU 内。控制总线(CB)一般包括读写命令、应答信号的传递。

CPU 对主存储器进行读写操作时，首先由地址总线给出地址信号，选择要进行读写操作的存储单元，然后通过控制总线发出相应的读写控制信号，最后才能在数据总线上进行数据交换。

【例 4-4】 设 CPU 有 16 根地址信号线，8 根数据信号线，$\overline{MREQ}$ 为访存控制信号(低电平有效)，$\overline{WE}$ 为读写控制信号(高电平为读，低电平为写)。现有 1K×4 位 RAM、2K×16 位 RAM、16K×4 位 RAM、2K×8 位 ROM、4K×8 位 ROM 及 74138 译码器和各种门电路。试根据以下要求画出 CPU 与存储器之间的连接图。

(1) 主存地址空间分配为 6000H～67FFH 为系统程序区，6800H～6BFFH 为用户程序区。

(2) 合理选择芯片，画出存储器芯片的片选逻辑图。

解：

第 1 步，根据题目给定的地址空间，确定所需存储器的容量，选择合适的芯片。

将地址范围写出二进制地址码：

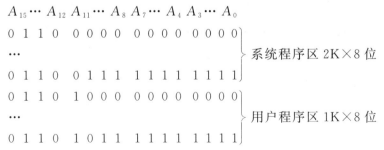

6000H～67FFH 为系统程序区，应选择 2K×8 位的 ROM 芯片，1 片即可；6800H～6BFFH 为用户程序区，应选择 1K×4 位的 RAM 芯片，共需要 2 片，进行位扩展。

第 2 步,根据地址范围,分配地址信号线,设计片选译码电路。

分析上述二进制地址码,芯片内部地址是连续的,因此地址总线的低位部分与芯片的地址相连,高位地址译码产生片选信号。具体来说,$A_{10} \sim A_0$ 与 2K×8 位的 ROM 芯片的地址信号线相连,$A_9 \sim A_0$ 与 2 片 1K×4 位的 RAM 芯片的地址信号线相连。

根据 74138 译码器的逻辑关系:G_1 为高电平,$\overline{G}_{2A}$、$\overline{G}_{2B}$ 同时为低电平时,译码器正常工作。而存储器的地址范围所对应的地址码的 A_{15} 始终为 0,A_{14} 始终为 1,可以将 A_{15} 与 $\overline{G}_{2A}$ 连接,A_{14} 与 G_1 连接;由于 CPU 访问存储器时,$\overline{MREQ}$ 访存信号始终为低电平,因此可以与 $\overline{G}_{2B}$ 相连。

分析 ROM 区和 RAM 区的地址编码可以看出,2K×8 位 ROM 的地址编码的 $A_{13}A_{12}A_{11}$ 的始终是 100,而 1K×8 位 RAM 的地址编码的 $A_{13}A_{12}A_{11}$ 的始终是 101,因此可以将地址信号的 A_{13}、A_{12}、A_{11} 与译码器的 C、B、A 连接。译码器输出 $\overline{Y}_4$ 有效时,选中 1 片 2K 的 ROM;对于 RAM 来说,由于其地址编码的 A_{10} 始终为低电平,因此要求 $\overline{Y}_5$ 和 A_{10} 同时为低电平时,才能选中 2 个 1K 的 RAM 芯片。可以将 $\overline{Y}_5$ 和 A_{10} 经过一个与门后形成 RAM 的片选信号。具体连接如图 4-25 所示。

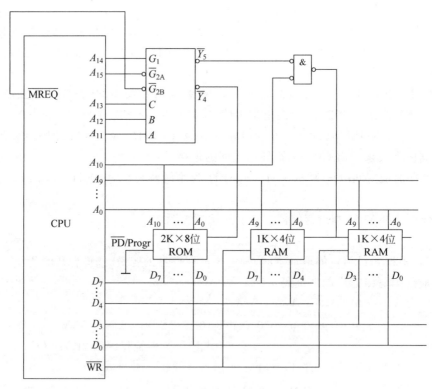

图 4-25 CPU 与存储器之间的连接

其中,ROM 芯片的 $\overline{PD}$/prog 端接地,确保低电平有效;RAM 芯片的读写控制端与 CPU 的读写信号相连。ROM 的 8 根数据信号线直接与 CPU 的 8 根数据信号相连,2 片 RAM 的数据线分别与 CPU 数据总线的高 4 位和低 4 位相连。

4.2.5 半导体存储器的封装

1. 半导体芯片封装

半导体芯片封装是指利用薄膜技术和细微加工技术,将芯片及其他要素在框架或基板上布局、粘贴、固定及连接,引出接线端子并通过可塑性绝缘介质灌封固定,构成整体立体结构的工艺。封装可以有效保护半导体芯片,可以对芯片起到支撑作用,可以将芯片与外界连通。下面简单介绍几种经典的封装方式。

(1) DIP 封装。DIP(Dual In-line Package)封装也叫双列直插式封装技术,是一种最简单的封装方式。指采用双列直插形式封装的集成电路芯片,如图 4-26 所示。绝大多数中小规模集成电路均采用这种封装形式,其引脚数一般不超过 100。DIP 封装的 CPU 芯片有两排引脚,需要插入到具有 DIP 结构的芯片插座上。

(2) BGA 封装(Ball Grid Arrag Package)。随着集成电路技术的发展,对集成电路的封装要求更加严格。这是因为封装技术关系到产品的功能性,当 IC 的频率超过 100MHz 时,传统封装方式可能会产生所谓的 Cross Talk 现象,而且

图 4-26 双列直插封装示意图

当 IC 的管脚数大于 208 时,传统的封装方式有其困难度。因此,除使用 QFP 封装方式外,现今大多数的高脚数芯片(如图形芯片与芯片组等)皆转而使用 BGA 封装,如图 4-27 所示。BGA 一经出现便成为 CPU、主板上南/北桥芯片等高密度、高性能、多引脚封装的最佳选择。

(3) PGA 插针网格阵列封装。PGA(Pin Grid Array Package)芯片封装形式是在芯片的内外有多个方阵形的插针,每个方阵形插针沿芯片的四周间隔一定距离排列。根据引脚数目的多少,可以围成 2~5 圈。如图 4-28 所示。安装时,将芯片插入专门的 PGA 插座。为使 CPU 能够更方便地安装和拆卸,从 486 芯片开始,出现一种名为 ZIF 的 CPU 插座,专门用来满足 PGA 封装的 CPU 在安装和拆卸上的要求。

图 4-27 球栅阵列封装

图 4-28 插针网格阵列封装

PGA 封装具有插拔操作方便、可靠性高、可适应更高的频率等优点。Intel 系列 CPU 中,80486 和 Pentium、Pentium Pro 均采用这种封装形式。

2. 内存条

内存条是一个包含多个存储芯片的印刷电路板,如图 4-29 所示,通过其下部的插脚插

到主板上的内存插槽中。常用的有单列直插存储模块（Single In-line Memory Module，SIMM）、双列直插式存储模块（Dual In-line Memory Modules，DIMM）以及 Rambus 直插存储模块（Rambus In-line Memory Module，RIMM）几种封装形式。

SIMM 有 30 线和 72 线两种，一般容量较小，数据位宽只有 32 位，用于早期的计算机。

DIMM 有多种类型，例如 DIMM、DDR DIMM、DDR2 DIMM、DDR3 DIMM、DDR4 DIMM，引脚线数有 168、184、240 等几种，数据位宽则都是 64 位，通常一条这样的内存就能满足现代 PC 对主存的要求。

图 4-29 双列直插式内存条

RIMM 是一种高性能的内存，184 线针脚，16 位数据位宽，安装比较麻烦，没有 DIMM 流行。

一般计算机主板都会预留较多内存插槽，以便主存扩展使用。在扩展主存时注意，大多数主板不支持不同型号的内存条混合使用。

4.3 并行存储技术

构建并行访问存储系统是提高 CPU 访问主存速度的重要方法。单体双端口存储器、单体多字存储系统和多体交叉访问存储系统，是实际中广泛应用的几种形式。单体双端口和单体多字采用的是空间并行技术，而多体交叉访问采用的是时间并行技术。

1. 双端口存储器

一般的存储器是单端口存储器，即存储器每次接收一个地址、访问一个存储单元，读或写一个字或字节。为了提高存储器性能，人们设计出了双端口存储器。双端口存储器中有一个存储体，但有两套独立的读写控制电路两个读写端口可以各自独立地接收地址完成读写操作，因而速度较高。

注意：双端口存储器不同于两个存储器。双端口存储器的存储矩阵只有一个，供两个读写端口进行访问。

IDT7133 是典型的双端口存储器，其逻辑结构如图 4-30 所示。这是一款容量 2K×16 位的 SRAM 存储器，左右两个端口分别有独立的地址线 $A_0 \sim A_{10}$、数据线 $I/O_0 \sim I/O_{15}$ 和控制线，因而可以对存储体中任何位置的存储单元进行读写操作。判断逻辑模块的作用是解决两个端口访问存储单元的冲突问题。

双端口存储器的思想可以用于 SRAM，也可用于 DRAM。

双端口存储器在计算机系统中应用很广。例如，运算器中应用双口存储器作为通用寄存器，能快速提供双操作数；在双总线计算机系统中，双口存储器作为主存，一个端口面向CPU，另一个面向外围设备或输入输出处理机，增大系统的信息吞吐量。在多机系统中采用双口存储器，甚至多端口存储器，作为 CPU 共享存储器，实现多 CPU 之间的通信。

2. 单体多字并行存储系统

基本的主存是单体单字存储器，即存储器包含一个存储体、接收一个地址、读写一个字的数据。单体多字的并行存储系统中，多个存储体共用一套地址寄存器和译码器，可以并行

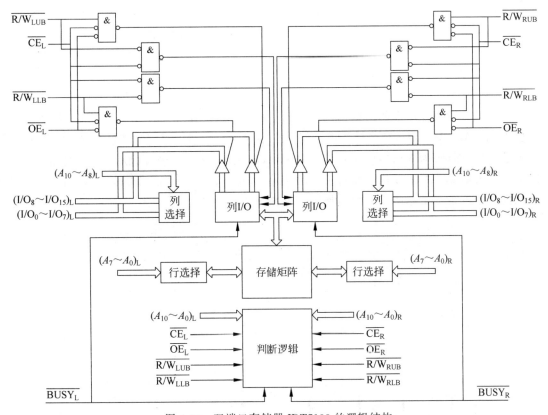

图 4-30 双端口存储器 IDT7133 的逻辑结构

工作。存储系统从 CPU 接收到一个地址后,各个存储器同时根据该地址找到自己的存储单元进行数据读取,如果存储系统包含 n 个独立的存储体 $M(M_0 M_1 \cdots M_{n-1})$,如图 4-31,则 CPU 发出一个读命令和一个地址就可以同时获取 n 个字的数据,使主存带宽提高 n 倍。

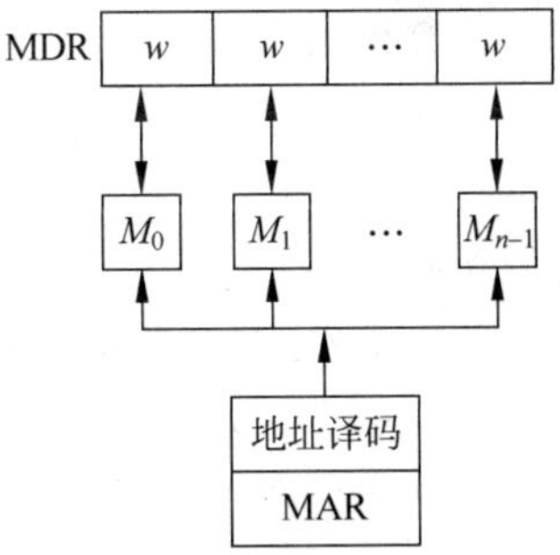

单体多字的并行存储系统在一个存储周期内读的 n 个字,可以进入系统中多个不同的运算器进行处理,为多处理机并行提供多个数据。因此,单体多字并行存储特别适合于复杂的向量运算的数据处理。

3. 多体交叉访问存储器

多体交叉存储器通常包含 n 个相同的存储体(存储模块),每一个存储体有自己的读写控制电路、地址寄存器和数据寄存器,可以独自地与 CPU 交换信息。

图 4-31 单体多字并行存储系统

(1) 存储器的模块化组织。大容量主存储器通常包含多个存储体(模块)。由若干个模块组成的主存储器是线性编址的。多模块主存储器的编址方式可分为顺序编址和交叉编址两种。

顺序编址是一个模块的所有单元编址结束后,再对另一个模块编址。交叉编址是对第一个模块的一个单元编址后接着对第二个模块的一个单元编址,然后对第三个模块的一个单元编址,直到把最后模块的第一个单元编址结束,再回到第一个模块对第二个单元编址,

依次类推,最后完成所有模块全部单元的编址。顺序编址和交叉编址方式的地址结构如下:

(a) 顺序编址　　　　　　(b) 交叉编址

图 4-32　内存的地址结构

下面以 4 模块存储器的组织为例,分析两种编址的区别。设存储器容量 32 个字,4 个模块为 M_0、M_1、M_2、M_3,每个模块可存储 8 个字的内容。如果以字为编址单位,则 CPU 访存地址(内存地址)为 5 位即可。对于顺序编址,高地址段的模块号占第 3、4 这两位,低地址段的字号占第 0、1、2 这 3 位。而对于交叉编址,高地址段的字号占第 2、3、4 这 3 位,低地址段的模块号占第 0、1 这两位。编址具体情况如图 4-33 所示。

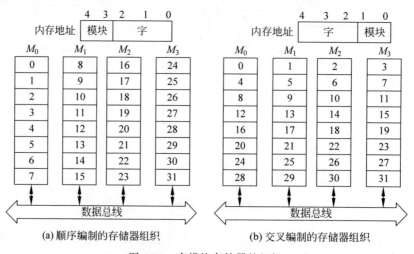

图 4-33　多模块存储器的组织

计算机访存时,内存地址发生线性变化。在访问顺序编址存储器时,CPU 连续访问一个模块的不同字,而在这个较长时间内其他模块并不工作。存储器各个模块是一个接一个地串行工作,因此存储器带宽较小。在访问交叉编址存储器时,是连续访问存储器的各个模块的相同字,各个模块交叉启动工作。由于各个模块具有独立存取数据能力,所以各个模块可以并行工作,存储器带宽大大提高。

(2) 多模块交叉性能分析。下面以 4 模块存储器为例分析存储器的性能。4 模块交叉存储器结构如图 4-34 所示。

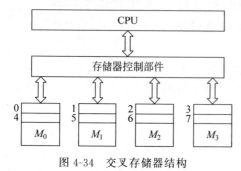

图 4-34　交叉存储器结构

存储器模块数 $m=4$,读取一个字的时间为 T,所有模块共用一条总线与 CPU 交换信息,总线周期为 τ,因此相邻模块启动时间相差为 τ。

当 $m \geqslant T/\tau$ 时,多模交叉存储器数据存取过程可以用图 4-35 的流水线表示。每个轮次连续读取 m 字的内容,理想情况下,交叉读取所用时间 $t_1=T+(m-1)\tau$,而顺序读取所用时间 $t_2=mT$,则速度提高倍数(加速比):

$$C_m = \frac{t_2}{t_1} = \frac{mT}{T+(m-1)\tau}$$

如果 $m\tau = T$，则 $C_m = \frac{m^2}{2m-1}$，因为 $m \geq 2$，所以总有 $C_m > 1$，说明多模交叉可以有效提高存储器速度，m 越大，多模交叉存储器提速就越明显。

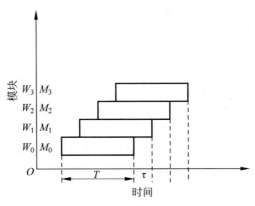

图 4-35　流水线方式存取示意图

【**例 4-5**】　设存储器容量为 32W(Word,字，1W=64 位)，模块数 $m=4$，分别用顺序方式和交叉方式进行组织。存储周期 $T=200$ns，数据总线宽度为 64 位，总线传送周期 = 50ns。若连续读出 4W，问顺序存储器和交叉存储器的带宽各是多少？

解：顺序存储器和交叉存储器连续读出 m=4W 的信息总量都是

$$q = 64\text{b} \times 4 = 256\text{b}$$

顺序存储器和交叉存储器连续读出 4W 所需的时间分别是

$$t_2 = mT = 4 \times 200\text{ns} = 800\text{ns} = 8 \times 10^{-7}\text{s}$$

$$t_1 = T+(m-1)\tau = 200\text{ns} + 150\text{ns} = 350\text{ns} = 35 \times 10^{-7}\text{s}$$

顺序存储器和交叉存储器的带宽分别是

$$W_2 = q/t_2 = 256\text{b}/(8 \times 10^{-7})\text{s} = 320\text{Mbps}$$

$$W_1 = q/t_1 = 256\text{b}/(35 \times 10^{-7})\text{s} = 730\text{Mbps}$$

注意：多模交叉存储器在工作中的带宽是时变的。针对例题 5，存储器输出第 1 个字用时为 T，那么带宽为 $1/T$，而输出其余 3 个字用时为 3τ，带宽为 $1/\tau$，前后相差 4 倍，最大带宽应该为 $4 \times W_2 = 4 \times 20$Mbps=1280Mbps。

多体交叉存储器可以大大提高 CPU 访问主存的速度，在大型计算机中广泛应用。

（3）多模块交叉存储器举例。多模块交叉访问技术在计算机系统中应用广泛，例如，16 位的 8086 或 80286 使用了二模块交叉，32 位的 80386 和 80486 使用了 4 模块交叉。

8086 处理器既可以从主存读取 1B，也可以从主存连续读 2B。它的主存就使用了二模块交叉存储器。如图 4-36 所示，一个存储体的地址均为偶数，与低 8 位数据总线相连，另一个存储体的地址均为奇数，与高 8 位数据总线相连。这样，对于偶地址开始的字（规则字），在一个存储周期内最多可读写 2B 的数据；对于奇地址开始的字（非规则字），则需要安排 2 个存储周期才能实现。

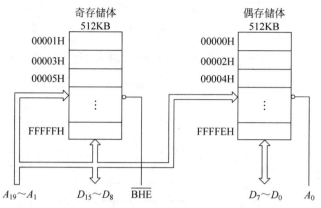

图 4-36 8086 处理器的存储器组织

8086 微处理器的地址线 $A_{19} \sim A_1$ 把地址同时送给两个存储体，$\overline{\text{BHE}}$（高位存储体）和最低位地址线 A_0 用来选择存储体。$\overline{\text{BHE}}$ 和 A_0 的选择如表 4-2 所示。

表 4-2 $\overline{\text{BHE}}$ 和 A_0 的选择

$\overline{\text{BHE}}$	A_0	特　征
0	0	全字（规则字）传送
0	1	高 8 位进行字节传送
1	0	低 8 位进行字节传送
1	1	备用

8086 微处理器和主存之间可以传送 1B（8 位）数据，也可以传送一个字（16 位）数据。任何两个连续的字节都可以作为一个字来访问，地址值较低的字节是低位有效字节，地址值较高的字节是高位有效字节。

4.4 高速缓冲存储器

主存速度的提高始终跟不上 CPU 的发展。据统计，CPU 的速度平均每年提高 60%，而构成主存的 DRAM 的速度平均每年只改进 7%。而 SRAM 的速度接近甚至等于 CPU 的速度。但是 SRAM 容量小，价格较高。为了提高整个系统的存取速度，同时不过多地增加系统成本，常采用 SRAM 组成的小容量高速缓存与主存协调工作。

4.4.1 高速缓存工作原理

1. Cache 的概念

高速缓存（Cache）是 CPU 与主存储器之间的一种高速缓冲装置，如图 4-37 所示，其特点如下：

（1）位于 CPU 与主存之间，是存储器系统结构中级别最高的一级；

（2）容量比主存小，目前一般只有数千字节（KB）到数兆字节（MB）量级；

(3) 速度为主存的 5～10 倍,通常由存储速度高的 SRAM 组成;

(4) 内容是主存的子集;

(5) 功能全部由硬件实现,对程序员是透明的。

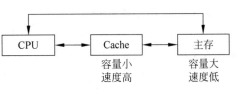

图 4-37　CPU、Cache 和主存的关系

2. 程序访问的局部性原理

计算机工作时如果需要访存,必然首先访问高速的 Cache,但是由于 Cache 容量有限一旦访问 Cache 不中,CPU 就必须访问主存来获取计算机运行需要的程序或数据。可见,要提高 CPU 访存速度,保证高的 Cache 命中概率是关键。计算机科学理论中的"程序访问局部性原理"是 Cache 有效工作的理论基础。

程序访问局部性原理包括时间局部性和空间局部性两方面含义。时间局部性是指如果一个存储单元被访问,则该单元可能很快被再次访问;空间局部性是指一旦某存储单元被访问,则该单元相邻的单元也可能很快被访问。

根据程序访问局部性原理,在计算机运行某程序的过程中,CPU 一旦访问了某个主存单元,就把该存储单元的内容以及与该存储单元相邻的存储单元内容一并读取送入 Cache 中,当 CPU 再次需要访存时就可以从 Cache 中获取所需信息而无须访问慢速的主存,这样就可以总体上提高计算机运行速度。

3. 相联存储器

通常的主存都是按地址访问的,即 CPU 给定一个地址,通过译码器选中一个存储单元,然后进行读写操作。而人们在信息检索时却经常根据内容(关键字、字段名等)确定其相应单元,进行读写。例如,某学生在教务管理系统查询自己的课程成绩,送检依据是该学生的学号或姓名(字符串),计算机据此找到其相应的成绩存储区域,从中读出成绩数据。计算机中将根据存储内容来寻找存储单元进行存取的存储器称为相联存储器(Associative Memory)。

相联存储器通常由存储体、检索寄存器、屏蔽寄存器、符合寄存器、比较线路、代码寄存器、控制线路等组成。相联存储器速度高,但结构复杂、成本高且一般容量很小。

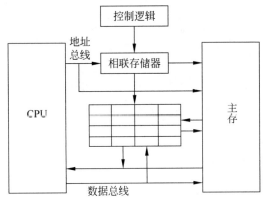

图 4-38　Cache 的结构

4. Cache 的工作原理

Cache 包括一个高速的 SRAM 存储器和控制逻辑。控制逻辑可以在 CPU 外，也可以集成在 CPU 内。

Cache 与 CPU 之间数据传输以字为单位，而与主存之间以块为单位。CPU 读数据时通过地址总线发出一个地址（内存地址）到主存和 Cache。控制逻辑判断该地址单元的内容是否在 Cache 中。若在称为命中，就从 Cache 读出一个字；若不在称为未命中，则从主存读取一个字到 CPU，同时把这个字所在的数据块从主存读入 Cache。新数据块进入 Cache，替换掉 Cache 中已有的数据块，替换过程也由控制逻辑管理控制。

计算机在执行程序过程中，不可能每次访存都能命中 Cache。假设在一个程序执行期间，CPU 成功访问 Cache 的次数为 N_c，访 Cache 不成功（访问主存）的次数为 N_m，则 Cache 命中率为

$$h = \frac{N_c}{N_c + N_m}$$

若用 t_c 表示 Cache 访问时间，t_m 表示主存访问时间，则 CPU 访问 Cache-主存系统的平均访问时间 t_a 为

$$t_a = h t_c + (1-h) t_m$$

在设置高速缓存时，希望以较小的硬件代价，换取 Cache-主存系统最高的平均访问时间 t_a，即 t_a 越接近 t_c 越好。若用 e 表示 CPU 访问 Cache-主存系统的访问效率，则

$$e = \frac{t_c}{t_a} = \frac{t_c}{h t_c + (1-h) t_m}$$

通常 $e<1$。若设 $t_m/t_c = r$，则有 $e = t_c/t_a = 1/(r+(1-r)h)$。绘制 e-r 的曲线发现，当 r 的值增大到一定程度时，e 的值不再有明显的增大。即 Cache-主存系统中，Cache 的速度不是越高越好。一般 Cache 的速度是主存速度的 5~10 倍为宜。

【例 4-6】 设某计算机 CPU 执行一段程序过程中，Cache 完成存取 1900 次，主存完成存取 100 次。已知 Cache 存取周期为 50ns，主存存取周期为 250ns。求该计算机的 Cache 效率。

解：命中率

$$h = \frac{N_c}{N_c + N_m} = \frac{1900}{1900 + 100} = 0.95$$

所以访问效率

$$e = \frac{t_c}{h t_c + (1-h) t_m} = \frac{50}{0.95 \times 50 + (1-0.95) \times 250} \approx 0.83$$

4.4.2 主存与 Cache 的地址映射

主存与 Cache 之间的数据交换以固定大小的数据块为基本单位进行。CPU 访存时使用的是标准的内存地址（物理地址），Cache 的组织结构与主存并不一样，必须对 CPU 发送的内存地址进行变换才能在 Cache 中找到相应的字。这种把内存地址变成 Cache 地址的过程称为地址映射。地址映射完全由硬件实现，速度很快，对程序员来说是透明的。地址映射

有全相联映射、直接映射和组相联映射 3 种方式。

1. 全相联映射

Cache 的数据块大小称为行,用 L_i 表示,下标 i 为行序号,$i=0,1,2,\cdots,m-1$。若 $m=2^r$,行号下标为 r 位二进制数。主存的数据块大小称为块,用 B_j 表示,下标 j 为块序号,$j=0,1,2,\cdots,n-1$。若 $n=2^s$,块号下标为 s 位二进制数。行大小等于块大小,包含相同数量的字,设字数为 $k=2^w$。

当主存与 Cache 交换数据时块的内容存放于 Cache 存储体中。若主存的一个块可以复制到 Cache 的任意一行中,这种映射方式称为全相联映射,如图 4-39 所示。

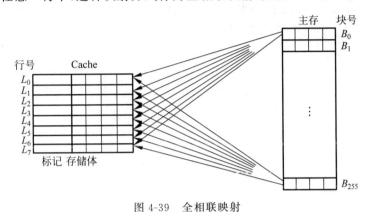

图 4-39 全相联映射

由于主存中的一个块可以复制到 Cache 的任意一行,那么 CPU 怎么知道要访问的单元所在块在哪一行?为此,对 Cache 的每一行都增设一个存储单元,存放该行所存主存块的块号,这个单元的内容也称为标记。假设主存共有 256 块,每块包含 4 个字;Cache 共有 8 行,存储体中的每行也有 4 个字。主存 256 个块,块号为 8 位,每行的标记必须是 8 位。因此,内存地址结构如图 4-40 所示。

所有行的标记构成的是一个表格,表格的每一行与存储体的每一行相对应,以相联存储的方式进行访问,即根据块号查找块所在的位置。其检索过程如图 4-41 所示。

| 标记(s 位) | 块内字号(w 位) |

图 4-40 内存的地址结构

假设 CPU 发送的内存地址是 $s+w$ 位,其中 s 是块号,w 是块内字号,共有 2^s 个块,每块有 2^w 字。检索寄存器中的 s 位块号进入比较器与 Cache 所有行的标记内容同时进行比较,如果该块号与某行的标记内容一致则命中该行。比较器把命中信息送与命中行并打开控制开关,使检索寄存器中的 w 位字号进入命中行选择需要读取的字。如果检索寄存器的块号与所有行标记内容都不一致,说明 CPU 访问 Cache 未命中,比较器把未命中信息送交主存并打开控制开关,使内存地址进入主存,根据主存的寻址方式选择需要读取的字,同时把该字所在的块复制到 Cache 的某行中。为了看图方便这里只给出了一个命中的情况。

全相联映射的特点是映射灵活,而且冲突概率低、易于实现,但比较器结构复杂,通常用于小容量 Cache。

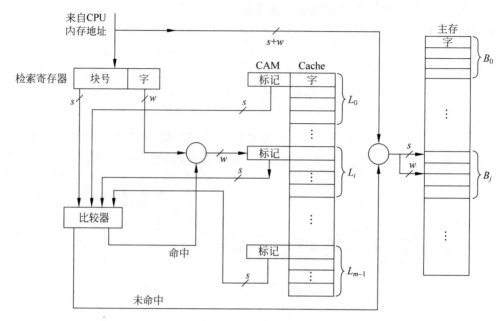

图 4-41 全相联映射的检索过程

2. 直接映射

直接映射是指主存中的每一个块只能复制到 Cache 中唯一指定的位置,若该位置已有内容则产生块冲突,无条件替换掉原来的内容。

假设 Cache 共有 m 行,则主存被分为 m 组,为了降低冲突、提高效率,主存分组一般按照下述关系进行:

$$i = j \bmod m$$

其中,i 为 Cache 行序号,j 为主存块序号,mod 为模运算。把主存中对 m 有相同模值的块分为一组。$j \bmod m$ 相同的块限定复制到 Cache 中所对应的第 i 行。即主存块号是 m 的整数倍的块,只能复制到 Cache 的第 0 行,主存块号是 m 的整数倍加 1 的块,只能复制到 Cache 的第 1 行,以此类推。

按照这种规则,Cache 的同一行中可存放的主存的块号的低位部分是相同的,等于该行行号的编码。如图 4-42 所示,Cache 的第 0 行中可存放的主存块的块编号的低 3 位均为 000(二进制),Cache 的第 1 行中可存放的主存块的块编号的低 3 位均为 001,等等。因此,标记部分可以去掉相同的这一部分,即内存地址结构如图 4-43 所示。

假设主存共有 256 块,每块包括 2^w 个字,Cache 共有 8 行,主存分 8 个组。块号共 8 位,其中高 5 位为标记,低 3 位为行号。

CPU 访存时,发出一个 $s-r+r+w$ 位的内存地址,r 为行号直接定位于某一行,然后送 $s-r$ 入比较器与该行标记区的组内块号比较,若二者一致则命中块。比较器发出命中信号打开对应的开关导入块内字号,选择需要读取的字。图 4-44 描述了直接映检索过程。

这种映射方式成本低、容易实现、速度快,但不够灵活、冲突率高、空间利用率低,适合大容量 Cache。

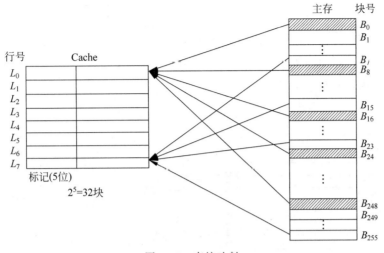

图 4-42 直接映射

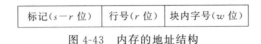

图 4-43 内存的地址结构

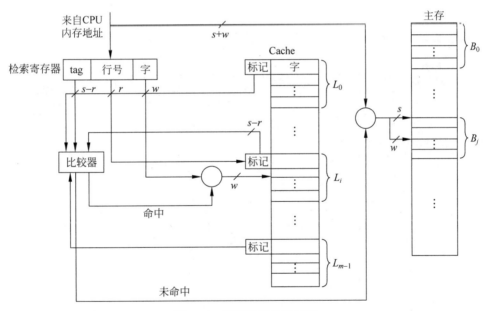

图 4-44 直接映射检索过程

3. 组相联映射

组相联映射是前面两种方案的折中,将 Cache 的所有行分成 u 组,$u=2^d$,每组 v 行。当主存与 Cache 进行数据交换时,主存块与 Cache 的组之间是直接映射关系,在 Cache 的每个组内又可以是全相联的规则。例如,主存块号是 u 的整数倍的只能复制到 Cache 第 0 组内,但可以是这一组的任意一行。

由于 Cache 的同一组中可存放的主存的块号的低位部分是相同的,等于该组组号的编码。这部分编码可以不再作为标记部分进行存储。因此其内存地址格式如图 4-45 所示。

| 标记($s-d$ 位) | 组号(d 位) | 块内字号(w 位) |

图 4-45　内存的地址格式

图 4-46 中，Cache 共 8 行，分 4 组，每组 2 行；主存共有 256 块，分 4 组，每组 64 块。块地址共 8 位，组内块地址占 6 位，组号占 2 位。

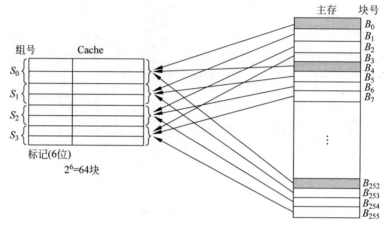

图 4-46　组相联映射

组相联映射方式的检索过程如图 4-47 所示。

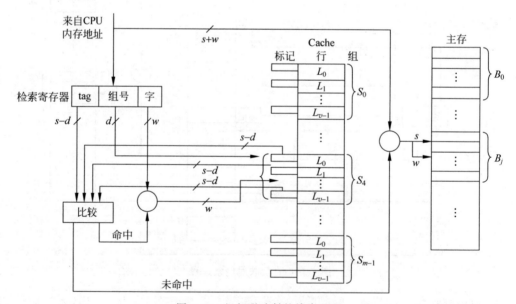

图 4-47　组相联映射的检索过程

组相联映射适度兼顾两者优点同时尽量避免缺点，实际使用较多。组相联映射 Cache 分组的行数 v 一般不需要很大，可以有效减少冲突即可，典型值是 2、4、8。Cache 的每组包含 v 行，常称为 v 路组相联 Cache。

【例 4-7】 某计算机的 Cache 共有 16 行，采用 2 路组相联映射方式。每个主存块大小为 32 字节，按字节编址。试问主存 1209 号单元应装入 Cache 中的哪一行？

解：由于 Cache 共有 16 块，而且采用 2 路组相联映射，因此共有 8 组，组号分别为 0、1、2、3、4、5、6、7。

1209/32＝37 余 25，说明主存 1209 号单元所在主存块编号为 37。

又因为 37/8＝4 余 5，按照组相联映射的规则，编号为 37 的主存块只能存放到 Cache 的组号为 5 的组中，所以主存 1209 号单元可以装入 Cache 的第 5 组中的任意一行。

4.4.3 替换算法

Cache 的内容需要不断更新，当一个新的主存数据块需要复制到 Cache，而允许存放此块的 Cache 行已被其他块占满时，就要进行替换。对于直接映射，因为每个块有唯一固定的行位置，直接替换即可。而对于全相联映射和组相联映射，则需要从允许存放新块的若干行中选取一行换出。如何选取，有多种替换算法。常用的替换算法有以下几种。

1. 最不经常使用（LFU）

LFU 算法就是要替换出一段时间内被访问次数最少的行。为此，每行需要设置一个计数器，新进的行计数器初值为 0。某行被访问一次，其计数器加 1。当需要替换时对特定行的计数器值进行比较，最小者被换出，并把这些特定行的计数器都清"0"。

LFU 算法的计数周期，限定在对这些特定行的两次替换之间的间隔内，因此不能严格反映近期访问情况。

2. 近期最少使用（LRU）

LRU 算法是替换出近期使用最少的行。Cache 每行设置计数器，初值也为 0。当 Cache 被访问时，被访问行的计数器清"0"，其他未被访问的行计数器加 1。当需要替换时，比较可替换行的计数值，将计数值最大的行替换出。这种算法保护了刚复制到 Cache 中的新数据行，符合程序访问局部性原理，Cache 可以有更高的命中率。

3. 先进先出（FIFO）算法

FIFO 算法就是按照调入 Cache 的先后决定淘汰的顺序，即当需要更新时将最先进入 Cache 的块替换掉。这种算法容易实现，而且系统开销少，但是有些内容虽然调入较早却有可能需要继续使用，因此这种算法也有缺陷。

4. 随机替换

随即替换是一种简单的替换方法，就是不考虑 Cache 行的使用情况，只根据一个随机数选择一行替换掉。这种方法硬件实现容易，速度也较高，但工作效率不高。

4.4.4 Cache 写策略

Cache 的内容是主存的子集，二者内容应当一致。在 CPU 访存进行读操作时，二者总能保持一致。但在写操作时二者的一致性将被破坏。只有采用合适的写操作策略才可以保证二者内容一致。

1. 写回（Write Back）法

CPU 在执行写操作时，如果 Cache 命中，被写数据只写入 Cache，不写入主存。仅当需要替换时才把已经修改过的 Cache 行内容写回到主存。

采用这种写策略的 Cache 中一般还要设置一个标记位,当某一行被修改时标记位置"1"。当需要替换时,如果标记位是 1,则先写入主存再替换;如果标记位是 0,则直接替换。这种方法速度快,但是主存内容没有及时修改,存在程序运行出错的可能。

如果 Cache 不命中,则将地址对应的主存块复制到 Cache 后进行修改。主存的写操作仍然留到换出时再进行。

2. 全写(Write Through)法

全写法是指若写命中,CPU 会同时将数据写到 Cache 和主存。如果写 Cache 不命中,则直接写入主存。修改过的主存块是否调入 Cache,有两种选择。一是直接将主存块调入 Cache,称为 WTWA(Write Through with Write Allocate),二是不将主存块调入 Cache,称为 WTNWA(Write Through with No Write Allocate)。

全写法可确保 Cache 与主存内容一致,但是因写主存操作比较慢,而且有些数据可能根本不需要写主存,所以这种方式的效率不高。

3. 写一次法

写一次法是前两种方法相结合的一种策略,写命中与未写命中的处理方法与写回法基本相同。只是第一次写命中时要同时写入主存。这是因为第一次写 Cache 时,CPU 要在总线上启动一个存储器写周期,其他 Cache 监听到此地址及写信号后,可复制该块或及时作废,以维护系统全部 Cache 的一致性。奔腾系列 CPU 的片内数据 Cache 就采用了写一次法。

4.4.5 微型计算机中 Cache 技术的实现

Cache 技术可以有效提高计算机存储速度,一经出现便得到广泛应用。随着集成电路技术的发展,Cache 的组织结构也发生了巨大变换。下面以微型计算机的 Cache 为例进行说明。

1. 从单一缓存到多级缓存

单一缓存是指在 CPU 与主存之间只设一个 Cache。80386 以前的 CPU 就只有一个外部 Cache。随着集成电路技术的发展以及 Cache 技术的成熟,逐渐出现了二级缓存、三级缓存。一级缓存(L1 Cache)的容量较小,通常制作在 CPU 芯片内,以 CPU 的核心速度运行。由于 CPU 不经外部总线直接访问 L1 Cache,大大地提高了存取速度。二级缓存(L2 Cache)容量较大、速度较低,早期 L2 Cache 安装在主板上,以主板的速度运行,到 Pentium 时期 L2 Cache 逐步与 CPU 封装在一起,速度也不断提高。再到后来 L1 和 L2 都集成到 CPU 内,以 CPU 核心速度运行,同时外围又增加了容量大、速度稍慢的 L3 Cache。经典芯片 Pentium 4 就使用了 L1 Cache、L2 Cache 和 L3 Cache 三级缓存,如图 4-48 所示。在多级缓存的计算机中,CPU 访存时首先查找 L1 Cache,如果不命中(也称缺失),则查找 L2 Cache,如果还不命中,再查找 L3 Cache,直到所有级 Cache 都不命中才访问主存。如果一个 Cache 系统发生了 CPU 访问主存则产生了严重的缺失损失(Miss Penalty)。

【例 4-8】 已知处理器的基本 CPI 为 1.0,时钟频率 5GHz。假定访问一次主存的时间为 100ns(包括了所有的缺失处理),平均每一条指令在 L1 Cache 中所产生的缺失率为 2%。如果再增加一个二级缓存 L2 Cache,并且命中或缺失的访问时间都是 5ns,必须访问主存的

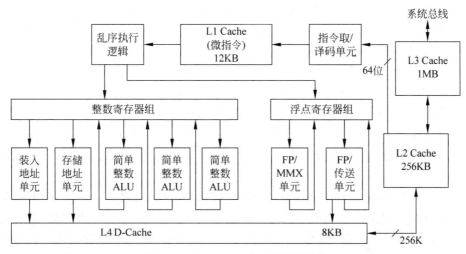

图 4-48 Pentium 4 的三级缓存结构

缺失率 0.5%。试问增加二级缓存以后处理器速率提高多少?

解：只有一级缓存的机器有效 CPI 为

$$CPI = 基本 CPI + 每条指令中存储器停顿的时间$$
$$= 1.0 + 2\% \times 100\text{ns} \times 5\text{GHz} = 11.0$$

增加二级缓存以后机器有效 CPI 为

$$CPI = 基本 CPI + 每条指令一级停顿时间 + 每条指令二级停顿时间$$
$$= 1.0 + 2\% \times 5\text{ns} \times 5\text{GHz} + 0.5\% \times 100\text{ns} \times 5\text{GHz} = 1.0 + 0.5 + 2.5 = 4.0$$

所以，处理器增加二级缓存以后速度提高 $11.0/4.0 = 2.8$ 倍。

2. 从统一缓存到分开缓存

统一缓存就是指令和数据都放在同一个 Cache 中。分开缓存就是指令和数据分别放在不同的 Cache 中，一个叫指令 Cache，另一个叫数据 Cache。分开缓存的结构属于典型的哈佛结构，可以有更高的系统速度。例如，图 4-48 中的 Pentium 4 的一级缓存 L1 就分成 L1 D-Cache 和 L1 I-Cache。

4.5 虚拟存储器

计算机存储器可以分为物理存储器和虚拟存储器两类。前面介绍的存储器是物理存储器，本节介绍虚拟存储器。

4.5.1 虚拟存储器的基本概念

虚拟存储器是将主存和辅存的地址空间统一编址而形成的一个庞大的存储空间。这个空间的最大容量可等于主存与辅存之和，而访问速度却接近主存。在这个存储空间内，用户可以自由编程，完全不用考虑主存是否容得下以及程序存在什么位置。虚拟存储技术不但解决了程序运行所需主存容量与计算机系统实际分配容量之间的矛盾，而且可以动态分配内存，所以得到广泛应用。

用户编程时使用的存储器地址称为虚地址,对应的存储空间称为虚存空间。计算机物理内存的访问地址称为实地址,对应的存储空间称为物理存储空间或主存空间。

用户编写的程序按照虚地址存放在辅存中。程序运行时,由地址转换部件依据当时分配给该程序的实地址空间把程序的一部分调入主存。每次访存时首先判断该虚地址对应的部分是否在主存,如果在主存,就进行地址变换并用实地址访问主存;如果不在主存,则先按照某种算法将辅存中的程序行调入主存,再按照同样的方法访问主存。

每一个程序的虚地址空间可以远大于实地址空间,也可以远小于实地址空间。前一种情况可以用于满足程序的大存储容量要求,后一种情况主要通过地址变换满足程序地址分配方便的需要。

从工作原理看,虚拟存储器和Cache-主存方式有不少相同之处。实质上,虚拟存储是Cache、主存、辅存构成的三级存储体系中的两个层次之一。Cache和主存之间,以及主存和辅存之间分别有辅助硬件和辅助软硬件负责地址变换与管理,各级存储器才得以组成有效的三级存储体系。Cache和主存构成了系统内存,而主存和辅存依靠辅助软硬件的支持构成了虚拟存储器。三级存储体中的Cache-主存和主存-辅存,这两个层次对比分析如下。

(1) 出发点相同。二者都是为了提高存储系统性价比而构建的分层存储体系,都力图使存储系统的速度接近高速存储器,而价格和容量接近低俗存储器。

(2) 原理相同。二者都利用了程序运行时的局部性原理,把最近常用的信息块从相对慢速而大容量的存储器调入相对高速而小容量的存储器。

(3) 侧重点不同。Cache主要解决主存与CPU之间的速度差异问题,虚存主要解决存储容量问题。

(4) 数据通路不同。CPU与Cache和主存之间都有直接访问通路,Cache不命中时CPU可直接访问主存;而虚存中的辅存与CPU之间不存在直接的数据通路,当主存不命中时只能通过调页解决,CPU最终还是要访问主存。

(5) 透明性不同。Cache的管理完全由硬件完成,对系统程序员和应用程序员都是透明的。虚存的管理由软件(计算机操作系统)和硬件共同完成,所以虚存对实现存储管理的系统程序员不透明,只对应用程序员透明。

(6) 未命中时的损失不同。因为主存与Cache的速度一般相差几倍,主存与辅存的速度相差可达千倍,所以主存未命中时系统的性能损失要远大于Cache未命中时的损失。

4.5.2 页式虚拟存储器

以页为单位的虚拟存储器叫页式虚拟存储器。主存空间和虚存空间都划分成若干大小相等的页,页的大小一般在512B到几千字节(KB)之间。主存的页称为实页,虚存的页称为虚页。

如图4-49所示,程序虚地址分为两个段,高位段为逻辑页号(虚页号),低位段为页内地址。从虚地址到实地址的变换由页表来实现。页表是一张存放于主存的虚页号与实页号的对照表,记录了程序的虚页调入主存时所在主存中的位置。

页表的每一行(表项)记录的是与某个虚拟页对应的信息,包括虚页号、有效位和实页号等。页表基址寄存器和虚页号拼接成页表索引地址。根据索引地址首先找到页表某一表项,然后检测表项信息字中有效位的状态。若状态为"1",表示该页已经在主存,将对应的实

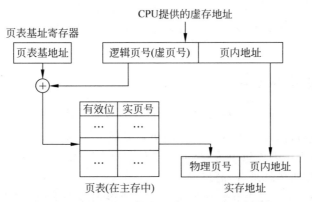

图 4-49 页式虚拟存储器中虚实地址变换

页号与虚地址中的页内地址拼接得到完整的实地址。若状态为"0",表示该页不在主存,于是系统产生缺页中断,必须启动 I/O 系统把该页从辅存调入主存供 CPU 使用。当把辅存页调入主存时,如果主存空间已满,则要按照一定的算法替换出主存页。替换算法仍可以与 Cache 中的替换算法相同。

页式虚拟存储器页大小固定,因而便于构造页表,易于管理,但是页大小与程序逻辑大小无关,不利于编程的独立,给程序存储保护和共享带来不便。

4.5.3 段式虚拟存储器

在段式虚拟存储器中,段是按照程序的自然分界划分的长度可以动态改变的区域。虚地址包括段号和段内地址两部分。虚地址到实地址的变换通过段表实现。每一个程序都必须设置一个段表,它通常放在主存中。段表的每一个表项对应一个段。每一个表项都至少包括有效位、段起址和段长 3 个字段,如图 4-50 所示。

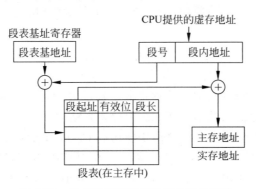

图 4-50 段式虚拟存储器中虚实地址变换

CPU 根据虚地址进行访存时,首先将段号与段表的起始地址进行拼接,形成段表索引地址,找到对应的表项,然后检测有效位。若有效位为"1",则将虚地址的段内偏移量与表项中的段长比较,如果段内偏移量较大说明地址越界,产生地址越界中断;否则,将该段起始地址与段内偏移量相加,求得主存实际地址并访存。若该表项有效位是"0",则产生中断,启动 I/O 从辅存调入段。

段的逻辑独立性使段式虚拟存储器易于编译、管理、修改和保护,也便于多道程序共享。段长允许动态调整,使提高主存空间利用率成为可能。由于段长参差不齐,所以给主存空间分配带来麻烦。

4.5.4 段页式虚拟存储器

把页式虚拟存储与段式虚拟存储结合可以得到段页式虚拟存储器。其思想是将程序按逻辑结构分段,每段再划分若干大小相等的页;主存空间也划分为若干同样大小的页。虚存和实存之间以页为基本传送单位,每个程序对应一个段表,每段对应一个页表。虚地址包括段号、段内页号和页内地址3部分。

CPU 访问时,首先将段表起始地址与段号合成得到段表地址;然后从段表中取出该段的页表起始地址,与段内页号合成得到页表地址;最后从页表中取出实页号,与页内地址拼接得到主存实地址。

段页式虚拟存储器综合了前两种结构的优点,但要经过两级查表才能完成地址转换,要多费一些事。

4.5.5 快表与慢表

在虚拟存储器中访问主存的速度要比直接访问主存的速度低很多,这是因为首先要查表然后才能访问主存,所以要想使访问虚拟存储器的速度接近单纯访问主存的速度,就必须加快查表的速度。

由于程序访问具有局部性,所以在一段时间内,对页表的访问只是局限在少数几个存储器字内。为了降低访问页表的时间,很多计算机都将页表分为快表(Translation Lookaside Buffer,TLB)和慢表(地址变换表)两种。快表一般是小容量的高速存储器,存放当前最常用的页表信息。与此对应,传统的、存在主存中的页表称为慢表。实际上,快表和慢表构成了两级存储系统,与 Cache 工作原理一样,首先访问快表,当快表不命中时再访问慢表。

本 章 小 结

存储系统是计算机系统的核心,基本要求是容量大、速度高、成本低。为了解决这3个方面的矛盾,计算机的存储系统采用了三级存储体系结构,即 Cache、主存和辅存。Cache 速度最高,所以 CPU 优先访问 Cache。当 CPU 访问 Cache 不命中时再访问主存。辅存的速度最低容量最大,CPU 访问 Cache 和主存都不命中时才需要访问辅存。但是 CPU 不能直接访问辅存,计算机是基于虚拟存储机制实现 CPU 获取辅存数据的。计算机 CPU 访存基于唯一地址形式(内存地址),因此无论 CPU 访问 Cache 还是访问辅存,都需要进行地址变换,而这样的地址变换对于程序员通常是透明的。

构成主存的半导体存储器主要有 RAM 和 ROM。RAM 又分静态的(SRAM)和动态的(DRAM)。与 DRAM 相比,SRAM 速度较快,但集成度较低,常作为小容量的高速缓存;DRAM 速度慢,但集成度较高,常用作主存。由于构成 DRAM 的存储元中,电容上的电荷存在泄漏,需要定时刷新。无论是 SRAM 还是 DRAM,断电时信息都不能保存。ROM 和闪存正好弥补了其缺点。特别是闪存以其高性能、低功耗、高可靠性及瞬时启动的能力,有可能使现有的存储器体系发生重大变化。

现代计算机的存储器都是基于二进制数据存储的。表示一个二进制位的单元称之为存储元。存储元的物理属性决定了存储器的特性,由此诞生了各种各样的存储器以满足计算机数据存储的需要。半导体存储器芯片的容量是有限的,为了满足各种容量的存储器,需要进行容量扩充。容量扩展的方法有字扩展、位扩展和字位扩展。

为了提高存储器速度,人们不但从器件物理属性方面进行改进,还从存储器组织和控制方面进行改进,充分发挥"并行"的优势。双端口存储器和多模块交叉编址存储器,就是采取并行技术的存储器,在一定程度上提高了系统的存取速度。

习 题 4

一、基础题

1. 存储周期是指( )。
   A. 存储器的写入时间
   B. 存储器进行写操作允许的最短时间间隔
   C. 存储器进行连续读或写操作允许的最短时间间隔

2. 与辅存相比,主存的主要特点是( )。
   A. 速度高,容量小,成本高
   B. 速度高,容量小,成本低
   C. 速度高,容量大,成本高

3. 某存储器容量是 32K×16 位,则( )。
   A. 地址线为 16 根,数据线为 32 根
   B. 地址线为 32 根,数据线为 16 根
   C. 地址线为 15 根,数据线为 16 根

4. 某机器字长 32 位,存储容量为 1MB,若按字节编址,它的寻址范围( );若按字编址,则它的寻址范围( )。
   A. 1MB   B. 1M   C. 256K   D. 256KB

5. EPROM 是指( )。
   A. 只读存储器
   B. 可编程的只读存储器
   C. 可擦除的可编程的只读存储器

6. 下列说法,正确的是( )。
   A. 半导体 RAM 信息可读可写,且断电后仍保持记忆
   B. 半导体 RAM 是易失性 RAM,而静态 RAM 是不易失的
   C. 半导体 RAM 是易失性 RAM,而静态 RAM 只有在电源不掉电时,所存信息才不丢失

7. 关于存储器,以下叙述中正确的是( )。
   A. CPU 可直接访问主存,但不能直接访问辅存
   B. CPU 可直接访问主存,也能直接访问辅存

C. CPU 不能直接访问主存，也不能直接访问辅存

D. CPU 不能直接访问主存，但能直接访问辅存

8. 计算机的存储器采用分级存储体系的目的是（   ）。

   A. 便于读写数据

   B. 减小机箱的体积

   C. 便于系统升级

   D. 解决存储容量、价格与存取速度间的矛盾

9. 半导体静态存储器 SRAM 的存储原理是（   ）。

   A. 依靠双稳态电路保存信息   B. 依靠定时顺序保存信息

   C. 依靠读后再生保存信息   D. 信息存入后不再变化

10. 动态 RAM 的刷新是以（   ）为单位进行的。

   A. 存储单元   B. 行   C. 列   D. 存储位

11. 存储器是计算机系统的记忆设备，它主要用来（   ）。

   A. 存放数据   B. 存放程序

   C. 存放数据和程序   D. 存放微程序

12. 一个并行的四体低位交叉存储器，每个模块的容量是 64K×32 位，存取周期为 200ns，则下述说法中（   ）是正确的。

   A. 在 200ns 内，存储器可以向 CPU 提供 256 位二进制信息

   B. 在 200ns 内，存储器可以向 CPU 提供 128 位二进制信息

   C. 在 50ns 内，每个模块可以向 CPU 提供 32 位二进制信息

13. 主存和 CPU 之间增加高速缓冲存储器的目的是（   ）。

   A. 解决主存与 CPU 之间速度匹配问题

   B. 扩大主存容量

   C. 既扩大主存容量，又提高存取速度

14. 在程序执行过程中，高速缓存与主存之间的地址映射是由（   ）。

   A. 操作系统管理的

   B. 程序员调度的

   C. 硬件自动完成的

15. 在 Cache 的地址映射中，若主存中的任意一块均可映射到 Cache 内的任意一块的位置上，则这种方法称为（   ）。

   A. 全相联映射   B. 直接映射   C. 组相联映射   D. 混合映射

16. 下列元件中，存取速度最快的是（   ）。

   A. Cache   B. 寄存器   C. 内存   D. 外存

17. 相联存储器是按（   ）进行寻址的存储器。

   A. 地址指定方式   B. 堆栈存取方式

   C. 内容指定方式   D. 地址指定与堆栈存取方式结合

18. 采用虚拟存储器的目的是（   ）。

   A. 提高主存的速度

   B. 扩大辅存的存取空间

C. 扩大存储器的寻址空间

19. 存储器与寄存器有何不同？主存与内存又有何不同？
20. 计算机系统的存储器为何要分层次？分为哪几层？简要说明每层的特点。
21. 设有一个 20 位地址和 32 位字长的存储器,则
   (1) 该存储器容量是多少？
   (2) 如果使用 512K×8 位的 SRAM 芯片组成该存储器,需要多少个芯片？
   (3) 需要多少位地址作为芯片选择？
22. 已知某 64 位微型计算机的主存地址码 26 位,现在要求使用内存条构建满足 CPU 最大寻址空间要求的主存。
   (1) 如果每个内存条是 16M×64 位,需要几根内存条？
   (2) 如果使用 4M×8 位的 DRAM 芯片组成内存条,每根内存条需要多少 DRAM 芯片？
   (3) 主存共需多少 DRAM 芯片？CPU 如何选择内存条？
23. 一个容量为 16K×32 位的存储器,其地址线和数据线的总和是多少？当选用下列不同规格的芯片构建存储器时,各需要多少芯片？
   1K×4 位,2K×8 位,4K×4 位,16K×1 位,4K×8 位,8K×8 位
24. 用 16K×8 位的 DRAM 芯片构成 64K×32 位的存储器。
   (1) 画出该存储器的组成逻辑框图
   (2) 设存储器读写周期是 $0.5\mu s$,CPU 在 $1\mu s$ 内至少要访问 1 次。试问采用哪种刷新方式比较合适？相邻两行刷新的最大时间间隔是多少？对全部存储单元刷新一遍所需的实际刷新时间是多少？假设存储器的刷新周期是 2ms。
25. 存储器容量 64M×64 位,模块数 $m=8$,存储周期 $T=100$ns,数据总线宽 64 位,总线传送周期 $\tau=50$ns。试问按照交叉组织的存储器和按照顺序组织的存储器带宽有何不同？
26. CPU 执行一段程序,Cache 完成存取的次数 2420,主存完成存取的次数 80,已知 Cache 存储周期 40ns,主存存储周期 240ns。求 Cache-主存系统的效率和平均访问时间。
27. 设主存容量 16M×32 位,Cache 容量 64K×32 位,主存与 Cache 之间数据交换的块大小 4×32 位。请画出直接映射时主存地址格式。
28. 一个组相联 Cache 有 64 个行组成,每组 4 行。主存储器包含 4K 个块,每块 128 字。试画出内存地址格式。
29. 计算机存储系统按字节编址,其中 Cache 分为 16 行,每行大小固定为 64B。试分析下面几种情况下,主存第 268 号单元映射到 Cache 的位置。
   (1) 采用直接映射。
   (2) 采用全相联映射。
   (3) 采用 4 路组相联映射。

二、提高题

1. 用 128K×8 位的 DRAM 芯片构成 1024K×32 位的存储器,则
   (1) 共需要多少 DRAM 芯片？
   (2) 设计此存储器组成框图。

(3) 如果采用异步刷新,单元刷新间隔不超过 8ms,则刷新信号周期是多少? 设存储器的读写周期为 0.5μs。

2. 某机器中,已有一个地址空间为 0000H~3FFFH 的 ROM 区域,现在再用 8K×8 位的 RAM 芯片形成一个 40K×16 位的 RAM 区域,起始地址为 6000H。设 RAM 芯片有 $\overline{CS}$ 和 $\overline{WE}$ 信号控制端,CPU 的地址总线为 $A_0 \sim A_{15}$,数据总线为 $D_0 \sim D_{15}$,控制信号为 R/W(读写)、$\overline{MREQ}$(访存)。要求:

(1) 画出地址译码方案。
(2) 画出 ROM、RAM 与 CPU 的连接图。

3. 有一个 8 位机,采用单总线结构,地址总线 16 位($A_0 \sim A_{15}$),数据总线 8 位($D_0 \sim D_7$),控制总线中与主存有关的信号有 $\overline{MREQ}$(低电平有效允许访存)和 $R/\overline{W}$(高电平为读命令,低电平为写命令)。

主存地址分配为,0~8191 为系统程序区,由 ROM 芯片组成;8192~32767 为用户程序区;最后(最大地址)2K 地址空间为系统程序工作区(地址为十进制,按字节编址)。

试从以下芯片中选择合适的组成该机主存,画出主存逻辑结构图并与 CPU 连接。
ROM 芯片只有 8K×8 的一种,SRAM 芯片有 16K×1、2K×8、4K×8 和 8K×8 这 4 种

4. 某计算机的存储系统由 Cache、主存和磁盘构成。Cache 的访问时间为 15ns;如果被访问的单元在主存中但不在 Cache 中,需要 60ns 的时间将其装入 Cache 然后再进行访问;如果被访问的单元不在主存中,则需要 10ms 的时间将其从磁盘读入主存,然后再装入 Cache 中并开始访问。若 Cache 的命中率 90%,主存的命中率 60%。求该系统一次访存的平均时间。

5. 设某计算机主存容量 4MB,Cache 容量 16KB,每块包含 8 字(Word),每字 32 位,试设计一个 4 路组相联的 Cache 组织,要求:

(1) 画出主存地址格式,指出各个字段位数。
(2) 若 Cache 初态为空,CPU 依次从主存第 0,1,2,…,99 号单元读出 100 字(主存一次读出一个字),并按照此顺序重复读取 8 次,计算 Cache 命中率。
(3) 若 Cache 速度是主存的 6 倍,试问有 Cache 和无 Cache 相比,速度提高多少倍?

6. 在某页式虚拟存储系统中,一条指令的虚地址是 0000011111111100000,程序的页表起始地址是 0011,页面大小 1k,页表中有关单元最末 4 位(实页号)如表 4-3 所示。

试计算该指令的主存实地址。

表 4-3 页表

页表索引地址	有 效 位	实 页 号
007H	1	0001
…	…	…
300H	1	0011
…	…	…
307H	1	1100

第5章 指令系统

指令是控制计算机执行某种操作的命令,是计算机硬件实体直接表征控制信息的语言。指令系统是一台计算机所能执行的全部指令的集合,是计算机体系结构的核心,是计算机系统硬件、软件的主要连接面。它既是计算机硬件设计的主要依据,又是软件编程的基石。指令系统是表征一台计算机性能的重要因素。指令系统设计的是否合理,直接关系到计算机硬件结构的复杂程度,也关系到程序设计的支持程度和效率。设计指令系统首先要确定计算机的哪些功能由一条基本指令实现(即硬件实现),哪些功能由程序实现(即软件实现),然后确定指令的编码规则。

本章简要介绍指令系统的发展和性能要求,以及指令系统中的常用功能的指令,重点介绍指令系统设计的各种要素及寻址方式,简要说明 RISC 的概念和基本特征。

5.1 概　　述

计算机程序是人们在解决实际问题时,按一定逻辑排列的一串指令或语句序列。从计算机组成的层次结构来说,计算机的指令有微指令、机器指令和宏指令之分。微指令是微程序控制器实现机器指令功能的命令,它完全属于计算机硬件,是计算机硬件设计人员使用的。宏指令或高级语言语句的功能是要通过若干条机器指令组成的程序段来完成,属于软件。机器指令是计算机硬件能够直接完成的基本操作命令,又可以被系统程序员使用,它介于硬件和软件之间,是设计一台计算机硬件和底层软件(系统软件)的接口。

5.1.1 指令系统的发展

指令系统的发展经历了从简单到复杂的演变过程。

20 世纪 50 年代,计算机大多数采用分立元件的晶体管或电子管组成,体积庞大、价格昂贵,计算机的硬件结构比较简单,所支持的指令系统只有十几至几十条最基本的指令,寻址方式也十分简单。到 20 世纪 60 年代中期,随着集成电路的出现,计算机的功耗、体积、价格等不断下降,硬件功能不断增强,指令系统也越来越丰富。除了以上基本指令外,还设置了乘除运算、浮点运算、十进制运算、字符串处理等功能的指令。指令数目多达一二百条,寻址方式也开始多样化。

随着集成电路的发展和计算机应用领域的不断扩大,20 世纪 60 年代后期开始出现系列计算机。所谓系列计算机,是指基本指令系统相同、基本体系结构相同的一系列计算机。例如 Pentium 系列是当前流行的一种个人计算机系列。系列机由于推出的时间不同,采用的器件不同,它们在结构和性能上有所差异,新推出机种的指令系统要包含所有旧机种的全部指令。这样,系列机解决了各机种间的软件兼容问题,大大减少了软件开发的费用。

20 世纪 70 年代,高级语言已成为大、中、小型机的主要程序设计语言,计算机应用日益普及。由于软件的发展超过了软件设计理论的发展,复杂的软件系统设计一直没有很好的理论指导,导致软件质量无法保证,从而出现了所谓的"软件危机"。人们认为,缩小机器指令系统与高级语言的语义差距,为高级语言提供很多的支持,是缓解软件危机有效和可行的办法。计算机设计者们利用当时已经成熟的微程序技术和飞速发展的 VLSI 技术,增设各种各样复杂的、面向高级语言的指令。指令系统的规模越来越庞大,大多数计算机的指令系统多达几百条指令。按这种思想设计的计算机系统称为复杂指令系统计算机(Complex Set Instruction Computer,CISC)。但是如此庞大的指令系统不但使计算机的研制周期变长,而且由于采用了大量使用频率很低的复杂指令,造成硬件资源的浪费,产生指令集所谓的"二八"现象,即最常使用的简单指令仅占指令总数的 20%,它们在程序中出现的频率却达 80%。相对应,另外 80% 的指令在程序中出现的频率只有 20%。为此,人们提出了便于 VLSI 技术实现的精简指令系统计算机(Reduced Instruction Set Computer,RISC)。

5.1.2 指令系统的性能要求

指令系统的性能决定了计算机的基本功能,它的设计直接关系到计算机的硬件结构和用户的需要。一个完善的指令系统应满足如下 4 个方面的要求。

(1) 完备性。完备性是指用汇编语言编写各种程序时,指令系统直接提供的指令足够使用。完备性要求指令系统丰富、功能齐全、使用方便。

一台计算机最基本的指令并不多,许多功能都可用这些指令编程来实现。例如,乘除运算、浮点运算功能可设置为一条专用指令,即硬件直接实现,也可以用基本指令编写的程序来实现。指令系统中不设置此类指令的目的是提高程序执行速度,为用户编写程序提供方便。

(2) 有效性。有效性是指利用该指令系统所编写的程序能够高效率地运行。高效率主要表现在程序占据存储空间小、执行速度快。一般来说,指令系统的功能越强大、越完善,其有效性会越好。

(3) 规整性。规整性包括指令系统的对称性、匀齐性、指令格式和数据格式的一致性。

对称性是指在指令系统中所有的寄存器和存储器单元都可同等对待,所有的指令都可使用各种寻址方式。例如,传送指令可以实现寄存器之间的数据传送,也应该可以在存储器之间传送数据。

匀齐性是指一种操作性质的指令可以支持各种数据类型。机器语言操作的数据类型包括定点的字节型、字型、双字型和浮点数据。

指令格式和数据格式的一致性是指指令长度和数据长度有一定的关系,以方便处理和存取。一般来说,指令长度和数据长度是字节长度的整数倍。

(4) 兼容性。系列机之间由于具有相同的基本结构和共同基本指令集,但新推出的机种在结构和性能上会有差异,会在旧机种的基础上增强一些功能指令,因此做到所有软件在不同机种之间完全兼容是不现实的,但要能做到"向上兼容",即低档机上运行的软件可以在高档机上运行。

在设计指令系统,确定指令系统的规模、功能以及格式时,要综合考虑上述 4 个方面,一般要满足兼容性,尽可能做到完备性和有效性。对于规整性,要综合考虑指令格式、指令字长和执行速度多方面,适当进行取舍。

5.1.3 低级语言与硬件结构的关系

实现计算机程序的语言有高级语言和低级语言之分。高级语言又称算法语言,它侧重于程序的算法,其语句与具体机器的指令系统无关。低级语言又分机器语言和汇编语言,机器语言中的语句是用指令的二进制编码,书写、阅读和调试程序很不方便;汇编语言是一种符号语言,将机器语言的指令编码用助记符的形式表示,例如 Intel 8086 的汇编语句

MOV AX,BX

表示"将 AX 寄存器的内容传送给 BX 寄存器",较二进制指令编码容易理解多了。汇编指令与机器指令一一对应,和机器的指令系统有关,都是面向机器的语言。

高级语言程序中的语句要翻译为机器语言语句后才能由计算机的硬件执行,这个翻译由相应的软件(如编译程序)完成。一般来说,一条高级语言的语句要翻译成一段机器指令代码。汇编语言源程序也要通过汇编程序翻译为机器语言程序,才能由计算机硬件直接执行。

指令系统中的每条指令都能够由计算机的硬件直接执行完成其功能,它与计算机的硬件结构有密切的关系。指令系统确定后,完成指令操作的相应硬件功能基本确定,因此它直接影响着计算机的硬件结构设计。同样,计算机的硬件结构一定,其指令系统的功能也基本确定。二者相互依赖,相互影响。机器语言和汇编语言可以直接对计算机的硬件资源进行访问,例如直接访问主存单元或寄存器,而高级语言不可以。为了克服这一缺陷,一些高级语言(如 C 语言)提供了与汇编语言之间的调用接口,可以在高级语言程序中嵌入汇编语言程序段。

5.2 机器指令的设计

计算机设计的一个重要方面就是指令系统的设计。指令系统对计算机系统有多方面的影响,其设计也涉及多个方面。指令系统定义了 CPU 应完成的多数功能,对 CPU 的实现有很大的影响;另一方面,程序员是通过指令系统控制 CPU 的,设计指令系统还要考虑程序设计的要求。

设计指令系统首先要确定指令系统所实现的基本功能,然后确定指令的具体格式、类型以及对操作数的访问方式。

(1) 操作指令表是指应提供多少、什么样的操作以及操作的复杂程度。
(2) 数据类型是指所支持数据的类型。
(3) 指令格式是指指令的(位)长度、操作数地址的数目、各个字段的大小等。
(4) 寄存器是指能被指令访问的寄存器数目以及它们的用途。
(5) 寻址方式是指指定操作数的产生方式。

这几个方面是紧密相关的,设计指令系统时要综合考虑。

本节先简要介绍操作指令设计的一般思想,然后重点介绍指令的基本格式及操作码和地址码设计中的一般问题和相关技术。寻址方式的相关概念和技术在 5.3 节介绍。

5.2.1 指令操作

设计指令系统的操作功能首先要考虑到其完备性。下面通过一个简单的例子说明。

在高级语言中,一个简单的赋值语句:

$$X = X + Y$$

其功能为,变量 X 的值和 Y 的值相加,并将结果存入变量 X 中。机器语言如何完成它呢?

假定 X 和 Y 变量对应的存储单元为 2000H 和 2001H,一般的指令系统中,算术运算指令的两个操作数不能都在存储单元中,那么完成上述赋值语句需要以下 2 条指令:

(1) 将 2001H 存储单元的内容装入一个寄存器。

(2) 将 2000H 存储单元的内容加上述寄存器的内容,并将结果存入 2000H 存储单元。

这样,指令系统就必须有"存储器传送到寄存器"和"存储器与寄存器相加,结果存入存储器"的功能指令。

上述简单例子启示,一个具体的计算机中,必须有供用户表达任何数据处理任务的一组基本指令。考虑到任何高级语言编写的程序,最终都必须转换为机器语言才能执行。因此机器指令的集合必须充分、完备,足以表达任何高级语言语句的功能。

一般来说,指令系统应该包含以下 6 种类型的指令。

(1) 数据处理类,提供处理数值型或其他类型数据的各种算术、逻辑运算及移位操作指令。

(2) 数据存储类,实现数据在 CPU(寄存器)与存储器之间的传送。

(3) 数据传送类,完成 CPU 内部寄存器之间数据的传递。

(4) 输入输出类,完成外围设备接口与主机之间的数据交换。

(5) 程序控制类,实现程序执行顺序的控制。

(6) 其他系统操作类指令。

各种类型指令的功能详细介绍见 5.4 节。

5.2.2 机器指令的基本格式

指令是控制计算机执行某种操作的命令,一条指令就是机器语言的一个语句,它是一组有意义的二进制编码。CPU 执行程序就是将指令的二进制编码从内存中取出后,由控制器产生完成该指令功能的控制信号,控制计算机各功能部件完成指令的执行过程。因此组成指令的二进制编码中一般应包含这样两部分信息:一部分告诉 CPU 指令要进行何种操作,即操作的性质及功能;另一部分给出要操作的对象所在的位置。前一部分人们称之为操作码字段,后一部分称为地址码字段。即指令的一般格式如图 5-1 所示。

图 5-1 指令的一般格式

指令操作的对象包括操作的数据或下条要执行的指令的地址,统称为操作数。操作数可能存放的位置一般有以下 4 种。

(1) 操作数在指令的代码中直接包含,即地址码字段直接给出操作数。如果指令长度是一个存储字长,CPU 在取指令的代码时一起将操作数读入 CPU。如果指令长度是多个存储字长,连续取多个存储字得到操作数。

(2) 操作数在 CPU 的寄存器中。一般来说,CPU 中总有一个或多个能被机器指令访问的寄存器。如果只有一个寄存器,对它的引用可以是隐式的,若不只一个,则每个寄存器要有一个对应的编号。由指令的地址码部分提供操作数所在寄存器的编号。

(3) 操作数在内存中。指令的地址码部分提供操作数所在存储单元地址的相关信息。

(4) 操作的数据还可能来自外围设备接口的端口寄存器,此时地址码部分是端口地址的有关信息。

合理的指令格式应该给出足够的信息,其长度又尽可能与机器字长匹配,以节省存储空间,缩短取指令时间。指令格式尽量规整,减少硬件译码的复杂程度。

说明:不同计算机,即使是指令功能相同,其二进制编码也会不同。为了叙述方便,特别是后续寻址方式举例时,指令格式中的操作码或寄存器等均采用助记符表示,即汇编指令格式。例如操作码部分,使用 ADD 表示"加",SUB 表示"减",MOV 表示"传送"等。

5.2.3 指令字长

指令字长是指一条指令中包含的二进制编码的位数。指令的长度与操作码的长度、操作对象的个数和位数、存储单元的地址长度等多种因素有关。为了充分利用存储空间,节省取指令的时间,指令的长度通常也设计为字节长度的整数倍。

指令字的长度与机器的字长没有固定的关系。机器字长是指运算器能一次直接处理的二进制数的位数,为了处理字符数据,尽可能利用存储空间,一般机器字长都是字节长度的整数倍,即 8、16、32 或 64。指令字长可以是机器字长的一半、1 倍或多倍。例如,Intel 8086 为 16 位字长,其指令格式有 8 位、16 位、24 位、32 位等多种格式。采用多字长指令,便于解决访问内存任何单元的寻址问题,但是程序占用的内存空间增加,取指令时间较长,也影响程序执行速度。

如果一个指令系统中各种指令的长度是相同的,称为等长指令字结构。如果指令功能不同,相应的指令字长不同,例如 Intel 8086 的指令系统就是变长指令字结构。变长指令字结构便于充分利用指令长度,但指令的控制较复杂。现代计算机广泛采用变长指令字结构,指令的长度能短则短,需长则长。

5.2.4 地址码结构

地址码用来描述指令的操作对象。地址码的长度与操作对象的个数、位数及存储单元的地址长度、寻址方式等多种因素有关。

不同操作的指令所需要的操作对象的个数不同,地址码字段所需要的地址数不同。算术和逻辑运算指令要求的操作数最多。一般的双操作数运算指令,其地址数最多会有 4 个。后续叙述中,用 A_1 表示第一操作数地址,用 A_2 表示第二操作数地址,用 A_3 表示操作结果存放地址,用 A_4 表示给出下条要执行指令的地址。

这些信息可以在指令中明显给出,称为显地址。也可以依照某种约定,用隐含的方式给出,称为隐地址。

说明:这里所说的操作数地址是广义的概念,对于操作对象所在位置不同,它可能直接是操作的数据、寄存器的编码或者存储单元的地址。

根据地址码所涉及的地址数量,常见的指令格式有以下几种。

(1) 四地址指令。4 个地址信息都在地址码字段中显式给出。其指令格式如图 5-2 所示。

| OP | A_1 | A_2 | A_3 | A_4 |

图 5-2 四地址指令的格式

指令的含义：$A_3 \leftarrow (A_1) \text{OP} (A_2)$，$A_4$ 为要执行的下条指令的地址。

说明：一般用 A_i 表示地址，(A_i) 表示存放在该地址中的内容。

这种格式的主要优点是直观,但指令字的长度太长,如果每个地址为 16 位,整个地址码字段就要长达 64 位,所以这种格式是不切实际的。

(2) 三地址指令。正常情况下,大多数指令按顺序依次从内存取出来执行,只有遇到转移指令时程序的执行顺序才会改变,需要专门给出要取下一条指令的地址。因此,通常在 CPU 中设置一个程序计数器(Program Counter,PC)存放指令的地址,每取一条指令,PC 就自动加 1(假设每条指令只占一个存储单元)。因此,指令格式中一般不再给出 A_4。指令格式变成三地址,如图 5-3 所示。

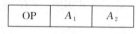

图 5-3 三地址指令的格式

这种格式的指令字仍比较长,一般只用在大、中型计算机中,小型或微型计算机中很少使用。

(3) 二地址指令。三地址指令执行完后,参与操作的两个操作数均不会被破坏,可供再次使用。通常情况下,并不需要完整的保留两个操作数,可以让第一个操作数地址兼做存放结果的地址,这样得到二地址格式,如图 5-4 所示。

图 5-4 二地址指令的格式

其中,A_1 称为目的操作数地址,A_2 称为源操作数地址。该指令的含义为 $A_1 \leftarrow (A_1) \text{OP} (A_2)$。

(4) 单地址指令。单地址指令的地址码字段只有一个显地址。其格式如图 5-5 所示。

| OP | A_1 |

图 5-5 单地址指令的格式

单地址指令可能只有一个操作数,例如取非、移位等某些单操作数指令；也可能是双操作数指令,A_1 显式给出一个,另一个操作数(或操作结果)约定存放在某个寄存器中,即隐含寻址。因此,该指令的含义为 $A_1 \leftarrow \text{OP}(A_1)$ 或 $A_2 \leftarrow (A_2) \text{OP} (A_1)$。

例如 Intel 8086 中,乘法指令格式中只显示提供一个操作数,另一个操作数在累加器 AL 或 AX 中。助记符为 MUL R,功能为 $(\text{AL}) \times (R) \rightarrow \text{AX}$,其中 R 为通用寄存器。

(5) 零地址指令。顾名思义,零地址指令格式中只有操作码,没有地址码。这种格式用于一些不需要操作数的指令,或者操作数隐含的指令。例如,暂停、空操作等一些系统控制指令、标志位的测试或设置指令,无操作数；而 Intel 8086 的指令系统中的 CBW 指令,其功能是将 AL 寄存器的字节扩展到 AH 寄存器,形成 16 位的字存放在 AX 寄存器中,其操作数是隐含的。

指令地址数的选择是指令格式设计的一个重要因素。直觉上,地址数越少,指令的长度越短,所占存储空间少。但是,实际上由于指令地址数太少,在完成多操作数操作功能的程序中,总指令条数可能大大增加,使得程序变长且复杂。对于多地址指令,如果操作数均在存储器中,指令执行时取操作数花费时间较长,指令的执行速度大大受到影响。因此,在设计时要综合考虑多种因素。一般来说,设计指令时,尽量不用四地址指令,很少使用三地址指令。

随着计算机技术和集成电子技术的迅速发展,许多计算机中设置了大量的通用寄存器,使用它们来存放操作数或运算结果,既缩短了指令字的长度,又兼顾到了执行速度。因此,对于二地址指令,大多数运算指令的操作数中至少一个操作数在寄存器中,尽可能两个操作数都在寄存器中,只有极少数指令的两个操作数均在存储器中。

二地址指令中,根据操作数的存储位置又分为寄存器—寄存器(RR)型、存储器—存储器(SS)型和存储器—寄存器(SR)型 3 种。

在很多计算机中,其指令系统中指令字的长度和地址结构并不是单一的,往往多种格式混合使用,以增强指令系统的性能。例如 Intel 8086/8088 指令系统的指令格式有 6 种格式,每种格式中地址码的含义有很大区别,如图 5-6 所示。

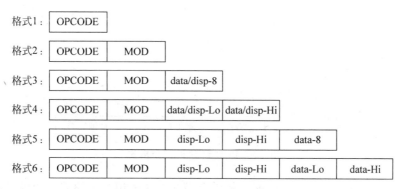

图 5-6　Intel 8086/8088 的指令格式

5.2.5　操作码设计

操作码是机器指令代码中不可或缺的组成部分。它用来指明操作的类型以及源操作数、目的操作数的引用方式。一台计算机可能有几十条至几百条指令,每一条指令都对应有一个操作码,CPU 的控制器通过对该操作码进行译码分析来确定指令的功能,产生相应的控制信号,控制计算机的各功能部件完成指令的操作。

指令系统中的每条指令都有一个唯一确定的操作码,设计时希望操作码字段的位数尽可少。常用的操作码编码方法有定长和变长两种方式。

1. 定长操作码

这是一种最简单的编码方法,其操作码字段的位数固定。操作码的位数与指令系统的规模有关。假设指令系统有 m 条指令,指令中操作码字段的位数为 N 位,则它们之间有如下关系:

$$m \leqslant 2^N \quad \text{或} \quad N \geqslant \text{lb}m$$

定长操作码的指令译码规整,电路简单,简化了硬件设计,对提高指令执行速度有利,在字长较长的大、中型计算机及超级小型计算机中广泛使用,一些 CISC 的微型计算机中也有使用。例如 IBM 370 系列(32 位字长),无论什么指令,指令长度是多少位,其操作码字段均为 8 位。又如前述例子图 5-1 所示的 Intel 8086/8088 CPU 指令格式中,其操作码字段的位数也是固定的 8 位。8 位操作码最多可以表示 256 条指令,实际上 IBM 370 系列和 Intel 8086/8088 都没有那么多条指令,存在一定的信息冗余。

2. 变长操作码

顾名思义,变长操作码格式中操作码的位数是不固定的。例如 PDP-11(16 位字长)就采用了这种指令格式,如图 5-7 所示。对于单字长指令,其操作码的位数占 4~16 位不等。这种在基本操作码的基础上进行扩展的变长操作码编码方法也叫扩展操作码法。

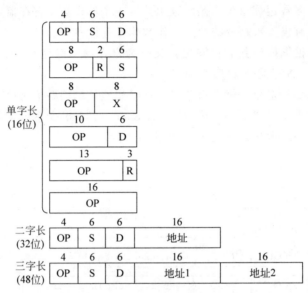

图 5-7 PDP-11 机的指令格式

事实上,当指令长度一定时,地址码和操作码的长度是相互制约的。如果操作数的个数较多,地址码所占位数较多,操作码的位数就要短些;相反,操作数的地址较短,操作码的位数就可以多些。采取这样的变长操作码方法,在不增加指令长度的情况下,通过扩展操作码的位数,可以表示更多的指令。这种方式在一些字长较短的小型机、微型机中广泛采用。

在操作码长度不固定时,一般会考虑将最短的操作码分配给地址码信息最多的指令。实际应用中,会考虑给常用指令分配最短的操作码,而不常用的指令分配长的操作码,以使程序平均指令长度达到最短。因此,指令格式的设计需要综合权衡多种因素。

综上,已经介绍了机器指令设计的基本要素。下面通过一些实例进一步理解指令格式的概念以及操作码、地址码的编码方法。

【例 5-1】 指令格式如图 5-8 所示,其中 OP 为操作码,试分析指令格式的特点。

图 5-8 例 5-1 的指令格式

解:该指令格式的特点为
① 单字长、定长操作码、二地址。
② 操作码为 6 位,最多可指定 64 条指令。
③ 源操作数和目标操作数都是通用寄存器,可以指定 16 个寄存器。

【**例 5-2**】 指令格式如图 5-9 所示,其中 OP 为操作码,试分析指令格式的特点。

OP(6 位)	—(2 位)	源寄存器(4 位)	变址寄存器(4 位)
位移量(16 位)			

图 5-9　例 5-2 的指令格式

解:该指令格式的特点为
① 双字长、定长操作码、二地址。
② 操作码为 6 位,最多可指定 64 条指令。
③ 源操作数是通用寄存器(可以指定 16 个);目标操作数在存储器中,由变址寄存器和位移量决定存储单元的地址。

【**例 5-3**】 设指令字长为 16 位,其中 4 位为基本操作码字段(OP),每个操作数地址编码 4 位,最多可以有 3 个操作数。现对指令的操作码进行等长(等于操作数地址位数)扩展,要求设计的指令系统中:三地址指令 15 条,二地址指令 15 条,一地址指令 15 条,零地址指令 16 条。试写出各种指令的操作码。

解:指令的一般格式如图 5-10 所示。

OP	A_1	A_2	A_3

图 5-10　例 5-3 的指令格式

三地址指令,由于 3 个地址各占 4 位,操作码只能 4 位。15 条三地址指令占用 4 位 OP 的 15 个编码,假设 15 个编码为 0000～1110。编码 1111 与后续地址结合进行操作码扩展。

二地址指令,A_1 字段可以扩展为操作码,即操作码最多可以达到 8 位。但操作码的最高 4 位只能是 1111,只能通过 8 位操作码中的低 4 位进行定义。二地址指令有 15 条,占用 15 个编码,其操作码是 OP 字段中的 1111 与 A_1 字段的 15 个编码(0000～1110)结合形成。

同理,将 OP、A_1 字段结合后的 8 位编码中的 11111111,再与后续 A_2 地址字段进行操作码扩展,得到一地址和零地址指令的操作码。其结果如图 5-11 所示。

4 位操作码	0000 0001 ⋮ 1110	A_1 A_1 ⋮ A_1	A_2 A_2 ⋮ A_2	A_3 A_3 ⋮ A_3	15 条三地址指令
8 位操作码	1111 1111 ⋮ 1111	0000 0001 ⋮ 1110	A_2 A_2 ⋮ A_2	A_3 A_3 ⋮ A_3	15 条二地址指令
12 位操作码	1111 1111 ⋮ 1111	1111 1111 ⋮ 1111	0000 0001 ⋮ 1110	A_3 A_3 ⋮ A_3	15 条一地址指令
16 位操作码	1111 1111 ⋮ 1111	1111 1111 ⋮ 1111	1111 1111 ⋮ 1111	0000 0001 ⋮ 1111	16 条零地址指令

图 5-11　操作码扩展的编码

5.3 寻址方式

寻址方式属于指令系统的一部分，它与计算机的硬件结构紧密相关，它的设计和使用对机器的性能和程序的质量有很大影响。

CPU要执行程序，需要找到指令以及指令所要操作的数据。在指令的代码中，要给出相关的编码信息，以便于CPU根据这些信息查找。广义来说，根据指令格式中给出的信息编码，找到要执行的指令或操作的数据的过程称为寻址。寻址方式是指寻找操作数或指令所在位置的方式。完善的寻址方式可为用户编程和使用数据提供方便。

指令一般存放在主存中，而操作的数据则可能存放在CPU的寄存器、主存单元或I/O端口中。主存的访问有地址指定、相联存储、堆栈等多种方式。一般来说，主存多数情况都采用地址指定方式。因此，狭义地说，寻址方式是形成操作数地址或指令地址的方式。

每种计算机的指令系统都有着自己的一套寻址方式。不同的计算机，虽然有着相同的寻址方式，其基本原理也相同，但其名称也并不一定一样。本节仅从一般概念上介绍几种典型又常用的寻址方式。

5.3.1 指令的寻址方式

指令的寻址方式指的是形成下一条将要执行指令的地址的方式，分为顺序寻址和跳跃寻址两种。

1. 顺序寻址方式

通常，构成程序的指令在内存中是按地址大小顺序存放的。当执行一段程序时，从存储器中按顺序一条指令接一条指令地取出并执行。这种顺序执行指令的过程，称为指令的顺序寻址方式。为此，一般在CPU的控制器中设置一专门的程序计数器(PC)，又称指令指针寄存器，其初值为将要执行的一条指令所在内存单元的地址。每取出一条指令，PC会自增，例如自加1，形成下一条指令的地址。图5-12(a)为指令顺序寻址方式的示意图。若PC初值为0，在取出第一条指令LDA 200后，PC的内容自动加1，指向第二条指令ADD 201。

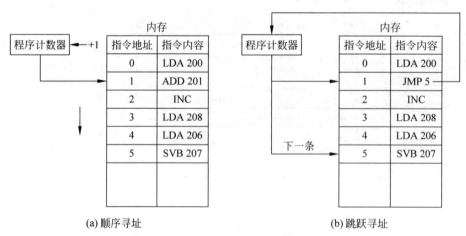

(a) 顺序寻址　　　　　　　　　　(b) 跳跃寻址

图 5-12　指令的寻址方式

2. 跳跃寻址方式

当程序不按照存储的先后顺序执行,而是跳到其他地址的指令,下条指令的地址不能由程序计数器直接产生,而是根据本条指令的地址码字段提供的信息形成。这种形成下条指令地址的方式称为跳跃寻址。跳跃寻址后,形成的指令地址装入程序计数器,程序按新地址开始顺序执行。

例如,图 5-12(b)中,在取出地址 1 号单元的 JMP 5 指令后,PC 自加 1 变为 2,正常情况下次顺序取 2 号单元的指令。由于 JMP 5 指令执行时,改变了 PC 的内容,将 5 装入 PC 中,下次要取 5 号单元的指令。即执行完 JPM5 指令后,跳到指令 SVB 207 执行。

跳跃寻址的目标指令地址的形成方式常用的有 3 种:直接(绝对)寻址、相对寻址和间接寻址,它们与下面要介绍的数据寻址方式中对应的寻址方式类似,只是寻址的存储单元中存放的是指令,这里不再赘述。

采用跳跃寻址方式,可以实现程序转移或构成循环程序,从而能缩短程序长度,或将某些程序作为公共程序引用。指令系统中的各种条件转移或无条件转移指令,其寻址方式都是跳跃寻址。

5.3.2 数据的寻址方式

数据的寻址方式是指根据指令中地址码字段的信息找到真实操作数据的方式。

现代计算机中,主存的容量越来越大,如果指令格式中的地址码字段直接给出内存单元地址,指令字的长度太长。为了缩短指令字的长度,同时也为了提高编程的灵活性,通常数据的寻址方式会设置多种。

无论是什么寻址方式,指令格式中的地址码字段均为二进制编码,这个二进制编码代表的含义,由寻址方式决定。因此,在允许多种寻址方式的指令格式中,地址码字段中要包含一定的信息或增加扩展操作码来表征寻址方式,这部分信息称为寻址方式特征位。例如,图 5-1 Intel 086/8088 的指令格式中,操作码后面的 MOD 字段,就是用来说明指令的操作数类型或寻址方式类型的。

多种寻址方式中,指令格式中的地址码字段并不代表操作数的真实地址。为了叙述的方便,把它称为形式地址,用 A 表示。而操作数所在单元的实际地址称为有效地址,用 EA 表示,它由寻址方式和形式地址共同确定。即指令格式如图 5-13 所示。

| 操作码 | 寻址特征 | 形式地址 A |

图 5-13 寻址指令的一般格式

1. 立即寻址

立即寻址是一种特殊的寻址方式,指令的地址码字段中给出的不是操作数的地址,而是操作数本身,即数据包含在指令中。在取出指令时就得到其操作数,因此称为立即寻址。其指令格式如图 5-14 所示。

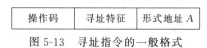

图 5-14 立即寻址指令的格式

立即寻址方式的优点是指令执行时间很短,因为取指令后不需要再次访问内存取操作数。但是,因为操作数是指令的一部分,其大小会受指令字长的限制。另外,程序写好之后立即数不能再被修改,因此编程的灵活性较差。通常只有一些数据传送指令或少数算术运算指令设置这种寻址方式,用来对寄存器或存储单元赋初值。

例如,在 Intel 8086 中,指令

MOV AX,2000H

表示将立即数 2000H 传送给 AX 寄存器。源操作数采用的是立即寻址方式。当然,立即数只能作为源操作数,不能作为目的操作数。

2. 寄存器寻址

寄存器寻址方式的操作数在 CPU 的通用寄存器中,而不在内存中。此时指令格式中的形式地址是通用寄存器组中某个寄存器的编号。其寻址过程如图 5-15 所示。

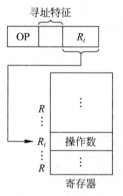

图 5-15 寄存器寻址

例如,指令

MOV AX,2000H

的目的操作数采用的是寄存器寻址方式。

说明:一条指令中,两个操作数可能采用不同的寻址方式,在说指令的寻址方式时,要针对指定的操作数。

寄存器寻址方式有两大优点。

(1) 指令字的长度较短。一般来说,CPU 中的通用寄存器的数量不会太多,相对于内存单元地址来说,用来指定寄存器的编码位数较少,因此指令中地址码部分占位较少,相应的指令字长度较短。

(2) 指令执行速度快。由于寄存器寻址方式的操作数在寄存器中,不需要访问主存获取操作数,因此指令的执行速度较快。

由于 CPU 中通用寄存器的数量不会太多,所以不能用来存储大量的数据。一般来说,大量数据存放在内存中。在程序设计时,对于数据处理类指令中反复使用的数据或中间结果,采用寄存器寻址,以提高整个程序的执行速度。

3. 主存寻址

对于操作数在主存的情况,寻址方式有多种。常用的有直接寻址、间接寻址、寄存器间接寻址和偏移寻址等。

(1) 直接寻址。直接寻址是主存寻址中最基本的一种寻址方法,其指令地址码字段中直接给出操作数所在内存单元的地址,即形式地址就是有效地址,EA=A。其寻址过程如图 5-16 所示。

例如,在 Intel 8086 指令系统中,指令

MOV AX,[2000H]

的第二个操作数采用的是直接寻址,指令的功能是将数据段中偏移地址为 2000H 单元的内容送给 AX 寄存器。

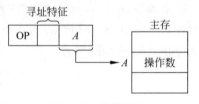

图 5-16 直接寻址

直接寻址方式简单直观,无须地址变换,硬件实现也简单;但可寻址的存储器地址空间受指令中地址码的长度限制,特别是二地址、三地址指令中,这个矛盾更加突出。另外,直接寻址的地址码是指

令的一部分,不能随程序的需要而动态改变,不能满足循环等程序的需要。

该寻址方式也可用于指令的寻址,形式地址直接指向要执行的下一条指令。

例如,在 Intel 8086 的指令系统中,指令

JMP 2000H

的功能是执行完这条指令后跳转到程序段中地址为 2000H 的指令并继续执行。该指令的形式地址就是要执行的下一条指令的地址。不过,在 Intel 8086 的指令系统中,这种转移指令的寻址方式叫做绝对寻址;相对应,后续的 PC 加形式地址(偏移量)的寻址方式叫相对寻址。

(2) 间接寻址。间接寻址是相对直接寻址而言的。在间接寻址方式下,指令地址码字段中的形式地址不是操作数的真实地址,形式地址对应的存储单元的内容才是操作数的有效地址:EA=(A)。其寻址过程如图 5-17 所示。

由于间接寻址的操作数的地址,可以由存储单元的内容给出,所以不受指令地址码长度的限制,而与存储单元的字长相关。因此,一般来说间接寻址方式寻址的内存范围比直接寻址大。但是,由于间接寻址需要在取得形式地址后,多一次(一次间址)或多次(多次间址)访问存储器来取操作数地址,指令的执行时间延长。个别计算机设置一次间址,一般不设置多次间址方式。

(3) 寄存器间接寻址方式。寄存器间接寻址方式与寄存器寻址方式的区别在于:形式地址编码指定的寄存器中,存放的不是操作数,而是操作数的地址。真正的操作数在该地址指定的内存单元中。即 EA=(R_i)。其寻址过程如图 5-18 所示。

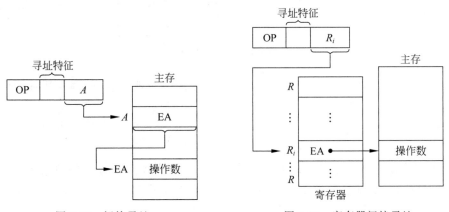

图 5-17　间接寻址　　　　图 5-18　寄存器间接寻址

寄存器间接寻址的操作数不在寄存器中,而是在内存中。其指令的执行速度比寄存器寻址方式慢,但比间接寻址速度快些。由于用于寻址的寄存器的位数一般等于机器字长,大于或等于存储器字长,所以寄存器间接寻址比直接寻址的寻址范围大。此外,由于寄存器的编码位数比内存单元地址位数少,寄存器间接寻址的地址码占位较少,有利于缩短指令字的长度。更重要的是,由于寄存器间接寻址的操作数地址在寄存器中,非常方便实现循环程序中的地址的修改,大大增加了编程的灵活性。

下面是一段 Intel 8086 CPU 的汇编语言程序:

```
            MOV BX, 2000H          ;取操作数的起始地址,送寄存器 BX 中
            MOV CX, 10             ;CX 做循环计数器,初值为 10
    L1:     MOV AL, [BX]           ;间接寻址取一个操作数
            ADD AL, 20H            ;操作数加 20H
            MOV [BX], AL           ;存回原存储单元
            INC BX                 ;地址加 1
            DEC CX                 ;循环次数减 1
            JRNZ L1                ;循环未结束,转 L1 处继续
```

该程序的功能是将连续的 10 个存储单元存放的英文大写字符串转换成小写字符串。其中循环处理连续多个存储单元数据时,采用寄存器间接寻址很方便。

(4) 相对寻址方式。相对寻址是程序计数器 PC 的内容加形式地址 A 形成操作数有效地址的寻址方式,即 $EA=(PC)+A$。程序计数器的内容是当前指令的地址,"相对"寻址就是相对于当前指令的地址偏移了 A 个地址单元,此时的形式地址也叫相对位移量(记作 D)。位移量 D 是有符号数,以补码形成表示。其寻址过程如图 5-19 所示。

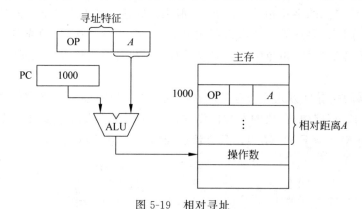

图 5-19 相对寻址

采用相对寻址方式的好处是程序员无须用指令的绝对地址编程,因而所编程序可以放在内存的任何地方。例如,上述程序段示例中,指令 JRNZ L1 采用的就是指令的相对寻址。

说明:相对寻址指令的地址码中的偏移量,是汇编程序将汇编源程序翻译成机器语言代码时计算出来的,程序员无须关注。

(5) 基址寻址方式。基址寻址方式是将 CPU 中基址寄存器的内容,加上形式地址 A,形成的操作数的有效地址。即 $EA=(Rb)+A$,此时 A 也称为位移量 D。其寻址过程如图 5-20 所示。

图 5-20(a)是 CPU 内部有一个专用的基址寄存器的情况。此时,指令地址码部分可以不显式指出基址寄存器。若通用寄存器中的任一个都可以作为基址寻址的寄存器,则需要地址码部分给出基址寻址寄存器的编码。如图 5-20(b)所示。

基址寻址的优点是可以扩大寻址能力,因为与形式地址相比,基址寄存器的位数较多,从而可以在较大的存储空间中寻址。

(6) 变址寻址方式。变址寻址方式与基址寻址方式计算有效地址的方法很相似,它是把 CPU 中变址寄存器的内容与形式地址 A(位移量 D)相加,来形成操作数的有效地址,即 $EA=(Rx)+D$。其寻址过程与基址寻址类似,这里不再图示。

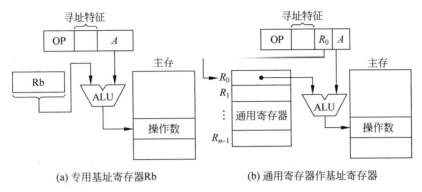

(a) 专用基址寄存器Rb　　　(b) 通用寄存器作基址寄存器

图 5-20　基址寻址

基址寻址与变址寻址形成有效地址的算法相同,而且在一些计算机中用相同的硬件实现两种寻址方式,但是两者应用有较大的区别。

变址寻址不以扩大寻址访问为目的,主要用于实现程序块的规律变化。一般来说,变址寻址中的变址寄存器提供修改量(可变的),指令中提供基准值(固定的)。当变址寄存器的内容按一定的规律变化(自加1、减1或乘比例系数),而指令本身不改变,可以使有效地址按变址寄存器的内容实现有规律的变化。变址寻址一般面向用户,用来处理字符串、向量和数组等成批数据。

基址寻址中基址寄存器一般提供基准地址(固定的),指令提供位移量(可变的)。主要是面向系统,用于逻辑地址和物理地址的变换,解决程序在主存中的再定位或扩大寻址空间等问题。

在某些大型机中,基址寄存器只能由特权指令来管理,用户无权操作和修改。在某些小型、微型计算机中,基址寻址和变址寻址实际上合二为一。

变址寻址还可以和其他寻址方式结合使用。例如:

(1) 变址寻址和基址寻址结合,其有效地址为 $EA=(R_b)+(R_x)+A$。

(2) 变址寻址与间接寻址结合。按寻址方式操作的先后顺序又可以分前变址和后变址两种。前者是先变址后间址,有效地址 $EA=((R_x)+A)$;后者是先根据形式地址进行间址然后再变址,有效地址 $EA=(R_x)+(A)$。

例如,Intel 8086 中设置了基址加变址的寻址方式。

4. 隐含寻址

隐含寻址是一种特殊的寻址方式,其指令格式中没有明显地给出操作数所在位置的编码,隐含在表示指令功能的操作码中。

例如,一些双操作数指令,其指令格式中只明显地给出一个操作数的地址,另一个操作数约定在累加寄存器中。此时,累加寄存器对单地址指令格式来说是隐含地址。例如 Intel 8086 指令系统中的乘法(MUL)指令和除法(DIV)指令,其被乘数或被除数都是隐含。例如 MUL BL,其被乘数隐含在 AL 寄存器中,乘积隐含存入 AX 寄存器中。

当然也有一些单操作数指令,其指令格式中没有地址码字段,其操作数也是隐含的。例如 Intel 8086 中的对累加器 AL 中的内容进行十进制调整的指令,其汇编语句格式为 DAA。指令编码中只有表示操作功能的操作码,没有表示操作数位置的地址码部分,操数隐含在 AL 寄存器中。

5.3.3 堆栈及堆栈寻址

堆栈是一种按照"先进后出"或"后进先出"的方式进行存取的存储区。它可以是主存中指定的一块区域,称为软堆栈。在 CPU 寄存器数量较多而堆栈容量较小时,也可以用一组寄存器构成堆栈,称为硬堆栈。

说明：软堆栈的含义是指堆栈的大小是用户可以设置的。而硬堆栈是 CPU 中的寄存器堆栈,在 CPU 设计好后,硬堆栈的大小是不可更改的。

一般来说,堆栈主要用来暂存中断断点、子程序的返回地址、状态标志,及中断调用或子程序调用时需要保护的一些寄存器中的数据。

1. 寄存器堆栈

寄存器堆栈的结构如图 5-21 所示。位于顶端的寄存器(称为栈顶)是固定的,寄存器组的各寄存器相互连接,它们之间具有对应位自动推移的功能。

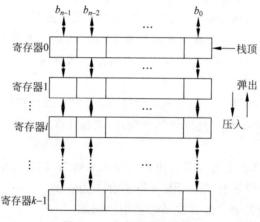

图 5-21 寄存器堆栈结构

在执行入栈操作时,一个压入信号使所有寄存器的内容依次向下推移一个位置,即寄存器 i 的内容被送到寄存器 $i+1$ 中,新的内容进入栈顶(寄存器 0)中。相反,在执行弹出操作时,一个弹出信号把所有寄存器的内容依次向上推移一个位置,栈顶寄存器的内容被弹出。

2. 存储器堆栈

存储器堆栈是在主存中划出一段区域作堆栈。其大小可变,栈底固定,栈顶浮动,设置一个专门的寄存器作为栈顶指示器,简称栈指针(Stack Point,SP),指向栈顶的存储单元。操作数只能从栈顶的存储单元进行存或取。堆栈寻址也可以视为一种隐含寻址,其操作数的地址被隐含在 SP 中。当然,它本质上也是寄存器间接寻址。

图 5-22 给出了压栈(PUSH A)的寻址过程,其中 A 为寄存器或存储单元。压栈的具体操作包括如下两步：

```
(A)→(SP)        将 A 中的内容压入栈顶单元
SP-1→SP         修改栈指针
```

图 5-23 给出了出栈(POP A)的寻址过程,其中 A 为寄存器或存储单元。出栈的具体操作也包括两步:

SP+1→SP　　　　　　修改栈指针
(SP)→A　　　　　　　将栈顶单元的内容弹出到 A 中

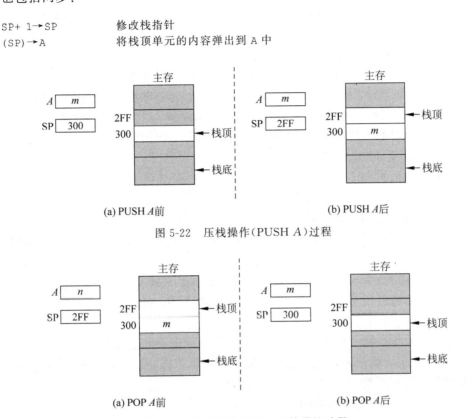

(a) PUSH A 前　　　　　　　　　(b) PUSH A 后

图 5-22　压栈操作(PUSH A)过程

(a) POP A 前　　　　　　　　　(b) POP A 后

图 5-23　出栈操作(POP A)的寻址过程

软堆栈的容量可以很大,而且可以在整个主存中浮动,但是每访问一次堆栈就要访问一次主存,相比于硬(寄存器)堆栈,速度比较慢。在一些大型计算机系统中,希望堆栈的容量大、速度快,往往将前述两种堆栈组合起来使用。在压入、弹出操作时,直接对硬堆栈进行操作。当硬堆栈满后,每向硬堆栈压入一个数据,其栈底寄存器中的数据压入软堆栈中;同样,数据出栈时,不断将软堆栈栈顶的内容移至硬堆栈的栈底寄存器中。相当于将堆栈的总容量进行了有效扩充。这样,既保证速度又扩大了容量。只是在控制上稍复杂些,但又是可以实现的。

5.3.4　相联存储方式

相联存储是根据存储单元的内容寻找存储单元的一种寻址方式。它不是面向用户,是面向系统的操作。例如主存地址到高速缓存的地址映射中,主存块复制到高速缓存中时,块标记存放在一个存储表中,该表中单元的寻址过程就是相联存储方式。详细过程见 4.4 节,这里不再赘述。

上述介绍了多种寻址方式。但由于计算机种类繁多,仍有一些计算机的寻址方式并未在此提到,读者使用时自行分析。

不同计算机中采用的寻址方式有所差异,但大都有立即寻址、直接寻址、寄存器寻址、寄存器间接寻址、变址寻址等基本寻址方式。一台计算机提供多种寻址方式,便于缩短指令长度,扩大寻址空间,提高编程灵活性。

熟悉机器指令的寻址方式,对于汇编语言编程是必须的。当然,设计 CPU 的指令系统,确定指令格式时,更需要了解各种寻址方式。另一方面,如果掌握了指令的寻址方式,会加深对机器内信息流动及整机工作的理解。

下面通过一些例子进一步理解指令格式的设计和寻址方式的概念。

【例 5-4】 某机主存容量为 4M×16 位,指令字长等于存储字长。若该机指令系统中一地址指令能完成 70 种操作,操作码位数固定,具有直接、间接、变址、基址、相对、立即 6 种寻址方式。

(1) 画出一地址指令格式,并指出各字段的作用。

(2) 分析其直接寻址的最大寻址范围。

(3) 给出一次间址和多次间址的最大寻址范围。

(4) 给出相对寻址的位移量的范围。

(5) 指出立即寻址的数据范围。

(6) 分析上述 6 种寻址方式的指令哪一种格式执行时间最短?哪一种执行时间最长?哪一种便于用户编制处理数组问题的程序?哪一种便于程序浮动?为什么?

(7) 如何修改指令格式,使指令的直接寻址范围可扩大到 4M?

(8) 为使一条转移指令能转移到主存的任意位置,可采取什么措施?

解:

(1) 指令字长与存储字长相等,为 16 位。指令系统中一地址指令共 70 种,因操作码位数固定,所以 OP 字段最少为 7 位。由于具有 6 种寻址方式,寻址方式特征位最少为 3 位;形式地址码位数应尽可能多。

综上分析,一地址指令格式如图 5-24 所示。

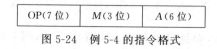

图 5-24 例 5-4 的指令格式

(2) 对于直接寻址方式,形式地址就是操作数所在的存储单元地址,A 是 6 位,因此直接寻址的最大范围是 $2^6=64$ 个单元,单元地址范围是 00H~3FH。

(3) 一次间接寻址方式的操作数的地址在形式地址 A 指向的存储单元中,而存储单元是 16 位的,即实际操作数的地址可以有 $2^{16}=64K$ 个,单元地址范围是 0000H~FFFFH。

对于多次间址,一般将找到的存储单元的最高位设置为是否继续间接寻址,因此寻址范围为 $2^{15}=32K$ 个单元,即单元地址范围为 0000H~7FFFH。

(4) 相对寻址方式时,形式地址 A 表示的偏移量,且是有符号数,6 位偏移量的取值范围为 −32~31。

(5) 对于立即寻址,形式地址 A 为立即数。立即数是有符号数,所以立即数的范围为 −32~31。

(6) 对于上述 6 种寻址方式来说:

由于立即寻址是取指令时直接得到的,无须再次访问存储器取操作数,所以执行速度是最快的。

对于间接寻址,每间址一次就要比直接寻址(以及基址、变址寻址)多访问一次存储器,因此执行速度是最慢的。

对于变址寻址,变址寄存器的内容可由用户给定,且程序执行时可以再修改,而形式地址始终不变,因此特别适合数组问题的处理。

相对寻址中操作数的有效地址与当前指令地址之间存在一定的位移量,与直接寻址相比,更有利于程序的浮动。

(7) 要想扩大直接寻址的范围,只能增加形式地址的位数。可以将单字长指令扩展为双字长。指令改为如图 5-25 所示的格式。

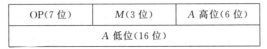

图 5-25　例 5-4 扩展为双字长的指令格式

形式地址 A 有 22 位,寻址范围可以达到 $2^{22}=4M$。

(8) 对于实现指令转移功能的寻址方式,即跳跃寻址,具体可以通过相对寻址、基址寻址或变址寻址实现。为使一条转移指令转移到主存任意位置,即寻址范围达到 4M。除了采用(7)中的方法,将形式地址增加到 22 位外,还可以将基址寄存器或变址寄存器配置为 22 位。

【例 5-5】　某模型机字长为 16 位,存储器容量为 1MB(按字节编址)。该机指令系统共有 50 种操作指令,其操作码位数固定,采用一地址或二地址格式,可以寄存器寻址、直接寻址和相对寻址(位移量为 -128~127)。如果其算术运算和逻辑运算的双操作数全部在寄存器中,结果也在寄存器中;取数/存数指令在通用寄存器和存储器之间进行。试设计算术运算和逻辑运算指令、存数/取数指令和相对转移指令的格式,并简述理由。假设 CPU 内部有 16 个通用寄存器。

解:

由于该机共 50 中操作,且操作码位数固定,所以指令中操作码位数设为 6 位。

16 个通用寄存器,每个寄存器的编码占用 4 位;

由于共 3 种寻址方式,且不同指令的寻址方式有特殊要求,寻址方式特征位(M)可以设为 2 位,其中:00 表示寄存器—寄存器,01 表示寄存器—存储器(直接寻址),10 表示相对寻址。

(1) 对于算术运算和逻辑运算指令,两个操作数都是寄存器寻址,每个寄存器的编码为 4 位,因此可以设置为单字长指令(16 位)格式。具体格式如图 5-26 所示。

图 5-26　例 5-5 的指令格式

(2) 对于存数/取数指令,有一个操作数在存储器中,且采用直接寻址,要在整个存储器(1M 单元)内寻址,形式地址必须提供 20 位的存储单元地址,所以存数/取数指令需要双字长(32 位)。具体格式如图 5-27 所示。

图 5-27　例 5-5 扩展为双字长后的指令格式

(3) 转移指令是一地址指令,指令中需提供要转移目标地址的信息。相对转移需采用相对寻址方式提供目标地址,相对位移量为 -128~127,形式地址需要 8 位。所以相对转移指令格式可以是单字长(16位)。具体格式如图5-28所示。

图5-28 相对转移指令的格式

5.4 典型指令

指令系统是指计算机所能执行的全部指令的集合,它描述了计算机内全部的控制信息和"逻辑判断"能力。不同计算机的指令系统包含指令的种类和数目不尽相同,但一般均包含算术运算类、逻辑运算类、数据传送类、判定和控制类、移位操作类、位(位串)操作类、输入和输出类等功能的指令。这里简单介绍常用类型指令的功能及应用。

5.4.1 数据传送类指令

数据传送类指令是计算机指令系统中最基本的指令类型,主要实现计算机内部各部件之间的数据传送。包括CPU与内存、CPU与外设端口、CPU内部寄存器之间、内存单元之间的数据传送。根据传送的位置或方式不同,又具体分为以下几种。

1. 一般传送指令

主要实现CPU内部寄存器之间、寄存器与存储单元之间以及内存单元之间的数据传送。一般的助记符采用MOV,也有些计算机把寄存器到存储单元的传送用STORE(存数),而将存储单元到寄存器的传送用LOAD(取数)。

需要说明的是,数据传送是复制性的,即将要传送的数据复制一份送到指定的位置。

2. 堆栈操作指令

堆栈指令是一种特殊的数据传送指令,有进栈(PUSH)和出栈(POP)操作两种,具体操作过程在5.3.3小节已介绍。一般来说,在程序设计时,进栈和出栈操作会成对出现。

3. 数据交换指令

一般的数据传送是单方向的,而数据交换是双向的,将两个不同位置的数据进行互换,为程序设计中的变量值互换提供方便。如果没有此类指令,互换数据需要3条指令实现。

4. 输入输出指令

输入输出指令主要实现CPU与外围设备之间的操作,包括CPU与外围设备之间数据的传送,对外围设备的启动与控制,检查测试外围设备的工作状态。

不同计算机实现输入输出指令的方式不同。如果外围设备的端口寄存器的地址与主存单元的地址统一编排,可以不再单独设置输入输出指令,采用访问一般存储单元的指令(取数、存数指令)访问外围设备。如果外围设备的端口寄存器的地址与主存单元的地址各自独立编排,端口寄存器的地址和主存单元的地址有可能是相同的地址,需要通过设置不同的指令(即操作码不同)加以识别。即需要有专用的输入输出指令。一般输入输出指令的助记符为IN(输入)和OUT(输出)。

5.4.2 运算类指令

运算类指令主要实现计算机的算术逻辑运算功能。具体又分算术运算指令、逻辑运算指令和移位指令3类。

1. 算术运算类指令

算术运算指令主要实现定点和浮点运算。包括加(ADD)、减(SUB)、乘(MUL)、除(DIV)运算,整数的加1(INC)、减1(DEC)及比较(CMP)指令等。为了实现多字节或多字长数据的加减运算,一般还设置带进位的加(ADC)、带借位的减(SBB)指令。有的计算机还设置实现十进制运算的调整指令。

绝大多数运算类指令都会对状态寄存器中的进位、溢出、符号、奇偶、零标志等的状态有一定的影响。程序设计时可以根据这些标志的状态不同,对后续程序进行相应的处理。

2. 逻辑运算类指令

一般计算机都有"与""或""非"和"异或"等逻辑运算指令。这类指令的特点是按位操作,即两个操作数相对应的位进行逻辑运算。可以实现数据位的检测、对某些位进行置位或清"0"等功能。例如,某数据与00010000B相与,如果结果为0,说明数据的 D_4 位为0,否则 D_4 位不为0,即可以进行位测试。同样某数与11110111B相与,可以用来将 D_3 位进行清"0",与00010000B相或,可以将 D_4 位进行置"1"。

3. 移位类指令

移位类指令可分算术移位、逻辑移位和循环移位3种。通过移位指令可以实现位的检测或拼字操作。另外,算术左(右)移可以实现定点有符号数的乘(除)2运算,逻辑左(右)移可以实现定点无符号数的乘(除)2运算。由于乘(除)法指令实现乘(除)2运算的速度比左(右)移指令慢很多,因此一般乘(除)2的次方的运算常采用移位指令实现。

5.4.3 程序控制类指令

程序控制类指令主要实现程序执行顺序的控制。主要包括转移指令、子程序调用和返回指令、中断返回指令等。

转移指令又分无条件转移和有条件转移2种。无条件转移又称必转,助记符一般为JMP。条件转移将受到条件的约束,当条件满足时程序转移,否则仍顺序执行。转移的条件一般是前述运算结果对某些状态标志的影响。例如JRNC表示没有进位(即进位标志为0)时转移,JRNZ表示不为0(零标志为0)时转移。

5.4.4 特权指令

特权指令是指具有特殊权限的指令。一般只用于操作系统等系统软件的开发,不直接提供给用户。主要用于系统资源的分配和管理,包括改变系统工作方式,检测用户的访问权限,修改虚拟存储器管理的段表、页表,完成任务的创建与切换等。在多用户、多任务的计算机系统中,特权指令是必不可少的。

5.4.5 其他指令

包括开中断EI、关中断DI、状态标志位进行置位/复位的指令,暂停HALT、空操作NOP系统控制类的指令,等等。HLAT指令让机器处于动态停机的状态,主要用来等待某事件发生再使机器进入正常工作状态。NOP指令执行时不进行任何操作,只是因为执行一条指令而使程序计数器的值增加,它对程序的调试和修改提供很大方便。

CISC的指令系统一般多达两三百条,不同计算机指令系统的指令功能和表述方式也有很大差别。这里从教学的角度,给出一个一般计算机都会有的简单操作功能的指令集合。如表 5-1 所示。

表 5-1 基本操作功能的指令

指令类型	指令	操作名称	说明
数据传送	MOV	传送	由源向目标传送字,源和目标是寄存器
	STO	存数	由 CPU 向存储器传送字
	LAD	取数	由存储器向 CPU 传送字
	EXC	交换	源和目标交换内容
	CLA	清"0"	传送全 0 字到目标
	SET	置"1"	传送全 1 字到目标
	PUSH	进栈	由源向堆栈传送字
	POP	退栈	由堆栈向源传送字
算术运算	ADD	加法	计算两个操作数的和
	SUB	减法	计算两个操作数的差
	MUL	乘法	计算两个操作数的积
	DIV	除法	计算两个操作数的商
	ABS	绝对值	以其绝对值代替操作数
	NEG	变负	改变操作数的符号
	INC	增量	操作数加 1
	DEC	减量	操作数减 1
逻辑运算	AND	与	按位完成指定的逻辑操作
	OR	或	
	NOT	求反	
	EOR	异或	
	TES	测试	测试指令的条件,根据结果设置标志
	COM	比较	对两个操作数进行逻辑或算数比较,根据结果设置标志
		设置控制变量	为保护、中断管理、时间控制等设置的指令
	SHI	移位	左(右)移位操作数,一端引入常数
	ROT	循环移	左(右)移位操作数,两端环绕无条件转移,以指定地址装入 PC
控制传递	JMP	无条件移	无条件转移,以指定地址装入 PC
	JMPX	条件移	根据测试条件,将指定地址装入 PC,或什么也不做
	JMPC	转子	将当前程序控制信息放到一个已知位置,转移到指定地址
	RET	返回	由已知位置的内容替代 PC 和其他寄存器的内容

5.5 RISC

RISC(Reduced Instruction Set Computer,精简指令系统计算机)与其对应的是 CISC(Complex Instruction Set Computer,复杂指令系统计算机)。

5.5.1 RISC 的产生

在早期的计算机中,存储器是一个很昂贵的资源,因此希望指令系统能支持生成最短的程序,希望执行程序时所需访问的数据总数越少越好,从而提高执行效率。如果一条高级语言的语句能被转换成一条机器语言指令,可使编译软件的编写变得非常容易。这种发展趋向导致了复杂指令系统(CISC)设计风格的形成,即计算机性能的提高主要依靠增加指令功能及其复杂性。CISC 指令系统主要存在如下 3 方面的问题。

(1) CISC 中各种指令的使用频度相差很悬殊,大量的统计数字表明,大约有 20% 的指令使用频度比较高,占据了 80% 的处理机时间。换句话说,有 80% 的指令只在 20% 的处理机运行时间内才被用到。

(2) CISC 处理机中,大量使用微程序技术以实现复杂的指令系统,给 VLSI 工艺造成很大困难。VLSI 集成度的迅速提高,使得生产单芯片处理机成为可能。在单芯片处理机内,可以采用硬布线控制逻辑,以提高 CPU 的工作速度。

(3) 复杂指令简化了目标程序,缩小了高级语言与机器指令之间的语义差距,但是会增加了硬件的复杂程度,使指令的执行周期大大加大,有可能导致整个程序的执行时间反而增加。

由于 CISC 技术在发展中出现了问题,计算机系统结构设计的先驱者们尝试从另一条途径来支持高级语言,以适应 VLSI 的技术特点。1975 年,IBM 公司 John Cocke 提出了精简指令系统的设想。1979 年,由美国加州大学伯克莱分校 Patterson 教授领导的研究组,首先提出了 RISC 的概念,并先后研制了 RISC-Ⅰ和 RISC-Ⅱ计算机。1981 年,由美国斯坦福大学的 Hennessy 教授领导的研究小组研制出了 MIPS RISC 计算机。该机通过高效的流水和采用编译方法进行流水调度。由此,RISC 技术设计风格得到很大补充和发展。

5.5.2 RISC 指令系统的特点

RISC 是计算机体系结构的一种设计思想,是近代计算机体系结构发展史中的一个里程碑。20 世纪 90 年代初,IEEE 的 Michael Slater 对 RISC 的定义是,RISC 处理器的指令系统应能使流水线处理高效率执行,能使编译器生成优化代码。RISC 指令系统的主要特点如下。

(1) 选取使用频率最高的一些简单指令,指令条数少。
(2) 指令长度固定,指令格式种类少,寻址方式种类少。
(3) 只有存数和取数指令可以访问存储器,其余指令的操作都在寄存器之间进行。
(4) 使用简单且格式统一的指令译码。

5.5.3 RISC 指令系统实例

本节以 Power PC 为例说明。Power PC 是 Motorola 公司和 Apple 公司联合开发的高性能 32 位 RISC 微处理器,共有 64 条指令。其指令类型与指令格式如图 5-29 所示。

Power PC 的指令有 5 类:
(1) 整数算术运算、逻辑运算、移位、旋转(循环移位)指令;
(2) 浮点算术运算指令;
(3) 取数、存数指令;
(4) 条件寄存器逻辑指令;
(5) 转移指令。

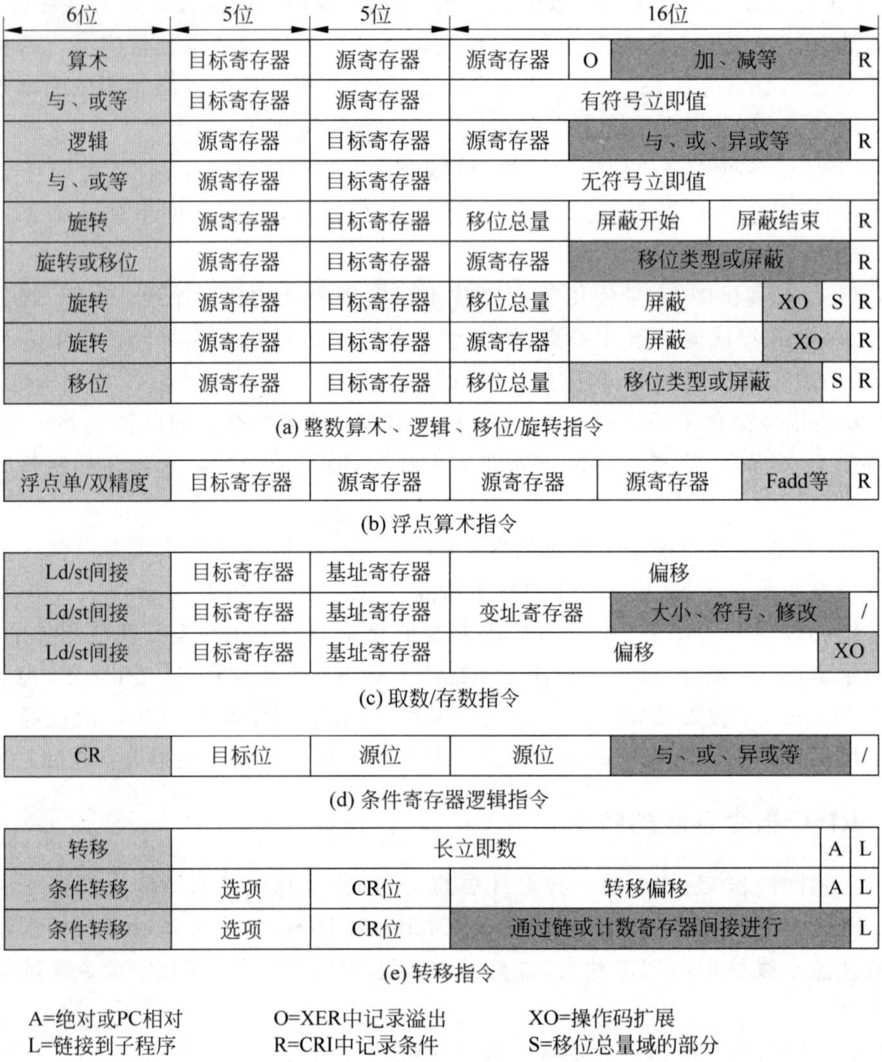

6位	5位	5位	16位			
算术	目标寄存器	源寄存器	源寄存器	O	加、减等	R
与、或等	目标寄存器	源寄存器	有符号立即值			
逻辑	源寄存器	目标寄存器	源寄存器	与、或、异或等		R
与、或等	源寄存器	目标寄存器	无符号立即值			
旋转	源寄存器	目标寄存器	移位总量	屏蔽开始	屏蔽结束	R
旋转或移位	源寄存器	目标寄存器	源寄存器	移位类型或屏蔽		R
旋转	源寄存器	目标寄存器	移位总量	屏蔽	XO	S R
旋转	源寄存器	目标寄存器	源寄存器	屏蔽	XO	R
移位	源寄存器	目标寄存器	移位总量	移位类型或屏蔽		S R

(a) 整数算术、逻辑、移位/旋转指令

浮点单/双精度	目标寄存器	源寄存器	源寄存器	源寄存器	Fadd等	R

(b) 浮点算术指令

Ld/st间接	目标寄存器	基址寄存器	偏移		
Ld/st间接	目标寄存器	基址寄存器	变址寄存器	大小、符号、修改	/
Ld/st间接	目标寄存器	基址寄存器	偏移		XO

(c) 取数/存数指令

CR	目标位	源位	源位	与、或、异或等	/

(d) 条件寄存器逻辑指令

转移	长立即数		A	L
条件转移	选项	CR位	转移偏移	A L
条件转移	选项	CR位	通过链或计数寄存器间接进行	L

(e) 转移指令

A=绝对或PC相对　　O=XER中记录溢出　　XO=操作码扩展
L=链接到子程序　　R=CRI中记录条件　　S=移位总量域的部分

图 5-29　Power PC 指令类型与指令格式

指令字是等长的 32 位,并有规整的格式。格式中的高 6 位为操作码,在某些情况下其他部分有操作码的扩展,用于指定操作的细节,如图 5-29 格式中低 16 位的阴影部分所示。大多数指令采用寄存器寻址,寄存器的编码占 5 位,即可以寻址 32 个寄存器。

所有算术运算和移位(包括循环移位)指令的操作数都在寄存器中;逻辑运算中除了少数有一个操作数是立即数外,大多也都是寄存器操作数;取数/存数指令的存储单元地址采用寄存器间接寻址或偏移寻址方式。为指令执行速度的提高奠定基础。

转移指令包括一个链接(L)位,它指示此转移指令后的那条指令的有效地址是否放入链接寄存器。转移指令中的 A 位,用来指示寻址方式是绝对寻址还是 PC 相对寻址。对于条件转移指令,CR 位字段指定条件寄存器中被测试的位,选项字段指向转移发生的条件,例如:无条件转移、计数=0 转移、计数≠0、条件是真转移、条件是假转移等。

大多数运算指令(算术、逻辑、浮点算术)中一般也有一个 R 位,指定运算结果是否记录在条件寄存器中,这对于转移预测处理很有用。

指令系统的发展是伴随计算机硬件和软件的发展而发展和演变的,RISC 的设计目标从原来的设法减少指令的数量和种类,变成设法降低执行每条指令所需的时钟周期数。近几年,大凡稍高档点的中央处理器都采用 RISC 技术。RISC 是高性能 CPU 的发展方向。

本 章 小 结

指令系统是计算机硬件的语言系统,表征了一台计算机最基本的硬件功能,为程序设计人员呈现了计算机的主要属性。它的格式与功能不仅直接影响到机器的硬件结构,而且也影响到系统软件的开发。

指令系统的设计应满足完备性、有效性、规整性和兼容性的要求。典型的指令系统一般都包括数据传送类、算术逻辑运算类、程序控制类、输入输出类和系统控制类指令。

指令格式是指令字的二进制码表示的结构形式,通常由操作码和地址码两大部分组成。操作码部分表征指令的操作特性和功能,其位数与指令系统的规模有关。地址码部分提供操作数所在位置的有关信息,其长度与操作数所在的位置,以及存储器的单元地址长度、寄存器的个数等多种因素有关。指令的长度称为指令字长,它可以是单字长、半字长和多字长。为了缩短指令字的长度,操作码编码时采用扩展操作码技术。

寻址方式指执行指令时寻找操作数所在位置的方式。根据操作的对象不同,有指令寻址和数据寻址两大类。指令寻址有顺序和跳跃两种。数据的寻址方式,操作数可以在寄存器、内存、I/O 端口和指令中。为了缩短指令的长度,提高编程的灵活性,一般计算机数据的寻址方式都设置很多种。不同计算机中,其数据的寻址方式各不相同,一般都有立即寻址、寄存器寻址、直接寻址、间接寻址、寄存器间接寻址、相对寻址、基址寻址和变址寻址等。堆栈是一种特殊的数据寻址方式,采用"先进后出"的原则。根据堆栈的结构的不同,有寄存器堆栈和存储器堆栈。

习 题 5

一、基础题

1. 计算机系统中,硬件能够直接识别的编程语句是( )。
   A. 机器指令　　　　　　　　　B. 汇编语言指令
   C. 高级语言指令　　　　　　　D. 特权指令

2. 在一地址指令格式中,下面论述正确的是( )。
   A. 仅能有一个操作数,它由地址码提供
   B. 一定有两个操作数,另一个是隐含的
   C. 可能有一个操作数,也可能有两个操作数
   D. 如果有两个操作数,另一个操作数是本身

3. 在指令的地址码字段中直接给出操作数本身的寻址方式,称为( )。
   A. 隐含地址　　　B. 立即寻址　　　C. 寄存器寻址　　　D. 直接寻址

4. 寄存器寻址方式中,操作数在( )中。
   A. 寄存器　　　　B. 堆栈栈顶　　　　C. 累加器　　　　D. 主存单元
5. 操作数地址存放在寄存器中的寻址方式叫( )。
   A. 相对寻址　　　　　　　　　　　B. 变址寻址
   C. 寄存器寻址　　　　　　　　　　D. 寄存器间接寻址
6. 直接、间接、立即 3 种寻址方式指令的执行速度,由快至慢的排序是( )。
   A. 直接、立即、间接　　　　　　　B. 直接、间接、立即
   C. 立即、直接、间接　　　　　　　D. 立即、间接、直接
7. 无条件转移指令的功能是将指令中的地址码送入( )中。
   A. 累加器　　　　B. 地址寄存器　　　　C. PC 寄存器　　　　D. 存储器
8. 变址寻址方式中,操作数的有效地址等于( )。
   A. 基值寄存器的内容加上形式地址(位移量)
   B. 堆栈指示器的内容加上形式地址(位移量)
   C. 变址寄存器的内容加上形式地址(位移量)
   D. 程序记数器的内容加上形式地址(位移量)
9. 程序转移类指令的功能是( )。
   A. 进行主存与 CPU 之间的数据传输
   B. 进行 CPU 与 I/O 设备之间的数据传输
   C. 进行系统控制
   D. 改变程序的执行顺序
10. 下列几项中,不符合 RISC 指令系统的特点是( )。
    A. 指令长度固定,指令种类少
    B. 寻址方式种类尽量多,指令功能尽可能强
    C. 增加寄存器的数目,以尽量减少访存次数
    D. 选取使用频率最高的一些简单指令以及很有用但不复杂的指令
11. 什么是指令字长、机器字长和存储字长?指令长度和机器字长有什么关系?
12. 零地址指令是否有操作数?一地址指令一定只有一个操作数吗?
13. 某机器字长为 16 位,其指令系统只有单地址指令和双地址指令 2 种。若每个地址字段均为 6 位,双地址指令有 x 条,试求单地址指令最多可以有多少条?
14. 一种二地址 RS 型指令格式如图 5-30 所示。

| OP(6位) | — | 通用寄存器(4位) | I(1位) | X(2位) | 偏移量 A(16位) |

图 5-30　第 14 题的指令格式

其中 I 为间接特征,X 为寻址模式,A 为形式地址,通过 I、X、A 组合可构成表 5-2 所示的寻址方式。请写出表 5-2 中 6 种寻址方式的名称。

表 5-2　6 种寻址方式

寻址方式	I	X	有效地址 EA 的算法	说　　明
①	0	00	EA=A	—
②	0	01	EA=(PC)+A	PC 为程序计数器

寻址方式	I	X	有效地址 EA 的算法	说　明
③	0	10	EA=(R_2)+A	R_2 为变址寄存器
④	1	11	EA=(R_2)	—
⑤	1	00	EA=(A)	—
⑥	0	11	EA=(R_1)+A	R_1 为基址寄存器

15. 某计算机字长 32 位,主存容量 4MB,其指令长度与字长相等。指令系统共有 80 种操作的指令,寻址方式有立即寻址、直接寻址、寄存器间接寻址、变址寻址 4 种。试给出单地址指令的格式(假设采用定长操作码),并说明当采用不同的寻址方式时,形式地址的含义及寻址的范围。

二、提高题

1. 指令系统中采用不同寻址方式的目的主要是(　　)。

　　A. 可直接访问外存

　　B. 实现存储程序和程序控制

　　C. 扩展操作码,降低指令译码难度

　　D. 缩短指令长度,扩大寻址空间,提高编程灵活性

2. 单地址指令中为了完成两个操作数运算,地址码指明　个操作数,另一个操作数需采用(　　)。

　　A. 立即寻址　　　　B. 直接寻址　　　　C. 间接寻址　　　　D. 隐含寻址

3. 操作数在内存中,为了缩短指令地址码的位数,同时指令的执行时间又相对短,则有效的寻址方式是(　　)。

　　A. 立即寻址　　　　　　　　　　　　　　B. 寄存器寻址

　　C. 直接寻址　　　　　　　　　　　　　　D. 寄存器间接寻址

4. 指令的寻址方式有顺序和跳跃两种,采用跳跃寻址,可以实现(　　)。

　　A. 堆栈寻址　　　　　　　　　　　　　　B. 程序的有条件转移

　　C. 程序的无条件转移　　　　　　　　　　D. 程序的无条件转移或有条件转移

5. 采用寄存器间接寻址方式的指令中,形式地址给出的是(　　)。

　　A. 立即数　　　　B. 寄存器的编码　　　C. 主存单元地址　　D. 有效地址

6. 扩展操作码是(　　)。

　　A. 指令格式中不同字段设置的操作码

　　B. 增加操作码字段的位数

　　C. 操作码字段以外的辅助操作码字段的代码

　　D. 一种指令优化技术,即让操作码的长度随地址数的减少而增加,不同地址数的指令可以具有不同的操作码长度

7. 下列描述汇编语言特性有错误的是(　　)。

　　A. 对程序员的训练来说,需要硬件知识

　　B. 汇编语言对机器的依赖性高

　　C. 汇编语言源程序通常比高级语言源程序短小

　　D. 汇编语言编写的程序执行速度一般比高级语言快

8. 某机为定长指令字结构,指令长度 32 位,每个操作数的地址码长 12 位,指令分为零地址、单地址和二地址 3 种格式。若二地址指令已有 K 种,零地址指令已有 L 种。

(1) 采用扩展操作码时,单地址指令最多可能有多少种?

(2) 采用扩展操作码时,上述 3 类指令各自允许的最大指令条数是多少?

9. 若某机存储器按字节编址,其相对寻址的转移指令长度为 2B,首字节是操作码,第二字节是相对位移量,用补码表示。现假设当前转移指令首字节所在地址为 2010H,且 CPU 每取一字节 PC 自加 1。试问 JMP ＊ ＋8 指令和 JMP ＊ －9 指令(＊为相对寻址特征)的第二字节的内容分别是多少?转移的目标地址各是什么?

10. 设机器字长、指令字长、存储字长相同。举例说明哪几种寻址方式除取指令外不访问存储器?哪几种寻址方式除取指令外要访问一次存储器?哪种寻址方式包括取指令在内要访问 4 次存储器?

11. 设某机字长为 32 位,存储器字长 16 位,CPU 有 16 个 32 位通用寄存器,一个 32 位变址寄存器。若该机指令系统共有 120 种操作,有直接寻址、间接寻址、立即寻址、变址寻址等 6 种寻址方式,采用单字长指令格式。试设计一个二地址指令格式,要求其中一个操作数在寄存器中。并分析回答:

(1) 采用直接寻址的最大寻址空间为多少?

(2) 若采用间接寻址,可寻址的最大存储空间为多少?

(3) 如果采用变址寻址,可寻址的最大存储空间为多少?

(4) 若立即数为带符号的补码整数,写出立即寻址中立即数范围。

12. 某机的指令格式如图 5-31 所示。

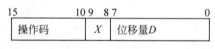

图 5-31 第 12 题的指令格式

其中:X 为寻址特征位,$X=00$ 表示直接寻址;$X=01$ 表示用变址寄存器 R_{X1} 寻址;$X=10$ 表示用变址寄存器 R_{X2} 寻址;$X=11$ 表示相对寻址。

设(PC)=1234H,(R_{X1})=0037H,(R_{X2})=1122H(H 代表十六进制数),请确定下列指令编码中的操作数的有效地址:

(1) 4420H;

(2) 2244H;

(3) 1322H;

(4) 3521H。

第 6 章 中央处理器

计算机的功能通过执行程序实现,而程序的执行是在中央处理器(CPU)的控制下完成的。中央处理器是计算机硬件系统的核心部件,它包括运算器和控制器两大组成部分。控制器是计算机的指挥中心,在它的指挥下,把运算器、存储器和输入输出设备等功能部件组成一个有机的整体。运算器主要实现程序中的数据处理,其详细设计与实现在第 3 章中已介绍。本章将介绍控制器的工作原理及其设计和实现的相关技术,重点讨论控制器的组织、微程序控制器的原理及设计技术;简要介绍 CPU 的功能和基本组成、控制器的时序系统、硬布线控制器设计思想,及流水线技术和 RISC 等。

6.1 CPU 的功能和组成

6.1.1 CPU 的功能

程序存入主存后,在 CPU 的控制下,通过取指令、执行指令、再取指令、再执行指令,循环往复,实现程序的执行过程。为实现上述过程,CPU 应具有以下 4 个方面的基本功能。

(1) 指令控制。指程序执行顺序的控制。保证计算机按规定的顺序执行是 CPU 的首要任务。大多数 CPU 内部都设置一个程序计数器(PC),用来控制程序的执行顺序。

(2) 操作控制。完成一条指令的执行往往需要若干个控制信号。CPU 产生并管理每条指令所需要的控制信号,将它们送到相应的部件,从而控制这些部件按指令的功能进行动作。

(3) 时间控制。对计算机内各种操作实施时间上的定时,称为时间控制。每条指令的执行过程中,各控制信号作用的先后顺序,及作用时间的长短,都有严格的规定。只有这样,计算机才能有条不紊地自动工作。

(4) 数据加工。数据的加工和处理是 CPU 的根本任务,原始信息只有经过加工处理后才真正有用。

4 项基本功能中前 3 项都由控制器完成,最后一项由运算器实现。

6.1.2 CPU 的基本组成

传统的 CPU 由运算器和控制器两大部分组成。随着 ULSI(Ultra Large-Scale Integration)技术的发展,早期放在 CPU 芯片外部的一些功能逻辑部件,例如浮点运算器、Cache 等纷纷移入 CPU 内部,CPU 的内部组成越来越复杂。为便于读者理解计算机的基本概念和工作原理,突出主要矛盾,这里只以具有基本功能的 CPU 模型结构为例,说明CPU 的基本组成结构及其工作原理,图 6-1 中虚线框内为 CPU 模型的基本组成结构。

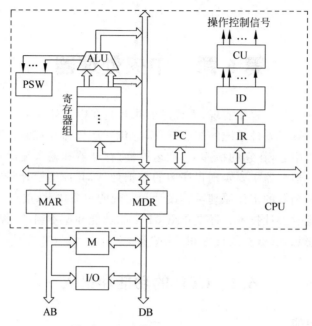

图 6-1 CPU 模型的基本组成结构

图 6-1 中 R 为通用寄存器，PSW 为状态字寄存器，PC 为程序计数器，IR 为指令寄存器，ID 是指令译码器，CU 为控制单元（包括操作控制器和时序发生器）。

运算器主要包括 ALU 和通用寄存器，用来实现算术逻辑运算等，其设计与实现在第 3 章已详细介绍。

控制器包括程序计数器、指令寄存器、指令译码器和控制单元等部件，其主要功能是控制程序的执行，具体来说主要实现下面 3 个功能操作。

(1) 从内存中取出一条指令，并指出下一条指令在内存中的位置。

(2) 对指令进行译码或测试，产生相应的操作控制信号，按规定的时间顺序作用于相应的部件，启动规定的动作。

(3) 指挥并控制 CPU、主存和输入输出设备之间的数据流动。

6.1.3 CPU 中的主要寄存器

寄存器通常是指 CPU 内部用来暂时存储各种信息的电路。不同的 CPU 中包含的寄存器数量不同，名称也有差异。按寄存器作用的不同，一般 CPU 都会有以下 6 种功能的寄存器。

(1) 程序计数器（PC）。程序计数器又称指令指针。用来存放将要执行的下一条指令的地址。程序开始执行前，需将程序的首地址，即第一条指令的地址，送入 PC。当程序顺序执行时，PC 的内容要不断加 1。通常计数器本身具有自加 1 功能，有的是借助运算器实现。当遇到需要程序转移的指令时，下一条指令的地址由转移指令的寻址方式决定。

(2) 指令寄存器（IR）。指令寄存器用来存放当前正在执行的指令。在指令执行过程中，指令寄存器的内容不允许发生变化，以保证实现指令的全部功能。

(3) 主存地址寄存器（MAR）。由于主存的存取操作是需要时间的，而且主存和 CPU

之间往往还存在着操作速度的差异,因此设置主存地址寄存器,用来保存当前 CPU 要访问的主存单元的地址,直到主存的操作完成为止。MAR 对外直接与系统的地址总线相连。

(4) 存储器数据寄存器(MDR)。存储器数据寄存器是 CPU 与主存之间的一个缓冲器,又称存储缓冲寄存器(MBR),用来暂时存放从主存单元取出的指令字或数据字,或要写入存储单元的数据字。MDR 对外直接与系统的数据总线相连。

(5) 通用寄存器。通用寄存器主要用来存放从内存取来的原始数据,或经过运算处理的中间结果;有的还可以作基址或变址寄存器等特殊功能使用。为了减少访问存储器的次数,提高系统的数据处理速度,现代计算机中设置大量通用寄存器,少则十几个,多则几十个,有的甚至上百个。通用寄存器需要指令格式中提供寄存器编码进行寻址访问。

通常情况下,还设置通用寄存器中的某个寄存器具有累加的功能,此时该寄存器也称为累加器(Acc)。在许多计算机中,很多隐含寻址方式中默认的操作数是在累加器中。

(6) 状态字寄存器(PSW)。状态字寄存器用来存放表征程序和机器运行状态的各个标志,它们是控制程序执行的重要依据。这些标志分状态标志和控制标志两大类。

状态标志用来反映算术逻辑运算或测试结果的一些状态信息。状态字寄存器中常设的状态标志位有 5 个。

① 进位(Carry)标志位(CF):存放加(减)运算的最高位向上的进位(借位)。加法运算时,CF=1 表示有进位,CF=0 无进位;减法运算时,CF=1 表示无借位,CF=0 表示有借位。用于多字的算术运算或比较两数大小。

② 溢出(Overflow)标志位(OF):用于指示算术运算是否有溢出。OF=1,表示有溢出;OF=0 表示无溢出。

③ 零(Zero)标志位(ZF):算术运算或逻辑运算结果为零时 ZF=1,否则为 0。用于数的比较或位测试。

④ 符号(Sign)标志位(SF):反映运算结果的最高位。当运算的数据是有符号数时,最高位为符号位。此时,SF=1,表示运算结果为负数;SF=0,表示运算结果为正数。常与 CF、ZF 结合用来判断有符号数的大小。

⑤ 奇偶(Parity)标志位(PF):反映运算结果中 1 的个数的奇偶性。PF=0,表示运算结果中奇数个 1;PF=0,表示运算结果中偶数个 1。

除了状态标志之外,状态字寄存器中还包括一些中断或系统工作的控制标志,用来控制 CPU 或系统的运行状态。状态寄存器中常设的控制标志有 3 个:

① 中断允许标志位(IF):用于允许或禁止中断。IF=1 时,允许中断,否则关闭中断。

② 陷阱(Trap)标志位(TF):用于单步方式操作。当 TF=1 时,每条指令执行后产生陷阱,由系统控制计算机;TF=0 时,CPU 正常工作不产生陷阱。主要用于程序的调试中。

③ 监督(Supervisor)标志位:控制 CPU 处于监督模式还是用户模式。某些特权指令只能在监督模式下执行,某些存储区域也只能在监督模式下被访问。

在 CPU 内部,各功能部件之间传递的信息有可能是数据信息,也有可能是地址信息,对于 CPU 内部各功能部件之间信息传递的通道,不加区分,统称为数据通路。

6.2 控制器的组织

6.2.1 控制器的基本组成

不同计算机的控制器结构会有差异,但其包含的基本功能部件大同小异。一般来说,控制器都包含3种部件:指令部件、产生时序信号的部件和产生微操作控制信号的部件。其功能结构如图6-2所示。

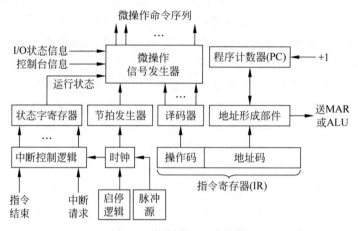

图6-2 控制器的组成结构

1. 指令部件

指令部件主要完成取指令、分析指令的功能。它包括程序计数器、指令寄存器、指令译码器和地址形成部件。

(1) 程序计数器提供将要取指令的地址,并传递给主存地址寄存器(MAR);在CPU发出的存储器读控制信号的作用下,从内存中取出指令,放入指令寄存器(IR)中。

(2) 指令译码器对指令代码中的操作码进行译码分析,输出相应的信号提供给微操作信号发生器。

(3) 地址形成部件根据指令中的不同寻址方式,形成操作数的有效地址或转移指令的目标地址。在微、小型计算机中,也有的不设专门的地址形成部件,而利用运算器完成有效地址的计算。

2. 时序系统

时序系统产生一定的时序信号,以保证机器的各功能部件按指令的功能有节奏地进行相应的工作。它包括脉冲源、启停控制逻辑和时序信号产生电路。

(1) 脉冲源一般是由石英晶体振荡电路产生的具有一定占空比的周期信号。计算机电源一旦开通,脉冲源就不断地输出脉冲信号。

(2) 启停控制逻辑是根据计算机的需要,适时地开放或关闭脉冲,以控制时序信号的发生与停止,实现对整个计算机的正确启动与关闭。

(3) 节拍发生器的作用是,根据控制器的时序控制体制,将基本脉冲经过时序逻辑电路分配,产生控制操作的各种时序信号。详细内容见6.3节。

3. 微操作信号发生器

当机器启动后,在 CLK 时钟信号的作用下,微操作信号发生器根据指令操作码译码输出的信息,按照规定的时序产生相应的微操作控制信号,以建立相应的数据通路,保证指令有序而正确地执行。图 6-3 中给出了某 CPU 数据通路中的各种微操作控制信号。其中,IR_{in}、PC_{in}、MAR_{in} 等分别表示相应部件接收信息时,所需的微操作控制信号;PC_{out}、MDR_{out} 等分别表示相应部件输出信息时,所需的微操作控制信号。

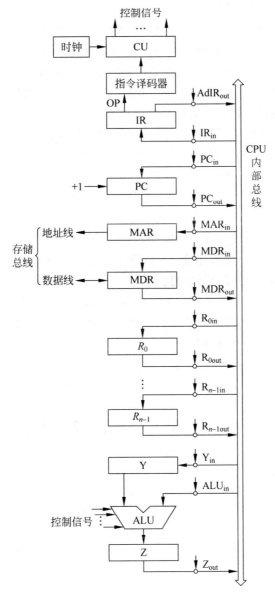

图 6-3 CPU 数据通路及其微操作控制信号

一般来说,控制器发出的各种微操作控制信号都是时间因素(时序信号)和空间因素(部件位置)的函数。

4. 中断控制逻辑

中断控制逻辑是用来控制系统中断处理的电路。当一条指令执行结束,是否紧接着执行程序的下一条指令,取决于中断控制逻辑判断的结果。如果系统收到中断请求,且准备响应此请求,将不再执行程序的下一条指令,而进入中断响应的过程。中断的有关内容详见9.4 节。

6.2.2 控制器的硬件实现方式

控制器是按规定时序产生微操作控制信号的部件。根据 CU 产生操作控制信号的实现方式不同,将控制器分为组合逻辑型、存储逻辑型和二者结合型。

(1) 组合逻辑型。组合逻辑型控制器又称为硬布线控制器,它采用组合逻辑电路实现。其微操作信号发生器是一些门电路组成的复杂树状网络。硬布线控制器以使用最少器件数和取得最高操作速度为设计目标。缺点是控制单元的结构不规整,使得设计、调试、维护困难。特别是控制单元构成后,再增加新的功能时将付出很大代价。但是相对于其他两种方式,其工作速度快。目前一些巨型机和 RISC 机中仍采用硬布线控制器。

(2) 存储逻辑型。这种控制器也称为微程序控制器,它采用存储逻辑实现。把微操作信号代码化,将每条机器指令转化为一段微指令构成的微程序存入一个专门的存储器(称为控制存储器)中,微操作信号由微指令产生。

微程序控制器的设计思想与硬布线控制器截然不同。它具有设计规整、调试维修方便、易更改和扩充等优点,已成为当前计算机控制器的主流。但是,由于它增加了一级控制存储器,指令的执行速度比组合逻辑控制器慢。

(3) 组合逻辑与存储逻辑结合型。这种控制器对前两种方法进行了一定的折中,采用可编程逻辑阵列(PLA)实现。PLA 本质上是组合逻辑器件,但它是通过编程设置 PLA 部件的函数功能,产生所需的微操作控制信号。

PLA 控制器是组合逻辑技术和存储逻辑技术的综合,汲取了两者的优点,是应用较多的一种方式。

6.3 时序系统与控制方式

计算机是一个结构复杂、功能强大的电子设备,其各功能部件能够有条不紊地工作,是时序系统协调作用的结果。时序系统包含多级时序信号,它们规定着各种操作的时间点以及操作时间的长短,使作用于各部件的控制信号在时间上相互配合,完成指令所规定的动作。时序信号作用于控制信号的方式,即控制器的控制方式,在不同的机器中又有多种。为了更好地理解时序信号的作用,先了解一下指令执行的基本过程。

6.3.1 指令执行的基本过程

计算机自动工作,是通过 CPU 从主存逐条取指令并执行指令实现的。CPU 取一条指令并完成该指令执行过程的时间称为指令周期,分为取指阶段(包括分析指令)、执行阶段。指令的功能不同,数据通路不同,完成每个阶段的时间不同。

CPU 组织结构不同,指令周期各阶段的具体操作不完全一样,但基本原理是一样的。

这里仅以图 6-1 的模型机结构为例,说明各阶段的具体操作过程。

1. 取指阶段

取指令阶段的任务是将要执行的指令从主存取出来装入指令寄存器中。这里假定所有指令的长度与存储器字长相同,即访问一次主存将整个指令的信息全部送到指令寄存器。这样,所有指令的取指操作都是一样的。具体过程操作如下。

(1) 将程序计数器(PC)的内容送到主存地址寄存器(MAR),由 MAR 输出到地址总线。

(2) 微操作控制器经控制总线(CB)向存储器发出读控制信号(RD),启动主存做读操作。

(3) 对应的主存单元将指令通过数据总线(DB),经存储器数据寄存器(MDR),送到指令寄存器(IR)中。

(4) PC 自加 1,形成下一条指令的地址。

取出指令后,指令译码器(ID)识别指令的类型,决定指令的功能。

2. 执行阶段

执行阶段是根据指令功能,微操作控制器产生相应的控制信号,作用于相应的执行部件完成指令规定的各种操作,实现指令的功能。

指令的功能不同,其执行阶段的操作有很大差别,时间长短也不同。功能简单的指令执行阶段时间短,例如基本加/减运算或逻辑运算指令。功能复杂的指令运算时间长,例如乘、除运算指令,是基本加/减运算指令时间的几倍。

对于有操作数的指令,需要取操作数。由于各条指令的寻址方式不同,取数的操作也是不同的。操作数在 CPU 内部寄存器时,取操作数的时间很短。操作数在内存时,要先访问内存取操作数。

操作数在主存时,要先根据指令中的寻址方式,由地址形成部件形成操作数的地址,送入主存地址寄存器(MAR);然后在 CPU 发出的读控制信号(RD)的作用下,主存执行读操作输出数据;数据经过数据总线(DB)送入存储器数据寄存器(MDR),经 CPU 内部总线传递给寄存器,或直接进入 ALU 执行数据运算操作。

如果主存操作数是间接寻址,还要增加从主存中取地址阶段。其过程与主存中取操作数类似,只是从主存取出的信息要经 MDR 后,作为地址送入 MAR 中。由于间址过程的操作与执行阶段中的其他操作相对是独立的,一般将指令周期中的这个阶段单独划分出来,称为间址阶段。对于指令中间接寻址的方式不同,其具体操作过程不同。多次间址的操作数,还要多次访问内存。

在指令功能执行结束时刻,CPU 要检测是否有允许中断的事件发生,如果有则进入中断响应过程;如果没有,进入下一条指令的取指阶段。在中断响应中,系统硬件自动完成保护断点、寻找中断服务程序入口地址等相关操作。这个阶段的操作与指令执行过程中的其他操作相对也是独立的,也单独划分为一个阶段,称为中断阶段。

6.3.2 多级时序系统

从指令执行过程的分析中可以看出,指令执行过程中,各控制信号的作用时刻是有先后顺序的。控制信号什么时候有效,持续多长时间等,都由时序信号加以控制。实现整个程序的自动运行,时序信号起着重要的作用。

时序信号在计算机中的作用,类似于人们工作中的"作息时间表"。机器一旦启动,即 CPU 开始取指令并执行指令,控制器就开始利用各种时序信号,规定着各个控制信号什么时候起作用,什么时候结束,有节奏地指挥机器完成各操作,实现指令(程序)的相应功能。

控制器的时序系统大致包括指令周期、机器周期、节拍和工作脉冲这 4 种时序信号。

1. 指令周期

指令周期是指从取指令、分析指令到完成该指令的执行过程所需的全部时间。由于指令的功能不同,难易不同,所需的执行时间不同。例如有的指令不需要取操作数,有操作数的又由于操作数的寻址方式不同,花费的取数时间不同。有的指令执行阶段操作简单,例如空操作指令 NOP;有的很复杂,例如乘除运算指令。因此,指令周期不是一个固定值,各种指令的指令周期不尽相同。

2. 机器周期

在计算机中,为了便于管理,常把一条指令的执行过程划分为若干阶段,每个阶段完成一种基本操作,例如取指令、存储器读或写等。完成一个基本操作所需的时间称为机器周期,又称 CPU 周期。如果按照每个机器周期所完成操作的功能不同,也可以将机器周期分为取指周期、间址周期、执行周期和中断周期 4 种。当然,完成不同阶段的时间长短不同,4 种机器周期的长度会有差别。

许多计算机系统将访问一次主存的时间(即存取周期)规定为一个 CPU 周期。此时,CPU 周期是一个固定的时间段,指令周期的各个阶段可以有一个或多个这样的时间段组成。对于操作数是间接寻址方式(多次间址)的,取操作数时就要多一次(或几次)访问主存,也就要多花费一个(或几个)机器周期。同样,对于功能简单的指令,其执行阶段在一个机器周期内可以完成;而功能复杂的指令(如乘、除运算指令)可能需要多个机器周期完成。

说明:由于 CPU 访问主存也是一次总线传输操作,在微型计算机中也称为总线周期。此时,从时间长度来说,CPU 周期等于主存存储周期,也等于总线周期。

也有一些计算机系统,根据指令执行过程中每个基本操作的时间不同,对应的机器周期长短不同。此时,机器周期就不是一个常量,与主存存储周期、总线周期也就不存在等量关系。

3. 节拍

在一个机器周期内,要完成若干个微操作。这些微操作有的可以同时执行,有的要按先后次序串行执行。因此,通常把一个机器周期分为若干个相等的时间段,这个时间段称为一个节拍。每一个时间段对应一个脉冲信号,也称为节拍脉冲信号。它是控制计算机操作的最小时间单位。

一般来说,将完成 CPU 内部的一些最基本操作的时间规定为一个节拍。例如,数据通过 ALU 完成一次逻辑运算的时间,或者数据在寄存器之间传送一次的时间,规定为一个节拍。在任何一个计算机系统中,节拍都是一个固定量。

4. 工作脉冲

在某些节拍中执行的微操作需要同步定时脉冲。例如,将稳定的运算结果打入寄存器时,需要有脉冲信号作用在触发器的 CP 输入端。为此,通常在一个节拍中设置一个或几个工作脉冲。工作脉冲的宽度只占节拍脉冲信号宽度的 $1/n$。工作脉冲通常作为触发器的打入脉冲,用来控制信息打入的时间点。

在只设置机器周期和时钟周期的微型计算机中,一般不再设置工作脉冲,时钟周期既可以作为电位信号,其前、后沿又可以作为脉冲触发信号。

5. 多级时序系统

图 6-4 为小型计算机的指令周期常采用的时序系统,给出了机器周期、节拍和时钟周期之间的关系。其中,每个 CPU 周期包含 4 个节拍(T_0、T_1、T_2、T_3),T_0 表示每个 CPU 周期中的第一个节拍,T_1 表示第二个节拍,等等。每个节拍的宽度正好对应一个时钟周期。

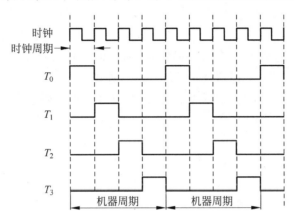

图 6-4 机器周期、节拍和时钟周期之间的关系

对于硬布线控制器来说,时序系统由机器周期、节拍(状态)构成。其机器周期可能是定长或不定长。定长机器周期包括的节拍数相同;不定长机器周期包含的节拍数不固定,每个机器周期需要多少节拍就设置多少。图 6-5 分别给出定长机器周期和不定长机器周期时,机器周期和节拍之间的关系。

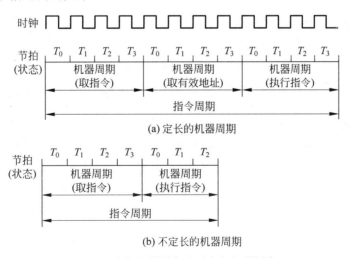

图 6-5 定长机器周期和不定长机器周期

对于微程序控制器来说,其时序系统要简单得多。在微程序控制器中,每一条机器指令转化为一段微指令组成的微程序,存放在控制存储器(简称控存 CM)中。将微指令的读取

和执行所用的总时间定义为一个微指令周期。一个指令周期包含若干个微指令周期。设计时，一般的微指令都在一个基本时间段内完成，这个时间段类似于节拍，微操作时间较长的多占几个节拍。

6.3.3 控制器的基本控制方式

不同指令的机器周期数不同，不同机器周期所完成任务的复杂程度不同，所需要的时间差异很大；一个机器周期内各微操作控制信号所需时间又各不相同。时序信号作用于微操作序列的控制方式称为控制器的控制方式。控制方式分为同步控制、异步控制和联合控制3种。

1. 同步控制方式

同步控制方式下，系统有一个统一的时钟，所有时序信号都是基于这一基本的时钟信号。前面介绍的机器周期、节拍均是基于统一的时钟源。

在同步控制方式下，机器周期可以是定长的，即每个机器周期中包含的节拍数相同，每个节拍中的时钟脉冲数固定，如图6-5(a)所示。机器周期也可以是不定长的，需要多少节拍，就设置多少，如图6-5(b)所示。前者易于控制，但存在一定的时间浪费；后者时间上紧凑，但控制较复杂。多数情况下，是将两者进行结合。例如，大部分指令的机器周期固定均包含4个节拍，对于少数操作复杂的指令，可以在其对应的机器周期中插入等待周期。这也称为中央控制和局部控制相结合的方法，如图6-6所示。这样，控制不是太复杂，时间上也较为紧凑。

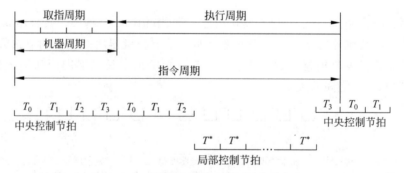

图 6-6 中央控制和局部控制结合的时序关系

2. 异步控制方式

异步控制方式又称可变时序控制，各项操作不采用统一的时序信号控制，而是根据指令或者部件的具体情况决定，需要多少时间，就占用多少时间。各项操作之间的衔接需要"握手"或"联络"，也可以采用"结束—起始"信号来实现。以前一项操作的"结束"作为下一项操作"准备好"的"起始"信号。例如，存储器读操作时，CPU向存储器发一个"读命令"信号，启动存储器工作后，CPU处于等待状态。当存储器操作结束后，存储器向CPU发出"准备好"信号，以此作为CPU从数据总线读取数据的"启动"信号。

异步控制的最大优点是没有时间上的浪费，但是其实现的控制过程比较复杂。

3. 联合控制方式

联合控制是同步控制和异步控制相结合的方式。实际上，现代计算机中几乎没有完全采用同步或完全采用异步的控制方式,大多数采用的是联合控制的方式。通常的设计思想是:在功能部件内部采用同步方式,或以同步方式为主的控制方式,在功能部件之间采用异步方式。

6.4 指令周期分析

分析指令系统中每条指令的执行过程,弄清楚每个操作控制信号产生的时间点,以及信号持续的时间长度,是控制器设计和实现的重要环节。本节通过几个例子说明指令周期的分析和表示方法,为控制器的设计和实现奠定基础。

6.4.1 典型指令周期分析

指令周期分析,就是根据计算机的内部结构和数据通路,分析指令系统中每条指令的具体操作过程,写出完成每个CPU周期的微操作序列,并标识出所需要的控制信号,为操作控制器的具体实现做准备。

以图6-3模型CPU的数据通路为例,分析几条典型指令的指令周期。主要是分析操作过程,以相应的微操作序列表示。

对于所有指令的指令周期都有取指阶段,先分析取指阶段。指令执行后,进行中断测试及中断响应的操作过程,和后续中断技术有关,此处不做介绍。这里重点对各类典型指令的执行阶段的不同操作过程进行分析。

1. 取指阶段

在指令运行基本过程中已经介绍了取指周期的操作过程,在此主要描述每个步骤所对应的微操作,以及完成微操作所对应的控制信号。取消阶段的具体操作如下:

(1) 将程序计数器(PC)的内容送到存储器地址寄存器(MAR),由MAR输出到地址总线。微操作记为PC→MAR。实现这一操作过程,需要PC_{out}和MAR_{in}信号有效。

(2) 操作控制器经控制总线(CB)向存储器发出读控制信号(RD),启动主存做读操作。主存单元中取出的指令通过数据总线(DB)送入存储器数据寄存器(MDR),微操作记为M→MDR。实现这一操作过程,需要RD和MDR_{in}信号有效。

(3) 存储器数据寄存器(MDR)将指令经内部总线送入指令寄存器(IR)中。微操作记为MDR→IR。实现这一操作过程,需要MDR_{out}、IR_{in}信号有效。

(4) PC自加1,形成下一条指令的地址。微操作记为PC+1。实现这一操作过程,需要PC寄存器的"±1"信号有效。

说明:为了突出基本原理,这里假设指令长度均为一个存储字长,即访问一次存储器就将包含地址码的整个指令代码取到指令寄存器中。对于多字长指令,需要多次访问主存。

为了简化叙述,后续微操作涉及的有效控制信号不再一一指出。

2. 非访存指令

此类指令在执行时不需要操作数或操作数不在主存中,在指令周期的取指阶段后不再访问主存。其执行阶段只是一个CPU周期。对于简单运算或寄存器间的传送指令,其执行的CPU周期很短。如果运算复杂,执行运算过程的CPU周期较长。例如定点的乘、除运算或浮点运算。

(1) CLA。CLA 指令的功能是将累加器的内容清"0"。该指令不需要取操作数,执行阶段完成累加器清"0"的操作过程,微操作记作 $0\to Acc$。很多计算机实现该过程是通过累加器(Acc)在 ALU 中进行自身相减来实现,因为这样的操作过程速度最快。

(2) MOV R_0,R_1。该指令的功能是将寄存器 R_1 的内容传送给寄存器 R_0。寄存器组之间的数据传送,一般也要通过 ALU 实现。其微操作记为 $R_1\to R_0$。

3. 访存指令

该类指令的操作数在主存中,其执行过程中包含取操作数阶段。不同寻址方式形成操作数地址的过程会有区别。

(1) STA A,R_1。该指令的功能是将寄存器 R_1 的内容存入主存 A 单元中。目的操作数的寻址方式是直接寻址,即指令的地址码部分给出的就是存储单元的地址。指令的执行过程就是存数过程。

根据主存储器的工作时序,访问存储单元首先要先给出单元地址,然后发出写命令,将数据放在数据总线上,写入之后再撤销写命令。因此,指令执行阶段的操作过程如下:

① 将指令寄存器中的地址码部分(直接地址 A)送到存储器地址寄存器。微操作记作 $AD(IR)\to MAR$。

② 将寄存器 R_1 的内容送至存储器数据寄存器。微操作记作 $R_1\to MDR$。

③ 向主存发出写命令 WE,启动主存写操作,将 MDR 的内容通过数据总线写入到 MAR 指定的主存单元中。微操作记作 $MDR\to M$。

(2) ADD R_2,@A。该指令的功能是将地址为 A 间址寻址的存储单元的内容和寄存器 R_2 的内容相加,结果存于寄存器 R_2 中。

源操作数属于存储器间接寻址方式,操作数的地址在主存单元中,首先要取操作数地址。其执行阶段的操作过程如下:

① 将指令地址码部分的形式地址 A 送入 MAR 寄存器。微操作记作 $AD(IR)\to MAR$。

② 向主存发送存储器读操作命令(RD),启动主存读操作,主存单元通过数据总线(DB)将操作数所在单元的地址送入 MDR 寄存器中。微操作记作 $M\to MDR$。

③ MDR 寄存器中的地址送到 MAR。微操作记作 $MDR\to MAR$。

有了操作数地址后,取操作数并执行运算的操作过程如下:

④ 向主存发送存储器读操作命令(RD),启动主存读操作,主存单元通过数据总线(DB)将操作数送入主存数据寄存器中。微操作记作 $M\to MDR$。

⑤ 将 MDR 的内容送到寄存器 Y 中。微操作记作 $MDR\to Y$。

⑥ 寄存器 R_2 的内容送入 ALU 与 Y 相加,结果输出经 Z 存入寄存器 R_2 中。微操作记作 $R_2+Y\to Z\to R_2$。

4. 转移指令(JMP A)

转移类指令的执行过程主要是改变 PC 寄存器的内容,使程序的执行顺序被改变。

JMP A 指令是一条无条件转移指令,执行程序直接转到由形式地址 A 指定的位置。其操作过程:将指令中地址码部分的形式地址送 PC 寄存器。微操作记作 $AD(IR)\to PC$。

6.4.2 指令流程图

上面对指令执行过程的分析,通过一定的语言进行了表述。在计算机设计时,这样的方式烦琐、不直观。在程序设计时人们曾借助流程图来描述程序设计的算法和思路,对于指令的执行过程,也可以采用类似的办法,用方框图语言描述指令的指令周期,并称之为指令流程图。

指令流程图中的符号约定如下。

(1) 方框。类似于程序流程图,方框代表一般的操作,方框中的内容表示数据通路的操作或某种控制操作。方框旁边可以标识完成该操作的所需的控制信号。

在硬布线控制器设计中,指令流程中的方框主要表达出操作序列的先后,以便于在不同的节拍产生相应的操作控制信号。对于微程序控制器的设计,一般来说一个方框对应于一个微指令周期内的操作。详细内容后续例子说明。

(2) 菱形框。它用来表示某种测试或判断,在时间上它依赖于紧接它的前一个方框。

(3) "~"符号。它表示公操作。代表每一条指令的功能执行完毕后,CPU 要进行的一些操作。这些操作主要是检测外围设备是否有请求,若有就进入处理过程,否则进入取下一条指令。由于所有指令的取指周期是一样的,取指令也可以认为是公操作。

把前面分析的 5 条典型指令进行归纳,用方框图语言表示的指令周期如图 6-7 所示。

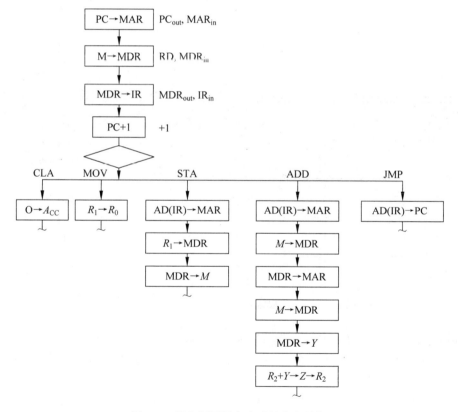

图 6-7 用方框图语言表示的指令周期

下面通过具体的示例进一步理解指令周期分析的过程,说明指令流程图的表示方法。

【例 6-1】 图 6-8 所示为采用单总线结构的 CPU 内部数据通路,其中 C、D 为暂存器。试分析指令:

```
ADD R1,(R2)
```
的指令周期,画出其指令流程。该指令的功能是寄存器 R_1 的内容和以 R_2 内容为地址的存储单元的内容相加,结果存入寄存器 R_1 中。

解:

分析:指令流程包括取指阶段和执行阶段两大部分,执行阶段又包括取数和运算过程。

① 取指阶段的微操作序列:PC→MAR,M→MDR,MDR→IR,PC+1
② 取操作数的微操作序列:R_2→MAR,M→MDR,MDR→C。
③ 运算并存结果的微操作序列:R_1→D,C+D→R_1。

指令流程如图 6-9 所示。

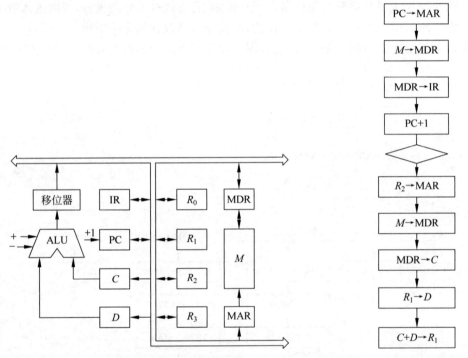

图 6-8 单总线结构的 CPU 数据通路   图 6-9 ADD R1,(R2)指令流程

【**例 6-2**】 图 6-10 所示为双总线结构 CPU 的数据通路,IR 为指令寄存器,PC 为程序计数器(具有自增功能),M 为主存(受 R/W 信号控制),AR 为地址寄存器,DR 为数据缓冲寄存器,ALU 由加、减控制信号决定完成何种操作,信号 G 控制一个传输门。图中,线上标注的小圈表示此处有控制信号,Y_i 表示 Y 寄存器的输入控制信号,R_{1o} 为寄存器 R_1 的输出控制信号,未标字符的线为直通线,不受控制。试分析指令

```
STA(R1),R0
```

画出其指令流程图,并列出相应的微操作控制信号序列。该指令功能是

(R0)→(R1),

即将寄存器 R_0 的内容送到 R_1 内容为地址的存储单元中。假设该指令的地址已放入 PC 中。

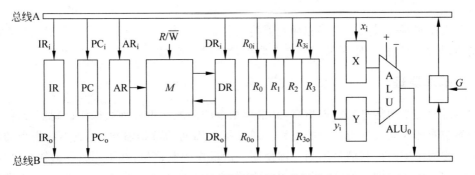

图 6-10 双总线结构机器的数据通路

解：

分析：

① 图中双总线结构，A、B 总线之间有传输门 G 控制，各部件的信息只能输出到 B 总线，经 G 传输门，通过 A 总线输入到其他部件。

② STA(R_1)，R_0 是存数指令。根据存储器的写周期时序，需要先送地址，然后送数据并发送写命令。

③ 取指阶段的微操作序列：PC→G→AR，M→DR，DR→G→IR，PC+1。

④ 存数的微操作序列：R_1→AR，R_0→DR，DR→M。

该指令流程如图 6-11 所示。

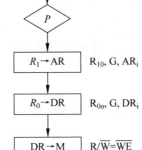

图 6-11 指令 STA(R_1)，R_0 的流程

6.5 硬布线控制器

硬布线控制器是采用门电路和触发器构成复杂的树状网络来实现控制器逻辑功能的一种控制器,其设计目标是使用最少元件并取得最高操作速度。

6.5.1 基本原理

控制器的主要功能是完成取指令,并根据指令的功能产生各种微操作控制信号,控制计算机的各功能部件完成执行指令的过程。通过指令周期的分析看出,完成不同指令的执行过程所需要的微操作控制信号不同。即使同一微操作控制信号,在不同指令的执行过程中,起作用的时间也有差别。例如,例 6-1 中微操作控制信号 RD 在取指周期需要,在取数周期也需要。另外,有一些指令的执行过程还与 PSW 中的状态条件有关。例如十进制加法运算过程中,当进位标志 C_y 为 0 时不进行校正操作,当进位标志 C_y 为 1 时进行校正操作。因此,控制器产生的微操作控制信号($C_1 \sim C_n$)是机器周期($M_1 \sim M_i$)、节拍($T_1 \sim T_k$)、指令操作码译码输出信号($I_1 \sim I_m$)和机器状态条件($B_1 \sim B_j$)的函数。

在硬布线控制器中,某一微操作控制信号由布尔代数表达式描述的输出函数产生。将所有微操作控制信号的函数表达式用逻辑门电路、触发器等器件来实现,构成一个复杂的逻辑网络。硬布线控制器的结构如图 6-12 所示。

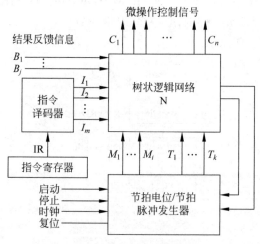

图 6-12 硬布线控制器结构

6.5.2 逻辑电路的设计

控制器产生的每一个微操作控制信号通常是机器周期、节拍、指令操作码译码输出信号和机器状态条件的函数。硬布线控制器设计的关键是写出每一个微操作控制信号的函数表达式。

设计微操作控制信号的逻辑电路的过程是:根据所有机器指令流程图,寻找产生同一个微操作信号的所有条件,结合适当的节拍电位,写出其布尔代数表达式,进行化简,然后用门电路或可编程器件实现。具体步骤如下:

(1) 画出指令系统中各指令的指令流程图。

(2) 标出各机器周期所需要的微操作控制信号,并落实到具体的节拍。

安排微操作节拍时应注意:有先后顺序的微操作的次序不能颠倒;被控对象不同的微操作,若能在一个节拍内执行,尽可能安排在同一个节拍内;占时间不长的微操作,尽可能安排在一个节拍内,并且允许这些微操作有先后顺序。

(3) 将指令流程中出现的每一个微操作控制信号,用一个逻辑"与"表达式来表示。"与"项中包括:

① 指令操作码信息;

② 寻址方式译码信息;

③ PSW 中的状态信息或命令信息;

④ CPU 周期信息;

⑤ 节拍信息。

(4) 对微操作控制信号进行逻辑综合。将流程图中相同微操作控制信号的各"与"项进行逻辑"或"运算,得到控制器要产生的每一个微操作控制信号的逻辑函数表达式。

注意:为了防止遗漏,设计时可按信号出现在指令流程图中的先后次序书写,然后进行归纳和简化。要特别注意控制信号是电位有效还是脉冲有效,如果是脉冲有效,必须加入节拍脉冲信号进行相"与"。

下面,以图 6-7 所示的具有 5 条指令的系统为例,说明硬布线控制器中操作控制电路的设计。

假设采用同步控制,定长 CPU 周期,1 个 CPU 周期包含 4 个节拍($T_0 \sim T_3$)。取指阶段占用一个 CPU 周期,PC→MAR 操作在 T_0 节拍,依次安排其他阶段微操作的工作节拍。大多数指令的执行阶段都可以在 1 个 CPU 周期内完成,只有 ADD 指令多了一个间址阶段,间址操作也可以在一个 CPU 周期内完成。指令周期最长的 ADD 需要 3 个 CPU 周期,对于不同阶段的 CPU 周期按先后顺序分别用 M_0、M_1、M_2 表示。

将指令流程图中的每个方框所需要的控制信号写在方框的右边,也可以绘制一张表格表明所有指令在不同时间所需要的各种控制信号。这里只以一个控制信号为例,不再画表,直接观察图中微操作找出。

例如:写出 MAR_{in} 控制信号的逻辑函数表达式。

找出所有需要 MAR_{in} 信号的指令的节拍:

① 所有指令的取指阶段 M_0 周期的 T_0 节拍,写出 $M_0 \cdot T_0$;

② 在 STA 和 ADD 指令的 M_1 周期的 T_0 节拍需要,写出 $M_1 \cdot T_0 \cdot (STA+ADD)$;

③ 在 ADD 指令的 M_1 周期的 T_3 节拍需要,写出 $M_1 \cdot T_3 \cdot ADD$;

MAR_{in} 控制信号的逻辑函数表达式为:

$$MAR_{in} = M_0 \cdot T_0 + M_1 \cdot T_0 \cdot (STA+ADD) + M_1 \cdot T_3 \cdot TAD$$

表达式中的 ADD、STA 表示相应指令操作码译码输出的信号。

同理,可以写出表中其他所有微操作控制信号的逻辑函数表达式。

将上述所有逻辑函数表达式用逻辑门电路实现。由于其中包含大量的逻辑"与"门和逻辑"或"门,目前多采用逻辑门阵列实现。

从上述过程看出,硬布线控制器的设计过程烦琐,电路结构复杂,设计和调试都非常困难,因此后来就被微程序控制器所替代。但是,由于微程序控制中每条微指令都要从控存中读取一次,影响了指令的执行速度。硬布线控制的速度主要取决于电路延迟,相较于微程序控制,其指令的执行速度快得多。随着新一代机器及 VLSI 技术的发展,硬布线控制器的逻辑函数可以采用可编程的逻辑门阵列来实现,因此硬布线控制器的设计思想又重新得到了重视。近年来,在某些超高速新型计算机结构中,很多选用了硬布线控制器,或与微程序控制器混合使用。

6.6 微程序控制器

微程序控制器的设计利用的是一种软件方法实现硬件功能的技术。微程序设计的概念和原理是英国剑桥大学 M. V. Wilkes 教授于 1951 年首先提出的。其核心思想是,每一条机器指令都可以分成许多基本的微操作序列,实现这些操作所需的各种控制信号由存储在控制存储器(CM)中的微指令产生,从而用程序设计的方法来实现复杂的逻辑电路功能。微程序控制器的核心是控制存储器,微程序设计的关键是微指令格式的确定。微程序控制器具有规整性、灵活性、可维护性等一系列优点,目前计算机设计中广泛采用。

6.6.1 基本概念

微程序控制器的设计将程序设计的思想引入到了硬件逻辑控制。即仿照通常编写解题程序的方法,把要产生的微操作控制信号编成所谓的"微指令",存放到一个只读存储器里。当机器运行时,一条又一条地读出这些微指令,从而产生全机所需要的各种操作控制信号,使相应部件执行所规定的操作,完成指令的运行过程。微程序控制器的基本原理及设计技术涉及以下几个基本概念。

(1) 微命令和微操作。构成计算机的所有部件可以分为两大类:控制部件和执行部件。控制器属于控制部件,运算器、存储器和外设相对来说是执行部件。

控制部件向执行部件发出的各种操作控制信号,称为微命令。例如打开或关闭某个控制门的电位信号,或者某个寄存器的打入脉冲等。执行部件接收控制信号后进行的相应操作,称为微操作。微操作在执行部件中是最基本的操作。

微命令和微操作是相对应的。微命令是微操作的控制信号,微操作是微命令的操作过程,不十分严格的描述中二者不加区分。

由于数据通路的结构关系,微命令可分为相容性和相斥性两种。相容性微命令是指那些在一个微指令周期内可以同时产生,完成某些操作的微命令;互斥性微命令是指一个微指令周期内不允许同时存在的微命令。相容和相斥是相对的,一个微命令可以和一些微命令之间是相容的,但却和另一些微命令是相斥的。

例如,图 6-13 的数据通路图中,编号为 4、6、8 的微命令为门控开关信号,分别用于寄存器 R_1、R_2、DR 的数据到 ALU 输入端的控制。由于一次运算时,3 个寄存器中只能有一个寄存器的数据传输给 ALU。因此,一次运算时,4、6、8 这 3 个微命令只能有一个有效。即,

4、6、8 这 3 个微命令之间是互斥的。同理,编号为 5、7、9 的微命令之间是互斥的；ALU 的 "+"、"−"、"M" 微命令对应的加、减、传送操作之间是互斥的。而编号为 1、2、3 的微命令分别为寄存器 R_1、R_2、R_3 的打入信号,它们之间是相容的。

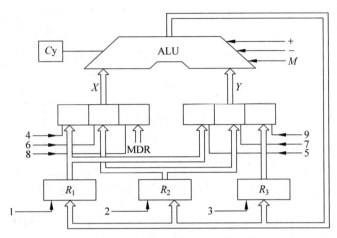

图 6-13　简单运算器数据通路图

(2) 微指令。微指令是实现一定操作功能的微命令的组合。它存储在控存中,用来构成解释每条机器指令的微程序。当机器执行指令时,从控存中依次取出相应的微指令,经过译码(或不经过译码)产生相应的微操作控制信号,完成指令的执行过程。

图 6-14 给出一种微指令格式,它以图 6-13 运算器的数据通路为例,其微指令字长为 23 位。该微指令包括操作控制字段和顺序控制字段两大部分。操作控制字段用来产生某一步操作所需的各种微命令,顺序控制字段用于控制微指令的执行顺序。通常,顺序控制字段又包含直接地址和判别测试字段(又称 P 字段)。直接地址给出下一条要执行的微指令的地址,判别测试字段用来指示下一条微指令的地址如何形成。详细内容见 6.6.3 小节。

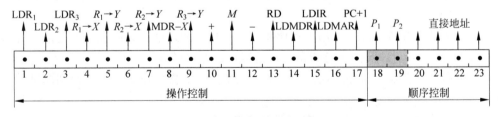

图 6-14　微指令格式示例

(3) 微程序。程序由机器指令序列构成。在微程序控制器中,每条机器指令的功能都由一组微指令序列来解释完成。每组微指令序列都是一段微程序。执行一条指令实际上就是执行一段存放在控存中的微程序。

(4) 微指令周期。读出并执行一条微指令所需的时间叫做一个微指令周期。

说明：微程序和程序是两个不同的概念。微程序是用来解释机器指令的,是计算机硬件(CPU)的设计者事先编好并存放在控存(CM)中,对程序设计人员来说是透明的；而程序是软件设计人员编好放在主存或辅存中。

6.6.2 微程序控制器基本原理

1. 基本组成

微程序控制器与硬布线控制器的区别,主要是控制器中微操作控制信号发生器的实现方式不同,其他部分一样。因此,这里只给出微程序控制器中微操作控制信号发生器部分的原理框图,如图 6-15 所示。它主要由控制存储器、微地址寄存器(μAR)、微命令寄存器、微地址形成部件组成。

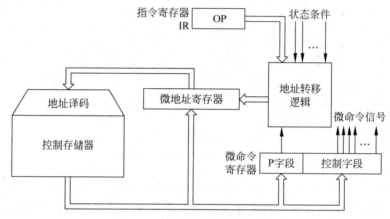

图 6-15 微程序控制器原理框图

(1) 控制存储器(CM)。控制存储器(简称控存)是微程序控制器的核心,存放着实现机器指令系统全部指令功能的微程序。它是一种只读型存储器,为了提高微程序控制器的工作速度,要求速度快,读出周期短。

控制存储器的字长就是微指令字长,其容量取决于机器指令系统所有指令的微程序的长度。由于所有指令的取指令阶段是相同的,通常由一段取指微程序来完成,这个微程序也可能仅由一条微指令组成,也可能由多条微指令组成。一般来说,取指微程序的入口地址为控存的第一个单元。

(2) 微地址寄存器(μAR)。用来存放要取的微指令的地址。其内容可以是从控存取出的一条微指令中的直接地址,也可能是地址转移逻辑电路形成的。

(3) 微命令寄存器。保存从控存取出的一条微指令的操作控制字段和判别测试字段的信息。

微地址寄存器(μAR)和微命令寄存器合起来又称为微指令寄存器(μIR)。

(4) 微地址形成部件。微地址形成部件承担自动修改微地址的任务。依据微指令中判别测试位的状态,后继微地址可能由指令寄存器中的操作码,或微指令中的直接地址,或外部复位信号、PSW 寄存器中的状态条件等来决定。后继微地址也称做微下址。具体形成方式在 6.6.4 节介绍。

2. 工作过程

微程序控制器的工作过程,实际上就是微程序控制器控制下,计算机执行程序的过程。具体描述如下:

(1) 机器开始运行,自动将取指微程序的入口地址送给微地址寄存器(μAR),从控存中读出相应的微指令,微指令的操作控制字段送入微命令寄存器,产生有关的微命令,控制计算机实现取指令的操作。取指微程序执行完毕,主存中的机器指令存入指令寄存器(IR)中。

(2) 根据机器指令的操作码,由微地址形成部件产生执行该机器指令所对应的微程序的入口地址,并送入 μAR。

(3) 从控存中取出对应的微指令并产生相应的控制信号,完成该微指令的执行过程。

(4) 根据当前微指令提供的下一条微指令地址,或根据当前微指令提供的有关信息由地址形成部件产生微下址,送入 μAR。

(5) 重复步骤(3)和(4),直到执行该指令的微程序段执行完毕。

(6) 再次进入取指微程序,重复(1)~(5),直到程序结束。

6.6.3 微指令格式

微指令格式的设计是微程序设计的一个重要部分,它直接影响微程序控制器的结构和微程序的编制,也直接影响计算机的速度和控存的容量。其设计目标是:有利于缩短微指令字长度,有利于减小控制存储器的容量;有利于提高微程序的执行速度;有利于对微指令的修改;有利于提高微程序设计的灵活性。它们之间有的是相互矛盾的,在设计时要综合考虑。

微指令的编码方法是决定微指令格式的主要因素。考虑到速度、成本等原因,微指令的格式大体分为两类:垂直型微指令和水平型微指令。

1. 垂直型微指令

垂直型微指令格式类似于机器指令的格式。每条微指令都对应有一个唯一的微操作码。微操作码经过译码后产生一个微命令,只能完成一个微操作。每条微指令的功能单一。

2. 水平型微指令

水平型微指令格式的一条微指令可以同时产生多个微命令,具有较好的并行性。水平型微指令的一般格式如图 6-16 所示。

操作控制字段	顺序控制字段	
	判别测试字段	直接地址

图 6-16 水平型微指令的格式

一条微指令可划分为操作控制字段和顺序控制字段。操作控制字段用来产生执行指令的每个步骤中所需要的全部微命令。顺序控制字段部分用来决定并形成后继微地址。

顺序控制字段又可分为判别测试字段和直接地址两部分。判别测试字段决定后继微地址的形成方式,其中一种情况就是后继微地址由顺序控制字段的直接地址提供。图 6-14 就是一个水平型微指令格式的示例。后继微地址的形成方式详见 6.6.4 节,这里先讨论构成操作控制字段的微命令的编码方法。

构成操作控制字段的微命令的编码方法有多种,目标是微指令长度尽可能短且执行速度尽可能快。常用的编码方法有直接控制法、字段译码法和混合控制 3 种。

(1) 直接控制法。直接控制法是将控制器所要产生的每一个微命令在微指令格式的操作控制字段中各占一位。操作控制字段的每一位直接输出,在时序信号的作用下,形成作用在执行部件上的微操作控制信号。图 6-14 所示微指令格式中的操作控制字段就是直接控制。

这种方法简单直观。而且只要读出微指令便得到微命令,不需要译码,因此速度快。但是由于机器所需的微命令数量较多,造成微指令字较长。有的计算机的微命令多达几百个,但一条微指令中需要有效的只有几个,其余大多数微命令是无效的,这样造成了大量的资源浪费。因此,很少完全采用这种方式进行编码。

(2) 字段译码法。由于数据通路结构的关系,有些微命令之间是互斥的,它们不会同时或在同一个微指令周期内出现。例如,图 6-13 中编号为 4、6、8 的一组控制信号,编号为 5、7、9 的一组控制信号。再如,存储器的读和写控制信号也是不能同时出现的。因此,可以将一组相斥的微命令组成一个小组(即一个字段),采用一定的编码,由小组(字段)译码器译码输出产生相应的微命令。这样,一组 n 位的二进制编码经过译码可以产生 2^n 个信号,可以大大缩短了微指令的宽度。

字段译码法就是将操作控制部分进行分段,把一组互斥性的微命令分在一组,称为一个字段,相容性微命令分在不同组中。各字段独立编码,每个编码对应一个微命令,通过译码器产生相应的微命令。其微指令结构如图 6-17 所示。

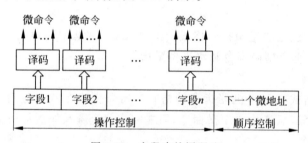

图 6-17 字段直接译码法

字段编码首先要确定微命令之间的相容和相斥关系,然后再分组。之间互斥的微命令个数越多,对微指令宽度的缩短越明显。有些微命令之间的互斥关系很明显,如图 6-13 中的"4""6""8"信号之间的互斥。而有的就不那么明显,需要仔细查看所有的指令流程才能确定。

分段常用的方法是,将属于同一部件的或同一类明显互斥的微命令分为一段,这样字段含义明确,便于设计和查错。当指令功能扩充或增加新指令时,方便修改或设计新的微程序。但是微指令包含的字段较多,微指令宽度没有得到最大限度的缩短,信息的利用率较低。

注意:字段编码时需要留出一个编码表示该字段中没有任何一个微命令有效,即一个 n 位的字段最多可以安排 2^n-1 个互斥的微命令。一般用全 0 的编码表示该字段所有微命令都无效。

字段译码法缩短了微指令字的宽度,但由于译码电路的延迟,其微程序的执行速度稍稍减慢。

(3) 混合控制法。综合考虑微指令字长、灵活性和执行微程序速度等方面的要求,把直接表示法与字段编码法混合使用。

【例 6-3】 某微程序包含 8 条微指令,每条微指令需要产生的操作控制信号如表 6-1 所示,试设计其微指令的操作控制字段的格式。要求微指令的控制字段为 8 位,能保持微指令应有的并行性。

表 6-1 微指令所对应的微命令

微指令	a	b	c	d	e	f	g	h	i	j
I_1	√	√	√	√	√					
I_2	√				√		√	√		
I_3		√						√		
I_4			√							
I_5			√		√		√		√	
I_6	√							√		√
I_7				√	√					
I_8	√	√					√			

分析:

① $I_1 \sim I_8$ 的 8 条微指令,需要产生 $a \sim j$ 共 10 个微命令,要求的操作控制字段为 8 位,可以采用混合编码的方法。若能够找到 2 组互斥微命令,每组都包含 3 个以上的微命令,由 2 位译码输出,就可以节省 2 位。其他位直接表示即可。

② 表 6-1 中 I_1 微指令需要同时产生 a、b、c、d、e 这 5 个微命令,即 a、b、c、d、e 是相容的,需要将它们分散在两个字段中,或者直接输出。

解: 采用混合编码表示法设计微指令的控制字段。

纵观所有微指令的微命令发现:b、i、j 微命令之间是互斥的,e、f、h 之间是互斥的。将 b、i、j 作为一组,用两位二进制编码译码产生;e、f、h 为一组,用另外两位二进制编码译码产生;其他微命令直接输出。微指令控制字段的编码格式如图 6-18 所示。

a	c	d	g	x_1x_2	x_3x_4

图 6-18 微指令控制字段的编码格式

其中,a、c、d、g 直接输出。

x_1x_2 编码译码后分别产生 b、i、j 微命令。编码为 00 时,表示 b、i、j 均无效,01 对应 b 有效,10 对应 i 有效,11 对应 j 有效。

x_3x_4 编码译码后分别产生 e、f、h 微命令。编码为 00 时,表示 e、f、h 均无效,01 对应 e 有效,10 对应 f 有效,11 对应 h 有效。

说明: 此题答案不唯一,大家自己分析,给出其他答案。

思考: 控制字段能否比 8 位更短?

3. 垂直型微指令和水平型微指令的比较

(1) 水平型微指令并行操作能力强,效率高,灵活性强。

(2) 垂直型微指令的结构简单,但对应每条机器指令的微程序较长。相反,水平型微指令结构复杂,微指令字比较长,但对应每条机器指令的微程序较短。

(3) 水平型微指令格式用较少的微指令数实现一条指令的功能,而且不需要译码或简单译码就可以产生微命令。因此,相对于垂直型微指令格式,水平型微指令执行一条指令的时间较短。

(4) 水平型微指令格式的微程序设计对用户的要求较高。用户必须对机器结构、数据通路、时序系统以及微命令很精通才能设计。而垂直型微指令相对来说易掌握。

综合考虑,目前水平型微指令格式应用较多。

6.6.4 微程序流的控制

在 CPU 中设置了程序计数器(PC),来控制放在主存中的程序的执行顺序。对于顺序执行的程序,通过 PC 自增指向下一条指令;分支或循环结构等程序需要转移时,由转移指令修改 PC 的内容,改变程序的执行顺序。对于大多数情况为顺序执行的程序来说,设置 PC 寄存器和转移指令无疑是一个最好的选择。

与程序设计相似,在微程序设计中除了顺序执行微程序外,也存在转移、微循环或微子程序等。微程序的执行顺序如何控制呢?

在微程序控制器中也设置一个微地址寄存器(μAR),其作用类似于程序计数器(PC),存放后继微地址,指向控存中将要执行的微指令,决定着微程序的执行顺序。μAR 的修改如何解决呢?

控存中存放的微程序和主存中程序的执行情况有所不同。执行任何一条指令都要取指令,取指令的操作对任何指令都是相同的;对于间接寻址方式,取操作数地址的操作也是相同;另外,所有指令执行后都要进行中断的检测与处理,这个阶段的操作也是相同的。若将这些相同的操作,在每条指令的微程序中都重复存储,必然加大控存的容量,显然是不可取的。合理的做法是将这些共同的操作只存储一次,供各条指令共同调用。这就意味着,微程序执行时转移是经常发生的。为了适应这种频繁的转移,一般在微指令格式中都设置顺序控制字段,用来指明后继微地址的产生方式或具体地址,这也就是前面介绍的水平型微指令格式中的顺序控制字段,由判别测试字段和直接地址字段两部分组成。直接地址用来给出无条件转移时的后继微地址,判别测试字段用来确定后继微地址的形成方式。

后继微地址的形成方式主要有以下几种:

① 顺序执行。后继微地址由 μAR(现行微地址)加 1 形成,类似于程序执行时 PC 加 1 的作用。

② 无条件转移。当微指令的地址不连续时采用无条件转移,这时后继微地址就是现行微指令中的直接地址。

③ 单条件转移。根据某个条件的成立与否选择执行不同的微指令序列。条件成立,可以由现行微指令的直接地址作为后继微地址;否则 μAR 加 1 顺序执行,或通过转移逻辑电路改变 μAR 的值。

④ 多路转移。当微程序执行到某些点,根据某些情况选择执行多种不同的微操作时,需要通过转移逻辑电路改变 μAR 的值。

"取指"操作后,要根据取得的指令操作码(OP)产生多路微程序分支,形成多个微地址。由操作码决定所形成的后继微指令地址是指令执行阶段的第一条微指令的地址,也称为指令的微程序入口地址。如果指令系统规模较大,指令条数较多,采用逻辑电路改变 μAR 的值实现分支将会很困难。此时,一般将每条指令的操作码和对应的微程序入口地址存放在一个表中,每条指令的微程序入口地址通过查表得到。

微程序控制器设计时,一般是②③④这3种方式结合使用,少量是①③④这3种方式结合使用,也有的控制器4种方式都使用。

微地址寄存器的初始地址,一般为取指令微程序段的第一条微指令的地址,例如控存地址为0的第一个单元。可以通过开机时CPU的复位命令(Reset)将μAR置为0。

【例6-4】 假设微程序控制器中的微地址寄存器有6位($\mu AR_5 \sim \mu AR_0$),当需要修改其内容时,可通过将其对应的触发器的置位端置"1"来实现。现微程序分支有3种情况:

① 执行"取指"微指令后,微程序按指令寄存器(IR)中的操作码(OP)字段($IR_3 \sim IR_0$)进行16路分支;

② 执行条件转移指令微程序时,按进位标志C的状态进行2路分支;

③ 执行控制台指令微程序时,按IR_4、IR_5的状态进行4路分支。

试按多路转移方式设计微地址转移逻辑。

解:

分析:按所给设计条件,微程序分支有3种条件,可以分别设置P_1、P_2、P_3 3个判别测试位。由于地址转移逻辑与每种微程序分支后的具体后继微地址相对应。现假设:

① 当P_1有效(P_2、P_3无效),"取指"微指令后,操作码(OP)字段的$IR_3 \sim IR_0$对应修改$\mu AR_3 \sim \mu AR_0$,形成后继微地址;

② 当P_2有效(P_1、P_3无效),进位C标志微程序控制转移时,修改μAR_0,形成后继微地址;

③ 当P_3有效(P_1、P_2无效),执行控制台指令的微程序时,由IR_5、IR_4对应修改μAR_5、μAR_4,形成后继微地址。

综合上述分析,地址转移逻辑的函数表达式为:

$\mu AR_5 = P_3 \cdot IR_5$ $\qquad \mu AR_4 = P_3 \cdot IR_4$

$\mu AR_3 = P_1 \cdot IR_3$ $\qquad \mu AR_2 = P_1 \cdot IR_2$

$\mu AR_1 = P_1 \cdot IR_1$ $\qquad \mu AR_0 = P_1 \cdot IR_0 + P_2 \cdot C$

上述表达式可以用相应的门电路实现。逻辑电路图略,感兴趣的读者可以尝试画出。

6.6.5 微程序控制器的时序控制

微程序控制器的基本时序单位是微指令周期。一条微指令周期包括取微指令的时间和执行微指令时间两部分。取微指令的时间取决于控存的读出时间(存储周期);执行微指令的时间包括微指令的译码时间和CPU内部数据通路的传输时间,与硬布线控制器的节拍相当。因此微程序控制方式下基本时序单位(微指令周期)比硬布线控制方式下的节拍周期要大一点。

根据取微指令和执行微指令两部分时间的不同安排,可将微指令周期分为串行执行和并行执行两种方式。串行方式下,取微指令和执行微指令是串行的,一个微指令周期是这两部分时间的和。在并行方式下,使用时间重叠技术,在执行上一条微指令的同时,并行地将下一条微指令取出。这样,微指令周期的时间就等于微指令的执行时间,大大提高了微程序的执行速度,相应地,提高了指令的执行速度。当然,对于需要转移的微程序,由于需要当前微指令执行结束,才能形成下一条微指令的地址,因此取下一条微指令与当前微指令的执行将不能同时进行。

与硬布线控制器相比,微程序控制器不需要分别设置取指、间址、取数、执行等各阶段的 CPU 周期,所有阶段都用微指令周期作为参考,因此其时序系统比硬布线的时序系统简单得多。

6.6.6 微程序设计举例

一条机器指令由若干条微指令组成的序列实现,即一条机器指令对应一段微程序。微程序的总和可实现整个指令系统。分析指令系统中每条指令的微命令,及如何将这些微命令组合为微指令,是微程序设计的重要内容。设计微程序的基本步骤如下。

(1) 分析指令周期。根据指令系统中每条指令的功能,分析其指令的执行过程,画出其指令流程图。标识出每个节拍所对应的微命令,及对应微指令在控存中的单元地址。

(2) 根据所有指令的流程图,将所有微命令,根据其功能特征及互斥性进行分组,确定操作控制字段的具体结构,并将每一个字段的编码与相应的微命令进行对应。

(3) 根据指令流程图,考虑控制微程序执行顺序的几种方式,综合设计判别测试字段的位数及每一位的功能。

(4) 根据指令流程图,及每个方框(对应一条微指令)的操作所需的微命令,逐条写出每条微指令的操作控制字段。并根据该指令的微程序的执行顺序,确定相应的判别测试字段的值及直接地址。写出所有微指令的编码。

下面通过一个具体示例说明微程序的设计过程,进一步理解微程序控制器工作的基本原理。

【**例 6-5**】 以图 6-13 运算器数据通路为例,设计"十进制加法"运算指令的微程序。假设两个初始操作数已存放在寄存器 R_1、R_2 中,运算结果要存入寄存器 R_2 中。若控制器采用水平型微指令格式。

解:

(1) 分析指令功能,画出指令流程图。"十进制加法"运算指令的功能是通过 BCD 码加法完成的,其运算结果仍然为 BCD 码。例如,要完成 7+8=15 的运算,寄存器 R_1、R_2 中初始分别存放的是 7 和 8 的 BCD 码 0000 0111、0000 1000。运算后 R_2 的值应为 0001 0101。

BCD 码加法运算通常采用二进制加法器的基础上进行修正的方法实现。即:先将两个寄存器中的操作数作为二进制进行运算,然后根据运算结果是否大于 9 而进行调整。若大于 9,在运算结果上再加 6,即可得到对应十进制和的 BCD 码。如果不大于 9,二进制运算结果就是十进制和的 BCD 码,无须再修正。

对二进制运算结果是否大于 9 的判断,实现时方便的办法是,先将二进制运算结果加 6,然后检测结果是否有进位。有进位,说明大于 9;否则不大于 9。对于不大于 9 的,需要将 6 减去。假设常数 6 也已经存放在 R_3 寄存器。

根据上述分析,画出该指令的流程图,如图 6-19 所示。这里假设了控存的单元地址为 4 位,方框的右上角是现行微指令的地址,右下角为后继微地址,也是该微指令的直接地址字段的内容。对于存在分支的后继微地址无法提前确定,均按 0000 填入直接地址字段。

说明：流程图中每一个方框代表一条微命令。

(2) 确定微指令控制字段中的微命令编码。

这里只是通过一条指令对微程序设计过程进行说明，没有对所有指令进行分析，因此借用前面图 6-14 给出的微指令的格式，其微命令的编码采用了最简单的直接表示法。

说明：不同 CPU 的内部数据通路不同，各处控制信号的表达形式也有不同，在实现每个节拍对应的微操作过程中所需要的微命令也有差别，所对应的微指令格式不同，其微程序的编码不同。

例如，实现 PC→MAR 操作过程。有的 CPU 是 PC 寄存器输出，经内部总线直接传输到 MAR 寄存器，如图 6-3 中所示。有的 CPU 中 PC 寄存器与 MAR 之间没有直接的数据通路，需要经过 ALU 传输，如前面第 3 章介绍的 AM2901 运算器，PC 只是通用寄存器中的一个，所有的寄存器的输出不能直接到内部总线，均需要通过 ALU 传输。因此，后者实现 PC→MAR 操作的控制信号与前者是不同的。此处只是根据图 6-14 的微指令的格式编写各阶段的微程序。

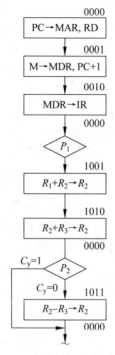

图 6-19 "十进制加法"指令流程

(3) 根据此处题意，微程序分支的条件有两种，判别测试字段设为 2 位。P_1 有效表示指令操作码决定后继微地址，P_2 有效表示 C_y 决定后继微地址。P_1 和 P_2 都无效时，后继微地址由直接地址提供。

(4) 根据每一条微指令所需要控制信号及后继微地址，对照微指令的格式，分别写出每条微指令的编码。

① 取指阶段需要 3 条微指令。

第 1 条微指令，完成 PC→MAR 操作，需要 LDMAR 信号有效，考虑到下一个节拍的存储器操作，可以在第一个节拍中发出存储器读命令，即 RD 有效；其他微命令无效。因后继微地址确定，判别测试字段为 00，直接地址为 0001。其对应的微指令编码如图 6-20 所示。

第 2 条微指令，完成 M→MDR 操作，需要 LDMDR 信号有效；PC 寄存器的地址送入 MAR 中后，PC 可以加 1，因此，可以将 PC+1 的操作与 M→MDR 操作放在一个节拍中；其他微命令无效。因后继微地址确定，判别测试字段为 00，直接地址为 0010。其对应的微指令编码如图 6-21 所示。

图 6-20 第 1 条微指令　　　　　　　　图 6-21 第 2 条微指令

第 3 条微指令，完成 MDR→IR 操作，需要 LDIR 信号有效；其他微命令无效。后继微地址由指令的操作码决定，判别测试字段为 10，直接地址无意义，设为 0000。其对应的微指令编码如图 6-22 所示。

说明：上述微指令产生的 LDMAR、LDMDR 和 LDIR 控制信号都是节拍电位信号，实际上在完成数据打入寄存器的过程中，还要有工作脉冲信号的作用，将总线上的数据打入对应的寄存器。后续关于其他寄存器的数据传输过程也有类似的情况，不再一一说明。

② $R_1+R_2 \to R_2$ 微指令。要完成这条微指令的操作需要的控制信号依次为 $R_1 \to X$、$R_2 \to Y$、+ 和 LDR_2，因此，操作控制字段除了 2、4、7、10 位为 1 外，其他位均为 0。因后继微指令的地址确定，P_1、P_2 也为 0，直接地址为 1010，如图 6-23 所示。

| 000 000 000 000 00010 | 10 | 0000 |

图 6-22　第 3 条微指令

图 6-23　$R_1+R_2 \to R_2$ 微指令

③ $R_2+R_3 \to R_2$ 微指令。同理，该微指令的操作控制字段的编码中 $R_2 \to X$、$R_3 \to Y$、+ 和 LDR2 的对应位为 1，其他为 0。后继微地址由 C_y 决定，因此 P_2 为 1，P_1 为 0。直接地址字段无意义，设为 0000。编码如图 6-24 所示。

④ $R_2-R_3 \to R_2$ 微指令。该微指令的操作控制字段的编码中 $R_2 \to X$、$R_3 \to X$、− 和 LDR_2 的对应位为 1，其他为 0。P_1、P_2 均为 0，直接地址为取指微指令的地址 0000。编码如图 6-25 所示。

| 010 001 001 100 00000 | 01 | 0000 |

图 6-24　$R_2+R_3 \to R_2$ 微指令

图 6-25　$R_2-R_3 \to R_2$ 微指令

将上述 4 条微指令按顺序存入对应控存单元，在执行"十进制加法"指令时，将按此微程序执行。

6.6.7　动态微程序设计

微程序设计技术有静态设计和动态设计之分。一台计算机的指令系统对应一组微程序，如果这一组微程序在设计好之后，不再改变，称这样的微程序设计技术为静态微程序设计。适用于指令系统固定不变的情况。微程序设计的控制器最大优点是具有很好的灵活性和可维护性。如果采用 EEPROM 作为控存，可以根据用户需要，通过改变微指令和微程序来改变机器的指令系统。这种微程序设计技术称为动态微程序设计。

采用动态微程序设计，可以在一台机器上实现不同类型的指令系统，利于仿真，方便扩展机器的功能。

6.7　流水线技术

在工业制造中采用流水线技术提高了单位时间的生产量。借鉴工业流水线生产的思想，现代 CPU 也采用了流水线（Pipeline）技术。采用流水技术的 CPU 在执行程序时，多条指令可以重叠进行操作，大大地提高了 CPU 的工作效率。

6.7.1　流水线的概念

计算机出现之前，流水线技术已经广泛应用于工业生产过程中。例如，某产品生产过程中,需要几道独立的工序进行处理才能完成。不采用流水线和采用流水线方式生产的比较如图6-26所示。

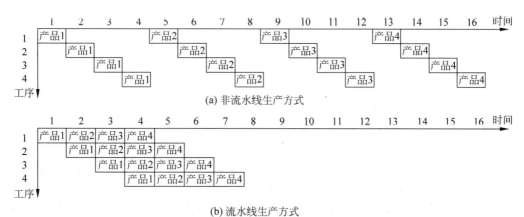

图 6-26　不采用流水线和采用流水线方式生产的比较

从图 6-26 中可以看出,流水线方式比非流水线方式生产效率提高了近 3 倍。将上述思想引入到计算机处理机的设计和实现中,以提高计算机的工作速度。

类似于工厂中的生产流水线,计算机中把要完成的任务分割成一系列功能独立的子任务,每个子任务在流水线的不同阶段同时执行。当多个任务连续不断地输入流水线时,实现了子任务的并行执行。图 6-27 给出了线性流水线的基本结构及其并行工作的示意图。

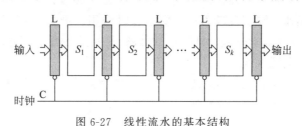

图 6-27　线性流水的基本结构

图 6-27 中,S_i 表示功能独立的子任务,L 是缓冲器(锁存器),以确保一个周期内流水线的输入信号不变。

例如,将一条指令的执行过程简单地分为 3 个阶段:第 1 阶段是取指令(简称取指);第 2 阶段是分析指令(简称析指),对指令的操作码译码分析,产生操作控制信号;第 3 个阶段是执行指令(简称执指),在操作控制信号的作用下,各执行部件完成指令的执行过程。程序中指令的执行可以按照串行的方式进行,也可以按照并行的方式进行。

串行方式指的是前一条指令的各阶段全部完成后,再进入下一条指令的取指、分析、执行过程。串行方式的程序执行过程如图 6-28(a)所示。如果连续 n 条指令串行执行,需要的时间等于 n 条指令的取指、析指和执指之和,简记为

$$n(T_{取} + T_{析} + T_{执})$$

并行执行方式是指多条指令执行过程中各阶段在时间上重叠进行,例如第 k 条指令析指的同时,第 $k+1$ 条指令可以取指;当第 k 条指令进入执指的同时,第 $k+1$ 条指令进入析指,此时第 $k+2$ 条指令可以取指。这样的重叠并行执行的方式就是指令流水技术。其执

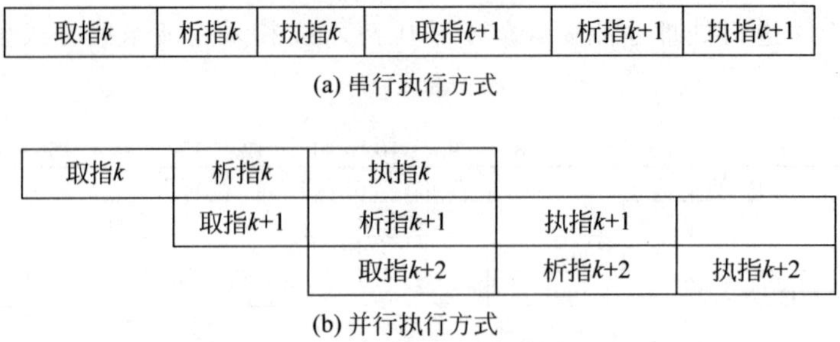

|取指k|析指k|执指k|取指k+1|析指k+1|执指k+1|

(a) 串行执行方式

取指k	析指k	执指k			
	取指k+1	析指k+1	执指k+1		
		取指k+2	析指k+2	执指k+2	

(b) 并行执行方式

图 6-28 指令的执行方式

行过程如图 6-28(b)所示。连续的 n 条指令并行重叠执行，其时间为

$$T_{取} + \max(T_{析}, T_{取}) + (n-2)\max(T_{取}, T_{析}, T_{执}) + \max(T_{析}, T_{执}) + T_{执}$$

当 n 很大时，并行方式比串行方式约缩短 2/3 的时间。

流水线中子任务的划分很重要，原则上要求各阶段的处理时间相同。如果某一阶段的处理时间较长，势必造成其他阶段的空转等待。

6.7.2 流水线的分类

计算机中流水线功能繁杂，种类很多，根据不同分类方法可以分成多种不同类型的流水线。

1. 按处理的级别分类

部件级流水线 又称运算操作流水线。它是把处理机的算术逻辑部件分段，以便各种数据类型进行流水操作。在实现较为复杂的运算时采用。例如，浮点运算器中实现浮点加减运算时，将运算过程分成求阶差、对阶、尾数加减、规格化 4 段子任务，采用了流水线技术。此时的流水属于部件级流水线。

处理机级流水线 又称指令流水线。将一条指令的取指、分析、执行过程分为多个阶段，图 6-29 给出一种典型的指令流水线。

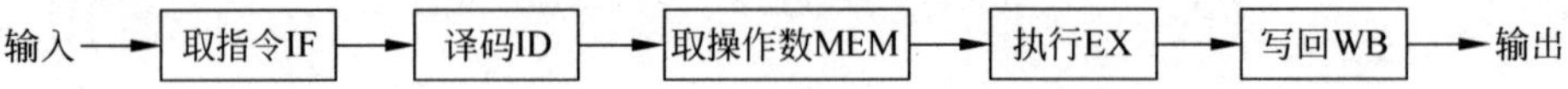

输入 → 取指令IF → 译码ID → 取操作数MEM → 执行EX → 写回WB → 输出

图 6-29 一种典型的指令流水

处理机间级流水线 又称宏流水线。它是指两个以上的处理机串行地对同一个数据流进行处理，每个处理器完成其中的一项任务。如图 6-30 所示，处理机 1 对输入的数据进行一定的处理后，结果存入内存，然后被处理机 2 取出进行第二个处理任务，以此类推。这属于异构处理机系统，对提高各处理机的效率有很多作用。

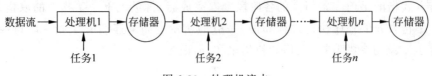

图 6-30 处理机流水

2. 按完成的功能分类

按流水线完成的功能是否单一，流水线可分为单功能流水线和多功能流水线。

单功能流水线 是指一条流水线只能完成一种固定的功能。例如,浮点加法器流水线只完成浮点加法运算,浮点乘法流水线专门完成浮点乘法运算等。要实现多种功能,需采用多条单功能的流水线。例如,我国研制的 YH-1 计算机中有 18 条单功能流水线。

多功能流水线 是指流水线的各段可以进行不同的连接,从而使流水线在不同情况下可完成不同功能。例如 Texas 仪器公司的 TiASC 计算机中采用的多功能流水如图 6-31 所示。它将运算器的流水线分成 8 段。通过不同的连接方式可以完成整数的加减运算、整数的乘除运算,浮点的加减运算、浮点乘除运算,还可以实现逻辑运算、移位操作等功能。

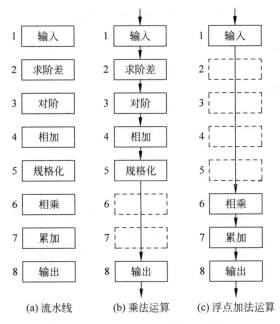

图 6-31 TiASC 的多功能流水线

另外,还可以按流水线的条数分为标量流水线(一条流水线)和超标量流水线(重复设置两条及以上流水线),按流水线的连接的方式分为静态流水线和动态流水线,按处理的数据类型分为标量流水线和向量流水线,按流水线结构分为线性流水线和非线性流水线,等等,详细内容在此不再介绍,有兴趣可以查阅相关参考书。

6.7.3 流水线的时空图及性能指标

采用时空图描述流水线是一种常用的方式。这里通过时空图对流水线性能进行分析,给出几个主要指标。

1. 流水线的时空图

顾名思义,流水线的时空图就是流水线的时间和空间的坐标图,用来表示流水线中各功能部件重叠工作的情况。横坐标是时间轴,表示每个部件在各个时间段的工作情况;纵坐标表示流水线的各功能部件工作的子过程。

图 6-30 为一个 4 段浮点加法器流水线的时空图。这里假设各子过程的执行时间都相等,横轴被分隔成长度相等的时间段。

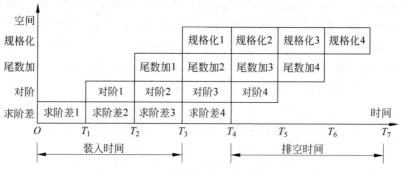

图 6-32　4 段浮点加法器流水线的时空图

图 6-32 中可以直观地体现出各子过程以及它们执行的时间序列。在流水线的输入端，描述了各子任务的装入时间，输出端可看到各子任务执行后的排空时间。

2. 流水线的性能指标

衡量一种流水线性能的主要指标有吞吐率、使用效率和加速比。

(1) 吞吐率。流水线的吞吐率，用 TP(ThroughPut rate) 表示，是指单位时间内流水线可以处理的任务或输出结果数据的数量。如果 n 表示任务数，T_k 表示 k 段流水线处理 n 个任务所用的时间，则

$$\mathrm{TP} = n/T_k$$

它主要与流水段的处理时间、缓存寄存器的延迟时间有关。流水段的处理时间越长，缓存寄存器的延迟时间越大，这条流水线的吞吐率就越小。

若每段执行时间相同，用 Δt 表示，如图 6-33 所示时空图，则：

$$\mathrm{TP} = n/T_k = n/((k\Delta t + (n-1)\Delta t))$$

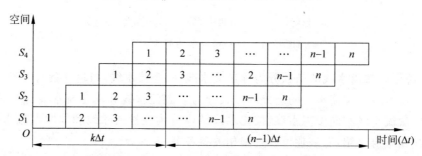

图 6-33　各段执行时间相等的流水线时空图

当 $n \gg k$ 时，即不间断流水线的指令数目 n 远大于流水线的段数 k 时，则 TP 接近于 $1/\Delta t$。即每间隔一个流水段的执行时间就可以完成一个任务。当流水线的各段执行时间不等时，要以流水线中执行时间最长段的执行时间作为 Δt 计算吞吐率。

(2) 加速比。流水线的加速比，用 S(Speedup) 表示，是指完成某一任务串行模式执行所用时间与流水线模式所用时间的比值。比值越大，说明这条流水线的工作安排方式越好。若用 T_0 表示串行方式执行 n 个任务所用的时间，T_k 表示 k 段流水线情况下执行执行 n 个任务所用的时间，则流水线的加速比：

$$S = T_0/T_k$$

若 n 个任务连续,且流水线的各功能段执行时间相等,则该流水线串行执行 n 个任务的总时间为 $T_0=nk\Delta t$;而 k 段流水线完成 n 个任务的总时间 $T_k=k\Delta t+(n-1)\Delta t$。则流水线的加速比:

$$S=T_0/T_k=nk\Delta t/[k\Delta t+(n-1)\Delta t]=nk/[k+(n-1)]$$

当 $n\gg k$ 时,即不间断流水线的指令数目 n 远大于流水线的段数 k 时,$S\approx k$。然而,并非流水线的段数越多越好。因为流水线的段数越多,要求连续输入的任务数 n 很大时,才能发挥效率。实际上段数的提高会受到各种相关(后续介绍)、控制的复杂性及实现成本等因素制约。

(3) 使用效率。流水线的使用效率,用 E(Efficiency)表示,是指流水线中各个部件的利用率。由于流水线在开始工作时存在建立时间,在结束时存在排空时间,各个部件不可能一直在工作,总有某个部件在某一个时间处于闲置状态。通常用时空图中 n 个任务占用的时空区的有效面积与 k 个功能段所占时空区的总面积比值,来计算这条流水线的使用效率。

实际上 n 个任务占用的时空区的有效面积就是 T_0,而 k 个功能段所占时空区总面积 kT_k,因此流水线的使用效率为

$$E=T_0/kT_k$$

它包括时间和空间两方面的因素。

上式也可以变换为 $E=S/k$,即可以理解为流水线的使用效率就是实际加速比与最大加速比的比值。

若 n 个任务连续,且流水线的各功能段执行时间相等,则该流水线执行 n 个任务占用的时空区,即串行执行 n 个任务的总时间为 $kn\Delta t$;而一条 k 段流水线完成 n 个任务的总时空区为 $k[k\Delta t+(n-1)\Delta t]$。其使用效率为

$$E=kn\Delta t/\{k[k\Delta t+(n-1)\Delta t]\}$$

当 $n\gg k$ 时,即不间断流水线的指令数目 n 远大于流水线的段数 k 时,$E\approx 1$。

实际应用中,输入的任务往往是不连续的,另外程序本身存在各种相关问题,吞吐率、加速比和使用效率都会打一定折扣。

6.7.4 流水线的相关问题

流水线处理方式是一种时间重叠的并行处理技术,其良好的性能要求流水线必须时时保持畅通,让任务充分流动。但在实际中,程序执行过程中会由于发生某种关联使流水线停顿下来或不能启动,这种现象称为相关。流水中主要的相关有:资源相关、数据相关和控制相关。

1. 资源相关

指多个任务在同一时间周期内争用同一个流水段引起冲突的现象。例如,假如在指令流水线中,如果数据和指令放在同一个存储器中,并且访问接口也只有一个,那么取后续指令和取当前指令的数据就会争用存储器,如表 6-2 中,第 4 个时钟周期时,I_1 取数和 I_4 取指,存在访问存储器冲突。解决此类相关冲突的方法,一是取后续指令暂停,等当前指令取数完成;另一种办法是增设一个存储器,将指令和数据分别放在两个存储器中。

表 6-2 两条指令同时访问存储器发生的资源相关

	时钟	1	2	3	4	5	6	7	8
指令	I_1(LAD)	IF	ID	EX	MEM	WB			
	I_2		IF	ID	EX	MEM	WB		
	I_3			IF	ID	EX	MEM	WB	
	I_4				IF	ID	EX	MEM	WB
	I_5					IF	ID	EX	MEM

在一些算术流水线中,有些运算也会争用一个运算部件。

2. 数据相关

在程序执行过程中,如果后续指令要使用前面指令的操作结果,而这一结果尚未产生或未送到指定的位置,造成后续指令无法正常运行。这种由于使用数据出现冲突而造成流水线堵塞的情况被称为数据相关。

在流水计算机中,指令的处理是重叠进行的,上一条指令还没有结束,后面第 2、3 条指令已经陆续开始工作。由于多条指令的重叠处理,当后续指令所需的操作数,刚好是上一条指令的运算结果时,便可能发生数据相关。这种相关也称为"先读后写"数据相关。

例如,如下程序代码:

```
ADD   R1,R2,R3        ;(R3)+(R2)→(R1)
SUB   R4,R1,R5        ;(R1)-(R5)→(R4)
AND   R6,R1,R7        ;(R1)·(R7)→(R6)
```

如表 6-3 所示,ADD 指令在时钟 5 时将运算结果写入寄存器堆(R_1)中,但 SUB 指令在时钟 4 时读寄存器堆(R_1)到 ALU 参与运算,造成 ADD 和 SUB 两条指令的"先读后写"数据相关冲突,使得 SUB 的运算结果发生错误。同样,表 6-3 可以看出,AND 指令在时钟 5 时读取寄存器堆(R_1)到 ALU,造成 ADD 和 AND 两指令读和写数据的相关冲突。

表 6-3 两条指令发生的数据相关

	时钟	1	2	3	4	5	6	7	8
指令	ADD	IF	ID	EX	MEM	WB			
	SUB		IF	ID	EX	MEM	WB		
	AND			IF	ID	EX	MEM	WB	

解决数据相关,一是增加运算部件的数量来使它们不再争用同一个部件,或变换代码消除相关;二是用指令调度的方法重新安排指令或运算的顺序。对指令进行调度是保持关联但避免冲突常用的一种方法,它可以通过硬件技术或软件方法实现。例如在流水 CPU 的运算器中,设置大量运算结果缓冲器,对于寄存器的数据相关冲突进行预测后,将运算结果暂时保留到缓冲器中,以便后续指令直接使用,这也称为定向传送技术。

3. 控制相关

控制相关是由转移指令引起的。当执行转移指令时,依据转移条件,程序可能顺序执行,也可能转移到新的目标地址取指令,从而使流水线发生断流。

为了减小转移指令对流水性能的影响,常用如下两种方法处理控制相关。

延迟转移法：由编译器重新安排序列来实现。基本思想是"先执行后转移"，即发生转移时，并不排空指令流水线，而是让紧跟在转移指令后面的几条指令继续完成。如果这些指令是与转移指令 I_b 的结果无关的有用指令，那么延迟损失时间片得到了有效利用。

转移预测法：通过硬件方法来实现。依据指令过去的行为来预测未来的行为。通过使用转移取和顺序取两路指令预取队列器以及目标指令 Cache，将转移预测提前到取指阶段进行，以获得良好的效果。

6.7.5 流水 CPU 的结构

流水 CPU 的基本组成结构如图 6-34 所示。CPU 按流水方式组织，通常由指令部件、指令队列和执行部件三大部分组成。

指令部件本身也是一个流水线，它由取指令、指令译码、计算操作数地址、取操作数等功能段组成。

指令队列是一个先进先出（FIFO）的寄存器栈，用于存放经过译码的指令和取来的操作数，它也是由若干过程段组成的流水线。

执行部件可以具有多个算术逻辑运算部件，这些部件本身又用流水线方式构成。

由图 6-34 可见，当执行部件正在执行第 I 条指令时，指令队列中存放着 $I+1$、$I+2$、…、$I+k$ 条指令，与此同时，指令部件正在取 $I+k+1$ 条指令。

为了使存储器的存取时间能与流水线的其他各功能段的速度相匹配，一般都采用多体交叉存储器。例如，IBM 360/91 计算机中采用了模 8 交叉存储器。

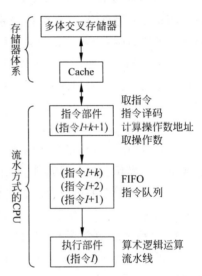

图 6-34 流水 CPU 的基本组成结构

执行段通常采用并行的运算部件以及部件流水线，以提高执行速度。一般采用的方法有以下 3 种。

（1）并行设置定点运算部件和浮点运算部件分别处理定点运算指令和浮点运算指令。

（2）浮点运算部件中又有浮点加法部件和浮点乘除运算部件，它们可以同时执行不同的指令。

（3）浮点运算部件都以流水方式工作。

6.8　RISC CPU

精简指令系统计算机 RISC 是 20 世纪 80 年代提出的。它是在继承了复杂指令系统计算机 CISC 的成功技术，克服了 CISC 缺点的基础上发展起来的。目前，很多处理器都采用了 RISC 体系结构。例如 SUN 公司的 SPARC、IBM 公司的 Power PC，Motorola 公司的88100 等。一些典型的复杂指令系统的计算机在处理器设计时也吸收了 RISC 的设计思想，以提高其性能。例如 Intel 公司的 80486 和 Pentium 系列。

6.8.1 RISC 的优化技术

精简指令系统计算机 RISC 的着眼点并不是简单地简化指令系统,而是通过简化指令系统使计算机的结构更加合理,从而提高处理速度和执行效率,并降低处理器的开发成本。其精髓是减少指令执行的平均周期数。

CPU 在执行程序时影响其速度的原因有 3 个:程序中指令的数量、执行每条指令所需要的时钟周期数和 CPU 的时钟周期。RISC 是优化计算机系统结构的一种设计思想,为了提高 CPU 执行和运算的速度,众多厂家的 RISC 处理器的实现手段有所不同。概括起来,RISC 采用的优化技术有以下几个方面。

1. 减少指令执行周期

对采用复杂指令系统的大量机器语言程序中的指令使用频度进行统计和测试,从中选取常用指令;另外,根据新的操作系统、高级语言和应用环境等要求,再增加一些最常用的指令,从而精简指令数量和种类。指令的功能、格式和编码设计上也尽量简化规整,使指令长度固定。同时多使用单时钟周期指令,使大多数指令都可以在一个时钟周期内完成,并且允许处理器在同一时间内并行处理多条指令。这样既可以减少程序执行的时钟周期数,又缩短了指令执行时间,从而提高 CPU 执行程序的速度。

2. 采用加载—存储结构

在 CPU 中设置数量较多的寄存器,应用寄存器窗口重叠技术,减少访存的次数,使大多数指令的操作在寄存器间进行;只有加载/存储类指令可以访问存储器,通过批量传输数据的方式提高指令的执行效率。这样也使得大多数指令的功能和格式得到简化,减少了寻址方式的种类,缩短了指令执行时间,提高了 CPU 的执行速度。

3. 采用多级指令流水线结构

采用流水线技术可实现多条指令并行执行。有些复杂指令的执行时间可能需要几个时钟周期完成,采用流水线技术后,每条指令的平均执行时间减少,基本上达到每条指令只需一个时钟周期,从而减少程序的执行时间。

4. 采用硬布线控制逻辑

由于指令系统的精简,控制器的逻辑关系相对简单,为了提高指令的执行速度,控制器通常采用组合逻辑实现。这样,处理器芯片上的控制部件所占面积大为减少,可腾出更多空间设置寄存器组或 Cache 部件,减少了部件之间的连线延迟,又进一步提高了操作速度。

5. 采用两级高速缓存结构

流水线技术要求输送指令具有连续性,考虑到减少取指令的时间,可以设置较大容量的高速缓存,满足 CPU 频繁取指的需要。也可以设置两级 Cache,分别存放指令和数据。CPU 通过两个 Cache 分别访问指令和数据,减少 CPU 等待时间,使流水线的效率进一步提高。

6. 采用优化程序编译技术

机器中有大量寄存器,为了提高寄存器的使用效率,减少访问存储器的次数,还要考虑优化编译程序的设计,对寄存器进行合理地分配和使用。另外,还应优化调整指令的执行顺序,减少机器的等待时间,提高处理器的执行速度。

RISC 指令系统的简化,必然使得编译生成的代码长度增长。通过采用编译优化技术,将编译初步生成的代码重新组织,即对目标指令代码的执行次序重新排序,以充分发挥内部操作的并行性,从而提高流水线的执行效率。虽然编译优化技术使编译时间拉长,但程序的编译是一次性的,编译后生成的优化执行代码可以高效率地多次执行。

由此可见,精简指令系统从硬件和软件两个方面,充分采用各种优化技术,提高处理器的执行和运算速度。

6.8.2 RISC CPU 实例

MC 88110 是 Motorola 公司的 RISC 技术的处理器,其以较好的性价比被作为 PC 和工作站的通用微处理器。

1. MC 88110 的内部结构

MC 88110 的内部结构如图 6-35 所示。其中包括了 12 个执行功能部件、3 个 Cache 和 1 个控制部件。

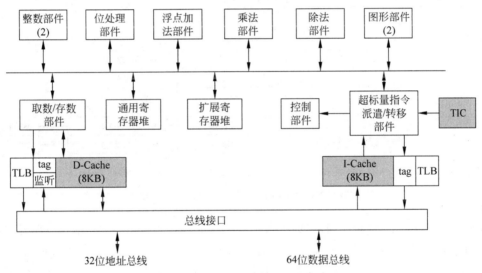

图 6-35　MC 88110 的内部结构

12 个执行功能部件包括实现运算功能的整数运算部件(2 个)、浮点加法部件、乘法部件、除法部件,还专门设置了位处理部件和图形处理部件(2 个)。另外,有专门的取数/存数部件,有用于管理流水线的超标量指令派遣/转移部件。

2 个寄存器堆:通用寄存器堆用于存放整数和地址指针,包含 32 个寄存器,每个寄存器的长度均为 32 位;扩展寄存器堆用于存放浮点数,也包括 32 个寄存器,长度可以是 32 位、64 位和 80 位。

3 个 Cache:一个是指令 Cache,一个是数据 Cache,它们能同时完成取指令和取数据,另一个是目标指令 Cache(TIC),用于保存转移目标指令。

所有部件通过 6 条 80 位宽的内部总线相连接。

2. MC 88110 的指令流水线

MC 88110 的指令流水线如图 6-36 所示。MC 88110 采用超标量流水,设置两条指令流水线，在每个机器周期可以同时完成两条指令的执行。流水线分为 3 段：取指和译码（F&D）、执行（EX）、写回（WB）。

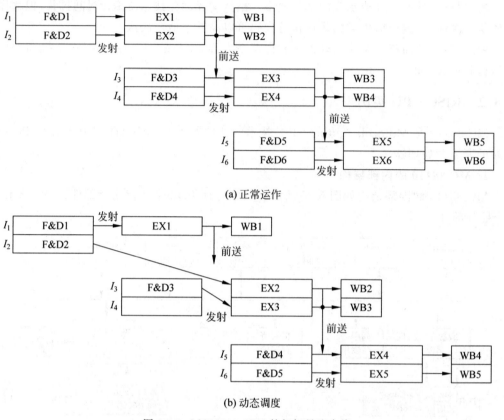

图 6-36　MC88110 CPU 的超标量流水线

F&D 段需要一个时钟周期，完成由指令 Cache 取一对指令并译码，并从寄存器堆取操作数。EX 段对于大多数指令只需要一个时钟周期，个别指令可能多于一个时钟周期。EX 段执行的结果在 WB 段写回寄存器堆，WB 段只需要时钟周期的一半。为了解决数据相关冲突，EX 段的执行结果，一方面在 WB 段写回寄存器堆，另一方面经定向传送，提前传送到 ALU，可直接被当前进入 EX 段的指令所使用。

3. 指令动态调度策略

MC 88110 采用"按序发射，按序完成"的指令动态调度策略。指令派遣单元发出一个地址，取指部件据此从指令 Cache 中取出此地址和下一地址的两条指令。译码后尽量在同一时间发射这两条指令分别到相应的 EX 段，如图 6-36(a)所示。若这对指令的第一条指令由于资源冲突或数据相关冲突，则这对指令都不发射，两条指令在 F&D 段停顿，等待冲突的消除。若第一条指令能发射，第二条指令不能发射，则只发射第一条指令，第二条指令停顿，并与新取的下一条指令进行配对等待发射。此时原第二条指令作为配对的第一条指令对待，如图 6-36(b)所示。

为了判定能否发射指令，MC 88110 使用了计分牌方法。计分牌是一个位向量，寄存器堆中的每个寄存器都有对应的一位。每当一条指令发射时，它预约的目的寄存器在位向量中的相应位上置"1",表示该寄存器"忙"。当指令执行完毕并将结果写回此目的寄存器时,该位被清除。于是,每当判定是否发射一条指令(STORE 指令和转移指令除外)时,一个必须满足的条件是:该指令的所有目的寄存器、源寄存器在位向量中的相应位都已被清除。否则,指令必须停顿等待这些位被清除。为了减少经常出现的数据相关,流水线采用了如前面所述的定向传送技术,将前面指令执行的结果,直接送给需此源操作数的后面指令,并同时将位向量中的相应位清除。因此,指令发射和定向传送是同时进行的。

由于执行段有多个功能部件,很可能出现无序完成的情况。为了实现按序完成,MC 88110 设置了一个 FIFO 指令执行队列,称之为历史缓冲器。每当一条指令发射出去,它的副本就被送到 FIFO 队尾。队列最多能保存 12 条指令。只有前面的所有指令执行完,这条指令才到达队首。当它到达队首并执行完毕后才离开队列。

对于转移处理,MC 88110 使用了延迟转移法和目标指令 Cache(TIC)法。延迟转移通过编译程序来调度。目标指令 Cache(TIC)是一个 32 项的全相联 Cache,每项能保存转移目标路径的前两条指令。当一条转移指令译码并命中 Cache 时,能同时由 TIC 取来它的目标路径的前面两条指令。

【例 6-6】 图 6-37(a)所示超标量流水线结构模型中,流水线分为取指(F)、译码(D)、执行(E)和写回(W)4 段。F、D、W 段完成只需一个时钟周期。E 段有多个功能部件,其中取数/存数部件完成数据 Cache 访问,需要一个时钟周期;加法器完成需要 2 个时钟周期,乘法器需要 3 个时钟周期,它们都已经流水化。F 段和 D 段要求成对输入。E 段内部采用数据定向传送,结果生成即可使用。

现有如下 6 条指令序列,其中 I_1 和 I_2 之间存在"读后写(RAW)"数据相关冲突,指令 I_5 和 I_6 之间存在"写后写(WAW)"数据相关,但不冲突。

指令 I_1:

LAD R1,A   ; 取数 M(A)→R1

指令 I_2:

ADD R2,R1   ; R2 + R1→R2

指令 I_3:

ADD R3,R4   ; R3 + R4→R3

指令 I_4:

MUL R4,R5   ; R4 × R5→R4

指令 I_5:

LAD R6,B   ; 取数 M(B)→R6

指令 I_6:

MUL R6,R7   ; R6 × R7→R6

画出:

(1) 按序发射按序完成各段的推进情况图。

(2) 按序发射按序完成的流水线时空图。

解：

(1) 按序发射按序完成各段的推进情况如图 6-37(b)所示。由于指令 I_1、I_2 有数据相关冲突，I_2 要推迟一个时钟才能发射，比 I_1 晚一个时钟周期进入执行段，此时取指段不能取新的指令，处于等待状态。I_2 进入执行段后，I_3 与 I_4 成对译码，I_3 继 I_2 后按序发射进入执行段。

I_5、I_6 之间也存在数据相关，但是 I_6 的完成在 I_5 之后，不会发生冲突。注意，I_5 实际上在时钟 6 执行完毕，但 I_4 还没有写入，一直推迟到时钟 9 才写回，这是为了保持按序完成。

该流水线完成 6 条指令的程序段的执行任务总共需要 10 个时钟周期。

(2) 按序发射按序完成的流水线时空图，如图 6-37(c)所示。

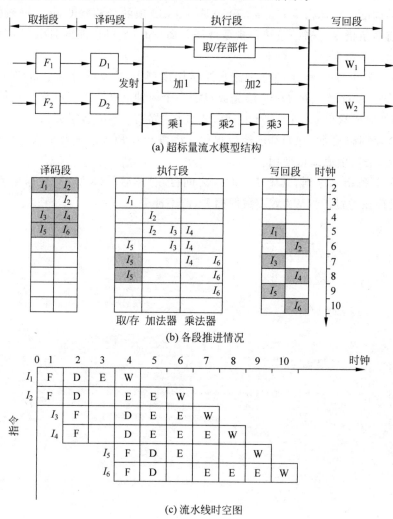

图 6-37 超标量流水线各段推进情况图和时空图

6.9 典型处理器简介

从计算机技术发展过程中,选取几种典型的处理器,给出它们的性能特点和内部结构,以便直观上认识前面章节中介绍的 CPU 的主要组成及其工作机理,感受 CPU 结构的发展过程。

6.9.1 传统 CPU

早期传统的 CPU 内部没有设置 Cache,主要包括运算器和控制器两大部件。这里以 Intel 8088CPU 和 IBM 370 系列 CPU 为例,说明传统 CPU 的性能及特点。

1. Intel 8088

Intel 8088 是一种通用的准 16 位微处理器。其内部结构为 16 位,但外部数据总线是 8 位,因此称为"准"16 位。其内部结构如图 6-38 所示。Intel 8088 的 ALU 是定点运算器,可以实现定点的加、减、乘、除和逻辑运算,没有浮点运算功能部件。

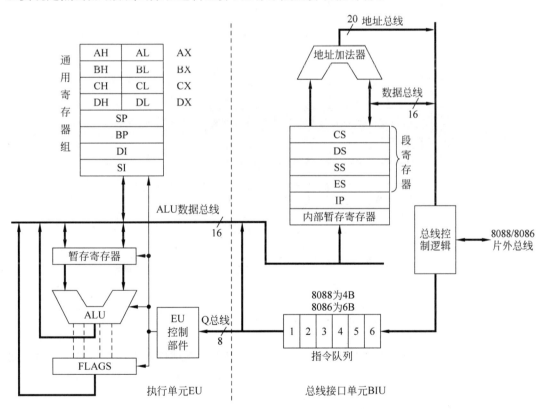

图 6-38 Intel 8088 内部结构

Intel 8088 的内部结构大体上分成总线接口单元(BIU)和执行单元(EU)两大功能部件,有指令队列。BIU 负责与存储器和外围设备接口,取指令或取操作数等与主存或外设信息交换时,通过 BIU 完成。EU 负责指令的执行。这样取指令和执行指令可以独立并行工作,即实现了简单的指令流水。

Intel 8088 内部总线是 16 位,有 8 个 16 位寄存器,其中 AX、BX、CX、DX 4 个寄存器的高 8 位和低 8 位可以分别单独作为 8 位寄存器使用。其外部数据总线为 8 位,主要是为了减少 CPU 的引脚数量,降低对封装工艺的要求,降低成本。

其外部地址总线是 20 位,可寻址地址空间 1M。由于内部寄存器只能提供 16 位,为了解决 20 位主存地址的寻址问题,Intel 8088 内部设置了 4 个段寄存器,将主存进行分段管理。4 个段寄存器分别存放代码段、数据段、堆栈段和附加段的段首地址的高 16 位,由直接寻址或寄存器间接寻址方式提供偏移地址,段寄存器的 16 位左移 4 位后,与偏移地址的 16 位在 BIU 中的加法器相加,形成 20 位的实际地址,输出到外部地址总线,访问主存单元。在不改变段寄存器值的情况下,最大的寻址范围只有 64KB。

2. IBM 370 系列

IBM 370 系列机中使用的 CPU 的结构如图 6-39 所示,其内部总线是 32 位,是 32 位微处理器。

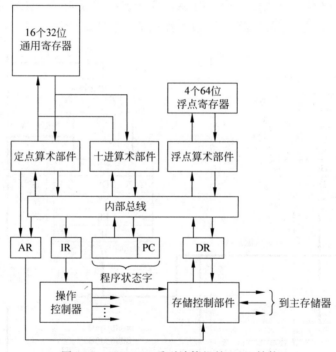

图 6-39　IBM 370 系列计算机的 CPU 结构

其功能结构与 Intel 8088 类似,只是 ALU 除了定点运算部件还有浮点运算部件和十进制运算部件。除了 16 个 32 位通用寄存器,存放地址或整数操作数,还有 4 个 64 位用于浮点运算的浮点寄存器。

6.9.2　现代 CPU

现代 CPU 中,除了运算器和控制器外,一般还将 Cache 集成到芯片上,以提高取数据或指令的速度。下面以 Pentium CPU 为例说明现代 CPU 的基本构成,及广泛采用的一些技术。

Pentium 是 Intel 公司生产的超标量流水处理器,它是一个 32 位的微处理器。其内部主要寄存器均为 32 位,与主存连接的数据总线宽度是 64 位;支持多种类型的总线周期,在猝发模式下,可在一个总线周期内读取或写入 256 位(32B)的数据。

Pentium 具有非固定长度的指令格式,9 种寻址方式,191 条指令。具有 CISC 和 RISC 两者的特性,但具有 CISC 的特性多些,被看作 CISC 结构的微处理器。其内部结构如图 6-40 所示。

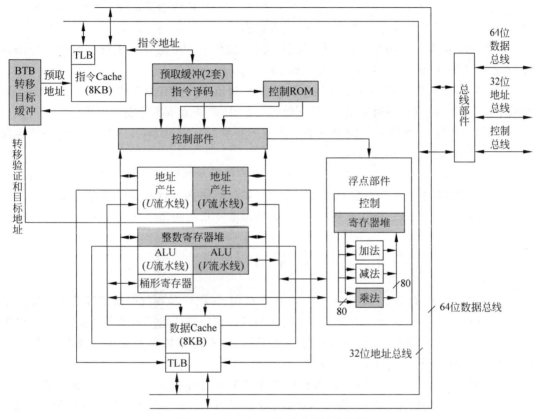

图 6-40　Pentium CPU 内部结构框图

内部分别设置指令 Cache 和数据 Cache。有定点运算部件和浮点运算部件,其中定点运算有 U、V 两条指令流水线,属于超标量流水 CPU。解决控制相关冲突采用转移预测的方式。

(1) 超标量流水线。超标量流水是 Pentium CPU 系统结构的核心。它由 U、V 两条指令流水线构成,每条流水线都有自己的 ALU、地址生成电路、与数据 Cache 的接口。两个指令预取缓冲器负责从指令 Cache 或主存取指令并保存,每个可存储 32B 内容。

指令译码器对指令进行译码,并完成指令配对检查。两条连续的指令前后被译码,然后判定是否将这对指令并行发射出去。CPU 对 U、V 两条流水线的调度采用按序发射按序完成的策略。

在指令配对的条件下,流水线能在每个时钟周期内执行两条简单的整数指令,但只能执行一条浮点指令。因为 8 段的浮点指令流水线中,有 4 段与 U、V 流水线共享,所以浮点指令不能与整数指令同时执行。

操作控制器采用硬布线控制和微程序控制相结合的方式。大多数简单指令用硬布线控制逻辑实现,在一个时钟周期内执行完毕。微程序实现的指令,也在2~3个时钟周期内执行完毕。

(2) 指令 Cache 和数据 Cache。Pentium CPU 分别设置了各 8KB 的指令 Cache 和数据 Cache。指令 Cache 是只读的,以单端口 256 位(32B)向指令预取缓冲器提供超长指令字代码。数据 Cache 是双端口的 RAM,每个端口 32 位,与 U、V 两条流水线交换整数数据,或组合成一个 64 位端口与浮点运算部件交换浮点数据。

两个 Cache 都是 2 路组相联结构,每行 32B。数据 Cache 可设置成行写回或全写法方式,并遵守 MESI 协议来维护 L1 Cache 和 L2 Cache 的一致性。

指令 Cache 和数据 Cache 的独立设置,是对标量流水线的有力支持,它不仅使指令预取和数据读写能无冲突地同时完成,而且可同时与 U、V 两条流水线分别交换数据。

(3) 动态转移预测技术。设置一个小容量的转移目标缓冲器(BTB),采用动态转移预测技术,解决控制相关冲突的问题。

当一条指令导致程序转移时,BTB 记录下这条指令及其转移目标地址。以后遇到这条转移指令时,BTB 会依据前后转移发生的历史,来预测该指令这次是转移还是顺序。两个指令预取缓冲器分别存放转移取和顺序取,这样保证流水线的指令预取步骤永远不会空置。

本 章 小 结

CPU 是计算机的核心,具有指令控制、操作控制、时间控制和数据加工等基本功能。早期的 CPU 由运算器和控制器两大部件组成。随着高密度集成电子技术的发展,Cache 也集成在 CPU 内部。早期的 CPU 中只有定点运算器,浮点运算器单独实现。现在很多 CPU 内部还包括浮点运算器和存储管理部件。

控制器是 CPU 的核心部件,计算机的工作过程就是在控制器控制下完成的程序执行过程。控制器包括程序计数器、指令寄存器、指令译码器、操作控制器和时序信号发生器。操作控制器根据指令的功能产生指令执行时所需的操作控制信号,时序信号发生器提供各种时序信号。操作控制器利用这些时序信号进行定时,有条不紊地取出一条指令并执行这条指令。

CPU 从内存取出一条指令并执行这条指令的时间称为指令周期。指令的操作功能不同,其指令周期不尽相同。指令周期的分析是控制器设计的重要环节。

控制器的设计方法有硬布线和微程序两种。硬布线控制器的基本设计思想是,操作控制信号是指令操作码译码输出、时序信号和状态条件信号的逻辑函数,即用布尔代数写出逻辑表达式,然后用门电路、触发器等器件实现。其优点是速度快,但设计烦琐、复杂,适用于 RISC 结构。微程序设计技术是利于软件方法设计控制器的一种技术,具有规整性、灵活性、可维护性等优点,适用于 CISC 结构。本章重点介绍了微程序控制器的基本结构和工作原理,以及微程序控制器设计中的相关概念和技术。

习 题 6

一、基础题

1. 下列部件中不属于执行部件的是( )。
   A. 控制器　　　　　B. 存储器　　　　　C. 运算器　　　　　D. 外围设备
2. 中央处理器是指( )。
   A. 运算器　　　　　　　　　　　　　　B. 控制器
   C. 运算器和控制器　　　　　　　　　　D. 运算器、控制器和主存储器
3. 程序计数器 PC 属于( )。
   A. 运算器　　　　　B. 控制器　　　　　C. 存储器　　　　　D. I/O 接口
4. 主存中的程序被执行时,首先要将从内存中读出的指令存放到( )。
   A. 程序计数器　　　B. 地址寄存器　　　C. 指令译码器　　　D. 指令寄存器
5. CPU 组成中不包括( )。
   A. 指令寄存器　　　B. 指令译码器　　　C. 地址寄存器　　　D. 地址译码器
6. 状态寄存器用来存放( )。
   A. 逻辑运算结果
   B. 算术运算结果
   C. 运算类型
   D. 算术、逻辑运算及测试指令的结果状态
7. 控制器的功能是( )。
   A. 产生时序信号
   B. 从主存取出一条指令
   C. 完成指令操作码译码
   D. 从主存取出指令,完成指令操作码译码,并产生相关操作控制信号
8. 下面有关 CPU 的寄存器的描述中,正确的是( )。
   A. CPU 中的所有寄存器都可以被用户程序使用
   B. 一个寄存器不可能既做数据寄存器,又做地址寄存器
   C. 程序计数器用来存放指令
   D. 地址寄存器的位数一般和存储器地址寄存器的位数一样
9. 在 CPU 中跟踪指令后继地址的寄存器是( )。
   A. 主存地址寄存器 MAR　　　　　　　B. 程序计数器 PC
   C. 指令寄存器 IR　　　　　　　　　　D. 状态条件寄存器 PSW
10. 下列部件中不属于控制器的部件是( )。
    A. 指令寄存器　　　B. 操作控制器　　　C. 程序计数器　　　D. 通用寄存器
11. 计算机操作的最小时间单位是( )。
    A. 时钟周期　　　　B. 指令周期　　　　C. CPU 周期　　　　D. 存取周期
12. 指令周期是指( )。
    A. CPU 从主存中取出一条指令的时间

B. CPU 执行一条指令的时间

C. CPU 从主存中取出一条指令加上执行这条指令的时间

D. 时钟周期时间

13. 假设机器的 CPU 周期长度固定为 4 个时钟周期。下面叙述正确的是(　　)。

    A. 一条指令的取指阶段需要 1 个 CPU 周期

    B. 一条指令的取指阶段需要 2 个 CPU 周期

    C. 一条指令的执行阶段至少需要 1 个 CPU 周期

    D. 一条指令的执行阶段至少需要 2 个 CPU 周期

14. 微程序放在(　　)中。

    A. 指令寄存器　　　B. RAM　　　C. 控制存储器　　　D. 主存

15. 相容性微命令指几个微命令是(　　)。

    A. 可以同时出现的　　　　　　　　B. 可以相继出现的

    C. 可以相互替代的　　　　　　　　D. 可以相互容错的

16. 微程序控制器中,机器指令与微指令的关系是(　　)。

    A. 每一条机器指令由一条微指令来执行

    B. 每一条机器指令由一段用微指令编成的微程序来解释执行

    C. 一段机器指令组成的程序可由一条微指令来执行

    D. 一条微指令由若干条机器指令组成

17. 垂直型微指令的特点是(　　)。

    A. 微指令格式垂直表示　　　　　　B. 控制信号经过编码产生

    C. 采用操作码　　　　　　　　　　D. 一次可以完成多个操作

18. 以硬连线方式构成的控制器(控制单元)也称为(　　)。

    A. 组合逻辑控制器　　　　　　　　B. 微程序控制器

    C. 存储逻辑控制器　　　　　　　　D. 运算器

19. 下列有关指令流水线的叙述中,错误的是(　　)。

    A. 采用指令流水线,使得一条指令的执行过程变短

    B. 指令流水线可以大大加快程序的执行速度

    C. 二阶段流水线并不能使指令执行效率成倍增长

    D. 指令流水线在许多情况下会遭到破坏

20. 超标量流水技术是指(　　)。

    A. 缩短原来流水线的处理器周期

    B. 在每个时钟周期内同时并发多条指令

    C. 把多条能并行操作的指令组合成一条具有多个操作码字段的指令

21. 试根据图 6-10 所示双总线结构的 CPU 数据通路,分析下列指令的执行过程,画出其指令流程图,并列出相应微操作控制信号序列。假设该指令的地址已存入在 PC 中。

    (1) ADD　R_1,R_2　　　;$R_1 \leftarrow R_1 + R_2$

    (2) LAD　R_1,(R_2)　;$R_1 \leftarrow (R_2)$

22. 某机的 CPU 结构如图 6-41 所示,其中有一个累加寄存器 AC、一个状态条件寄存器和其他 4 个寄存器,各部件之间的连线表示数据通路,箭头表示信息传送方向。

(1) 根据寄存器所在通路中的功能位置,标明 a、b、c、d 这 4 个寄存器的名称。
(2) 简述指令从主存取出送到控制器的数据通路。
(3) 简述数据在运算器和主存之间进行存取访问的数据通路。

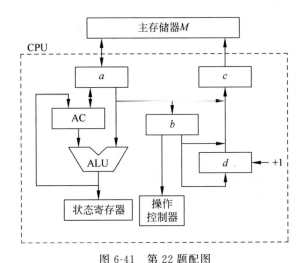

图 6-41 第 22 题配图

23. 某 CPU 有 70 条指令,采用微程序控制方式,平均每条指令由 4 条微指令组成,其中有一条取指微指令是公用的。控制存储器至少需要多少个字?

24. 已知某机采用微程序控制方式,控存容量为 128×32 位。微程序可在整个控存中实现转移,控制微程序转移的条件共 4 个,微指令采用水平型格式,后继微指令地址采用断定方式。请问:
(1) 微指令的 3 个字段分别应为多少位?
(2) 画出对应这种微指令格式的微程序控制器原理图。

二、提高题

1. 主机中能对指令进行译码的器件是( )。
   A. ALU   B. 运算器   C. 控制器   D. 存储器
2. 程序计数器的功能是( )。
   A. 存放微指令地址   B. 计算程序长度
   C. 存放指令   D. 存放要执行的下一条机器指令的地址
3. 通用寄存器是( )。
   A. 可存放指令的寄存器   B. 可存放程序状态字的寄存器
   C. 本身具有计数逻辑与移位逻辑的寄存器   D. 可编程指定多种功能的寄存器
4. 计算机主频的周期是指一个( )。
   A. 指令周期   B. 时钟周期   C. CPU 周期   D. 存取周期
5. 一个节拍脉冲持续的时间长短可以是一个( )。
   A. 指令周期   B. 机器周期   C. 时钟周期   D. 以上都不是
6. 构成控制信号序列的最小单位是( )。
   A. 程序   B. 指令   C. 微命令   D. 机器指令

7. 在计算机中,存放微指令的控制存储器隶属于( )。
    A. 外存　　　　　B. 高速缓存　　　　C. 内存　　　　　D. CPU
8. 一条机器指令是若干条( )组成的序列来实现的。
    A. 微操作　　　　B. 微指令　　　　　C. 指令　　　　　D. 微程序
9. 微程序控制器中,微程序的入口地址是根据( )形成的。
    A. 机器指令的地址码字段　　　　　　B. 微指令的微地址码字段
    C. 机器指令的操作码字段　　　　　　D. 微指令的微操作码字段
10. 设计微程序的人员是( )。
    A. 硬件设计人员　　　　　　　　　　B. 系统软件人员
    C. 应用软件人员　　　　　　　　　　D. 用户
11. 为了确定下一条微指令的地址而采用的断定方式的基本思想是( )。
    A. 用程序计数器 PC 来产生后继微指令地址
    B. 用微程序计数器 μPC 来产生后继微指令地址
    C. 通过微指令顺序控制字段由设计者指定或由设计者指定的判别字段控制产生后继微指令地址
    D. 通过指令中指定一个专门字段来控制产生后继微指令地址
12. 相较于垂直型微指令,水平型微指令位数( ),用它编写的微程序( )。
    A. 较少　　　　　B. 较多　　　　　　C. 较长　　　　　D. 较短
13. 微程序控制器的速度比硬布线控制器慢,主要是因为( )。
    A. 增加了从磁盘存储器读取微指令的时间
    B. 增加了从主存储器读取微指令的时间
    C. 增加了从指令寄存器读取微指令的时间
    D. 增加了从控制存储器读取微指令的时间
14. 相对于硬布线控制器,微程序控制器的优点在于( )。
    A. 速度较快　　　　　　　　　　　　B. 结构比较规整
    C. 复杂性和非标准化程度低　　　　　D. 增加和修改指令较为容易
15. 下列叙述中,不能反映 RISC 特征的有( )。
    A. 设置大量通用寄存器
    B. 使用微程序控制器
    C. 执行每条指令所需的机器周期数的平均值小于 2
    D. 简单的指令系统
16. 某计算机主要部件如图 6-42 所示,其中 LA 为 ALU 的 A 输入端选择器,LB 为 ALU 的 B 输入端选择器,M 为主存,MDR 为主存数据寄存器,MAR 为主存地址寄存器,IR 为指令寄存器,PC 为程序计数器,C、D 为暂存器,$R_0 \sim R_3$ 为通用寄存器。

(1) 补充各种部件之间的主要连线,并注明信号流动的方向。

(2) 画出指令 ADD @R_1,@R_2 的指令流程图。其功能是:寄存器 R_1 为地址的存储单元的内容,与寄存器 R_2 为地址的存储单元的内容相加,结果存入寄存器 R_1 为地址的存储单元中。

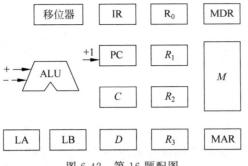

图 6-42 第 16 题配图

17. 某机共有 55 个微操作控制信号,构成 5 个互斥的微命令组,各组分别包含 4、7、8、12 和 24 个微命令。已知可判定的外部条件有 CY 和 ZF 两个,微指令字长 30 位。

(1) 给出采用断定方式的水平型微指令格式。
(2) 指出控制存储器的容量。

18. 设有某运算器的数据通路如图 6-43 所示,假设操作数 a 和 b(均为补码)已分别放在通用寄存器 R_1 和 R_2 中,ALU 有 +、-、M(传送)3 种操作功能。

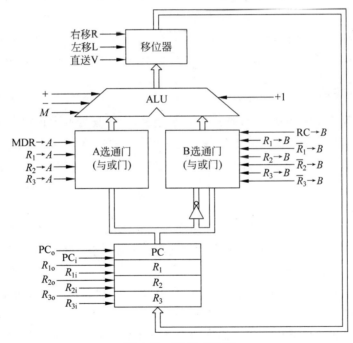

图 6-43 第 21 题配图

(1) 指出互斥性微操作和相容性微操作。
(2) 用字段译码法设计适合此运算器的微指令格式。
(3) 画出计算机 $(a-b)/2 \to R$ 的微程序流程图,回答执行周期需要几条微指令?
(4) 按设计的微指令格式,写出(3)要求的微指令编码。

第 7 章 外围设备

外围设备是计算机系统与外界联系的纽带,是计算机功能的主要实现者。随着计算机技术的发展,计算机应用越来越广,一个计算机系统携带的外围设备越来越多,外围设备的重要性越来越大。本章主要介绍外围设备的概念和分类,并对一些基本外围设备的原理与特征作简单介绍。

7.1 外围设备概述

7.1.1 外围设备概念

计算机 CPU 与主存一起构成主机。计算机系统中除主机以外的设备都可归为外围设备,简称外设。外设可以完成数据的输入、输出、批量存储、信息加工处理任务。计算机的绝大部分功能都要依赖外围设备完成。随着信息技术的发展,外围设备在整个计算机系统中所占比重不断增加,一般用户的外围设备占总成本的 50% 以上,从故障率看,约有 80% 的故障发生在输入输出子系统上。因此,外设是计算机系统不可或缺的重要组成部分。

7.1.2 外围设备分类

为了增强计算机系统的功能,外设配置越来越多,除了配置基本的输入输出设备之外,还会配置一些与应用领域相关的外围设备。这些设备多种多样,可能涉及物理和化学机制,还可能涉及机电工程技术,而且在不断发展中。根据设备在计算机系统中的作用可以划分为以下几类。

1. 输入设备

能够向计算机输入信息的外围设备称为输入设备。从人机对话的角度来看,输入设备的功能就是把计算机外部、人们可以感受的信息形式转换成计算机主机可以识别和接受的数据,以便计算机处理和执行。

常见的输入设备有键盘、鼠标、扫描仪、语音输入设备、触摸屏、光笔、操纵杆等。

2. 输出设备

能够接收计算机主机输出的信息的外围设备称为输出设备。从人机对话的角度来说,输出设备的功能就是把计算机内部的数据转换成人们可以识别和接受的信息形式,以便人们理解计算机的运算结果和意图。

常见的输出设备有显示器、绘图仪、打印机、语音输出设备等。

3. 辅助存储器

辅助存储器是指主机以外的存储装置,又称后援存储器。辅助存储器主要用来弥补主存容量不足的缺陷,主要特点有容量大、存储时间长、安全性高等。辅助存储器的读写本质上也是主机的输入输出,所以也可认为辅助存储器是一种复合的输入输出设备。

目前,常用的辅助存储器有硬磁盘存储器、光盘存储器、固态硬盘等。

4. 终端设备

终端设备由输入设备、输出设备和终端控制器构成。终端设备通过传输线与较远距离之外的主机相连,具有向计算机输入信息和接收计算机输出信息的功能,有些还具备一定的信息处理能力。

计算机网络中,一台主机往往对应多个终端设备。按照距离主机的远近,可分为远程终端设备和本地终端设备。

按照功能划分,终端设备可分为专用终端设备和通用终端设备。专用终端设备是专门用于某一领域的终端设备;通用终端设备则是适合于各个领域使用的终端设备,它又可分为会话型终端、远程批处理终端、智能终端等。

5. 过程控制设备

计算机控制是智能制造、智能设备的核心。计算机要对一个事件发生过程进行实时控制,必须能够从被控制对象中取得各种参数,例如压力、温度、湿度、强度、位移、方向等。这些参数首先通过传感器实现非电量到电量的转换,然后经过模数转换器(ADC)转成二进制数字信号,才能进入计算机进行运算处理。计算机把处理结果以电信号形式发送给执行部件,例如电磁阀、电动机等。这些电信号一般要经过数模转换器(DAC)和功率放大器才能驱动执行部件。

模数转换器、数模转换器、检测设备都属于过程控制设备。

6. 通信设备

为了实现计算机之间的数据传输和资源共享,计算机必然走向网络化。计算机网络化必需通信设备。调制解调器、网卡、传输线、中继器等都是通信设备。

7.1.3 外围设备的地位与作用

外围设备是计算机与外界联系的纽带、接口和界面,如果没有外围设备,计算机将无法工作。外围设备在计算机系统中的作用可分为以下几个方面。

1. 外围设备是人机对话的通道

无论哪种计算机,无论实现什么样的计算机应用,都要把程序和数据送入计算机以及把计算机的计算结果与各种信息送出来,这都要通过外围设备来实现。因此,外围设备是人机对话的通道。

2. 外围设备是数据媒体变换的工具

现代计算机一般只能识别处理电信号表示的抽象的二进制编码,而人们习惯的是包括字符、图像、声音、触觉等在内的生动多样的信息形式。要实现人机交互、要让计算机成为人类的智能助手,必须进行数据媒体转换,而这种转换只有通过外围设备才能实现。

3. 外围设备是计算机软件和海量数据的栖息地

计算机软件不断丰富,计算机产生的数据随时间呈爆炸式增长,计算机主存难堪重负,必须有容量巨大的辅助存储器来分担主存的存储任务,才能保证计算机正常工作。以磁盘为代表的辅助存储系统已经成为系统软件、数据库系统以及大量的存档数据的优选栖息地。

4. 外围设备是计算机在各个领域应用的桥梁

计算机系统的核心——主机只负责对抽象的二进制编码进行处理,对各种外部环境的适应、对各种事件任务的响应全部由外围设备负责。只有配备了某方面的外围设备才能实现计算机在该方面的应用。正是有了种类丰富的外围设备,计算机才得以广泛应用。

7.2 辅助存储设备

辅助存储设备是主存的扩展,具有容量大、保存时间长等优点,广泛用于存储计算机运行暂时不用的软件、数据。目前使用比较多是磁盘存储器、光盘存储器、闪速存储器等。

7.2.1 磁介质存储设备

1. 概述

磁介质存储设备是利用材料磁性进行信息记录的存储设备,简称磁盘。磁盘分为硬磁盘和软磁盘。硬磁盘存储器简称硬盘,以合金、玻璃、陶瓷等材料为基片,在其上镀磁性薄膜构成盘片,是微型计算机系统中最重要的外部存储设备,具有容量大、读写速度高、性价比高等优点。内存常被看作计算机系统的信息数据"中转站",而硬盘则可以被看作计算机系统的信息数据"仓库"。

2. 磁记录原理

在计算机中,用于存储设备的磁性材料是一种具有矩形磁滞回归线的磁性材料。当磁性材料被磁化后,会形成两个稳定的剩磁状态,就像触发器电路的两个稳定状态一样。利用这两个稳定的剩磁状态,可以表示二进制编码"0"和"1"。

在磁表面存储器中,利用"磁头"在磁性材料上形成磁化元即存储元,存储一位二进制信息。磁头是由软磁材料做铁心绕有读写线圈的电磁铁,如图 7-1 所示。

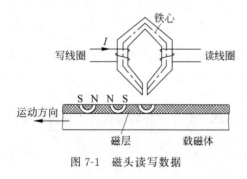

图 7-1 磁头读写数据

当向磁表面写入数据时,给写线圈通一定方向的脉冲电流,铁心内产生一定方向的磁通,在磁心间隙处产生很强的磁场。在这个磁场作用下,磁表面就被磁化成相应极性的磁化元。若在写线圈内通过反方向的脉冲电流,就会产生相反极性的磁化元。可以假设写线圈通过正方向脉冲电流时向磁表面写入了"1",那么通过反向脉冲电流时就向磁表面写入了"0"。当载体带着磁表面薄膜相对于磁头运动时,磁头就可以连续地在磁表面上写入一串二进制编码,即实现了数据存储。

当从磁表面读取数据时,磁头接近磁表面并相对运动,磁化元的磁力线通过磁头形成闭合磁通回路并发生磁通量变化,结果在磁头读线圈中产生一定方向的脉冲电流,磁脉冲电流经过控制电路放大输出形成数据。不同极性的磁化元将在读线圈中产生不同方向的脉冲电流,不同方向的脉冲电流分别产生二进制编码"0"和"1"。

读写线圈共用一个铁心,组成一个磁头,共用一个控制电路,确保了读写一致性,即磁头向一个位置写入了"1",那么再读取时仍能得到一个"1"。由于磁性材料的磁化结果具有稳定性,所以一次写入以后可以多次读取而不会出错。当不需要保存的信息时,可以用磁头全写"0",就相当于抹去了全部保存信息,即对磁盘进行了"格式化"操作。

3. 磁盘组成

最常见的硬盘外观和内部结构如图 7-2 所示。硬盘内部包含主轴马达、主轴、磁头组件、磁头驱动机构、盘片等。磁头是一个十分精密的部件,所以磁盘最流行的是温彻斯特磁盘,即把磁头、盘片、电机、读写电路等密封在一起,组成一个不允许拆卸的整体,这样既保证了可靠性又保证了磁盘寿命。

图 7-2 硬盘

磁盘片是存储数据的载体。一个硬磁盘通常包含多个盘片,每一个盘片有上下两个磁层面。经格式化后盘片上划分出很多的扇区和柱面以便于数据管理。

磁盘工作时主轴带动磁盘长时间高度旋转。所以对于主轴,降低摩擦、降低噪声和降低发热是关键,较高级的是液态轴承。

4. 磁盘上的信息分布

为了便于数据读写,磁盘表面必须合理规划,也就是说磁盘上的信息是按照一定规律分布的。格式化后的磁盘表面分布若干同心圆,称之为磁道。磁道进一步分割成一段一段的圆弧,称之为扇区,如图 7-3(a)和(b)所示。一个磁盘上的所有磁道和扇区统一编号,这样就可以对存放的数据进行定位了。一般的磁盘地址由磁头号、磁道号和扇区号组成。扇区是磁盘读写操作的基本单位。

由图 7-3 可以看出,每一个磁道上的扇区数目是一样的。内外圈磁道上扇区的物理长度并不一样,外磁道上的扇区长度显然大于内磁道上扇区的长度。但是每个扇区能够记录的数据量一样,都是 512B。为了便于寻找扇区和扇区内存放的数据,扇区都有一定的格式,有些信息位起着标记作用,而有些信息位起着数据存储作用,如图 7-3(c)所示。

5. 磁盘空间管理与读写过程

硬磁盘中磁性存储介质依附在刚性基盘上,可以有更高的转速,不易损坏。硬盘的容量很大,动辄就 1TB 以上,使用之前往往先要分区和格式化。图 7-4 显示的是一个物理硬盘在计算机操作系统中分成了 C、D、E 这 3 个分区,也称为逻辑盘 C:、D:、E:。用户可以独立地使用这 3 个逻辑盘进行文件管理。MBR 起着硬盘识别和启动作用。DBR 则主要起着操作系统识别逻辑盘的作用。各种文件的内容分别保存在各自逻辑盘的 DATA 区域内。

文件分配表(FAT)和文件目录表(FDT)是文件定位的关键。文件目录表存放了文件名等文件信息,如图 7-5(a)所示。文件分配表存放了逻辑盘中各个簇的状态信息如图 7-5(b)所示。簇是操作系统管理下的硬盘扇区集合。不同的文件系统,簇的大小不一样,一个簇可以等于 2、4、8、16、32 或 64 个扇区大小。操作系统管理硬盘空间是以簇为基本

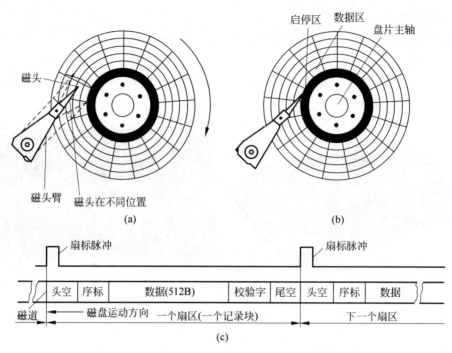

图 7-3 磁盘上的磁道与扇区

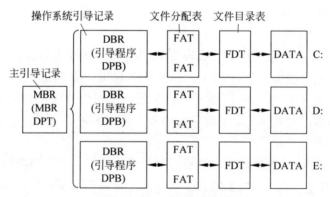

图 7-4 硬盘中的数据结构

序号	内容
1	文件名、属性、起始簇号等
2	
3	
4	
5	
6	

簇号	表项值
1	文件结束标志
2	未使用(可用)
3	已损坏
4	保留不用
5	未使用(可用)
6	已使用(下一簇簇号)

(a) FDT结构示意图　　(b) FAT结构示意图

图 7-5 文件目录表和文件分配表结构与内容

单位的。

当计算机用户需要把主存中的文件存盘(写入联机硬盘)时,操作系统将根据用户的指令首先搜索 FDT 中的空白表项,并将文件名等信息登记在其中;再搜索 FAT 中的可用空簇,并将文件内容写入该簇对应的扇区,将该簇号作为文件的起始簇号写入 FDT 中。如果文件在一个簇的扇区内写入完毕,则在该簇对应的 FAT 表项内写入文件结束标志;如果文件在一个簇内没有写入完毕,则再检索 FAT 寻找下一个可用空白簇,将该空白簇的号作为表项值写入上一簇的表项内,继续把文件的余下部分写入该空白簇的相应扇区内,直到把文件写入完毕。

当计算机用户需要从联机硬盘读取文件时,用户首先要给定文件名、文件位置等信息,然后操作系统根据用户指令到逻辑盘的 FDT 中查找并读取文件信息(文件名、大小、起始簇号等);然后根据起始簇号计算出文件存放的起始扇区号,于是磁头被驱动到相应扇区读取文件内容;当把起始簇包含的扇区内容读取结束后,再查阅起始簇对应的 FAT 表项值;如果该表项值是文件结束标志,说明本次文件读取操作结束;如果该表项值是下一簇的簇号,说明文件读取没有结束,继续到下一簇的扇区读取剩余的文件内容,直到把文件完全读出为止。

6. 硬盘技术与性能指标

(1) 存储容量。一个硬盘所能存储的字节总数称为硬盘存储容量。磁盘容量可分格式化容量和非格式化容量。格式化容量是指按照某种特定格式所能存储信息的总量。也就是用户在计算机中真正可用的容量。非格式化容量是磁介质表面能够使用的磁化单元总数。很多时候,格式化容量仅是非格式化容量的 60%~70%。

(2) 硬盘转速。硬盘转速是指硬盘主轴电动机的旋转速度,是决定硬盘磁头读写速度的重要因素。硬盘转速以转每分(r/min)为计量单位。目前高速硬盘转速可超过 10^4 r/min。

(3) 平均存取时间。硬盘存取时间是指从发出读写指令开始,磁头从某一位置移动至新的记录位置,到开始从盘面读出或写入信息加上传送数据所需时间。从过程看,存取时间包括寻道时间、等待时间和数据传送时间。其中寻道时间和等待时间每次存取时可能都不一样,所以硬盘存取时间常用平均存取时间表示。主流硬盘的平均存取时间在 10ms 左右。

(4) 数据传输率。硬盘数据传输率分为内部数据传输率和外部数据传输率。内部数据传输率是指磁头与硬盘缓存之间的数据传输率,由硬盘磁头、主轴电机等硬盘自身机械电气特性决定,是评价硬盘整体性能的决定因素。外部数据传输率是硬盘缓存与计算机系统总线之间的数据传输率,主要由硬盘接口类型和缓存性能决定。常用的硬盘接口有 SATA、SCSI、SAS,速度都在每秒几百兆字节以上。主流硬盘的外部数据传输率可达内部数据传输率的 10 倍。

7. 独立冗余磁盘阵列

独立冗余磁盘阵列(Redundant Array of Independent Disks,RAID)的基本思想就是把很多便宜、容量较小、稳定性较高、速度较慢的磁盘组合成一个大型的磁盘组,利用数据分割、并行处理和数据冗余等技术,提升整个磁盘系统效能。RAID 具有容量大、速度高、容错能力强、数据安全性高的优点。很多高端的微型计算机主板都支持 RAID 技术。

RAID 可以分为 7 个级别,每一个级别对应一种解决方案,满足一定应用需求。下面简单介绍几种级别的特点。

（1）RAID 0。RAID 0 是连续以位或字节为单位分割数据，并行读写于多个磁盘，因此具有很高的数据传输率，但它没有数据冗余，因此并不能算是真正的 RAID 结构，如图 7-6 所示。RAID 0 只是单纯地提高性能，并没有为数据的可靠性提供保证，而且其中的一个磁盘失效将影响到所有数据。因此，RAID 0 不能应用于数据安全性要求高的场合。

（2）RAID 1。RAID 1 是通过磁盘数据镜像实现数据冗余，在成对的独立磁盘上产生互为备份的数据。当原始数据繁忙时，可直接从镜像副本中读取数据，因此 RAID 1 可以提高读取性能，如图 7-7 所示。RAID 1 是磁盘阵列中单位成本最高的，但提供了很高的数据安全性和可用性。当一个磁盘失效时，系统可以自动切换到镜像磁盘上读写，而不需要重组失效的数据。

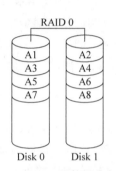
图 7-6　RAID 0 的数据分布方式

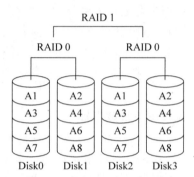
图 7-7　RAID 1 的数据分布方式

（3）RAID 2。RAID 1 是将数据条块化地分布于不同的硬盘上，条块单位为位或字节，并使用称为"加重平均纠错码（海明码）"的编码技术来提供错误检查及恢复。这种编码技术需要多个磁盘存放检查及恢复信息，使得 RAID 2 技术实施更复杂，因此在商业环境中很少使用。

（4）RAID 3。它同 RAID 2 非常类似，也是将数据条块化分布于不同的硬盘上，区别在于 RAID 3 使用简单的奇偶校验，并用单块磁盘存放奇偶校验信息。如果一块磁盘失效，奇偶盘及其他数据盘可以重新产生数据；如果奇偶盘失效则不影响数据使用。RAID 3 对于大量的连续数据可提供很好的传输率，但对于随机数据来说，奇偶盘会成为写操作的瓶颈。

（5）RAID 4。RAID 4 同样也将数据条块化并分布于不同的磁盘上，但条块单位为块或记录。RAID 4 使用一块磁盘作为奇偶校验盘，每次写操作都需要访问奇偶盘，这时奇偶校验盘会成为写操作的瓶颈，因此 RAID 4 在商业环境中也很少使用。

（6）RAID 5。RAID 5 仍然是把每个数据块打散，然后均匀分布到各个硬盘，但是不单独指定奇偶盘，而是在所有磁盘上交叉地存取数据及奇偶校验信息。这种模式兼顾了成本、性能，是比较常用的一种模式，如图 7-8 所示。

（7）RAID 6。RAID 6 与 RAID 5 相比增加了第二个独立的奇偶校验信息块。两个独立的奇偶系统使用不同的算法，数据的可靠性非常高，即使两块磁盘同时失效也不会影响数据的使用，如图 7-9 所示。由于 RAID 6 需要分配给奇偶校验信息更大的磁盘空间，相对于 RAID 5 有更大的"写损失"，因此"写性能"非常差。较差的性能和复杂的实施方式使得 RAID 6 很少得到实际应用。

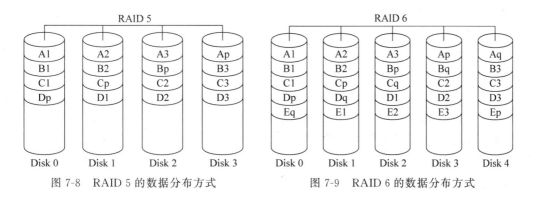

图 7-8　RAID 5 的数据分布方式　　　　图 7-9　RAID 6 的数据分布方式

8. 移动硬盘

移动存储设备既可以用作数据备份,又可以用作数据交换,得到了广泛应用,如图 7-10 所示。移动硬盘是重要的移动存储设备。一般的硬盘因接口原因常固定在机箱内,机器正常使用的时候不允许插拔,被称为固定硬盘。而移动硬盘常通过 USB 等接口与主机相连,支持热插拔,使用十分方便。

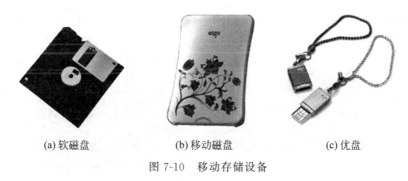

(a) 软磁盘　　　　(b) 移动磁盘　　　　(c) 优盘

图 7-10　移动存储设备

移动硬盘与固定硬盘相比较,除接口不同和防震性要求稍高之外,并无其他不同。因此,移动硬盘在价位上与固定硬盘相当的情况下,却为用户带来了很大方便,得到了广泛应用。市场上,移动硬盘品牌、种类十分丰富。

数据交换伴随着计算机的诞生一直就有应用需求,虽然目前计算机网络技术十分发达,很多数据交换传输都是靠网络实现,但是移动存储依然受到人们的青睐。较早的时候人们普遍使用软磁盘传递文件,受到广大用户喜爱的是 1.44MB 的软盘,采用接触式读写,存取速度慢(300RPM)而且数据安全性不高。到 2000 年以后,软磁盘逐渐被移动硬盘和以 Flash Memory 为内核采用 USB 接口的优盘所取代。

7.2.2　光存储设备

利用光的性质进行数据存储的设备称为光存储设备。光存储设备具有容量大、速度高、易于携带、数据保存时间长等优点,从 1990 年代开始逐渐成为 PC 的标配,深受广大用户的欢迎,得到广泛应用。近几年,随着性能更加优异的移动存储设备的出现以及网络存储的应用,光存储设备用得越来越少。

光盘存储设备包括光盘和光盘驱动器(简称光驱)两个部分。光盘是数据载体,光驱是光盘伺服装置。

1. 光存储设备分类

（1）光盘分类。常用的光盘可以分为 CD、DVD、BD 光盘 3 类。CD 光盘采用波长 780nm 的红外激光读取或写入数据，其容量在 700MB 左右。DVD（Digital Versatile Disc）光盘采用波长 650nm 的红色激光读取或写入数据，其容量可达 4.7GB。蓝光盘（BD）则是利用波长更短的 405nm 的蓝色激光读取或写入数据，其单层容量可达 25GB。

从可擦写性划分，光盘可分为只读光盘、刻录光盘和可擦写光盘。只读光盘内容不许修改，具有较高的安全性。刻录光盘是可由用户进行数据写入的光盘，但通常只能写入一次，写入的内容也不能修改。可擦写光盘是用户可以多次写入数据的光盘，可向硬盘一样重复使用。

（2）光驱分类。光驱也分为 CD、DVD、BD 这 3 类，并且每一类又分为只读光驱和刻录光驱。通常情况，刻录光驱都同时具有识读光盘的功能，DVD 光驱兼容 CD 光驱功能，BD 光驱兼容 DVD 和 CD 光驱功能。

2. 光存储器的组成

光存储器由光驱和光盘组成。无论是 CD 光驱、DVD 光驱还是 BD 光驱，其内部结构大致相同，基本都是由激光头组件、驱动机械部分、电路及电路板、解码器及输出接口、控制面板及外壳等部件组成，其中激光头组件是最关键的部件，如图 7-11 所示。

图 7-11 光存储器组成

由于光存储器不是密封的，使用时要求环境清洁，否则激光头很容易被灰尘覆盖从而影响光驱工作。激光头需要定期清洗以保持清洁。

光盘也有着复杂的结构，一般包括基板、记录层、反射层、保护层、印刷层等。基板一般采用聚碳酸酯晶片制成，是一种耐热的有机玻璃，外观都是一个直径 120mm 的圆盘，中心有一个供固定用的圆孔，如图 7-12 所示。记录层用来记录信息，不同类型的光盘的记录层使用不同化学成分的材料，对信息的记录原理也就各不相同。反射层是反射激光束的区域，

图 7-12 光盘

借助反射的激光束光驱可以读取光盘信息。保护层是用来保护光盘中的记录层和反射层，防止被破坏。印刷层主要是标识信息，也可以起一定的保护作用。

光存储器通过输出接口与计算机系统总线相连。光驱的接口有 IDE、USB、SCSI、IEEE1394、SATA 等多种。光存储器与主机之间的数据传输率很高，因其由存储器使用的接口类型决定；而光存储器内部激光头与光驱缓存之间的数据传输率要小得多，因其主要由光驱的机电特性决定。

3. 读写数据

光盘的表面有一条从内向外的由凹痕和平坦交替组成的连续的螺旋形路径，类似磁盘的磁道，所以称为光道，如图 7-13 所示。光道被分成等长的弧段，相当于磁盘的扇区，称为记录块。记录块严格规定了存储格式。光盘被光驱的主轴带着高速旋转，激光头沿着螺旋路径投射光束到光盘表面，进行数据的读写。

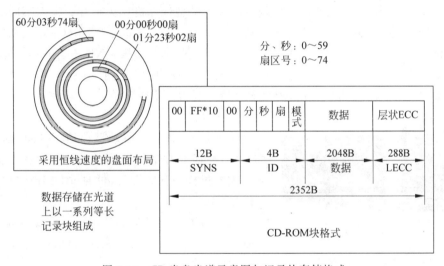

图 7-13 CD 光盘光道示意图与记录块存储格式

CD 盘写入数据时，首先把计算机主机传送来的数据变成脉冲电信号，然后用脉冲电信号对激光器进行调制，被调制的激光束聚焦以后照射到光盘表面，激光束的热能使记录层表面的形状发生永久性改变而完成数据写入，所以只能写一次，也不能擦除和改动。

从 CD 读取数据时，用低功率激光束照射到光盘上，由光检测器将光盘反射光的变化转换成电信号，再转换成数据送入主机，完成光盘数据读取。

CD-RW 光盘是利用激光照射引起记录介质的可逆性物理变化来进行读写的。写入时，利用高功率的激光聚焦于记录介质表面的一个点状微小区域，晶态的记录介质吸热后至熔点，并在激光束离开后骤冷转变成非晶态，即写入一个信息位数据。读出时，由于晶态与非晶态对入射光束有不同的反射结果，利用记录信息的非晶态区与周围未发生晶态改变区域的反射效果之差将记录信息读出。擦除时，利用适当波长和功率的激光作用于记录信息的点状区，使该点温度介于介质熔点和非晶态转变温度之间，使点区介质重新结晶而恢复到晶态，完成数据擦除。

DVD 光盘、BD 光盘的读写原理与 CD 类似，不同之处在于写入密度不同、存储格式不同以及数据传输率不同。

7.2.3 半导体存储设备

很长一段时间内,基于半导体器件的存储器,虽然具有很高的性能,但因其成本高只能用于计算机内存,外存(辅存)主要由廉价的磁存储器、光存储器承担。随着Flash Memory技术的成熟,这一现象发生了变化。近些年,半导体存储设备作为计算机系统辅存的应用越来越多。

半导体存储设备具有速度高、容量大、安全性高、携带方便、外形不拘一格等特点。常见的产品有闪存卡、优盘、固态硬盘等。

1. 闪存卡

闪存卡(Flash Card)是利用闪存(Flash Memory)技术存储数据的存储器。闪存卡样子小巧,犹如一张卡片,所以称之为闪存卡,常用在便携式计算机以及智能手机、数字照相机、MP3等数码产品中,也可以通过专用接口连接到微型计算机作为辅存。根据不同的生产厂商和不同的应用,闪存卡可分为SmartMedia(SM)卡、Compact Flash(CF)卡、MultiMedia Card(MMC)卡、Secure Digital(SD)卡、Memory Stick(记忆棒)、XD-Picture Card(XD卡)和微硬盘(Microdrive)等种类。这些闪存卡虽然外观、规格不同,但是技术原理都是相同的。图7-14所示为SD卡。目前,闪存卡容量一般为几十吉字节。

2. 优盘

优盘是USB闪存驱动器(USB Flash Disk)的俗称,是一种基于闪存和USB接口且无须物理驱动器的微型大容量移动存储设备,可通过USB接口与计算机连接,实现即插即用。

图7-14 SD卡

优盘最大的优点是小巧、便携、存储容量大、价格便宜、可靠性高,由于其中无任何机械装置,所以抗震性极强,另外,它还具有防潮防磁、耐高温、耐低温等特性。

优盘不仅可用作数据盘,还经常用作系统启动盘、加密盘、杀毒盘等程序盘使用。

3. 固态硬盘

固态硬盘(Solid State Disk)使用固态电子存储芯片阵列制成的硬盘,由控制单元和存储单元(Flash芯片或DRAM芯片)组成。固态硬盘在接口的规范和定义、功能及使用方法上与普通硬盘的完全相同,在产品外形和尺寸上也完全与普通硬盘一致。被广泛应用于军事、车载、工控、视频监控、网络监控、网络终端、电力、医疗、航空、导航设备等领域。

固态硬盘普遍采用SATA-2接口、SATA-3接口、SAS接口、MSATA接口、PCI-E接口、NGFF接口、CFast接口和SFF-8639接口。固态硬盘有如下优点。

(1) 读写速度高。固态硬盘采用闪存或DRAM作为存储体,不用磁头,寻道时间几乎为0,存取时间可达0.1ms(传统硬磁盘的存取时间一般为10ms),持续读写速度超过500MB/s。

(2) 防震抗摔。固态硬盘内部不存在任何机械部件,即使在高速移动甚至伴随翻转倾斜的情况下也不会影响到正常使用,而且在发生碰撞和震荡时数据丢失的可能性极小。

(3) 低功耗、无噪声。固态硬盘没有机械马达和风扇,工作时噪声值为0dB。基于闪存的固态硬盘在工作状态下能耗和发热量也很低。

但是固态硬盘仍存在一些影响普及应用的缺陷。首先是寿命,多数的闪存芯片固态硬盘只能进行几千次擦写。然后,数据修复困难。最后,价格比较高。

7.2.4 新型存储技术

基于存储应用的需求,人们希望存储器有更高的存储密度、更高的速度、更低的功耗和更高的可靠性。近几年,不断出现的新型存储器主要有相变存储器(PRAM)、铁电存储器(FRAM)、磁阻 RAM(MRAM)、电阻 RAM(RRAM)、氧化物电阻存储器(OxRAM)等。它们有的还在实验阶段,有的已经开始应用。

1. 相变存储器(PRAM)

PRAM 是最好的闪存替代技术之一,能够涵盖不同非易失性存储器应用领域,满足高性能和高密度两种应用要求。从应用角度看,PRAM 可用于所有存储器,特别适用于消费电子、计算机、通信三合一电子设备的存储器系统。

PRAM 的基本原理是利用温度变化引起硫系合金($Ge_2Sb_2Te_5$)相态逆变的特性存储信息,利用电流引起的焦耳热效应对单元进行写操作,通过检测非晶相态和多晶相态之间的电阻变化读取存储单元。虽然这项技术最早可追溯到 20 世纪 70 年代,但是直到最近人们才重新尝试将其用于非易失性存储器。常用相变材料晶态电阻率和结晶温度低、热稳定性差,需要通过掺杂来改善性能。人们一直在寻找性能更加优良的相变材料,以最大限度地发挥 PRAM 的优越性并降低成本。

2016 年 IBM 公司宣布其 PRAM 研究取得新进展,速度达到闪存的 70 倍,成本下降到消费者可接受的范围,很快就能投入市场。

2. 铁电存储器(FRAM)

FRAM 是早在 20 世纪 90 年代出现的一个概念,是一种随机存取存储技术,是计算机存储器家族中最有发展潜力的新成员之一。

FRAM 的基本原理是利用铁电晶体的铁电效应实现数据存储。当一个电场被施加到铁电晶体时,晶体中心原子在电场的作用下运动,并达到一种稳定状态;当电场从晶体移走后,中心原子会保持在原来的位置。大量中心原子在晶体单胞中移动耦合形成铁电畴,铁电畴在电场作用下形成极化电荷。铁电晶体在电场下反转所形成的极化电荷较高,在电场下无反转所形成的极化电荷较低。把这种极化高低的二元稳定状态用来表示"1"和"0"即可实现数据存储。读取数据的时候,给极化的晶体加上已知电场,如果所加电场与写数据时加的电场一致,则中心原子不移动,极化电荷不变;如果所加电场与写入时加的电场相反,则中心原子移动,极化加强,会形成一个电波尖峰。通过有无电波尖峰即可判断检测的存储单元中的内容是"1"或"0"。

显然,读操作具有破坏性。所以,每次读操作后必须加电场使中心原子归位,进行数据恢复。考虑到数据恢复,FRAM 的读取速度依然诱人,完整的读周期约 130ns。

铁电晶体的这种特性使得 FRAM 拥有像闪存一样的非易失性特点,而且 FRAM 具有接近 SRAM 和 DRAM 这些传统易失性存储器的级别的高写入速度,读写周期是闪储的数万分之一,但读写耐久性却是闪存的 1000 万倍,达到了 10 万亿次。因此,FRAM 综合了随机存储器和只读存储器的优势,具有高速、高密度、低功耗和抗辐射等优点。可应用于物联网、医疗电子、消费电子、工业电子等几乎所有行业。

据资料显示,FRAM 的产品应用已有十几年历史,但是容量较小,一般在 4KB~4MB。

目前,研发厂商正在解决由阵列尺寸限制带来的 FRAM 成品率问题,进一步提高存储密度和可靠性,技术研发主攻 130nm 工艺的 64MB 存储器。

3. 磁阻 RAM(MRAM)

MRAM 是一种非易失性磁性随机存储器。它拥有静态随机存储器(SRAM)的高速读取与写入能力及动态随机存储器(DRAM)的高集成度,基本上可以无限次重复写入。

MRAM 的基本原理是通过控制铁磁体中的电子旋转方向来达到改变读取电流大小的目的,从而使其具备二进制数据存储能力。

目前,东芝、海力士、三星电子等公司都在研发 MRAM,但只局限于 4MB 阵列 180nm 工艺的产品。

4. 能够自我修复的闪存

近年来,随着闪存固态硬盘的登场,存储器的传输速度、访问延迟均得到大幅改善,但由于闪存颗粒的先天技术特性所致,其主流产品的 P/E(编程/擦除)寿命仅有数千次左右。对于比较在意可靠性、使用寿命的用户来说,固态硬盘也难挑大梁。最近,研究人员发现一种闪存颗粒自我修复方法。此方法可以使闪存的 P/E 寿命超过 1 亿次。

闪存是由双层浮空栅 MOS 管组成,每个 MOS 管上方都有一个栅极,栅极下方有一个不导电的氧化层。如果在栅极上外加一个足够高的电压,就可以建立一个强大的电场,帮助电子击穿栅极下方的氧化层,进入氧化层下方的浮栅之中,这个步骤称之为"隧穿"。在浮栅下方还有一个氧化层,如果移除栅极上外加的电压,电子就可以保留在浮栅当中,这也就是数据能在失去电力的情况下被保存下来的原因。在闪存工作过程中,每一次"隧穿"都会对氧化层带来损伤,这就是闪存寿命有限的原因。

工程师们将一种叫作硫化玻璃的材料作为加热器引入了 NAND 闪存存储单元,使得电流通过栅极时能够产生 800℃左右、可维持几毫秒的热脉冲。研究发现,通过这个热脉冲的加热,闪存存储单元在工作的同时能够修复自己的氧化层损伤,结果在 P/E 次数超过 1 亿次之后仍然能够保存数据。工程师们还发现,加热后还可带来更快的数据擦除速度,从而提升闪存的传输速度。不幸的是,这项技术还处在实验室阶段,何时能实用还未可知。

5. 新型光存储技术:永久性存储

保存在任何存储介质中的数据都有自己的寿命,例如 CD 或 DVD 碟片上的数据一般可以保存数十年。一直以来,研究人员都在寻找延长数据寿命的办法。

英国南安普顿大学的科研团队发现了一种新型数据存储技术,其存储数据的有效期限在室温条件下大约为 3×10^{20} 年,也就是可以永久存储。

在这一存储系统中,数据被存储到利用激光脉冲形成的纳米栅格中。存储数据时,使用一个飞秒激光器发射超短波激光脉冲照射石英晶体,在石英晶体内产生纳米级小栅格。激光脉冲采用多层编码,可在栅格中形成 3 个不同的微层面结构,结果每一个栅格可写入 3bit 信息。所以,这种存储器不但存储的数据寿命长,而且存储密度高。

7.3 输入设备

7.3.1 输入设备概述

输入设备是外部信息进入计算机的基本通道,是计算机与用户或其他设备通信的桥梁,是用户和计算机系统之间进行信息交换的主要装置。常见的输入设备有键盘、鼠标、光笔、游戏杆、触摸屏、数字照相机、摄像头、扫描仪、条形码阅读器、语音输入装置等。每种输入设备有一种专门的输入功能,而且有不同的应用特点。本节仅对几种常用的设备做简单介绍。

7.3.2 键盘

键盘是计算机系统基本的输入设备,拥有悠久的历史,但今天依然使用频率极高。

图 7-15 键盘

键盘主要进行字符输入。如图 7-15 所示,键盘上每一个按键对应一个编码,该编码可以通过各种软件进行定义,可以表示各种符号,也可以表示命令。用户不断地敲击按键实现信息输入和人机对话。

键盘按接触方式可分为机械式、电容式、塑料薄膜式、导电橡胶式等类型;按照接口可分为 PS/2、USB 等类型;按照信号传输方式可分为无线键盘和有线键盘。

新型键盘往往与人体工程学结合,发展方向是舒适、方便、耐用。

7.3.3 鼠标

自从有了图形操作系统,就有了鼠标器。目前鼠标依然是最常用的输入设备之一。鼠标主要是靠定位和点击向计算机发命令实现信息输入。

目前常用的是光电式鼠标,如图 7-16 所示。鼠标可分为两键、三键、多键鼠标;2D、3D、4D 鼠标;有线和无线鼠标;有串口、PS/2、USB 等多种。

用户最关心的性能指标是鼠标分辨率(一般为 1000dpi)和手感舒适度。

与鼠标原理相似的输入设备还有轨迹球、触摸屏。

轨迹球也叫轨迹球鼠标器,所以功能与鼠标类似,用手转动小球,光标就在屏幕上跟着移动,图 7-17 是一款逻辑牌的无线轨迹球。

触摸屏是一种根据压力或者电容或者电磁感应进行定位的输入装置,通常与显示屏合在一起使用。目前的智能手机无一例外地都配有触摸屏。触摸屏作为一种新的输入设备,使用简单、方便、自然,应用广泛。它不仅仅用于智能手机,像公共信息的查询、办公、工业控制、军事指挥、电子游戏、点歌点菜、多媒体教学、房地产预售等,很多地方都离不开触摸屏。图 7-18 显示的是两种常见的触摸屏应用。

图 7-16 鼠标　　　　图 7-17 无线轨迹球　　　　图 7-18 触摸屏

7.3.4 图像输入

目前常用的计算机图像输入设备有扫描仪、数字照相机、摄像头、数码摄像机(DV)等。这些不仅是现代办公领域不可或缺的计算机外设，家庭生活娱乐设备，也是多媒体制作、计算机艺术设计、数字图像处理等专业的常用工具。

1. 扫描仪

扫描仪是最常用的图像输入设备之一。应用扫描仪可以将纸质印刷品以及大部分表面凹凸变化不大的物品，以图片文件的形式保存于计算机存储器中。如果需要，还可以进一步用软件对图片文件进行各种编辑处理，例如可以把扫描所得文件中的字符转化为Word文档，省去了文字输入的麻烦。现在扫描仪已广泛用于各类图形图像处理、出版印刷、办公自动化、多媒体、图文数据库、图文通信等领域。

(1) 工作原理。大部分扫描仪都是反射式的。扫描仪内的灯管发出白光照射到被扫描对象上，再由镜头接受反射光，并成像于 CCD 光感应面上，形成数字图像信号并经过接口送到计算机主机。也有采用透射方式的。

(2) 分类。扫描仪有多种类型。按照使用方式，扫描仪可以分为平板式、滚筒式、手持式。按照其工作原理划分，可以分为反射式和透射式两类。按照所使用的接口划分，可以分为 USB、EPP、SCSI、IEEE 1394 等多种类型。

图 7-19 是一款在办公室广泛使用的平板式彩色图像扫描仪。

(3) 性能与技术参数。

① 分辨率。扫描仪最基本的性能参数是分辨率。所谓分辨率是指扫描仪光学系统可以采集的信息量，单位为 dpi(dot per inch，每英寸长度上采集的光点数)，它决定了一台扫描仪的所能达到的精细程度，是衡量一台扫描仪性能的关键指标。主流扫描仪的分辨率

图 7-19 平板式彩色图像扫描议

都在 1200dpi 以上。分辨率由扫描仪的 CCD 单元大小决定，有些扫描仪装有进行插值运算的软件，使得分辨率高于 CCD 分辨率。

② 色深。色深是表示一个像素时使用的二进制数位数，是衡量扫描仪能捕获色彩层次信息的重要技术指标。位数越高呈现的颜色就越艳丽逼真，目前市场上的产品多为 48 位。

③ 接口。扫描仪与计算机的接口有 USB、EPP、SCSI、IEEE1394 等。一般家庭和办公使用 USB 接口的较多。

④ 扫描幅面。扫描幅面是指扫描的范围。常见的有 A3 幅面和 A4 幅面。A3 幅面要比 A4 幅面的扫描仪成本高得多。

2. 数字照相机与摄像机

数字照相机(Digital Camera)俗称数码相机，是目前非常流行的数码产品之一，也成为常用的计算机输入设备。

从原理上讲，数字照相机就是在普通照相机的基础上把感光胶片换成了光电感应器件(CCD 或 CMOS)，所成的像以数据的形式存储于相机的存储卡中。使用数字照相机拍照可以对所拍照片进行现场浏览，如果有不满意的可以随时删除，需要保留的照片则可通过接口

电路可输入到计算机主机,使用计算机的相关设备对图像进行编辑并打印成传统照片。

数字照相机的最基本的性能指标也是分辨率。分辨率是指对图象采集的点数(像素数)。目前,一般相机的分辨率都在1000万像素以上。

数码摄像机(Digital Video,DV)与数字照相机原理一样,核心部分是光电感应器件,只不过可以连续拍摄、输出视频格式文件罢了。

7.3.5 声音输入

计算机音频系统是多媒体计算机的重要标志,由话筒(麦克风)、声卡、音箱这3个部分构成。常见的应用有音频采集与回放、语音识别系统的语音采集、音频的合成与模拟等。声音输入系统则只包含话筒和声卡。

话筒是声音采集的重要工具,主要完成声音信号到电信号的转换。

声卡的功能是将话筒送来的电信号经过采样、量化和编码转换成计算机数据送给主机存储或处理。目前的声卡一般还具有声音播放功能,即可以把计算机中的声音数据(文件)转换成电信号送给音箱,驱动扬声器发声。

声卡可以分为板载声卡(集成声卡)和独立声卡。对音质有特殊要求的场合仍要用独立声卡。目前常用的音频标准有 Audio Codec '97 和 HD Audio 两种。

声卡性能指标有采样位数、采样率、声道数等。采样位数越多,声音越逼真,主流声卡的采样位数在16位以上。采样率越大,声音质量就越高,采样率一般在44.1kHz以上。声道数表示音响效果,有名的 Dolby AC-3 就是按照5.1声道设计的。

如果要进行录制声音回放就必须有音箱。常用的音箱是有源音箱,一般要求具有防磁性能,频率响应范围60～80kHz±3dB且响应曲线平坦,灵敏度在70～80dB,输出功率2×30W即可满足一般办公和居家之用。普通的传声器(话筒)、声卡和音箱如图7-20所示。

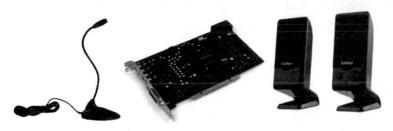

图7-20 计算机音频系统

7.4 输 出 设 备

7.4.1 输出设备概述

输出设备是指能够接收主机信息的设备,是计算机功能的主要体现者,是人机对话的通道。输出设备多种多样,显示器、打印机、绘图仪、投影机等属于输出显示类的;辅助存储器属于输出存档类的;音箱属于输出声音类的。本节重点介绍最为常见两种输出设备:固化显示信息的打印设备和动态显示信息的显示器。

7.4.2 打印输出设备

打印机是重要的输出设备,可以将计算机处理结果以字符或图形的形式印到纸上,便于人们阅读和保存。由于打印输出结果能永久保留,故称打印机为"硬拷贝"输出设备。

常用的打印机根据其工作原理可以分为针式打印机、喷墨打印机、激光打印机这 3 类。

1. 激光打印机

激光打印机是激光扫描技术与电子照相技术相结合的产物。其特点是高速度、高质量、高精度、低噪声,既可以打印文稿图片,又可以打印透明胶片,应用广泛。图 7-21 是一款最常见、最普通的窄行黑白激光打印机。

(1) 工作原理。激光打印机由激光扫描系统、电子照相系统和控制系统组成。工作时,首先充电电极对硒鼓充电,使硒鼓表面均匀分布正电荷;然后用包含数据信息的激光束对硒鼓扫描,硒鼓表面被扫描的地方正电荷消失,于是硒鼓表面形成静电"潜影";硒鼓转动经过碳粉盒,含有正电荷的碳粒将只被吸附在硒鼓表面被激光扫描过的地方,这样就在硒鼓表面形成"显影";硒鼓带着碳粒(显影)继续转动并与带有负电荷的纸张接触,碳粒被吸附在纸张上形成"浮像";利用加热部件对纸张加热,使碳粉中混合的树脂熔化,再冷凝,把碳粒形成的"浮像"固化(即进行定影),形成打印成品,参考图 7-22。

图 7-21 普通的激光打印机

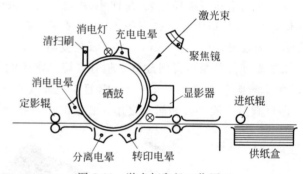

图 7-22 激光打印机工作原理

(2) 性能指标。

① 打印精度。打印精度也叫分辨率,即每英寸打印的点数(DPI)。精度越高打印效果越好,一般为 600~1200DPI。

② 打印速度。打印机的打印速度用每分钟打印多少页表示(PPM)。一般打印机的速度可为 20PPM。

③ 打印机接口。打印机常用接口有并行接口、USB 接口、IEEE 1394 接口等。

④ 纸张大小。窄行打印机只可以打印 A4、B5 文稿。宽行打印机可以打印 A3、B4 文稿。

2. 喷墨打印机

喷墨打印机于 20 世纪 70 年代发明,到 20 世纪 90 年代以后广泛使用。喷墨打印机的打印原理是利用细小的喷头向纸上喷墨水形成字符图形,喷嘴直径约 $30\mu m$,每秒可以喷出百万次,有黑白和彩色两种。

喷墨打印机的特点是价格便宜,打印质量高(接近激光打印机),打印的图片与照片效果接近;打印速度比较高;体积小重量轻;噪声小;墨水易挥发,对纸张要求较高。图7-23所示为普通的喷墨打印机。

3. 针式打印机

针式打印机又叫点阵打印机,在办公场合进行票据打印是其优势。针式打印机的打印原理是采用打印头内的点阵形撞针撞击色带,在打印纸上产生打印效果。打印头是打印机的关键部件,目前一般为24针,呈两列或三列排列。

针式打印机的优点是对纸张要求低,耗费低;可以使用复写纸一次打印多份;可以打印蜡纸,然后进行油印;缺点是噪声大,速度低,精度低,不适合打印图形。图7-24所示是一款普通的针式打印机。

图7-23 喷墨打印机

图7-24 针式打印机

【知识拓展】

3D打印

近几年又出现了一种新的打印技术——3D打印。3D打印与普通的打印机工作原理相似,能够接收主机的数据信息,并进行硬拷贝输出数据信息。

3D打印是快速成型技术的一种,它是一种以数字模型文件为基础,运用粉末状金属或塑料等可黏合材料,通过逐层打印的方式来构造物体的技术。

3D打印通常是采用数字技术材料打印机来实现的。早期常用于模具制造、工业设计等领域制造模型,后来渐渐用于一些产品的直接制造,已经有使用这种技术打印而成的零部件。该技术在珠宝、鞋类、工业设计、建筑、工程和施工(AEC)、汽车、航空航天、牙科和医疗产业、教育、地理信息系统、土木工程、枪支以及其他领域都有应用前景。

7.4.3 显示输出设备

显示输出设备是将电信号转换成视觉信号的一种装置,一般专指显示器(Display Monitor),是一种"软拷贝"输出设备。显示器是最基本、最常用的显示输出设备,是计算机系统中应用最为广泛的人-机界面设备。

显示器的硬件组成一般包括显示器件(也称显示器)、控制器和接口。在微型计算机系统中,控制器和接口往往合在一起,称为显示适配卡(简称显卡)。其软件组成包括驱动程序和提供图形功能的软件包。

1. 显示器分类

按照显示器的工作原理,常见的显示器包括以下几类。

(1) CRT 显示器。CRT 显示器是一种使用阴极射线管成像的显示设备，如图 7-25 所示。阴极射线管主要由 5 部分构成：电子枪、偏转线圈、荫罩、荧光粉层和玻璃外壳。它是靠电子枪发出的阴极射线打到荧光粉层上发出荧光而成像。CRT 显示器成像质量高、使用寿命长、价格便宜，曾经是非常流行的计算机显示器，目前由于耗电、笨重、辐射厉害等原因基本淘汰。

(2) LCD 显示器。LCD 是 Liquid Crystal Display 的缩写，就是液晶显示器。它是根据液晶对投射光的开关特性制作的成像设备，其核心是液晶面板。LCD 显示器具有省电、低辐射、机身薄、画面柔和等很多优点，是目前使用最多的显示器，如图 7-26 所示。

图 7-25　CRT 显示器

图 7-26　LCD 显示器

(3) LED(Light Emitting Diode，发光二极管)显示器。LED 显示器是一种通过控制发光二极管来显示信息的设备。LED 显示器具有色彩鲜艳、动态范围广、亮度高、清晰度高、工作电压低、功耗小、寿命长、耐冲击、色彩艳丽和工作稳定可靠等优点，成为最具优势的新一代显示设备，已广泛应用于大型广场、商业广告、体育场馆、信息传播、新闻发布、证券交易等，可以满足不同环境的需要。

(4) PDP(Plasma Display Panel，等离子显示板)显示器。PDP 显示器采用等离子管作为发光元件。它的屏幕上每一个等离子管对应一个像素，屏幕以玻璃作为基板，基板间隔一定距离，四周经气密性封接形成一个个放电空间。放电空间内充入氖、氙等混合惰性气体作为工作媒质。在两块玻璃基板的内侧面上涂有金属氧化物导电薄膜作激励电极。当向电极上施加电压时，放电空间内混合气体便发生等离子体放电现象。等离子体放电产生紫外线，紫外线激发荧光屏，荧光屏发射出可见光，显现出图像。

PDP 显示器的优点是超薄、亮度高、分辨率高、色彩艳丽，已经被作为数字电视屏广泛使用，可能代表了未来计算机显示器的发展趋势。

2. 信息显示原理

人们常见的信息形式有字符、图形和图像。在计算机显示输出系统中，不同的信息形式显示的方法是不一样的。

(1) 几个基本概念。

① 图形和图像。图形和图像是现代显示技术中常用术语。图形(Graphic)最初是指没有亮暗层次变化的线条图，例如工程设计图、电路图。图像(Image)最初是指具有亮暗层次的图，例如自然景物、新闻照片，经计算机处理后显示的图像称为数字图像。在显示屏上，图

形和图像都是由像素(Pixel,光点)构成的。现在的计算机图形也可以有颜色和层次的变化了。但是图形学和数字图像处理是两个不同学科,它们研究的问题不同,使用的技术方法不同,应用领域也不一样。

图形学的主要任务是研究如何用计算机表示现实世界的各种事物,并要求逼真地显示,例如动画设计、地图显示、建筑造型设计等。图形学所用的技术包括点、线、面、体等平面和立体图的表示与生成,以及阴影、光照、颜色的模拟等。

数字图像处理研究对象一般来自客观世界,由光电设备成像而来。图像处理的任务是针对数字图像去除噪声、增强、重构、信息抽取、内容识别等。数字图像需要逐点存储,因此需要庞大的存储空间,而图形只需要存储绘图命令和坐标点,占用存储空间小得多。

② 分辨率和灰度级。分辨率是指显示器单屏所能表示的像素个数。分辨率越高,显示的图像就越清晰。显示器的分辨率取决于显像管的成像粒度、屏幕尺寸等因素,同时有相匹配的显存(刷新存储器)。

灰度级是指黑白显示器中所显示的像素点的亮暗差别。灰度级越大,图像层次越清晰逼真。灰度级取决于每一个像素对应刷新存储器单元的位数和显示器本身的性能。字符显示只用"0"和"1"两级灰度就可表示,这种只有两个灰度级的显示器称为单色显示。图像显示的灰度级一般为256级以上。

③ 颜色深度和颜色数。颜色深度一般是指用来表示一个像素的二进制编码长度,例如颜色深度为24位说明一个像素需要用24位的二进制数来表示。颜色数是指单个像素可以显示的不同颜色种类的数量,和颜色深度直接相关。例如,颜色深度24,其颜色数为$2^{24} \approx 16M$,可理解为一个像素能显示出16M种不同的颜色。颜色数越多,显示出的图像画面色彩就越丰富,画质就越高。

④ 刷新率和显示存储器。显示器上显示的内容只能维持短暂时间,为了使人眼能在显示器上看到持续稳定的图像,必须使显示器上的内容在消失之前再次显示,刷新就起到这样的作用。单位时间内屏幕内容重新显示的次数称为刷新率,单位赫兹(Hz)。

按照人的视觉特征,刷新率大于25Hz人眼就不会感觉到闪烁。早期的CRT显示器通常选用75Hz刷新率。现在主流的LCD显示器则采用60Hz的刷新率。

为了持续不断地提供刷新图像所需的数据信号,必须把一帧图像对应的数据存储在一个专用的存储器中,这个存储器称为显示存储器,也叫刷新存储器。显示存储器(Video Random Access Memory,VRAM)一般由随机存储器构成,其存储的内容一般包括显示内容和显示属性两部分。前者提供显示字符的代码或显示图像的像素信息;后者提供与之相关的属性信息。有些时候,人们可能希望屏幕上的字符能够闪烁,或者有下画线,或者着色、或者有背景底纹等,这些特色显示称为字符的显示属性。

显存容量和速度决定了显示效果。随着计算机对显示性能要求的不断提高,显存也在快速发展。早期,显存采用EDORAM和SDRAM,现在用得多的是DDR显存(包括DDR2和DDR3),高端的一开始使用GDDR5显存。

在显示器工作过程中,显示控制器的作用很关键。一方面需要将显存的内容同步地送往显示屏进行图像刷新,另一方面还要不停地从主机接收新的数据更新显示存储器的内容(刷新显存)。

(2) 字符/数字显示。字符/数字显示是以点阵为基础的。通常把显示屏划分成许多方块,每一个方块称为一个字符窗口,它包括字符显示点阵和字符间隔。在 IBM/PC 系统中,屏幕上共计可显示 80 列×25 行=2000 字符,那么屏幕上就应包含 2000 个字符窗口。在单色字符方式下,每个字符窗口为 9×14 点阵,字符为 7×9 点阵。

对应于每一个字符窗口,需要显示的字符信息存放在显存。对于 IBM/PC,其显存至少应包括 2000 个单元以存放 2000 个字符信息。

常用的字符点阵结构有 5×7、5×8、7×9 点阵。所谓 5×7 点阵就是指每个字符由横向 5 列、纵向 7 行共计 35 个点组成。在显示到屏幕时,要显示的部分为亮点,不需要显示的部分为暗点。字符点阵结构中点数越多,显示的字符就越清晰。

字符点阵信息保存在一个叫做字符发生器(字库)的存储器中。字符发生器是一个存放各种字符点阵字形数据的只读存储器。若要显示字符形状,仅有显存中的信息码和属性信息是不够的,还必须有字符发生器支持。

最终出现在屏幕上的字符形状是依靠显示控制器控制电子枪逐行扫描显示屏来实现的。字符发生器可以按地址访问其内容。字符发生器的高位地址来自显存,低位地址来自行计数器。控制器根据从字符发生器读出字符点阵信息控制电子束的位置和强弱,进而在显示屏上形成可见字符,如图 7-27 所示。

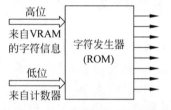

图 7-27 产生字符对应的字形信息

总之,字符/数字模式的显示成像原理为,从显存中读取字符编码(ASCII),根据字符编码定位字符发生器得到字符点阵,再根据点阵的行控制信号,控制各行字符相同行号的点阵代码输出,再用输出的各行点阵代码形成视频控制信号,去控制屏幕像点的明暗及颜色变化,最终在屏幕上显示出字符。

(3) 图形/图像显示。显示器工作在图形/图像模式时,屏幕显示主要就是利用红(R)、绿(G)、蓝(B)3 种基本色控制像素点,使像素显示不同颜色。屏幕上不同位置的像素呈现出不同颜色就构成了一帧画面。此时,显存中存放的是屏幕像素对应的二进制 RGB 颜色编码。

显存中存放一帧图像的形状信息时,像素地址与屏幕显示地址一一对应,例如屏幕的分辨率是 1024×1024 像素,显存就要有 1024×1024 单元;屏幕上像素颜色数 16M,显存每个单元的字长就是 24 位。因此,显存的容量直接取决于显示器的分辨率和颜色深度。显存的地址组织一般也按屏幕的像素位置由低到高递增,低地址存放的点先显示,高地址存放的点后显示。显示图象时,从显存中读出当前像素对应的 RGB 编码,并将 RGB 编码经过变换形成视频信号,视频信号再用来直接控制对应像素点的 RGB 分量值,使像素显示一定颜色。全部像素显示完成,屏幕上就出现一帧完整画面。

3. 显卡

微型计算机的显示系统常常用到显卡。现在的显卡不但有显示适配功能,还有显示加速功能。适配功能就是能够把 CPU 送来的影像数据处理成可以驱动显示器显示的视频信号。加速功能是指显卡本身具有数据处理功能可以完成影像数据大部分的处理工作,节省 CPU 资源,提高系统性能。

计算机中用到的显卡分独立显卡和集成显卡两种。图 7-28 所示的就是独立显卡,其一端插接到微型计算机主板上,另一端连接到显示器。集成显卡则是把运算处理功能集成到

CPU、控制功能集成到主板,就是说显卡的功能还在但身形消失了。

(1) 显卡结构。独立显卡主要由显示芯片、显示存储器、RAMDAC、VGA BIOS、输入接口、输出接口组成。

显示芯片负责图形数据处理,是显卡的核心部件,决定了显卡的档次,相当于微机系统的 CPU,常称为 GPU。其核心频率一般在 1000MHz 以上,制造工艺达 14nm,集成度高达数亿个晶体管。因其制造十分复杂,市场上被 AMD、nVIDIA、intel 几家公司垄断。

图 7-28　独立显卡

显卡与总线接口经历了 ISA、PCI、AGP、PCI-E 等标准。PCI-E 是目前的主流,新的 PCI-E 3.0 规定带宽可达 32GBps。

显卡输出接口用于向显示器输入视频信号,有 VGA、DVI、S-Video、HDMI、Display Port 等。

(2) 显卡的性能指标。评价一款显卡,首先看其显示芯片的类型及核心频率高低,然后看其显存类型、容量和位宽,最后关注其输入和输出接口类型。

4. CRT 显示器

CRT 显示器是计算机显示器的经典代表。其内部结构如图 7-29 所示,核心部分是阴极射线管。

CRT 显示器是靠电子束激发屏幕内表面的荧光粉来显示图像的,如图 7-30 所示。由于荧光粉被点亮后很快会熄灭,所以电子枪必须循环地、不断地激发这些点。

图 7-29　CRT 内部结构

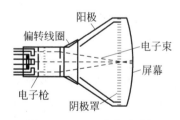

图 7-30　CRT 成像示意图

在荧光屏上涂满了按一定方式紧密排列的红、绿、蓝 3 种颜色的荧光粉点或荧光粉条,称为荧光粉单元,相邻的红、绿、蓝荧光粉单元各一个为一组,称之为像素。每个像素中都拥有红、绿、蓝(R,G,B)三基色。

CRT 显示器用电子束来进行控制和表现三基色。电子枪工作原理是由灯丝加热阴极,阴极发射电子,然后在加速电场的作用下,经聚焦极聚成很细的电子束,在阳极高压作用下,获得巨大的能量,以极高的速度去轰击荧光粉层。这些电子束轰击的目标就是荧光屏上的三基色。为此,电子枪发射的电子束不是1束,而是3束,它们分别受显卡R、G、B这3个基色视频信号电压的控制,去轰击各自的荧光粉单元。受到高速电子束的激发,这些荧光粉单元分别发出强弱不同的红、绿、蓝这3种光。根据空间混色法(将3个基色光同时照射同一表面相邻很近的3个点上进行混色的方法)产生丰富的色彩,这种方法利用人们眼睛在超过一定距离后分辨力不高的特性,产生与直接混色法相同的效果。用这种方法可以产生不同色彩的像素,而大量的不同色彩的像素可以组成一张漂亮的画面,而不断变换的画面就成为可动的图像。

通常实现扫描的方式很多,例如直线式扫描、圆形扫描、螺旋扫描等。其中,直线式扫描又可分为逐行扫描和隔行扫描两种。事实上,在CRT显示系统中两种都有采用。逐行扫描是电子束在屏幕上一行紧接一行从左到右的扫描方式,是比较先进的一种方式。而隔行扫描中,一张图像的扫描不是在一个场周期中完成的,而是由两个场周期完成的。无论是逐行扫描还是隔行扫描,都是水平方向扫描,只能显示图像的一行,为了能显示整帧图像还必须有垂直偏转的场扫描。前者形成一行的扫描,称为行扫描,后者形成一幅画面的扫描,称为场扫描。

然而在扫描的过程中,要保证3支电子束准确击中每个像素,就要借助于荫罩(Shadow Mask),它的位置大概在荧光屏后面(从荧光屏正面看)约10mm处,厚度约为0.15mm的薄金属障板,它上面有很多小孔或细槽,它们和同一组的荧光粉单元即像素相对应。3支电子束经过小孔或细槽后只能击中同一像素中的对应荧光粉单元,因此能够保证彩色的纯正和正确的会聚。

偏转线圈(Deflection Coils)可以协助完成非常高速的扫描动作,它可以使显像管内的电子束以一定的顺序,周期性地轰击每个像素,使每个像素都发光,而且只要这个周期足够短,也就是说对某个像素而言电子束的轰击频率足够高,就会呈现一幅完整的图像。

至于画面的连续感,则是由场扫描(刷新)的速度来决定的,场扫描越快,形成的单一图像越多,画面就越流畅。而每秒可以进行多少次场扫描通常是衡量画面质量的标准,通常用帧频或场频(单位为Hz)来表示,帧频越大,图像越有连续感。24Hz帧频是保证对图像活动内容的连续感觉,48Hz场频是保证图像显示没有闪烁的感觉(一般设置场频为85Hz)。只有行扫描和场扫描的频率都达到要求时,才能显示出效果良好的图像。

5. LCD显示器

早在19世纪末,奥地利植物学家就发现了液晶。液晶即液态的晶体,是一种同时具备液体的流动性和类似晶体的某种排列特性的物质。在电场的作用下,液晶分子的排列会产生变化,从而影响到它的光学性质,这种现象叫做电光效应。利用液晶的电光效应,英国科学家在上世纪制造了第一块液晶显示器即LCD。但是直到1980年代以后才开始有商用价值。LCD显示器取代CRT显示器成为计算机显示器的主角是近十年的事情。

液晶显示器的核心是液晶面板。液晶面板决定了液晶显示器亮度、对比度、色彩、可视角度等性能。液晶面板主要由偏光板、玻璃基板、配向膜、彩色滤光片、液晶层、薄膜晶体管层、驱动电路、外壳等组成,如图7-31所示。

(1) 玻璃基板。玻璃基板是一种表面极其平整的薄玻璃片。表面蒸镀有一层In_2O_3或SnO_2透明导电层,即ITO膜层,经光刻加工制成透明导电图形。这些图形由像素图形和外引线图形组成。因此,外引线不能进行传统的锡焊,只能通过导电橡胶条或导电胶带等进行

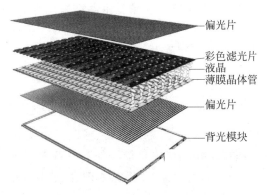

图 7-31　液晶面板结构示意图

连接。如果划伤、割断或腐蚀,则会造成器件报废。

(2) 配向膜。配向膜(Alignment Layer)是控制 LCD 显示品质的关键材料。为使液晶材料达到良好的旋转效果,需要在 LCD 显示屏上下电极基板的内侧涂上配向膜。涂好配向膜后,进行摩擦(Rubbing)制程,配向膜表面将因摩擦而形成按一定方向排列的沟槽,配向膜上的液晶材料会因分子之间的作用力而达到定向效果,产生配向(Align)作用。这样就可控制液晶分子依特定的方向与预定的倾斜角度排列,有利于 LCD 显示屏的动作。

(3) 偏光片。偏光片的主要用途是产生偏振光。偏光片由塑料膜材料制成,涂有一层光学压敏胶,可以贴在液晶盒的表面。目前,LCD 显示屏常用的偏光片大多是将聚乙烯醇(PVA)作为基材。前偏光片表面还有一层保护膜,使用时应揭去,偏光片怕高温、高湿,在高温高湿条件下会使其退偏振或起泡。

(4) 彩色滤光片。液晶面板之所以能显示彩色,是由于光通过了彩色滤光片的缘故。液晶面板通过驱动芯片的电压改变,使液晶分子排排站立或呈扭转状,形成闸门来选择背光源光线穿透与否,从而产生画面。但这样仅有透光程度的差别,产生的颜色只有黑、白两种,若要形成彩色画面,需要靠红、绿、蓝这 3 种光源组合。

(5) 液晶层。液晶层是 LCD 显示屏的主体。由画面信号转换成的电子信号在液晶分子层上转换成为一个个微小的像素点,然后形成能够使背光光线通过,或者遮蔽的状态,从而形成图像。

不同器件所用的液晶材料不同,液晶材料大都是由几种甚至十几种单体液晶材料混合而成的。每种液晶材料都有自己固定的清亮点 TL 和结晶点 TS。因此要求每种 LCD 显示屏必须使用和保存在 TS~TL 的一定温度范围内,如果使用或保存温度过低,结晶会破坏 LCD 显示屏的定向层;而温度过高,液晶会失去液晶态,也就失去了 LCD 显示屏的功能。

(6) 薄膜晶体管 TFT。它的作用类似于开关,能够控制 IC 控制电路上的信号电压,并将其输送到液晶分子中,决定液晶分子偏转的角度大小,因此其是非常重要的一个部件。

(7) 驱动电路。驱动电路的作用是通过调整施加到像素电极上的电压、相位、频率、峰值、有效值、时序、占空比等一系列参数来建立一定的驱动条件,从而实现显示。

由于液晶分子自身是不发光的,因此若要出现画面,液晶显示器需要专门的发光源来提供光能,然后经过彩色滤光片过滤和液晶分子的偏转来产生不同的颜色。背光模块起到的就是提供光能的作用。初期,液晶显示器采用的都是名叫 CCFL 的冷阴极射线管,其发光原理与日光灯几乎完全相同,而现在新品液晶显示器都采用了更加节能、长寿命的 LED 背光源。

液晶显示器的技术指标主要有分辨率、像素间距、可视角、亮度、对比度、响应时间等。

本 章 小 结

计算机外围设备主要包括输入设备、输出设备、辅助存储设备、终端设备、通信设备和过程控制设备六大类。计算机的应用功能主要依靠外围设备来实现。键盘、鼠标、显示器、打印机、磁盘等是基本的外围设备,读者应当了解其原理、熟悉其性能、掌握其与主机的连接。

习 题 7

一、基础题

1. 打印机分辨率是指_____。
2. 按打印机原理分类,打印机主要有_____、_____、_____几种。
3. 最常用的显示器是_____。
4. 激光打印机从打印颜色上分为_____激光打印机和_____激光打印机。
5. 影响磁盘访问时间的 3 个因素是_____、等待时间和传输时间。
6. 能把各种图像或文字输入计算机的外围设备一般是( )。
   A. 打印机　　　　B. 扫描仪　　　　C. 数字照相机　　D. 摄像头
7. 打印速度是指打印机每分钟所能打印的( )。
   A. 字数　　　　　B. 行数　　　　　C. 页数　　　　　D. 段落数
8. 打印机本身就是一个微型计算机系统,全机的工作都由( )控制。
   A. CPU　　　　　B. 打印头　　　　C. 控制电路　　　D. 驱动电路
9. 微型计算机的性能主要取决于( )。
   A. 内存条　　　　B. 显示器　　　　C. 中央处理器　　D. 硬盘
10. 下列术语中,属于显示器性能指标的是( )。
    A. 分辨率　　　　B. 速度　　　　　C. 可靠性　　　　D. 精度
11. 一个完整的计算机系统应包括( )。
    A. 系统硬件和系统软件　　　　　　B. 硬件系统和软件系统
    C. 主机、键盘、显示器和辅助存储器　D. 主机和外围设备
12. 计算机的外围设备是指( )。
    A. 输入输出设备
    B. 外存储器
    C. 输入输出设备及外存
    D. 除了 CPU 和内存以外的所有其他设备
13. 外围设备有哪些主要功能?可分为哪几类?每类中的典型设备有哪些?
14. 现在有微型计算机常用的 6 种存储器:主存、高速缓存、寄存器、CD-ROM 存储器、硬磁盘、优盘。要求:

① 把它们按照容量排序。
② 把它们按照存取速度排序。
③ 把它们构建成一个存储体系。
④ 说明它们各自怎么与 CPU 通信。

二、提高题

1. 对于存储型设备，进行输入输出操作时信息传输的单位是（　　）。
   A. 字节　　　　　　B. 字　　　　　　C. 块　　　　　　D. 字符

2. 设备独立性的含义是（　　）。
   A. 每一台设备都有一个唯一的编号
   B. 程序中使用的设备与实际使用哪台物理设备无关
   C. 多台设备不能并行工作
   D. 一个通道上只准连接一台设备

3. 很多外围设备都会引入缓冲存储器，其主要目的是（　　）。
   A. 改善 CPU 和 I/O 设备之间速度不匹配的情况
   B. 节省内存
   C. 提高 CPU 的利用率
   D. 提高 I/O 设备的利用率

4. 对于输入输出设备，进行输入输出操作时信息传输的单位是（　　）。
   A. 字节　　　　　　B. 字　　　　　　C. 块　　　　　　D．字符

5. 主存与磁盘比较，在工作速度方面的指标有什么不同？

6. 某磁盘转速为 3000r/min，共有 4 个盘面，每个盘面共有 275 道，每道可记录信息 12288B。请回答下面问题：
   ① 该磁盘存储容量是多少？
   ② 磁盘的数据传输率是多少？
   ③ 平均等待时间为多少？

第8章 总线技术

总线是计算机系统中各个部件和设备之间相互连接通信的公共通路,在该通路上传送地址信息、数据信息和控制信息等,是计算机系统中各个部件共享的传输媒介。通过总线将计算机功能部件连接在一起构成了相互传送信息的有机整体。

8.1 总线的基本概念

总线是计算机系统各部件之间的信息公共通路。在计算机系统中,CPU 可以通过总线实现取指令和数据交换,若计算机部件一定,总线的速度就是制约计算机整体性能的关键因素。因此,总线在计算机系统中起着十分重要的作用。

8.1.1 总线特性

总线作为计算机系统的一个公共的信息传输通路,具有以下几方面基本特性。

(1) 物理特性。总线的物理特性是指总线在物理连接上的特性,包括连线类型、数量、接插件的几何尺寸和形状以及引脚线的排列等。

(2) 电气特性。总线电气特性指的是每一条信号线的信号传递方向、信号的有效电平范围。

① 信号方向。数据为双向、地址为单(同)向、控制为单(异)向。

② 电平表示方式。单端方式、差分方式。

(3) 功能特性。总线中每条传输线都有其特有的功能。不同的传输线功能各不相同,例如控制线用来传输控制信号,地址线用来传输地址信息,数据线是用来传输数据信息。

(4) 时间特性。时间特性指总线中任一根传输线在什么时间内有效,以及每根线产生的信号之间的时序关系。时间特性通常可以使用时序图来表示。

只有按照总线的特性设计各部件及设备接口,才能保证连接并正常可靠地传输信息。

8.1.2 总线性能指标

不同的总线技术对计算机的性能有很大的影响。衡量总线性能的主要参数有:总线带宽、总线位宽及总线的工作频率等。

(1) 总线带宽。总线的带宽指的是总线本身所能达到的最高的数据传输的速率,一般表示单位是兆字节每秒(MBps),这是衡量总线性能的一项重要的指标。总线的带宽的多少与下面介绍的总线位宽和总线的工作频率有不可分割的关系。

(2) 总线位宽。这也是衡量总线性能的一项重要参数,它指的是总线能同时传输的数据的位数,也就是通常的 32 位、64 位等的总线概念。

例如,某总线的数据线有 16 条,则表示同时可以传送 16 位的数据;若总线的数据线位数有 32 位,则表示可以同时传送 32 位的数据。因此,数据线的位数(位宽)越大,单位时间内数据传输率就越大,则带宽就越宽。

(3) 总线频率。总线频率指的就是总线的工作时钟频率,以兆赫兹(MHz)为单位,工作频率越高则总线的工作速度就越快,则总线的总带宽就越宽。

【例 8-1】 某总线在一个时钟周期内并行传送 32 位的数据,若一个总线周期和一个总线时钟周期相等,总线的时钟频率为 33MHz,求总线的带宽是多少? 如果一个总线周期中并行传送 64 位数据,总线的时钟频率为 66MHz,那么总线的带宽是多少?

解:根据总线带宽的定义,当总线频率为 33MHz 时,总线的带宽为

$$(32/8)B \times 33 \times 10^6/s = 132MBps$$

当总线时钟频率升为 66MHz,并且一个总线周期中可以并行传送 64 位数据时,总线的带宽是

$$64/8 \times 66 \times 10^6 B/s = 528MBps$$

总之,单方面的提高总线的位宽或者工作频率都只能部分提高总线的带宽,只有两者配合起来才能使总线的带宽得到更大的提升。

8.1.3 总线内部结构

1. 早期总线的内部结构

早期的计算机总线的内部结构如图 8-1 所示,它实际上是处理器芯片引脚的延伸,是处理器与 I/O 设备适配器的通道。这种简单的总线一般由 50~100 根信号线所组成,按照这些信号线的功能特性可分为 3 类:数据(总)线、地址(总)线和控制(总)线。

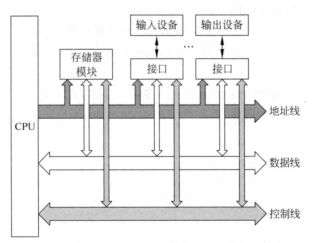

图 8-1 早期总线的内部结构

这种简单的总线结构被早期的计算机广泛采用。随着计算机技术的发展,这种简单总线结构逐渐暴露出一些不足:CPU 是总线上的唯一主控者,即使后来增加了具有简单仲裁逻辑的 DMA 控制器以支持 DMA 传送,但是仍不能满足多 CPU 环境的要求;总线信号是 CPU 引脚信号的延伸,所以总线结构与 CPU 紧密相关,通用性较差。

2. 当代总线的内部结构

当代计算机总线的内部结构如图 8-2 所示。当代总线是一些标准总线,追求与计算机结构和具体技术无关的开发标准,满足包括多 CPU 在内计算机系统的主控需求。

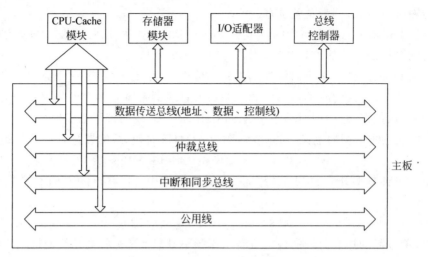

图 8-2 当代总线的内部结构

在当代总线结构中,CPU 与 Cache 作为一个模块与总线相连,系统中允许存在多个这样的处理器模块,而总线控制器则负责在几个总线请求者之间进行协调与仲裁。整个总线结构分成如下 4 个部分:

(1) 数据传送总线。数据传送总线由地址线、数据线、控制线组成,其结构与早期总线类似,但一般有 32 条地址线、32 或 64 条数据线。为了减少布线,64 位数据的低 32 位数据线往往与 32 位地址线进行复用。

(2) 仲裁总线。仲裁总线包括总线请求线和总线授权线。

(3) 中断和同步总线。中断和同步总线用于处理带优先级的中断操作,包括中断请求线和中断认可线。

(4) 公用线。公用线包括时钟信号线、电源线、地线、系统复位线以及加电或断电的时序信号线等。

8.1.4 总线标准

在早期的计算机厂家生产的计算机系统中,其总线标准只提供给自己和配套的厂商使用,与其他生产厂商往往不相同,这样势必会造成彼此间缺乏互换性,阻碍了计算机的推广和应用。

但是随着微机的发展和普及,对计算机总线的标准化的需求越来越强。为了提高总线连接的更广范围的应用,使得不同的供应商生产的总线产品能够兼容互换,可以给用户更多的选择,那么必须对总线的技术规范进行标准化。

总线标准是国际上正式公布、推荐或者工业界广泛认可的的互联各部件的总线规范。因此,总线的制定标准要经过周密思考和严格的规定,主要有以下几个方面:

(1) 机械结构规范。这是对总线的模块尺寸、总线插头、总线接插件以及安装尺寸可以进行统一的规定。

(2) 功能规范。这是对总线每条信号线的名称、功能、逻辑关系、时序要求以及信号线的排列次序等很多地方都进行了明确的定义。

（3）电气规范。该规范是对总线上每条信号线的有效电平、动态转换时间、负载能力和抗干扰能力等进行了明确的定义。

总线的标准通常通过下面两种方法定义：

（1）由国际性组织（如国际标准化组织 ISO、电子与电子工程师协会 IEEE 等）来严格定义、解释并推荐使用的。

电气和电子工程师协会（Institute of Electrical and Electronic Engineers，IEEE）先后制定的总线标准得到了社会较大程度的认可。

（2）另一种就是因为某种总线被广泛应用而逐渐被大众接受并公认，而成为事实上的总线标准。

通常情况下，总线的标准一般都是由一些电子学方面的组织或者机构来编写和推荐使用的，但是总线标准是否通用，最终还是由使用者来评价和认可。

那么采用总线标准的好处是什么呢？

① 简化系统结构。采用标准化的总线结构极大地减少信息传输线的根数，系统各部件之间通过总线相连，大大简化了系统的设计，并提高了系统的可靠性。

② 简化系统设计。标准化使得系统中各种信息通路都有了统一确定的定义。因此，总线系统标准化使得设计的模板之间具有了通用性和互换性，便于批量生产。用户可根据自己的实际需要来形成专用性的设计，大大简化了系统的设计。

③ 提高系统的可扩展性。随着时间推移和技术的发展，旧的系统就可能需要更新、改造和扩充，如果采用标准化的总线设计模板，就可以对模板进行升级、改造后重新接入总线，就可以继续使用。改造后的系统就不用考虑总线的重新设计了，因此可极大地提高系统的可扩展性。

8.2 总线的分类

总线在计算机系统中广泛应用，站在不同的角度看，总线的类型有着不同的分类方式。例如，按照数据的传送方式来分，总线可以分为串行传送方式和并行传送方式两种，而且在并行传送方式下，数据按比特来分，又可以分为 16 位、32 位、64 位等传输总线。按照使用范围来划分，总线还可以分为计算机总线、测控总线及网络通信总线等。

按照总线的性质和应用范围来划分，总线可以分为元件级总线、系统总线和外部总线。

8.2.1 元件级总线

元件级总线又称为片总线，它是把芯片内部各种不同的器件连接在一起进行通信的信号线，例如 CPU 内部的各个寄存器之间，或者寄存器与运算单元之间的总线都是片总线。

8.2.2 系统总线

系统总线又称为内部总线，表示的是用于计算机系统各部件之间的信息传输的信号线，像 CPU、内存、输入输出模块等大的功能部件之间的信息传送通路。一般这些部件都分别制成不同的板件，因此，系统总线也可以成为板件级总线。

系统总线又按照所传送的信息不同，可分为以下 3 种。

1. 数据总线

顾名思义,数据总线就是传送各个部件之间的数据信息的传输线。它能实现双向的数据传送,数据传输的宽度与计算机的机器字长和存储字长有关,它指的是数据总线的条数,总线宽度是衡量计算机性能的一项重要指标,总线宽度越宽其计算机速度也就越快。例如,如果总线宽度是 16 位,而所取的一条指令如果是 32 位,CPU 就需要访问两次内存来取出该指令。

2. 地址总线

在计算机系统中,CPU 为了访问存储器或者 I/O 设备,它必须知道怎么去访问,计算机系统将存储器和 I/O 部件都编上了唯一的编号,叫"地址"。因此,还必须要有专门传送地址信号的传输线,叫"地址总线"。地址总线用于指定数据的来源和去向,它是单向传输的,用来表明 CPU 将要访问的是哪个部件。

例如当 CPU 访问存储器中的一个字时,首先 CPU 会将该字的首地址放到地址总线上,找到存储单元后,将该字从数据总线上传输至 CPU。

地址总线的传输位数决定了能使用的存储器的地址空间,如果地址总线的传输位数是 24 位,那么地址总线就有 24 条,其地址空间则是 2^{24} 位。

3. 控制总线

为了让总线上所有部件都能有条不紊地工作,需要有相应的控制信号来实现,控制总线就起了这样的控制调配功能。控制总线能发出各种控制信号,协调各部件之间怎样使用总线,在同一时刻哪个部件能拥有总线使用权。不同的控制线所起的功能也各不相同,不过单根控制线都是单向传输的,要么是 CPU 发出的对某个部件的控制信号;要么是其他部件向 CPU 发送的状态等信号。控制线上的信号有 CPU 发出去的,也有向 CPU 发送回的,因此从整体上来看,控制线又是双向的。

常见的控制信号有以下几种。

(1) 存储器读:将寻址单元中的数据读到数据总线上。

(2) 存储器写:将数据总线上的数据写入到指定地址的存储单元中。

(3) I/O 读:将被寻址的 I/O 端口中的数据读到数据总线上。

(4) I/O 写:将数据总线上的数据写入到被寻址的 I/O 端口中。

(5) 总线请求:表明某个模块需要获得总线的使用权。

(6) 总线响应:表明 CPU 将总线使用权赋予请求总线的模块。

(7) 中断请求:说明某个模块发出了中断请求信号。

(8) 中断响应:说明中断申请的模块获得了 CPU 的服务请求。

(9) 时钟:用于同步各种操作。

(10) 复位:将选中的模块恢复到初始状态。

例如,某一模块向另一模块传送数据,那总线的工作过程如下:

(1) 申请获得总线的使用权;

(2) 通过总线来传送数据。

概括来讲,系统总线是提供了 CPU 与存储器、I/O 接口部件的连接线。可以认为,一台微型计算机就是以 CPU 为核心,其他部件是"挂接"在与 CPU 相连接的系统总线上,这种总线形式,为构成微型计算机系统提供了方便。

8.2.3 外部总线

外部总线是指多台计算机之间,或者计算机与一些外围设备之间的连接总线。由于外围设备种类繁多,所以外部总线的种类也较多,外部总线一般传输距离相对较远,因此传输速度较低。

8.3 总线的连接方式

系统总线是计算机系统内各大功能部件与CPU相连的公共的信息通道。如果计算机所有的功能部件都连接到一条总线上,这种总线形式是单总线结构,但是若大量的部件都连接到总线上,则总线的任务负荷太重,直接影响系统的整体性能,因此就出现了多总线结构。

8.3.1 单总线

在早期的单处理器的计算机系统中,用一组单一的系统总线来连接CPU、存储器和输入输出接口,这样的总线为单总线,这是一种最简单的总线结构。其结构如图8-3所示。

从图8-3可以看出,该总线结构中使用单一的系统总线,CPU和主存都是直接连接到总线上,其他外围设备都是通过相应的接口连接到系统总线上。

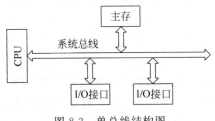

图 8-3 单总线结构图

在单总线结构中,各个设备分时共享一条总线,因此整个总线系统结构简单,易实现控制要求,设备的扩展也比较容易。但是由于在同一时间内,总线不允许有两个部件同时传送信息,若多个设备都发出申请总线的话,只能有一个设备获得总线使用权,其他设备必须等待,等传输完毕后再按优先级分别获得总线使用权。因此,单总线就限制了系统的性能提升。

随着计算机应用领域的不断扩大,外设的种类和数量也急剧增加,单总线结构已经不能满足计算机系统的速度的要求:

(1) 当总线连接设备增多时,总线不断变长,传输的延迟会变大;

(2) 当数据的传输率接近总线的容量时,总线更成了瓶颈。虽然增加带宽会在一定程度上缓解这个矛盾,但是计算机系统的性能迅速提升,对总线的要求更高。

8.3.2 多总线

多总线结构就是为了克服单总线系统中对总线的分时复用、导致通信速度慢的缺点而设计的,其中双总线系统和三总线系统是最常见的。

1. 双总线

双总线结构采用两条总线,一方面保持了单总线系统的简单、易扩充等特点。另一方面,又在CPU和主存储器之间增加了一组专用的总线,用于它们之间高速的数据交换,这样就能减轻系统总线的负担。

双总线结构提高了系统传送信息的吞吐量,同时主存还可以通过系统总线与高速外设

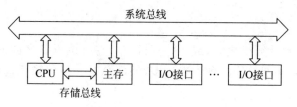

图 8-4 双总线结构图

之间实现直接存储器访问(DMA)操作,不过这种总线结构是通过增加硬件为代价而实现的。

2. 三总线结构

三总线结构是现在许多计算机所采用的结构形式,在这种总线结构中,存在 3 条相对独立的总线,由它们构成计算机各部件之间的信息通路,如图 8-5 所示。

从图 8-5 看出,除了系统总线和存储总线以外,还专门设立了 I/O 总线,用于对系统 I/O 的扩充。与双总线不同的是,在三总线结构中,多个外围设备不是直接通过接口连接到系统总线上的,而是连接到一条单独的 I/O 总线上。再通过 I/O 处理机连接到系统总线上,这个 I/O 处理机也称为"通道",它是一种特殊的处理器,能管理外设及主存之间的数据传送,分担了 CPU 的一部分功能,使得 CPU 不需要花太多的时间处理 I/O 事务,进一步提高 CPU 的工作效率。

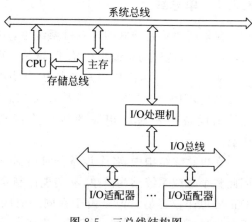

图 8-5 三总线结构图

8.3.3 总线的层次结构

根据总线连接的对象和范围不同,目前的计算机系统都采用的是多总线结构。在多总线系统中,多条总线是以层次结构的形式被组织起来,构成由不同层次构成的多总线系统。奔腾 PC 的多总线结构如图 8-6 所示。

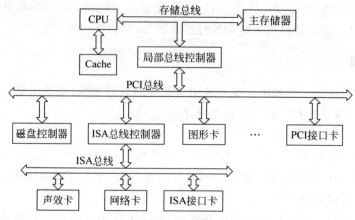

图 8-6 奔腾 PC 主板总线系统结构图

从图中可以看出,这种总线结构展现出的是一种三级层次的多总线结构,三层总线分别是:片内总线(CPU 总线)、PCI 总线和 ISA 总线。除此以外,CPU 与 Cache 之间也专门使用了一组总线相连。

(1) CPU 与主存相连的存储总线是一个宽带宽的同步总线,传输速度快。

(2) PCI 总线用于连接高速的 I/O 设备,例如硬盘控制器、图形显示适配器、ISA 总线控制器等。

(3) ISA 总线主要用于系统和低速的 I/O 设备相连,像声卡、网卡、以及其他 ISA 接口卡等。

这种总线结构的优点是:速度差异比较大的设备使用不同的总线系统,速度相近的设备使用同一类的总线结构。这样的设计有效地解决了总线负荷过重的问题,而且使总线的结构设计变得简单,充分发挥每一类总线的性能,提升了系统总线的整体的工作效率。

8.4 总线设计要素

总线的设计有很多不同的方法,每种方法各有特点,但是总线的技术特征使得每种设计的方法需要考虑以下几个性能要素。

8.4.1 总线仲裁

任何总线都是由地址线、数据线和控制线构成的。如果一个设备需要向另一个设备发送数据,它就要获得总线使用权;如果一个设备需要向另一个设备请求传送数据,那么它也必须获得总线使用权,通过控制线发送请求。

但是通常情况下,请求使用总线的部件可不只一个,可总线上每次只能传送一个信息,因此,需要有这样一个部件对总线的使用权进行分配,由它决定哪个模块可以使用总线,这就是总线的仲裁。

实现总线总裁的电路,称为总线仲裁器。一般情况下,总线仲裁有两种方式:集中式和分布式。集中式仲裁是将控制逻辑集成到一个单元中(例如 CPU 中);分布式仲裁则将控制逻辑分散的连接在总线的各个模块上。

在总线仲裁过程中,将设备分为主设备和从设备,仲裁的目的就是为了指定某个设备为主设备,主设备启动其他设备进行数据传输,被动传输数据的设备作为从设备。每次总线操作,只能有一个主设备占用总线的控制权,但同一时间可以有若干个从设备。

集中式仲裁的每个功能模块都有两条线连到仲裁器,一条是总线的请求信号线 BR,另一条是仲裁器送出的总线授权信号 BG。通常集中式仲裁有 3 种实现方式。

1. 链式查询方式

链式查询方式除了 DB 和 AB 以外,还有 3 根控制线,分别是 BS、BR 和 BG。

BS:是总线忙信号,该信号为"1"时,表示总线正在被某个设备使用;

BR:总线请求信号,该信号为"1"时,表示至少有一个设备向仲裁器发出了总线请求;

BG:总线授权信号,该信号为"1"时,表示仲裁器响应了某个设备的总线请求。

其中 BG 是链式查询结构,从总线仲裁器端开始,从一个设备接口到另一个设备接口依次串行相接,若某个接口有总线请求的话,那么到达的总线授权信号就不再往后传,表示这

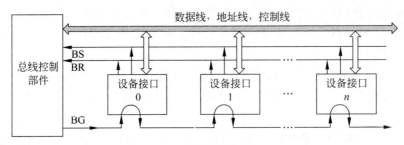

图 8-7　链式查询方式

个接口已经取得了总线的使用权,同时会把 BS 信号线设置为"1",通知其他接口总线已经被占用。

这种工作方式,使得离总线仲裁器越近的接口的优先级越高,优点是实现简单,但是缺点是:如果优先级高的接口模块总是有总线请求,那么优先级低的模块可能长期得不到总线使用权;而且某个接口模块出现了故障,那么其后面的接口就可能得不到总线的控制权,整个传送链就不能正常工作了。

2. 计时器定时查询方式

在这种方式中,总线的各个设备接口还是通过总线请求线 BR 向仲裁器发请求信号,但是没有了总线应答信号,而多了一条设备地址信号线。

如图 8-8 所示,这种查询方式的工作过程是:总线上的设备通过 BR 发出总线请求,仲裁器接收到请求信号后进行响应,如果此时 BS 信号为"0",则计数器开始计数,计数值通过一组地址线给各个设备发送。每个设备的接口都有一个地址判别电路,如果计数值与请求总线的的设备地址值相同,则该设备对 BS 的信号状态设置为"1",同时将中止计数继续查询,说明该设备获得了总线的使用权。

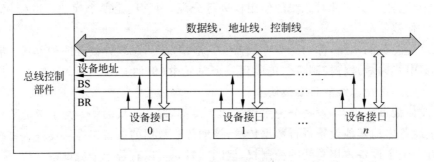

图 8-8　定时器查询方式

这种方式的特点是:计算机的计数可以从任意一个值开始,若每次都从 0 开始计数,那么设备的优先级次序是固定的;若从计时器停止的地方开始,计数器的计数可以循环计数,各个设备的优先级是相同的。此外,计数值还可以由程序来设定,因此设备的优先级不但可以改变,还可以有程序来控制,弥补了链式查询的一个模块出错则整个控制就失效的缺点。各个设备取得总线使用权没有相互的关联,单个设备故障对于其他设备取得总线使用权没有影响。

3. 独立请求方式

独立请求方式的总线控制图如图 8-9 所示,其工作原理如下。

(1) 每个模块都有一对独立的 BR 和 BG 信号线,而且每对信号线有其相应的优先级。

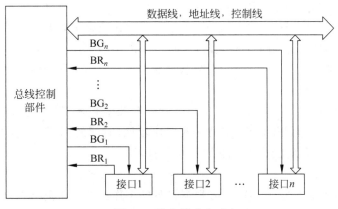

图 8-9 独立请求方式

(2) 总线控制器中有一个优先级编码器和优先级译码器,用于判定优先级最高的请求并给出相应的 BG 信号。

(3) 当总线 BS 信号为"1"(忙)时,表示有设备正在使用总线,这时请求总线的设备模块需要等待,直至 BS 信号为"0"(不忙)。

(4) 所有的模块都可以申请总线使用权,但是同一时刻还有最高的优先级模块才能获得总线使用权。

这种仲裁方式的特点如下:

(1) 优点是判优的速度快;

(2) 缺点是每个模块都连有 BR 和 BG 信号线,信号线较多,控制就更加复杂。

8.4.2 总线定时

数据在总线上传输就一定存在着发送和接收双方时间上的配合问题,这就是总线操作的定时控制。要使总线的传输设备的操作保持同步,需要利用一定的定时协议进行协调,保证数据传输的双方保持操作同步,信息传输的正确。

总线的操作时序一般可分为同步定时和异步定时两种。

1. 同步定时

同步定时指的是发送和接收双方按照统一步调协调相互之间的操作,双方遵循统一时钟信号 Clock。总线上各模块的所有动作均在时钟周期的开始产生,下面通过一个例子,分析同步定时方式的数据传输过程,如图 8-10 所示。

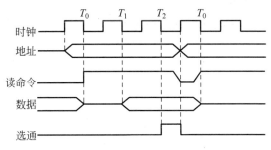

图 8-10 同步定时操作时序

从图中可以看出,假设是CPU从主存读取数据。在读数据时,CPU在CLK的T_0的上升沿把数据的地址送到AB上,然后在T_0的下降沿发出读命令;接着在T_1的下降沿,主存将读出的数据送至DB上,CPU必须在T_2的下降沿接收DB上的信息;随后,CPU会在T_2周期结束时撤销地址和读信号,在下次总线操作的周期T_0下降沿到来之前撤销DB上的数据,一次总线读操作结束。

同步定时的实现较为简单,但是同步定时的时钟频率必须能够适应总线上时延最长和速度最慢的设备的需要,因此,同步定时的效率比较低,时间的利用率不高。而且同步定时方式没有确认被访问设备是否响应的信号,可靠性较低。

2. 异步定时

异步定时方式是指发送方和接收方根据自身的工作速度和距离远近来确定总线传送的节奏,也即是双方采用的是一种应答和互锁的一种机制。在异步方式中,不再需要统一的时钟信号,操作的发生是由主设备和从设备的特定联络信号来确定的。

图 8-11 为异步定时传送方式,它是主设备从从设备读出数据的波形图。

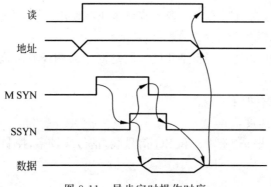

图 8-11 异步定时操作时序

图 8-11 中,MSYN 表示主同步信号(Master Sync),SSYN 表示从同步信号(Slave Sync)。可以看出,异步定时没有统一的时钟信号,也没有固定的时间间隔,完全按照双方的"握手"信号来实现数据传输。假设读数据的还是CPU,CPU首先将地址和读信号发送到总线上,接着CPU发出MSYN信号,表示有效地址和控制信号已经出现;这个信号使从设备用SSYN信号来响应,并将数据送至DB总线上;CPU收到SSYN信号表示从设备已经将数据准备好,CPU便开始读取数据,并撤销MSYN信号;从设备收到MSYN撤销信号,表示其数据已经被CPU接收,便撤销SSYN信号,并撤销DB总线上的数据。至此,一次应答式的异步定时传送结束。

从图 8-11 中还可以看出,MSYN 和 SSYN 信号的宽度是不固定的,依据实际需要确定时间长短,且相互制约。

异步定时的特点如下。

(1)时间利用率高。在异步定时传送中,总线周期按实际需要确定,需要多少用多少。

(2)可靠性提高。应答式传送会根据实际情况定出一个时间作为异步传送的最大时间,如果主设备在规定时间内没有收到应答信号,表明传输出现故障,需加以排除,故提高了传输的可靠性。

(3) 适用于存取时间差距较大的设备之间的数据传输。

(4) 异步定时的控制方式线路设计比较复杂,需要有两条应答信号以及相应的控制逻辑,设计成本提高。

8.4.3 总线数据传输模式

目前的总线标准大都能支持以下 4 种数据的传输模式。

1. 读写操作

这是总线的最基本最常用的数据传输模式,读操作是指由从方到主方经总线的数据传送操作;写操作则是由主方到从方的数据传送操作。

在总线的读操作周期,主方先发出地址信号和读命令,经过一定的时间延迟后,再将从方的数据接收。

在总线的写操作周期,主方首先把地址信号送到地址总线上,当确认从方接收后,会把数据送至数据总线,然后发出写命令,最后把数据写入指定地址。

2. 写后读和读后写操作

写后读操作是先向从方写入数据,接着进行读操作,将刚写入的数据读出比较,目的是检验写入数据的正确性,主设备只需要发送地址一次即可。

读后写操作是主方先从从方读数据,然后将数据写回同一个单元,目的是防止其他总线主设备在同一时间访问同一单元,这种操作往往用于多道程序中对共享存储资源的保护。

3. 数据块传送操作

数据块传送操作是指在总线的占用期内传送一块数据,即数据传送主设备给出要传送的数据块的起始地址后,然后就对固定长度的数据块一个一个地按顺序读出或写入。对于 CPU 和主存之间的块传送,常称为猝发式传送,其长度一般为数据线宽度(存储器字长)的 4 倍。例如,一根 32 位的数据线,一次猝发传输可达 4×32 位=128 位。

4. 广播和广集操作

主设备若同时向多个从设备传输数据的操作模式称为广播。而广集指的是主设备将选定的多个从设备的数据在总线上完成 AND 或者 OR 运算操作。

广播常用于通报处理器的状态,或者在各个从设备之间传递数据;而广集操作常用于检测多个中断源。

8.4.4 总线复用

总线根据功能不同分数据总线、地址总线和控制总线。地址总线的根数越多,CPU 能直接寻址的内存空间就越大,若某系统有 n 条地址线,那么 CPU 就能直接寻址的内存空间是 2^n。例如,Intel 的微处理器的发展,8088 采用 20 根地址线,80286 采用 24 位地址线,80386 的地址线扩展为 32 根。相对应的数据线的位数也在不断扩展,从 8 位 16 位一直到 32 位,究其原因就是为了提高总线的带宽。

带宽是总线重要的性能指标,表示了单位时间内总线传送数据的多少,数据线越多,单位时间内传送的数据就越多,总线的数据传送速度也就越高。

因此,总线的地址线和数据线是越多越好,但是,盲目地增加地址线和数据线会带来问题:会使主板上的总线占用的面积更大,插件板的接头会更多,还会增加总线的成本……如何在系统性能和成本之间综合考虑,找到一个平衡点是应该需要解决的问题。

采用总线复用的方案可以解决以上问题。总线复用采用的是将地址线和数据线共用的思路,把总线上的一部分线既当可成数据线又可当成地址线使用,不过是要分时复用,即是在某一时刻传送数据,而在另一时刻传送地址信息。

采用总线复用的方案减少了总线的条数,降低了成本,但是,地址信息和数据信息要分时使用这些总线传输,系统信息传送的速度会降低。

8.5 典型总线

采用总线结构是计算机系统的最显著的特点之一。随着计算机技术的不断发展,计算机总线的技术也在飞速发展和变化,各种先进的总线技术、总线类型和总线标准不断产生。工业标准总线 ISA 是曾经使用最广泛的计算机总线,它的数据线为 16 位、时钟频率是 8MHz。但随着计算机技术的发展,以 Intel 公司的微处理器为例,已经从 x86 时代到 Pentium 系列时代,逐渐发展到现在的酷睿系列处理器,从单核发展到多核,CPU 的性能的不断提升,对数据总线的宽度和工作频率都成倍的提高。以前的 ISA 总线已经不能满足飞速发展的 CPU 的要求,为此,EISA、PCI、MCA 等新型总线标准应运而生。

总线技术不断提高,其种类也不断增加,这必将使得计算机系统的整体性能有进一步的提高。下面介绍总线发展过程中使用过的典型总线。

8.5.1 ISA 总线

1. ISA 总线简介

工业标准结构(Industry Standard Architecture,ISA)。1984 年,IBM 公司推出了 PC/AT 系统微型计算机,该机使用了 ISA 总线标准,也称为 AT 总线。该总线推出后,得到了广大认可,大量能兼容该总线标准的微型计算机系统不断涌现。在后来出现的 286、386 和 486 微型计算机中大多采用该总线标准。

ISA 总线插槽和接口卡如图 8-12 和图 8-13 所示。ISA 总线是 62 条引脚的 8 位基本 ISA 插槽和 36 条引脚的 16 位扩展 ISA 插槽。因此,它既可以利用基本插槽跟 PC 总线相兼容的 8 位接口卡相连接,还可以利用全部的 98 条引脚的插槽与 16 位的接口卡相连接。

图 8-12 主板上 ISA 插槽

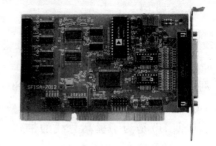

图 8-13 ISA 接口卡

2. ISA 总线性能及特点

ISA 总线不仅增加了数据线和地址线的宽度,还增加了中断处理和 DMA 传送的能力,因此,ISA 总线比较适合于控制外设和数据通信等功能模块。ISA 的时钟独立于 CPU 的时钟,这样 CPU 就可以采用更高的时钟频率来工作,提高了 CPU 的性能,而且 ISA 总线没有总线仲裁器,因此不支持多主控设备的系统。

此外,ISA 所有的数据的传输都要通过 CPU 或 DMA 来实现,这样 CPU 就需要花大量的时间来控制与外设的数据交换。

特点及性能指标具体如下:
(1) 直接寻址空间为 16MB;
(2) 有 8/16 位数据线;
(3) 有 62 个基本引脚和 36 个扩展引脚;
(4) 工作的时钟频率位 8MHz;
(5) 最大稳态传输率 16MBps;
(6) 支持存储器及 I/O 读写、中断/DMA 响应。

在 ISA 总线后,又出现了 EISA(扩展的工业标准结构总线),它是在 ISA 总线基础上发展起来的一种性能更高的总线,可实现 32 位的内存寻址,其数据传送可达 32 位。支持多处理器结构,具有较强的 I/O 扩展和负载的能力,数据传输率可达 33MBps。

8.5.2 PCI 总线

进入 20 世纪 90 年代后,计算机的应用领域不断拓宽,已经普遍应用到图形处理和多媒体方面。特别是以 Windows 为代表的图形用户接口使用之后,对计算机的图形处理能力和 I/O 处理能力提出了更高的要求。不仅要求有相适应的图形适配卡,而且对数据传输率有了更高的要求,原来的 ISA、EISA 总线已经不能适应这些要求,总线成了整个计算机系统性能的瓶颈。

在 1990 年 Intel 公司就开始为基于 Pentium 系统设计新的总线来满足计算机对图形和对媒体等的处理要求。在 1991 年下半年,Intel 首次提出了 PCI(Peripheral Component Interconnect)的概念,并联合 IBM 等多家公司创建了 PCI 协会,旨在推广、统筹及加强 PCI 标准,使得 PCI 总线标准最终成为开放的、被广泛采用的局部总线标准。

1. PCI 总线特点

PCI 总线的特点及性能归纳如下:
(1) 数据线为 32 位,可扩充至 64 位;
(2) 地址线位 32 位,数据线和地址线采用的是分时复用;
(3) 采用同步定时协议,总线时钟频率为 33MHz 或者 66MHz;
(4) 能实现猝发式数据传输;
(5) 总线操作独立于 CPU,它将 CPU 子系统和外设分开,在中间起着缓冲相连的作用;
(6) 采用集中式总线仲裁方式;
(7) 能实现真正的即插即用功能;
(8) PCI 总线标准独立于 CPU,通用性能好。

2. PCI 总线的连接方式

PCI 总线在多总线结构中的位置及连接方式如图 8-14 所示,整个系统有 3 种不同总线。

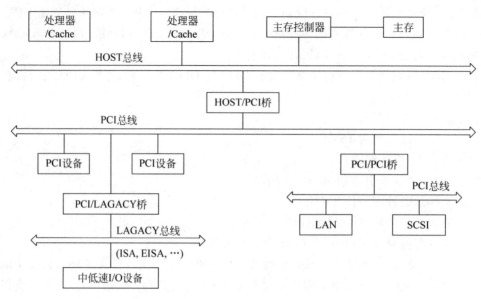

图 8-14 PCI 总线的配置连接图

(1) HOST 总线。HOST 总线也即"宿主"总线，或称系统总线、CPU 总线等，它是连接内存和 CPU 之间的总线。

(2) PCI 总线。通过 HOST/PCI 桥，上与 HOST 总线相连，下与各种 PCI 设备相连。PCI 设备一般是高速的，例如图形控制器、IDE 设备或者网络控制器等。

HOST/PCI 桥很重要，它提供了一个低延迟的访问通道，通过该桥 PCI 的主设备可以直接访问主存，因为 CPU 的数据处理速度与 PCI 总线上的设备的数据传送速度不成比例，所以 HOST/PCI 桥还起到数据缓冲的功能，使得 CPU 和 PCI 总线上的设备可以并行工作。

(3) LAGACY 总线。LAGACY 总线可以是 ISA、EISA 等性能较低的总线，通过相应的适配卡来连接一些速度较低的 I/O 设备。

由此可见，以桥形式连接的 PCI 总线结构具有很好的扩充性和兼容性，允许多个总线并行工作，与处理器无关，不论是 HOST 总线上是一个 CPU 还是多个 CPU，只要有相应的 HOST 桥就可实现与 PCI 总线相连接。

3. PCI 总线的信号

PCI 总线信号分为必备信号和可选信号两类。如图 8-15 所示，其中左侧一列的信号为必备信号，右侧一列的信号为可选信号。

必备信号：如果是主设备，必备信号为 49 条（包含两条总线仲裁信号）；如果是从设备，则必备信号是 47 条（没有总线仲裁信号）。

可选的信号：为 51 条，主要用于 64 位扩展、中断请求和高速缓存支持等。利用这些信号线，可以处理数据、地址信息，实现接口控制、仲裁及系统功能。

4. PCI 总线数据的传输过程

PCI 总线采用集中式的仲裁方式，当主设备获得总线的使用权后，就可以利用总线来传输数据。数据传输过程包括：读传送、写传送、传送终止等。下面就以读传送周期为例，来说明 PCI 总线的数据传输过程。

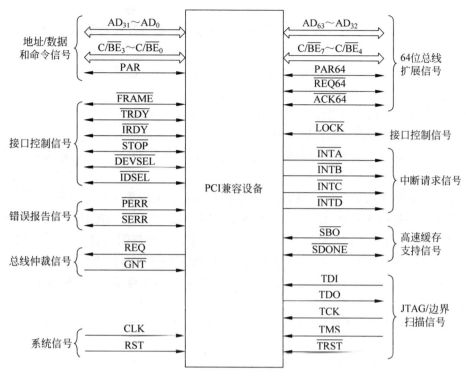

图 8-15　PCI 总线信号示意图

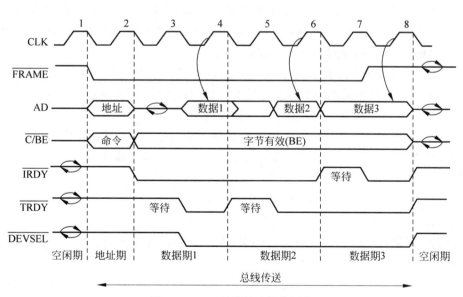

图 8-16　PCI 总线的读操作周期

(1) $\overline{\text{FRAME}}$：帧信号，由当前主设备驱动，表示一次访问的开始和持续时间，直至目标方对最后一次传送就绪，该信号才为无效。

(2) $\overline{\text{C/BE}}$：总线命令和字节使能多路复用线。

(3) $\overline{\text{IRDY}}$：主设备就绪信号，表明写时有效数据已在 AD 线上，读时目标方已准备好接收数据。

（4） $\overline{\text{TRDY}}$：从设备准备好信号，表明写时目标方已准备好接收数据，读时有效数据已在 AD 线上。

（5） $\overline{\text{DEVSEL}}$：设备选择信号，由从设备驱动，该信号有效时，表示驱动它的设备已成为当前访问的从设备，表明总线上某设备已被选中。

从图 8-16 中可以看出，总线的主设备获得总线使用权后，就发出 $\overline{\text{FRAME}}$ 信号，表示了一次访问的开始，一旦 $\overline{\text{FRAME}}$ 信号有效，就表示一个总线周期开始了。与此同时，主设备还会把目标方的起始地址送到 AD 线上，读命令送到 $\overline{\text{C/BE}}$ 上，这段时间称为地址周期，它占用总线的一个时钟周期。

在第二个时钟周期的开始，目标方就开始接收 AD 线上传来的地址信息。

然后主设备就停止驱动 AD 线上的地址信号，使 AD 线变为高阻状态。接下来就要开始传数据了，所以 AD 线上就要有个交换周期（图中用两个环形箭头表示），使得 AD 线下次为目标设备传送数据所用。这时，主设备将 $\overline{\text{C/BE}}$ 线上传送字节的有效信号以指示 AD 线上传送的有效数据是哪些字节。主设备还将 $\overline{\text{TRDY}}$ 信号置为有效，表明主设备已经准备好接收第一个数据。

被选中的从设备使 $\overline{\text{DEVSEL}}$ 信号有效，以说明它已经识别出地址，并将请求传送的数据送至 AD 线上，然后使 $\overline{\text{TRDY}}$ 信号有效，表明 AD 线上的数据已经有效，若此时 $\overline{\text{IRDY}}$ 信号也有效时，则 AD 线上的数据则可被读取。

在第 4 个时钟周期的上升沿读取"数据 1"，并改变 $\overline{\text{C/BE}}$ 线上的字节有效信号。

从图 8-16 中可以看出，加入从设备需要一定时间来准备要发送的数据，它就会将 $\overline{\text{TRDY}}$ 信号变成无效，在下一个周期开始不去读取数据，当数据准备好并送至 AD 线上后，$\overline{\text{TRDY}}$ 信号则变为有效，主设备才开始读取数据。

如果从设备已经准备好数据送至 AD 线上，而主设备还没有准备好的话，则 $\overline{\text{IRDY}}$ 信号无效，如图上第 6 个时钟周期的数据传送情况，这样数据将一直在 AD 线上保留至当 $\overline{\text{IRDY}}$ 有效时，在第 8 个时钟周期的上升沿主设备接收数据。

假设图中"数据 3"已经是总线读周期的最后一个数据了，主设备将帧 $\overline{\text{FRAME}}$ 信号撤销，通知从设备，当数据 3 接收完后，撤销 $\overline{\text{IRDY}}$ 有效信号，使总线变为空闲。同时从设备向相应的撤销 $\overline{\text{TRDY}}$ 信号和 $\overline{\text{DEVSEL}}$ 信号。一次读传送结束。

PCI 总线传送数据的主要特点总结如下：

（1）采用同步时序传送方式。

（2）总线周期长度由主设备决定，从 $\overline{\text{FRAME}}$ 信号有效开始到它无效后 $\overline{\text{IRDY}}$ 信号也变为无效停止。

（3）主方启动一个总线周期，目标方是以 $\overline{\text{DEVSEL}}$ 信号有效作为对主方要求的响应。

（4）主方结束一个总线周期不需要从方确认，从方采样到 $\overline{\text{FRAME}}$ 信号无效后，便可知道下一数据传送是该总线周期的最后一个数据周期了。

5．PCI 总线仲裁方式

为了使访问等待时间最短，PCI 总线的仲裁是根据访问进行而不是根据时间，总线管理必须为总线上的每一次访问进行仲裁。

PCI 总线采用中央仲裁方式，每个主设备都有自己的总线占用请求线 $\overline{\text{REQ}}$ 和总线授权

允许线 $\overline{\text{GNT}}$，PCI 总线系统中建立了一个中央仲裁电路，想得到总线控制权的主设备需要发出各自的请求信号，由中央仲裁电路进行裁决。PCI 总线的仲裁是"隐含的"，即一次仲裁可以在上一次访问期间完成。这样，就使得仲裁的具体实现不必占用 PCI 总线周期。但是，如果总线处于空闲状态，仲裁就不一定采用隐含方式。PCI 总线仲裁的基本规则如下：

(1) 若 $\overline{\text{GNT}}$ 信号无效而 $\overline{\text{FRAME}}$ 有效时，当前的数据传输合法且能继续进行。

(2) 如果总线不处在空闲状态：则一个 $\overline{\text{GNT}}$ 信号无效与下一个 $\overline{\text{GNT}}$ 信号有效之间必须有一个延迟时钟，否则在 AD 线和 PAR 线上会出现时序竞争。

(3) 当 $\overline{\text{FRAME}}$ 无效时，为了响应更高优先级主设备的占用请求，可以在任意时刻置 $\overline{\text{GNT}}$ 和 $\overline{\text{REQ}}$ 无效。若总线占有者在 $\overline{\text{GNT}}$ 和 $\overline{\text{REQ}}$ 设置后，在处于空闲状态 16 个 PCI 时钟后还没有开始数据传输，则仲裁机构可以在此后的任意时刻移去 $\overline{\text{GNT}}$ 信号以便服务于一个更高优先级的设备。

如图 8-17 所示，通过 A、B 两个设备对总线的占用情况来说明 PCI 仲裁的基本过程。从中可以看出：

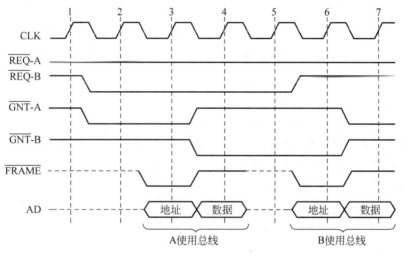

图 8-17 PCI 总线仲裁的一般过程

在时钟 1 或此前，设备 A 发出了总线请求 $\overline{\text{REQ-A}}$，仲裁器根据总线的使用情况，在时钟 2 处回以 $\overline{\text{GNT-A}}$ 信号，于是设备 A 的请求得到批准，可以使用总线。由于此时只有 $\overline{\text{GNT-A}}$ 有效而 $\overline{\text{FRAME}}$ 和 $\overline{\text{IRDY}}$ 无效（总线为空闲状态），因此，设备 A 可以在时钟 2 处启动数据传输。

到了时钟 3，$\overline{\text{FRAME}}$ 信号有效，设备 A 便开始其数据的真正传送。由于总线请求 $\overline{\text{REQ-A}}$ 一直未撤销，说明它还要进行传输。设备 B 在时钟 1 期间也提出了总线占用请求 $\overline{\text{REQ-B}}$，而它的优先级比设备 A 高，所以仲裁器在设备 A 进行第一次传输期间撤销了 $\overline{\text{REQ-A}}$ 而置 $\overline{\text{REQ-B}}$ 有效（总线的仲裁是隐含的，不占用单独的 PCI 总线周期），允许设备 B 使用总线。

这样，设备 A 在时钟 4 之后就释放总线，同时 $\overline{\text{FRAME}}$ 和 $\overline{\text{IRDY}}$ 信号也消失，从而使得所有的 PCI 设备都能够判断出当前数据传输已经结束。设备 B 在时钟 5 处成为总线的拥有者。另外，从图中还可看到，$\overline{\text{REQ-B}}$ 信号在时钟 6 处撤销，而 $\overline{\text{FRAME}}$ 信号有效，这表明设备 B 只请求进行一次数据传输,因而仲裁器便在此期间准许设备 A 为下一个主设备(由于 $\overline{\text{REQ-A}}$ 仍然存在)。在总线仲裁中还用到一个概念——停靠。所谓停靠,是指总线仲裁器在没有设备使用总线或没有设备请求使用总线的情况下,根据一定方式选定一个设备,给它发出 $\overline{\text{GNT}}$ 信号,从而选择一个默认的总线拥有者。

这类似于计算机常用的默认设置。一般固定某一设备或选择最后一次使用总线的设备作为停靠设备。有时,也可能指定仲裁器本身为默认的总线拥有者。

8.5.3 AGP 总线

随着微处理器技术的不断发展,微处理器性能的不断提升,多媒体的应用也不断深入。3D 的图像纹理和几何材质需要占用大量的显示缓存及更高的总线带宽,越来越高速化的图形图像的处理已经成为三维图形显示的瓶颈,传统的总线的带宽又成了问题,PCI 总线已经不能满足日益繁重的图形显示处理和传输。AGP 总线应运而生。

AGP 即加速图形端口(Accelerated Graphic Port),这是一种为了提高视频带宽而设计建立的总线规范,它是 Intel 公司研制的新一代的总线标准,它在 PCI 的标准的基础上,专门针对 3D 图形处理而开发的高效能的总线。

为了简化开发设计而又能被市场认可并应用,AGP 的设计类似于 PCI 总线,相对于 PCI 总线,AGP 总线有如下的特点:

(1) 在电气信号上,AGP 完全兼容 PCI 总线标准,即一个 AGP 设备既可以通过 AGP 规范,也能通过 PCI 规范与存储器进行数据交换。

(2) 对于在 PCI 标准中保留的引脚,AGP 也不予占用。

(3) AGP 不是 PCI 的升级版,其插槽与 PCI 不兼容。

(4) AGP 总线的地址线和数据线分离使用,可以充分利用读写请求和数据传送的空闲,实现流水线处理,使得总线的效率达到最大。另一方面,可以有效地分配系统资源,避免了死锁的发生。

(5) AGP 的总线带宽为 32 位,时钟频率为 66MHz,可以在 133MHz 的频率下工作。

8.5.4 USB 总线

随着计算机硬件飞速发展,外围设备日益增多,键盘、鼠标、调制解调器、打印机、扫描仪早已为人所共知,数字照相机、MP3 随身听接踵而至,每种外围设备接入计算机的方式各不相同,例如打印机只能接 LPT port、调制解调器只能接 RS-232、鼠标键盘只能接 PS/2 等。繁杂的连接形式,加上需安装驱动程序并重启才能使用的限制,造成用户的极大困扰。因此,创造出一个统一外接式传输界面,便成为无可避免的趋势。

USB 即通用串行总线标准(Universal Serial Bus)便应运而生。它是一个使计算机周边设备连接标准化、单一化的接口,其规格是由 Intel(英特尔)、NEC(日本电气株式会社)、Compaq(康柏)、DEC(美国数字设备公司)、IBM(国际商业机器公司)、Microsoft(微软)、Northern Telecom(北方电信公司)联合制定的。它是连接计算机系统与外围设备的串口总线标准,也是一种输入输出接口的技术规范,被广泛应用于个人计算机和移动设备等信息通信产品,并扩展至摄影器材、数字电视(机顶盒)、游戏机等相关领域。

1. USB 总线的特点

（1）一个 USB 接口理论上可以支持 127 个装置。其实，对于一台计算机，一般外设很少有超过 10 个的，这个数字是足够使用的。

（2）支持热插拔，也就是说在开机的情况下，你也可以安全地连接或断开 USB 设备，达到真正的即插即用。

（3）目前 USB 设备已被广泛应用，比较普遍的是 USB2.0 接口，它的传输速度可达为 480Mbps。比 USB 1.1 标准快 40 倍左右，用户无须担心数据传输时发生瓶颈效应。

2. USB 的系统资源

PC 上的 USB 包括硬件和软件两部分。

（1）硬件结构。硬件主要完成物理上的接口和实体功能，软件则和操作系统配合管理硬件，完成数据传输。USB 采用 4 线电缆，其中两根是用来传送数据的串行通道，另两根为下游（Downstream）设备提供电源，对于高速且需要高带宽的外设，USB 以全速 12Mbps 的传输数据；对于低速外设，USB 则以 1.5Mbps 的传输速率来传输数据。USB 总线会根据外设情况在两种传输模式中自动地动态转换。

（2）USB 软件结构。

① USB 总线接口。USB 总线接口处理电气层与协议层的互连。从互连的角度来看，相似的总线接口由设备及主机同时给出，例如串行接口机（SIE）。USB 总线接口由主控制器实现。

② USB 系统。USB 系统用主控制器管理主机与 USB 设备间的数据传输。它与主控制器间的接口依赖于主控制器的硬件定义。同时，USB 系统也负责管理 USB 资源，例如带宽和总线能量，这使客户访问 USB 成为可能。

3. USB 数据传输

数据和控制信号在主机和 USB 设备间的交换存在两种通道：单向和双向。需要传输的数据被当作连续的比特流，USB 的数据传送是在主机软件和一个 USB 设备的指定端口之间。这种主机软件和 USB 设备的端口间的联系称作通道。总的来说，各通道之间的数据流动是相互独立的。

一个指定的 USB 设备可有许多通道。例如，一个 USB 设备存在一个端口，可建立一个向其他 USB 设备的端口，发送数据的通道，它可建立一个从其他 USB 设备的端口接收数据的通道。

USB 支持 4 种基本的数据传输模式：控制传输、等时传输、中断传输及数据块传输。

（1）控制传输。支持外设与主机之间的控制、状态、配置等信息的传输，为外设与主机之间提供一个控制通道。每种外设都支持控制传输类型，这样当设备连接时，主机与外设之间就可以传送配置和命令/状态信息。

（2）等时（Isochronous）传输类型。支持有周期性，有限的时延和带宽且数据传输速率不变的外设与主机间的数据传输。该类型无差错校验，故不能保证正确的数据传输，支持像计算机－电话集成系统（CTI）和音频系统与主机的数据传输。

（3）中断传输类型。有些设备与主机间数据传输量小，无周期性，但对响应时间敏感，要求马上响应。支持像游戏手柄、鼠标和键盘等输入设备。

（4）数据块（Bulk）传输类型。支持打印机、扫描仪、数字照相机等外设，这些外设与主机间传输的数据量大，USB 在满足带宽的情况下才进行该类型的数据传输。

USB 采用分块带宽分配方案，若外设超过当前带宽分配或潜在的要求，则不能进入该设备。同步和中断传输类型的终端保留带宽，并保证数据按一定的速率传送。集中和控制终端按可用的最佳带宽来传输传输数据。

4．USB 标准的发展历程

（1）USB 1.1 是目前较老的 USB 规范，其高速方式的传输速率为 12Mbps，低速方式的传输速率为 1.5Mbps。

（2）USB 2.0 规范是由 USB1.1 规范演变而来的。它的传输速率达到了 480Mbps，折算为 60MBps，足以满足大多数外设的速率要求。USB 2.0 中定义了一个与 USB 1.1 相兼容的架构。它可以用 USB 2.0 的驱动程序驱动 USB 1.1 设备。这样，所有支持 USB 1.1 的设备都可以直接在 USB 2.0 的接口上使用而不必担心兼容性问题，而且像 USB 线、插头等等附件也都可以直接使用。

USB 2.0 是目前最常见的 USB 接口版本，几乎所有的计算机上都有 USB 2.0 接口，大部分的 USB 设备也是支持 USB 2.0 的。

（3）USB 3.0 是 2008 年发布的 USB 接口标准，理论最高传输速度为 5Gbps（约 500MBps），USB 3.0 目前也已经基本普及，近几年生产的计算机大多具备 USB 3.0 接口，而很多 U 盘、移动硬盘等设备也开始使用 USB 3.0 接口。

USB 3.0 在设计上考虑了向下兼容的问题，USB 2.0 的设备可以插入 USB 3.0 接口中使用，而 USB 3.0 设备也可以插入 USB 2.0 接口中工作；简单地说，只要插头物理上是兼容的（能插的进去），就可以使用。

5．通用连接方式

通常，移动手机设备和其他大部分电子产品都设有 USB 通用串行总线的连接口。USB 通用串行总线可以将一个电子产品电力和电子数据传输到另一个电子设备，通常用于计算机连接手机。如果将已经将一头连接到了移动设备的 USB 通用串行总线连接到计算机上，计算机会马上安装合适的驱动程序，然后通过 USB 通用串行总线传输电力。

本 章 小 结

在计算机系统中，总线是 CPU、内存、输入、输出设备传递信息的公用通道，主机的各个部件通过主机相连接，外围设备通过相应的接口电路再与总线相连接。因此，总线在整个计算机系统中起着桥梁和通道的作用。本章主要讲述的内容有总线的基本概念，总线的连接方式，还有总线的数据传送的方式，以及常用的总线标准。其中需要熟悉总线的概念和功能，必须掌握总线的连接方式和数据传送方式，了解常用总线的标准，熟悉它们的特点和应用等。

习 题 8

一、基础题

1．计算机使用总线结构的主要优点是便于实现模块化，同时（　　）。

　　A．减少信息传输量　　　　　　　　B．提高信息传输速度

C. 减少信息传输的条数 D. 增加控制的复杂度

2. 在总线上,同一时刻(　　)。
   A. 只能有一个主设备控制总线传输操作
   B. 只能有一个从设备控制总线传输操作
   C. 只能有一个主设备和一个从设备控制总线传输操作
   D. 可以有多个主设备控制总线传输操作

3. 数据总线、地址总线、控制总线 3 类是根据(　　)来划分的。
   A. 总线所处的位置   B. 总线传送的内容
   C. 总线的传送方式   D. 总线的传送方向

4. 系统总线中地址线的功能是(　　)。
   A. 用于选择主存单元地址
   B. 用于选择进行信息传输的外部设备
   C. 用于选择外存地址
   D. 用于指定主存和 I/O 设备接口电路的地址

5. 系统总线中控制线的功能是(　　)。
   A. 提供主存、I/O 接口设备的控制信号和响应信号及时序信号
   B. 提供数据信息
   C. 提供主存、I/O 接口设备的控制信号
   D. 提供主存、I/O 接口设备的响应信号

6. 在菊花链方式下,越靠近控制器的设备(　　)。
   A. 得到总线使用权的机会越多,优先级越高
   B. 得到总线使用权的机会越少,优先级越低
   C. 得到总线使用权的机会越多,优先级越低
   D. 得到总线使用权的机会越少,优先级越高

7. 总线主设备是(　　)。
   A. 掌握总线控制权的设备   B. 申请作为主设备的设备
   C. 被从设备访问的设备   D. 总线裁决部件

8. 目前计算机上广泛使用的 U 盘,其接口使用的总线标准是(　　)。
   A. VESA   B. USB   C. AGP   D. PCI

9. 总线的数据通路的宽度指的是(　　)
   A. 单位时间内可传送的数据位数   B. 可依次串行传送的数据位数
   C. 能一次并行传送的数据位数   D. 能一次并行传送的数据最大值

10. 总线是计算机系统中各系统功能部件之间传输数据和控制信号的_____。

11. 地址总线专门用来传送_____信息,指定数据总线上数据的来源和去向;数据总线用来传送_____信息,是系统各模块之间传送数据的路径;控制总线用来传送各种_____信号,控制对数据线、地址线的访问和使用。

12. 衡量总线性能的主要参数有总线的_____、总线的_____和总线的_____等。

13. 常见的总线结构有_____、_____、_____ 3 种。

14. 如果一个部件希望向另一个部件发送数据,它必须首先获得总线的_____,然后通过总线传送数据。

15. 集中式仲裁分为_____方式、_____方式、_____方式。

二、提高题

1. 在一个16位的总线系统中,若时钟频率为100MHz,总线周期为5个时钟周期传输一个字,则总线带宽是( )MBps。
   A. 4　　　　　　　　B. 40　　　　　　　　C. 16　　　　　　　　D. 64

2. 在3种集中式总线仲裁中,( )方式对电路故障最敏感。
   A. 链式查询　　　　　　　　　　B. 计数器定时查询
   C. 独立请求　　　　　　　　　　D. 都一样

3. 在计数器定时查询方式下,若每次计数从一次中止点开始,则( )。
   A. 设备号小的优先级高　　　　　B. 设备号大的优先级高
   C. 每个设备的使用总线机会相等　　D. 以上都不对

4. 在计数器定时查询方式下,若每次计数从0开始,则( )。
   A. 设备号小的优先级高　　　　　B. 设备号大的优先级高
   C. 每个设备使用总线的机会相等　　D. 以上都不对

5. 在集中式总线仲裁中,( )方式响应时间最快。
   A. 链式查询　　　　　　　　　　B. 独立请求
   C. 计数器定时查询　　　　　　　D. 不能确定哪一种

6. 总线上信息的传输总是由( )。
   A. CPU启动　　　　　　　　　　B. 总线控制器启动
   C. 总线主设备启动　　　　　　　D. 总线从设备启动

7. 同步控制方式是( )。
   A. 只适用于CPU控制的方式　　　B. 只适用于外围设备控制的方式
   C. 由统一时序信号控制的方式　　D. 所有指令执行时间都相同的方式

8. 以下各项中,( )是同步传输的特点。
   A. 需要应答信号　　　　　　　　B. 各部件的存取时间比较接近
   C. 总线长度较长　　　　　　　　D. 总线周期长度可变

9. 总线的异步通信方式( )。
   A. 不采用统一时钟信号,只采用握手信号
   B. 既采用统一时钟信号,又采用握手信号
   C. 既不采用统一时钟信号,又不采用握手信号
   D. 采用统一时钟信号,不采用握手信号

10. 在下列各种情况中,应采用异步传输方式的是( )。
    A. I/O接口与打印机交换信息　　B. CPU与存储器交换信息
    C. CPU与I/O接口交换信息　　　D. CPU与PCI交换信息

11. 数据总线和地址总线在结构上有什么不同之处?如果一个系统的数据和地址合用一套总线或者合用部分总线,那么靠什么来区分地址和数据?

12. 串行总线和并行总线有何区别,各适用于什么场合?

13. 什么是总线裁决？总线裁决有哪几种方式？
14. 集中式仲裁有几种方式？简要说明它们的工作原理。
15. 总线的同步通信方式与异步通信方式有什么区别，各适用于哪些场合？
16. ISA 总线的主要特点是什么？
17. PCI 总线的主要特点是什么？
18. 简述 USB 总线作为通用串行总线的优点。
19. 某总线在一个总线周期中并行传送 4B 的数据，假设一个总线周期等于一个总线时钟周期，总线时钟频率为 33MHz，求总线带宽是多少？

第 9 章　输入输出系统

目前计算机系统的外围设备种类繁多,性能各异。主机与不同的的外围设备进行数据交换时,必须在速度、时序、信息格式与类型等方面相匹配。计算机系统中的,输入输出系统(I/O 系统)就是计算机系统来完成这些工作的部件。由它来实现对外围设备进行有效的管理,实现主机与外围设备之间的各种信息的变换和传递。

本章在介绍输入输出模块的一般结构和功能之后,详细介绍输入输出模块控制外围设备和主机之间信息交换的几种主要控制方式:程序查询方式、中断方式、DMA 方式和通道传送方式,并给出每种传送模式下输入输出接口的设计。

9.1　输入输出系统概述

9.1.1　输入输出系统的发展

I/O 系统的发展大概历经了 4 个发展阶段。

1. 直接和 CPU 相连接阶段

早期计算机系统的外围设备较少,数据的传输都是外设和 CPU 直接进行,如图 9-1 所示。为了和 CPU 通信,每个 I/O 设备都必须有专门与之相连的独立的逻辑电路,整个输入输出过程是嵌在 CPU 执行程序的过程中进行。当 I/O 设备与 CPU 进行信息传送时,这时 CPU 必须停止正在执行的程序为 I/O 传输服务,极大地影响了 CPU 的性能。此时的每个 I/O 设备的逻辑控制电路与 CPU 的控制器是紧密连在一起的整体,相互依赖、制约,很难增添或者删除 I/O 设备。由于当时硬件比较昂贵,I/O 设备比较少,需要交换的信息也不多,这种 I/O 系统的缺点表现得不是那么突出,因此,这种连接方式持续了很长一段时间。

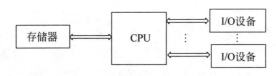

图 9-1　直接与 CPU 相连的方式

随着计算机技术的发展,计算机所需的外围设备及种类越来越多,CPU 在与 I/O 设备进行数据交换时存在很多问题,例如:

(1) 速度不匹配:I/O 设备的工作速度要比 CPU 慢许多,而且由于种类的不同,它们之间的速度差异也很大,例如硬盘的传输速度就要比打印机快出很多。

(2) 时序不匹配:各个 I/O 设备都有自己的定时控制电路,以自己的速度传输数据,无法与 CPU 的时序取得统一。

(3) 信息格式不匹配:不同的 I/O 设备存储和处理信息的格式不同,例如可以分为串行和并行两种;也可以分为二进制格式、ACSII 编码和 BCD 编码等。

(4) 信息类型不匹配：不同 I/O 设备采用的信号类型不同，有些是数字信号，而有些是模拟信号，因此所采用的处理方式也不同。

基于以上原因，CPU 与外设之间的数据交换必须通过特定的电路来完成，这样的电路称为接口。

2. 接口模块和 DMA 阶段

计算机输入输出接口是 CPU 与外围设备之间交换信息的连接电路，它们通过总线与 CPU 相连，简称 I/O 接口。I/O 接口分为总线接口和通信接口两类。

总线接口：当外围设备或用户电路与 CPU 之间进行数据、信息交换以及控制、使用时，应使计算机总线把外围设备和用户电路连接起来，这时所使用的电路称为总线接口；

通信接口：当微型计算机系统与其他系统直接进行数字通信时使用的接口。

在这个阶段，计算机系统采用了总线结构，I/O 设备是通过接口模块与计算机系统相连，实现与主机的通信。接口模块中一般都有数据通路和控制通路，数据通路实现数据串行和并行的相互变换和缓冲。控制通路则用来传送 CPU 向 I/O 设备发出的各种控制命令，或者 I/O 设备向 CPU 反馈的请求等信息。大部分接口都有支持中断处理的功能，CPU 和 I/O 设备可以同时工作，大大提高了 CPU 的性能。

接口模块还支持多个 I/O 设备分时占用总线，使得多个 I/O 设备可以并行工作，有利于提高整机的工作效率。在产生 DMA 传送技术后，I/O 设备与主存可以不通过 CPU 而直接进行通信，进一步提高了 CPU 的工作效率。其示意图如图 9-2 所示。

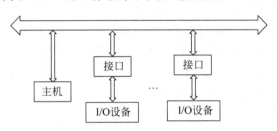

图 9-2　通过接口与主机相连的方式

3. 通道结构阶段

虽然在小型和微型计算机系统中，DMA 方式可以实现主机和高速的外围设备之间成组的交换信息，但是在大中型的计算机系统中，外设较多，数据交换更加频繁。由于每台外设都配备专门的 DMA 接口，增加了硬件成本，而且还要解决众多 DMA 同时访问的冲突问题，使得控制逻辑变得非常复杂。另外，CPU 对众多 DMA 的管理也要占用 CPU 工作时间，影响 CPU 的工作效率。因此，DMA 已不能很好地满足需要。在大中型计算机系统中，引入了 I/O 通道的方式进行数据交换。

通道是用来负责管理 I/O 设备和实现 I/O 设备之间进行通信的部件，可以将其看作是一种特殊功能的处理器。通道有专门的通道指令，可以独立的执行通道命令编写的输入输出的程序。但是通道的启动、停止和改变工作状态等还必须通过 CPU 的 I/O 指令来实现，因此，通道还不是一个完全独立的处理器，而是 CPU 的一个专用的处理器。使用通道来管理 I/O 设备和主机之间的信息交换，这样 CPU 就可以不用参与了，大大的提高了 CPU 的工作效率。如图 9-3 所示。

图 9-3 通道信息交换的方式

4. I/O 处理机阶段

I/O 处理机也称为外围处理机(Peripheral Processor Unit,PPU)。它独立于主机工作,不但能完成 I/O 通道的功能,也可以完成很多其他操作,例如,数据格式处理、码制的转换、数据的检错和纠错等等。与 I/O 通道相比,I/O 处理机具有更大的独立性,I/O 处理机使得 I/O 系统和 CPU 可以并行工作,更加提高了系统的整体性能。

9.1.2 输入输出接口类型

I/O 接口是计算机主机与外围设备的连接部件,通过它实现主机与各种外围设备高效、可靠地进行通信。

从不同的角度,I/O 接口可划分很多类。按照数据传送方式可分为以下几类。

I/O 接口可分为并行接口和串行接口两种。这里所说的传送方式是指接口和外设之间的传送方式,接口和 CPU 之间的传送方式总是并行传输的。

在并行传输接口中,接口与外设、接口与主机之间都按照字或者字节并行传送数据信息,即每次将 1 字节或者一个字的所有位同时进行传输。因此,并行接口的数据通路宽度都是按字或者字节设置的,其传输率较高,不过这是以增加传输线为代价。

串行接口与 I/O 设备之间串行传输数据,即每一个字在外围设备与接口之间是一位一位进行传输。由于接口和主机之间是按字或字节并行传输,因此,串行接口中必须设置具有移位功能的数据缓冲寄存器,以实现数据格式的并/串转换。与并行接口相比,串行接口的数据传输速率低得多,但是所需传输线只有一根,这种接口比较适合于远距离数据传输。

1. 按照数据传送的控制方式分类

I/O 接口可分成程序控制方式(无条件传送方式、程序查询方式、程序中断方式)接口、直接存储器存取(DMA)接口、通道方式接口和 I/O 处理机等。本章后面将详细介绍这几种接口。

2. 按照通用性分类

I/O 接口可以分成通用型接口和专用型接口。

通用接口可以供多种外围设备使用,是一种标准接口,通用性较强。例如 USB 接口,它提供机箱外的热即插即用连接,用户在连接外设时不用再打开机箱,甚至不必重新启动计算机,直接通过接口相连就可以使用心得设备,USB 使得计算机设备的安装和删除更为方便。一个 USB 控制器可以连接多达 127 个外设,并且提供了极高的传输速度。还能智能识别 USB 链上外围设备的插入或拆卸。除了能够连接键盘、鼠标等,USB 还可以连接 ISDN、数字音响、打印机以及扫描仪等低速外设。

专用接口则是为某类外围设备或专门用途设计的,只使用与某一类外围设备。功能较强,但是通用性较差。例如图形加速接口(AGP),它是 Intel 公司推出的新一代图形显示卡专用数据通道,只能安装 AGP 的显示卡。它将显示卡同主板内存芯片组直接相连,大幅提高了计算机对 3D 图形的处理速度。

3. 按照输入输出的信号分类

I/O 接口可分为数字接口和模拟接口两种。

数字接口的输入输出信号都是数字信号,第(1)种分类中的串行接口和并行接口都属于数字接口;模拟接口的输入输出信号都是模拟信号,模数与数模转换器属于模拟接口。

9.1.3 接口的基本功能

接口是两个不同部件或者系统之间的交换部分,它既可以是两种硬件设备之间的连接电路,也可以是两个软件之间的共同逻辑边界。在计算机硬件系统中,I/O 接口是 CPU 与外设之间通过总线进行连接的逻辑部件,接口部件在动态连接的两个部件之间起着转换器的作用,以实现彼此之间的信息交换,CPU 才能有效的控制外设,外设输入的经过计算机处理的信息才能得以显示,总结来说,I/O 接口的主要功能如下。

1. 外设的识别寻址

计算机系统往往有很多的外设,因此也会有很多的 I/O 接口,每个接口中通常还包含若干的寄存器,用于传送数据和控制寄存器。计算机主机对外围设备的访问其实就是对 I/O 接口的访问,外围设备本身并不直接与 CPU 直接打交道,而是通过 I/O 接口与 CPU 进行通信。在计算机系统中,外设不但要与 CPU 传送数据,还要提供状态信息以便 CPU 发出命令信息,来保证它们之间能准确通信。因此,接口中一般要配备若干寄存器和特定电路与外设进行数据传送,这些寄存器或特定电路称为"端口"。CPU 通过读取端口信息来判断要和哪个外设进行通信、怎样通信。

为了区别不同的外围设备,对它们的编码方式有两种,一种是将主存和外围设备放在一起进行统一编址;另一种方式是独立编址,将主存和外设分开编址,这样的话,需要为外设设置专用的 I/O 指令。

(1) 统一编址。统一编址是将主存地址空间的一部分作为外设的地址空间,外设接口中的 I/O 寄存器(即 I/O 端口)与主存单元一样看待,每个端口占用原来一个存储单元的地址,CPU 寻址空间的一部分用作 I/O 地址空间。

优点是:CPU 访问存储器的指令都可以用来访问 I/O 端口,不需要专门的 I/O 指令;其次还可以使 I/O 控制逻辑简单。

缺点是:I/O 端口占用了 CPU 的一部分寻址空间,存储器的地址空间变小,系统的存储量容量减小。另一方面,采用访存指令访问外设,一般比专用的 I/O 指令执行时间长。

Motorola 公司早期的 MC6800 系列和 MC68000 系列,还有 Apple 公司的 6502 系列都采用这种编址方式。

(2) 独立编址。独立编址是将外设的端口地址和主存地址分开进行单独编址。I/O 端口地址不占用存储空间的地址范围。这样,在系统中就存在了另一种与存储地址无关的 I/O 地址,CPU 必须具有专用进行输入输出操作的 I/O 指令(IN、OUT 等)和控制逻辑。地址总线上的地址信息究竟是存储器地址还是 I/O 地址,需要 CPU 设置专用控制线,由控制线决定。

独立编址的优点是,I/O 端口不占用存储器地址空间;专用的 I/O 指令比较短,地址译码方便,指令执行速度快。

独立编址的缺点是,需要增加专门的 I/O 指令,这些指令一般功能简单,通常只有读、写功能;还需要专用的 I/O 控制线,程序的灵活性差,也增加了 CPU 控制的复杂性。

例如 Intel 80x86 就采用独立编址方式,有单独的 I/O 指令,直接寻址的端口可达 512 个。

总之,在计算机中,每个 I/O 端口都分配了相应的端口地址。例如,IBM/PC-XT 使用 10 位地址线表示 I/O 端口地址,即可用端口就有 $2^{10}=1024$ 个。之后的一些计算机用 16 位地址作为 I/O 端口地址,可用端口数达 65536 个。

2. 数据缓冲

CPU 与主存之间的数据传输速度很高,而外设的速度远远达不到这个速度,因此,主机与外设之间的速度差是非常巨大的,为了实现二者之间的速度匹配,必须在 CPU 和外设之间设置数据缓冲,已达到数据流畅传输的目的。

在 I/O 接口中都设有这样的数据缓冲器——数据寄存器,一般每个 I/O 接口都有一个或者几个这样的数据寄存器。在数据传送过程中,数据传送至数据缓冲寄存器中,然后再送到目的设备(输出)或者主机(输入)。I/O 接口中数据寄存器的大小要视每次传送的数据量而定,若数据量少,则只需一个或几个数据缓冲寄存器即可,若数据传送的量大,则需要设置较大的数据缓冲寄存器。

3. 预处理

不同的外围设备所处理的信号形式、数据格式等各不相同,而且和计算机内部处理和输出的数据形式、格式都有较大差异。因此,不管外设输入数据,还是计算机将数据送至外设,都需要先对数据进行相应的预处理。

预处理是主要对数据格式的串—并转换、数据通道宽度的匹配、数/模或模/数转换、信号电平转换等。

计算机总线与 I/O 接口是并行传输数据的,而接口与外设之间可能是串行传输,这时接口必须能实现串—并转换。通常通过移位寄存器,接口将外设输入的串行数据转换成并行数据,或将系统总线输出来的数据转换成串行数据。

I/O 接口与外设之间一般以字节为单位传送数据,而 I/O 接口与系统总线间以字为单位进行传送(16 位、32 位、64 位等)。需要在接口中实现数据宽度的匹配,输入时将若干字节的数据拼接成系统需要的长度的字,输出时将位数较长的数据字分解成若干字节。

另外,外设提供的信号或需要的信号的电平,与系统总线使用的信号电平可能不一样,需要通过 I/O 接口进行信号电平的转换。

4. 控制功能

I/O 接口的控制功能主要有:传递控制命令和状态信号、检错、支持相应的 I/O 传送控制方式等。

CPU 发出的控制命令一般都以信号的形式发送至控制总线上,I/O 接口从总线上接收这些命令,转换成外设所需要的操作命令发送给外设。

I/O 接口的状态是一个很重要的信息,因为外设的速度一般较慢,常用的状态信号有"忙"和"就绪"两种。例如:CPU 传送数据给外设,如果外设正在处理一个数据还未结束时,就可以用"忙"来标识 I/O 外设的状态,直到检测到"就绪"状态,CPU 才能发出下一步操作(传送下一个数据)的命令。因此,接口中还需要有相应的状态寄存器,以存放 CPU 的命令或者外设的状态信息。

I/O 接口还常常要完成检错的功能,并将错误信息发送给 CPU。错误信息一般有两类:一类是设备结构和电路的故障信息,像磁道或硬件损坏等;另一类是在信息传送到 I/O 接口的过程中,数据出错。另外,接口往往还可能具有中断控制或 DMA 控制功能,实现主机和外设以中断方式或 DMA 方式传送数据。

I/O 接口基本结构示意图如图 9-4 所示。

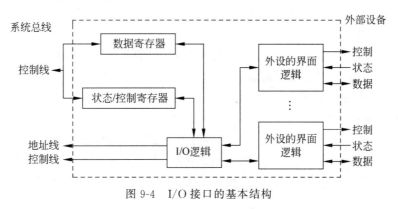

图 9-4 I/O 接口的基本结构

接口的功能主要除了以上介绍之外,接口往往还具有一些针对设备特性的功能,接口和外设之间如何划分功能,哪些功能由接口完成,哪些功能由设备自己完成,则需要根据不同的设备的具体情况来决定。

9.2 CPU 与接口之间的信息传送方式

CPU 与外围设备之间的信息传送是通过 I/O 接口实现的。CPU 与外设之间的信息交换应该根据应用系统的具体要求采用最恰当的信息传送方式。信息传送的方式不同,CPU 对外设的控制方式也不同,所对应的 I/O 接口电路的结构和具体功能也各不相同。目前,CPU 与外设之间的信息传送方式主要有以下几种:

(1) 程序控制方式;
(2) DMA 方式;
(3) 通道方式;
(4) 外围处理机方式。

其中,程序控制方式又分为无条件传送、程序查询控制方式和程序中断控制方式。

9.2.1 程序控制方式

程序控制方式是计算机最早使用的一种方式,它又分为无条件传送、程序查询方式和中断方式 3 种。

1. 无条件传送方式

无条件传送又称为同步传送方式,是一种最简单的数据传送方式。这种方式的工作原理是:假定外设已经准备就绪,CPU 在传送数据前,不去了解外设的当前状态,直接采用 I/O 指令控制与外设的数据传送。

像发光二极管、开关等简单外设一般采用无条件传送方式,因为这些外设对于 CPU 来说,总是处于准备好的状态。发光二极管可以立即将 CPU 要显示的数据显示出来,对于 CPU 来说,发光二极管随时处于就绪状态。因此类似于这种外设一般采用无条件传送方式。

总之,无条件传送的实现方法如下:
(1) CPU 不查询外设工作状态;
(2) 程序中直接用 I/O 指令对外设进行输入或输出。

特点及适用范围如下:
(1) CPU 不检测外围设备的状态,软硬件简单,但数据传送不可靠。
(2) 接口中一般只需要数据端口。
(3) 适用于外设动作时间已知的情况。

2. 程序查询方式

程序查询方式又称为条件传送方式。在这种方式中,CPU 传送数据之前,要先查询外设是否准备好。若没有就绪,需要继续查询其状态,直至外设准备好,CPU 确认外设已经具备数据传送的条件,才进行数据传送。程序查询的一般流程如图 9-5 所示。

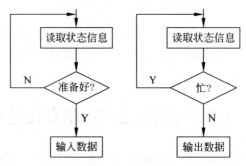

图 9-5 程序查询流程

实现这种方式硬件电路比较简单,控制也相对简单。但 CPU 每传送一个数据,都要花费大量的时间来等待外设就绪后才能进行数据传送,占用了 CPU 大量的时间,而且 CPU 与外设不能并行工作,各外设之间也不能同时工作,系统效率很低。采用这种方式,很难满足目前实时系统对 I/O 数据处理的要求。

程序查询方式仅适用于外设的数目不多,对 I/O 处理的实时要求不那么高,CPU 的操作任务比较单一,并不很忙的情况。适用于像打印机、扫描仪、绘图仪等外设。

为了满足实时系统对 I/O 处理的要求,出现了程序中断方式。

3. 程序中断方式

与程序查询方式不同的是,程序中断方式并不需要 CPU 定期查询外设是否准备好。当需要传送数据时,CPU 只需在主程序中发出启动外设的命令,然后继续运行主程序的后续指令,不再反复检测外设的状态。

当外设准备好,会通过 I/O 接口向 CPU 发出中断请求信号。若 CPU 响应接口的中断请求,暂停正在执行的程序,转而去执行中断服务程序,完成数据传输。

采用这种方式,CPU 省去了对外设状态查询和等待的时间,CPU 可以与外设并行工作,大大地提高了 CPU 的利用效率。中断方式特别适合随机事件出现的处理。与程序查询方式相比,中断方式的硬件结构更加复杂,服务开销时间较大。

9.2.2 DMA 方式

在中断方式下,虽然 CPU 可以与外设并行工作,但是外设与内存之间的信息传送仍需要通过 CPU 执行 IN、OUT 和存数指令来实现,这些指令的执行也需花费一定的时间。另外,在响应中断请求后,从主程序转到中断服务程序,或者从中断服务程序返回主程序,以及保护现场等操作都要花费大量的时间。这些操作时间是数据传送的额外开销。这些不足使得中断方式不适合于大批量的数据进行高速传输。

DMA(Direct Memory Access,直接存储器访问)方式是一种完全由硬件执行输入输出信息交换的工作方式。在这种方式下,CPU 不参与数据的传输,由专门的 DMA 控制器实现外设和内存之间之间的信息传送。由于这种方式的数据传输过程基本是硬件实现,几乎没有额外的开销,因而传输速度较高,同时也减轻了 CPU 的负担。

9.2.3 通道控制方式

虽然 DMA 方式解决了高速外设和主机成批交换数据的难题,提高了系统的效率,但是 DMA 方式对外设的管理和某些操作仍需 CPU 承担,特别在大中型计算机系统中,外设的种类繁多,对其管理也愈加复杂,CPU 的负担增加,运行效率降低,为使 CPU 摆脱管理和控制外设的沉重负担,通常设置一个专门的硬件装置——通道。

通道将控制 I/O 操作和信息传送的功能从 CPU 中独立出来,代替 CPU 管理和调度外设和主机交换信息。通道控制其实就是 I/O 通道控制(Channel Conrol,又称通道方式)。它是专门处理 I/O 操作的处理器(称为通道),协助 CPU 完成 I/O 操作。通道是一种功能特殊的处理器,它有自己的指令和程序专门负责数据输入输出的传输控制。这样,通道与 CPU 就可以分时使用内存,实现 CPU 的内部运算和 I/O 设备并行工作。通道方式适用于中、大型计算机系统中,这种系统配备的外设多,数据传送也频繁。

9.2.4 外围处理机方式

外围处理机(Peripheral Processor Unit,PPU)方式是通道方式的进一步发展。外围处理机结构更接近于一般的处理机,类似于一个微型的计算机,它可以独立于主机工作。在某些系统中设置多个 PPU,分别实现 I/O 控制、通信和诊断等任务,使得计算机系统结构有了质的飞跃,由功能集中式发展为功能分散的分布式多机系统。

9.3 程序查询方式及其接口

9.3.1 程序查询流程

程序查询方式的关键在于不断查询 I/O 设备是否准备就绪,就绪才发送读写命令进行数据交换。程序查询的一般过程如图 9-6 所示。

完成这种查询通常需要执行 3 条指令:
(1) 测试指令:查询设备是否准备就绪;

(2) 传送指令：设备准备就绪时，执行传送 CPU 指令；

(3) 转移指令：如果设备没有准备好，则执行转移指令，转移到继续测试设备状态。

如果有多个 I/O 设备时，CPU 则按照各个设备在系统中的优先级别逐级进行查询。如图 9-7 所示。

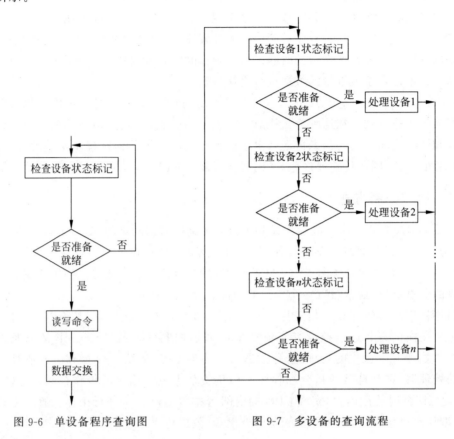

图 9-6　单设备程序查询图　　　　图 9-7　多设备的查询流程

程序查询工作的工作过程如下。

(1) 预置传送参数。在传送前，由 CPU 执行一段初始化程序，预置传送参数，传送存取数据的主存缓冲区首地址和传送数据的地址。

(2) 向外设发命令字。某一外设被选中后，CPU 执行输出指令向外设接口发出命令字，启动外设，为接收数据或者发送数据做好准备。

(3) 从外设接口取回状态字。CPU 执行输入指令，从外设接口中取回状态字并进行测试，判断数据传送是否可以进行。

(4) 查询外设标志。CPU 不断查询状态标志，若外设没有准备好，CPU 就等待，直到外设准备就绪为止。

(5) 传送数据。输入时，CPU 执行输入指令，从外设接口接收数据；输出时，CPU 执行输出指令，将数据写入外设接口中。

(6) 修改传送参数。每一次传送数据后，必须修改传送参数：主存缓冲区的地址加 1，传送个数计数器减 1。

(7) 结束 I/O 传送，继续执行其他程序。若传送个数计数器的值不为 0，则转到第 (3)

步继续传送,直到计数器的值为 0,数据传送结束。

9.3.2 程序查询方式的接口电路

程序查询方式的一般接口电路的组成结构如图 9-8 所示。

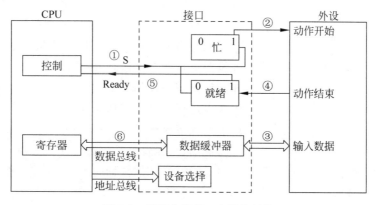

图 9-8 程序查询接口电路的结构

图 9-8 中数据缓冲寄存器是用来暂时存放要传送的数据,输入操作时,数据缓冲器用来存放从外围设备读出的数据,然后送往 CPU;输出操作时,数据缓冲器用来存放从 CPU 送来的数据,以便输出给外围设备。

"忙"和"就绪"表示的是外围设备的工作状态,以便接口对外设的动作进行监视,一旦 CPU 对外围设备进行访问时,接口将状态标志信息送往 CPU 进行分析判断。

9.4 程序中断方式及其接口

"中断"在计算机技术中占有极其重要的地位。它来源于人们日常的生活。举一个生活中的简单例子:小张正在自己的书房内读书,厨房的煤气灶上正烧着开水,小张的一位朋友约好要给他打电话。

读书是小张的主要工作,但小张同时又要处理其他事情:水开了,小张必须去关煤气灶;电话铃响,又需要去接电话。对于这样的事情怎么处理呢?

小张专心致志地看书,若电话铃响,则记下正在看的页码,放下书去接电话。接完电话返回来继续从记下的页码处读书。若水开发出响声,则记下页码,放下书去关煤气灶,而后返回来继续读书。若电话铃响,同时水也开了,那么小张出于对生命的珍惜必然先去关煤气灶,然后去接电话。若在接电话的过程中水开了,那么小张必然会让对方先等一等,待他关闭煤气灶后,再返回来继续接电话,接完电话后再回到书房继续读书。

以上所述,其含义不言而喻:人们是在收到外来的"信号"后才中断正在做的事情,转去处理其他事情。而且"重要"的事情总是优先处理。

9.4.1 中断的基本概念

CPU 的工作情况和人类相似。在计算机系统运行时,出现某种非预期的事件亟待处理,CPU 暂时停下现行程序,转向为该事件服务,等事件处理完毕后,再恢复执行原程序,这个过程称为中断,其过程如图 9-9 所示。

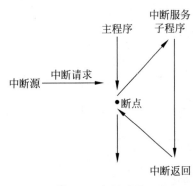

图 9-9 中断过程

中断技术是计算机使用的一种重要技术,它的作用之一是使异步于主机工作的外设能与主机并行工作,提高整个系统的工作效率。中断控制技术虽然源于输入输出过程,实际上也是主机内部管理的一种重要手段。

在中断控制方式下,CPU 不需要等待外设,而是在外设要进行数据传送时,由外设向 CPU 发出请求,CPU 在允许响应外设请求后,停下来正在运行的程序,转而为外设进行服务。当服务完成后再返回到被打断的程序继续往下执行,实现一次中断服务。

例如,鼠标就是按中断方式工作的,当没有鼠标按键按下时,CPU 可执行其他程序。当鼠标键被按下时,鼠标向 CPU 发出一个"中断请求"信号,CPU 收到信号后,会响应该中断请求,暂停当前程序执行,然后记下当前程序将要执行指令的地址,而后去执行一小段"中断服务程序"来保存键盘输入的数据。处理完毕,CPU 又会回到刚才被中断的地方继续完成其"本职工作"。在这个例子中,按鼠标键操作是独立于 CPU 现行程序的外部事件,所提出的服务申请称为中断请求。

同样,当打印机需要数据时,它也会向 CPU 发出请求信号,CPU 收到请求后,中断正在执行的程序,转去执行另一段服务程序给打印机提供支援。

有两个名词需要首先明白。

(1) 中断源。中断源是中断的来源(产生中断信号的设备或指令)。

(2) 中断服务程序。中断服务程序是 CPU 在收到中断请求信号后,所执行的为中断源提供服务的程序。

中断技术的应用,大大地增强了计算机处理实时事务和紧急故障的能力。现代计算机系统中一般都设置具有中断管理功能的控制器,成为计算机系统不可或缺的重要组成部分。

9.4.2 中断分类及作用

在计算机系统中,凡是引起中断的事件或者原因都称为中断源。计算机系统中的 I/O 设备(CRT、打印机等)、数据设备(磁盘、磁带等)、实时时钟、硬件故障、程序出错(如除数为 0、校验错、指令非法等)等都属于中断源。中断源可能来自于主机内部,像软件故障、某些硬件故障、软件中断等,称为内部中断;也有的来自于主机之外的外设或者外部事件,称为外部中断。

1. 中断的分类

程序中断按照不同的标准有不同的分类方式。

(1) 按中断处理方式分类。可分为简单中断和程序中断。简单中断采用周期窃用的方法来执行中断服务,有时也称数据通道或 DMA;程序中断不是窃用中央处理机的周期来进行中断处理,而是中止现行程序的执行转去执行中断服务程序。

(2) 按中断产生的方式。中断可分为自愿中断和强迫中断。自愿中断即通过自陷指令引起中断,或称软件中断,例如程序自愿中断;强迫中断是一种随机发生的实时中断,例如外围设备请求中断、故障强迫中断、实时时钟请求中断和数据通道中断等。

（3）按引起中断事件所处的地点分类。中断可分为内部中断和外部中断。外部中断也称为外部硬件实时中断，他由来自 CPU 某一引脚上的信号引起；内部中断也称软件指令中断，他是为了处理程序运行过程中发生的一些意外情况或调试程序而提供的中断。

（4）根据微处理器内部受理中断请求的情况分类。中断可分为可屏蔽中断和不可屏蔽中断。凡是微处理器内部的中断触发器（或中断允许触发器）能够拒绝响应的中断，称为可屏蔽中断；凡是微处理器内部的中断触发器（或中断允许触发器）不能够拒绝响应的中断，则称为不可屏蔽中断。

2．中断的作用

作为一种重要的 I/O 接口技术，中断方式的作用在以下几个方面有具体的体现。

（1）实现主机和外设并行工作。当外围设备与 CPU 以中断方式传送数据时，可以实现 CPU 与外围设备之间的并行操作。例如，在鼠标管理中，主机不需要浪费时间去查询鼠标，仅在按下鼠标键时才提出中断申请，然后 CPU 执行中断处理程序，处理完毕以后再回到原来中断的位置继续执行原程序。由于中断处理程序执行时间比较短，所以鼠标和主机可认为是并行工作的。

图 9-10 所示的就是设备在程序查询方式和程序中断方式控制下的工作过程。从图中可以看出，使用中断技术后，CPU 的时间被充分利用起来了，其工作效率得到了显著的提高。

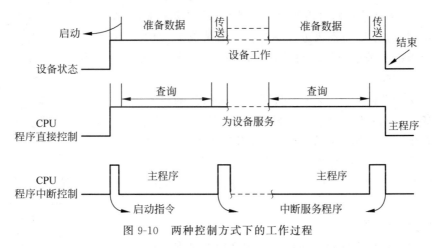

图 9-10　两种控制方式下的工作过程

（2）故障检测和自动处理。计算机运行时，会发生非正常的事件，计算机系统出现故障和程序执行错误都是随机事件，事先无法预料。例如电源掉电、存储器出错、运算溢出等，尽管故障概率很小，但是，一旦出现，将使整个系统瘫痪。采用中断技术可以有效地进行系统的故障检测和自动处理，将故障的危害降低到最低。

（3）实时信息处理。在信息处理过程中，经常需要对采集的信息立即做出响应，以避免丢失信息，计算机在现场测试和控制、网络通信、人机对话时都具有强烈的实时性，采用中断技术可以进行信息的实时处理。

（4）实现多道程序和分时处理。现代操作系统具有多任务处理功能，使同一个微处理器可以同时运行多道程序，通过定时和中断方式，将 CPU 按时间分配给每个程序，从而实现多任务之间的定时切换与处理。

从表面上看，中断服务程序相当于子程序，中断处理过程有点类似于程序中调用子程序的过程，都是改变了 CPU 执行程序的顺序，但是二者有着本质的区别。子程序的执行是由程序员事先安排好的，而中断服务程序的执行则是随机引起的；子程序的执行受到主程序的控制，而中断服务程序一般情况下与被中断的现行主程序没有关系；再者，一般不存在同时调用多个子程序，若多个外设同时请求 CPU 的服务，则可能需要嵌套方式进行中断服务。

9.4.3 中断过程

当一个中断请求出现时，CPU 若要对它处理需要理清以下几个问题。
（1）什么情况下可以响应中断？如何知晓发出中断请求的中断源在哪里？
（2）确定中断源后，如何调出对应的中断服务程序？
（3）中断处理中，CPU 应该进行哪些必要的操作？

不同的计算机在解决上述问题时有很大的区别，但其中断处理过程大体相同。中断处理的一般过程如图 9-11 所示。中断过程主要包括中断请求、中断判优与屏蔽、中断响应、中断服务和中断返回等阶段。

1. 中断请求

外设请求 CPU 为之服务时，它会向 CPU 发送一个"中断请求"信号。中断请求信号需要保持到被 CPU 响应为止，若中途撤销请求，CPU 将不再进行响应。一般情况下，CPU 在执行完现行的一条指令后，会检测是否有中断请求，并决定是否响应该中断。

每一个中断源向 CPU 发送中断请求的时间是随机的。为了记录中断时间并区分不同的中断源，中断系统需对每个中断源设置中断请求标记触发器 INTR，当其状态为"1"时，表示中断源有请求，这些触发器可组成中断请求标记寄存器，该寄存器可集中在 CPU 中，也可以分散在各种中断源中。

2. 中断判优与屏蔽

中断系统在任意瞬间只能响应一个中断源的请求，由于许多中断源提出中断请求的时间都是随机的，因此，当多个中断源同时提出请求时，需通过中断判优逻辑确定哪个中断源的请求。

中断判优既可以用硬件实现，也可以用软件实现。硬件实现是通过硬件排队器实现的，它既可以设置在 CPU 中，也可以分散在各个中断源中，软件实现是通过查询程序实现的。

如果 CPU 响应了某一中断请求，通常会屏蔽低级中断请求，若有优先级更高的中断请求，则要采用中断嵌套方式

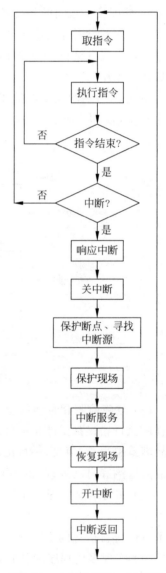

图 9-11 中断处理的一般流程

进行服务,这在下一节详细介绍。

3. 中断响应

(1) 中断响应条件。CPU 在满足一定的条件下会响应中断源发出的中断请求。

① 中断源有中断请求。

② 允许中断及开中断。

③ CPU 一条指令执行完毕,没有更紧迫的任务。

注意：I/O 设备的就绪时间是随机的,而 CPU 是在统一的时刻即每条指令执行阶段结束前后,接口发出中断查询信号,以获取 I/O 的中断请求,也就是说,CPI 响应中断的时间是在每条执行阶段的结束时刻。

(2) 中断响应操作。CPU 响应中断后,经过某些操作,转去执行中断服务程序。这些操作是由硬件直接实现的,把它称为中断隐指令。中断隐指令并不是指令系统中的一条真正的指令,它没有操作码。所以中断隐指令是一种不允许、也不可能为用户使用的特殊指令。它完成的操作是：

① 关中断。在中断服务程序中,为了保护中断现场(即 CPU 主要寄存器的内容)期间不被新的中断所打断,必须关中断,从而保证被中断的程序在中断程序服务程序完毕之后能接着正确地执行下去。

② 保存断点。为了保证在中断服务程序执行完毕后能正确地返回到原来的程序,必须将原来程序的断点(即程序计数器(PC)的内容)保存起来。

③ 引出中断服务程序。取出中断服务程序的入口地址(中断向量)并传送给程序计数器(PC)。

(3) 中断向量。不同的设备有不同的中断服务程序,每个中断服务程序都有一个入口地址,CPU 必须找到这个入口地址,即中断向量,把系统的全部中断向量存放到存储器的某一区域内,这个存放中断向量的存储区就叫中断向量表,即中断服务程序入口地址表。

当 CPU 响应中断后,中断硬件会自动将中断向量地址传动到 CPU,由 CPU 实现程序的切换,这种方法称为中断向量法,采用中断向量法的中断称为向量中断。

注意：中断向量是中断服务程序的入口地址,中断向量地址是指中断服务程序的入口地址的地址。

4. 中断服务

中断服务程序是中断处理的核心,不同的中断源要求的服务内容不同,相应的中断服务程序不同。

需要注意的是,中断服务程序中在核心数据处理程序段的前后,还要附加"保护现场"和"恢复现场"的功能程序段。首先,在中断服务子程序的开始,需要将中断服务程序中需要使用的寄存器的内容先保存起来,即保护现场,避免破坏这些寄存器的内容。完成中断服务后,CPU 返回断点前需要将保护的寄存器的内容恢复原样,这叫恢复现场。

5. 中断返回

中断服务程序的最后一条指令是中断返回指令,它将响应阶段保护在堆栈中的断点信息恢复到原来的位置,CPU 继续原程序的运行。断点的恢复的内容包括断点处的 PC 值和程序状态字寄存器。

9.4.4 中断判优

当多个中断源同时提出中断申请时,CPU 必须决定先响应哪一个中断请求,因此,需要设置中断优先权判别电路。当一个中断正在被服务时,如果允许优先级高的中断打断低级别的服务,也需要有优先排队电路。

系统设计者一般会事先根据事件的轻重缓急,对所有中断源指定优先级别。一般来说,计算机系统中由于机器故障产生的中断优先级应该是最高的,程序中断和访问管理程序次之,外部中断(一般是由计算机外设发出的中断请指求,例如,键盘中断、打印机中断、定时器中断等)的优先级更低,而 I/O 中断的优先级最低。

中断判优电路一般有链式优先权排队电路和优先权编码电路两种。

1. 链式优先权排队电路

链式优先权排队电路的基本原理如图 9-12 所示。其中,CPU 的中断响应信号 $\overline{\text{INTA}}$ 通过多个与门依次向后传递,形成传送 $\overline{\text{INTA}}$ 的菊花链。每个链接点都接一个中断源,其输入通过中断请求触发器接中断请求信号,中断请求信号通过一个"与"逻辑连接至 CPU 的中断请求引脚。

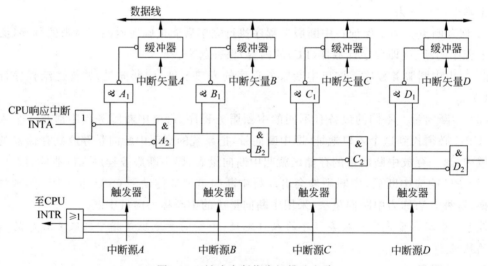

图 9-12 链式中断优先级排队电路

假设,中断源 B 发中断请求信号(高电平),则对应的中断请求触发器置"1",其输出端 B_2 输出无效,使得 $\overline{\text{INTA}}$ 信号停止向后传递,$\overline{\text{INTA}}$ 信号是的 B_1 门打开,使得三态缓冲器也打开,将设备的中断矢量送到数据总线。

假如,B 和 C 同时申请中断,由于相对于 CPU 来说 C 位置在 B 的后面,那么 B 会优先被响应。如果 C 正在接受中断服务时,B 此时提出中断请求,并且系统处于开中断,那么 CPU 会暂停 C 的中断服务执行,优先为 B 进行中断服务。

由上分析可知,链式优先级排队电路中,离 CPU 最近的中断源具有最高优先级,离 CPU 的位置越远,其优先权越低。而且使靠前的中断源可以中断靠后的中断源。早期的处理器有的采用了这种电路实现中断优先级排队,优点是结构简单,比较容易实现,但由于门电路的时延特性,中断源的数量受限制。而且靠前的中断源具有较高优先权,可以中断后面正在执行的中断服务,若靠前的中断源不断提出中断请求,后面优先级较低的中断源有可能长期得不到中断服务。

2. 优先权编码电路

中断优先权的排队还可以通过编码方式来实现,优先权编码电路如图 9-13 所示。该电路由 8∶3 优先编码器、优先权寄存器和 3 位数字比较器组成。不同的中断源事先被赋予了不同的数字,编码数字较小的优先权较高。

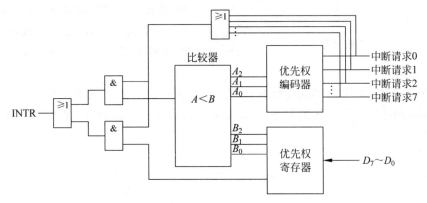

图 9-13 使用中断优先权的编码电路

多个中断源的中断请求信号都接在优先权编码器的输入端,当若干个请求有效时,该编码电路将选出优先权最高的中断源,将其编码送至比较器 $A_2 \sim A_0$ 输入端。

假如当前中断请求 2 和 3 同时有效,由于 2 的优先级比较高,所以优先权编码器会输出中断请求 2 的编码值(010)。如果当前没有正在服务的中断,则优先权寄存器将输出"比较器失效"信号,该信号为高电平有效,它将选通 2 号门电路,将中断信号送往 CPU 的 INTR 端。

若当前 CPU 正在为某中断提供服务,例如服务的是中断请求 1,则优先权编码器中则保存着该中断请求的编码值(001),此时优先权寄存器输出的"比较器失效"信号处于低电平无效状态,它将封锁后面的门电路 2;同时比较器输出端将输出无效信号(010>001),也封锁了 1 号门电路,使得 INTR 信号无效。

如果当前正在服务的是 4 号中断请求,则比较器的"$A<B$"输出端将输出高电平有效信号(010<100),则 1 号门电路选通,使得 INTR 信号输出,并可能形成中断嵌套。

9.4.5 中断嵌套和中断屏蔽

1. 中断嵌套

中断嵌套是指 CPU 在执行某个中断服务程序时,允许更高级别的中断请求获得响应,也称为多重中断。

CPU 在中断服务程序执行前,在中断响应周期内执行中断隐指令,由硬件关闭了程序状态字 PSW 中的中断允许位 IF,即不允许中断。要使一个中断处理程序允许中断嵌套,应该在中断处理程序中开放中断(IF=1),那么这个中断处理程序执行期间就允许再被中断,即允许中断嵌套。

例如下面一个中断嵌套的例子,当 CPU 执行主程序时,这时有个中断请求 INTRC, CPU 响应了 C 的中断请求转去执行其中断服务程序。在执行 C 中断程序期间,假如又有中断请求 INTRA,而且 A 的中断请求优先级更高的话,那么中断处理程序 C 开中断指令执行后,即可转而执行优先级更高的 A 中断源的中断服务程序,等到 A 的中断服务结束后,再返回到 C 的中断服务程序继续执行。当 C 的中断服务程序执行完毕后,再返回到最开始被中断的程序处接着执行。断点的信息是由堆栈保存着,靠着堆栈的先进后出的操作原则,中断就能一级级的嵌套,一级级的返回,而不会混乱。

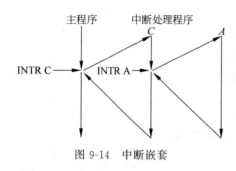

图 9-14 中断嵌套

在这个例子中,A 比 C 的优先级高,说明 A 的事务更紧急些,因此,尽管它的中断请求比 C 来得晚,却能得到更优先的服务,这就是嵌套的意义所在。因此,优先级的确定是非常重要的。

2. 中断屏蔽

中断屏蔽则是利用屏蔽技术动态的改变各设备的优先级,使得计算机适应各种场合的需要。

严格来讲,优先级包含两层含义,第一层:响应优先级,第二层:处理优先级。响应优先级是指 CPU 对各设备中断请求进行响应,并做好中断处理的先后顺序,这种次序在硬件上已经固定,不易变动。处理优先级是指 CPU 实际上处理各中断请求的先后次序,如果不使用屏蔽技术,响应的次序就是处理的优先次序。可以通过屏蔽码来决定处理的优先级,这样中断的处理优先级就不同于中断的响应优先级。

现代计算机一般都使用了屏蔽技术,在各个设备接口中设置了中断屏蔽寄存器,CPU 可以根据需要有选择的设置某些接口的中断屏蔽寄存器为"1""0",屏蔽码 INM＝1,禁止接口发送中断请求,即屏蔽;INM＝0 时,允许发送中断请求。通过设置各接口屏蔽寄存器的状态,来达到改变处理次序的目的。

【知识拓展】

中 断 屏 蔽

CPU 送往各接口寄存器的状态的集合,称为屏蔽码。

中断屏蔽可以通过修改屏蔽字(优先级)的方式来灵活地改变中断源的优先级。例如,有 4 个中断源 A、B、C、D,其中中断响应的优先顺序由高到低为 A、B、C、D。当硬件连接好后,其中断响应的次序被固定下来。当它们同时申请中断时,得到响应的次序是先 A、再 B、再 C,最后是 D。但是通过软件修改屏蔽字却可以方便的调整各中断源得到中断处理的次序,如图 9-15 所示。

在图 9-15(a)中,各中断源的中断处理程序中按正常原则设置中断屏蔽寄存器,中断源得到的处理次序与硬件排优决定的中断响应次序一致。即中断响应次序从高到低是 A→B→C→D(由硬件决定),中断处理的顺序由高到低也是 A→B→C→D。

在图 9-15(b)中,绘制出了更改后的中断处理程序的过程示意图。

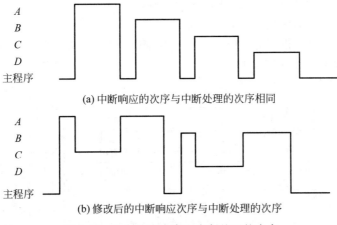

(a) 中断响应的次序与中断处理的次序相同

(b) 修改后的中断响应次序与中断处理的次序

图 9-15 中断响应次序和中断处理的次序

当 A、B、C、D 同时提出中断申请时，CPU 会根据排队电路的优先级首先响应 A 的中断请求。由于在 A 中断服务程序中又开放了中断源 C 的中断屏蔽，使得优先级较低的 C 中断了 A 的中断处理程序，因此，CPU 又转去执行 C 的中断服务。

由于 C 的中断屏蔽码为 0FH，对其他的中断源都进行屏蔽，因此 C 的中断服务不允许被中断。当 C 的中断服务程序处理完毕后将返回到中断处（A 中断服务程序）。此时还有 B、C 的中断请求还未得到响应，由于在 A 的中断服务中是对 B、D 中断源屏蔽的，因此，A 中断服务不允许被 B 和 D 打断，A 中断服务程序执行完毕后，就返回到主程序。

接下来，按照优先排队顺序，CPU 会响应 B 的中断请求，由于在 B 的中断处理过程中开放了 D 的中断屏蔽，因此，CPU 又转去执行 D 的中断服务程序，D 中断处理程序执行结束后再返回到中断处（B 中断程序）继续执行。

因此，在图 9.15 中，C 中断了 A，D 中断了 B，从结果看出虽然从硬件排优电路使得中断系统首先响应了优先级较高的中断请求，但是由于在中断处理程序中修改了中断屏蔽码，使得优先级较低的中断源先得到服务。

总而言之，尽管中断响应的次序是 $A \to B \to C \to D$，而得到中断处理的次序实际是 $C \to A \to D \to B$。也就是说，中断响应的次序和中断处理的次序并不是一回事，中断响应的次序是由优先排队电路设定好的，而中断处理次序可以与之保持一致，也可以靠修改屏蔽字来灵活的改变。

9.4.6 程序中断接口

中断控制方式的 I/O 接口中，除了必须有的数据缓冲寄存器、状态寄存器和命令寄存器外，还应该有产生中断请求的电路和中断管理和控制电路。CPU 通过设置接口中的命令寄存器启动外设的操作，接口根据命令向外设发出启动信号，外设在完成操作后向接口发出完成信号，接口接收到后向 CPU 发出中断请求，CPU 根据优先顺序响应接口的中断请求，实现了 CPU 和接口以及外设之间的操作同步。

中断方式下的接口中，与中断有关的功能主要如下：

（1）向 CPU 发送中断请求信号；

(2) 实现 CPU 对中断请求允许或禁止的控制；
(3) 使中断请求参加优先级排队；
(4) 发出中断向量提供引导 CPU 响应中断请求后转入相应服务服务程序的地址。

中断控制方式的接口如图 9-16 所示。

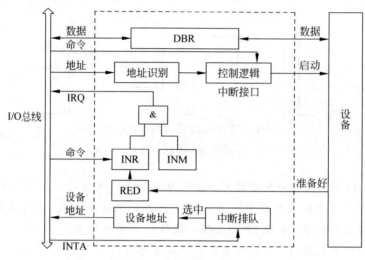

图 9-16 中断方式接口的结构

中断接口的工作过程如下。

(1) 主机启动设备。地址识别部件对主机发送的地址译码选中该接口，将启动命令传送给设备。

(2) 设备准备传送。设备启动后，将进行数据传送的准备工作。如果主机发送数据给设备，设备在做好准备工作后，将接口中的 RED 触发器（准备好触发器）置"1"。如果是主机接收设备传送的数据，则在设备将数据送入接口的数据缓冲器 DBR 后，再将 RED 置"1"。

(3) 发送中断请求信号。如果接口中的中断屏蔽寄存器 INM 的值为 0，表示允许接口根据 RED 状态像主机发出中断请求信号 IRQ。如果 INM 的值是 1，则禁止发送。

(4) 主机响应中断。主机根据中断排队电路查询当前优先级最高的中断请求设备，若响应本设备，主机将发送 INTA 响应信号，接口电路将该设备的地址信息传送给主机，由主机切换程序，执行该设备的中断服务程序。

(5) 数据传送。主机正在执行服务程序过程中，通过输入或输出指令对接口中的 DBR 进行读或者写操作。

以上的工作过程是进行的一次的数据传送，即传送一个字或者 1B 的数据，如果要进行一批数据的传送，则需要不断重复以上步骤。

与程序查询方式不同的是，程序终端方式提高了整个 CPU 的工作效率，CPU 不必停止目前的工作等待外围设备操作完成，提高了系统的并行性。在低速外围设备中常常采用程序中断方式工作。

9.4.7 中断控制器

下面以 Intel 8259A 可编程中断控制器为例，讨论下中断控制器的结构和工作原理。

1. 8259A 的结构

8259A 的内部结构图如图 9-17 所示,从图中可以看出,8259A 主要组成部分有:中断请求寄存器、中断服务寄存器、优先级判决器、中断屏蔽寄存器、控制逻辑、数据总线缓冲器、R/W 控制逻辑、级联缓冲器/比较器共 8 个部分。

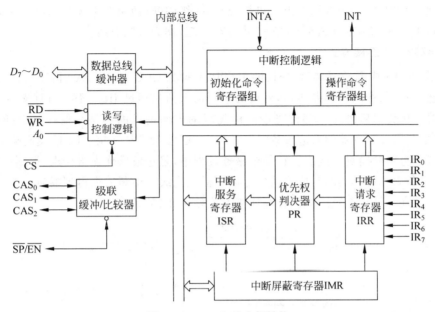

图 9-17 8259A 的内部结构

各部分的功能如下。

(1) 中断请求寄存器 IRR。IRR 为 8 位,每位对应一个外设,用来表示外设的中断请求信号,当某一外设发出中断请求 IRQ 时,IRR 对应位被置"1"。

(2) 中断服务寄存器 ISR。ISR 也是 8 位,用来存放正在被服务,还有尚未服务完毕而被别的中断中途打断的所有的中断级。

(3) 优先级判决器。优先级判决器用于识别各中断请求信号的优先级。当有多个中断请求同时产生时,它将判定哪个中断请求具有最高优先级。如果有中断正在被服务,则会还与 ISR 的当前中断服务优先级比较,来决定是否将中断申请线 INT 上升为高电平。

(4) 中断屏蔽寄存器 IMR。8 位的 IMR 对 IRR 起着屏蔽作用,屏蔽位仅仅对对应的中断请求起作用。

(5) 中断控制逻辑。中断控制逻辑是整个控制器的核心,它包含了一组方式控制字寄存器和一组操作命令字寄存器及相关的控制电路。CPU 通过这些寄存器对中断控制器进行初始化,设置中断控制器的工作方式,优先级排队方式等等。中断控制逻辑接收到 CPU 发来的操作命令字后向 8259A 的其他部件发控制信号。当外设有请求时,8259A 通过该逻辑电路向 CPU 发 INT 信号,接收 CPU 发来的 $\overline{INTA}$ 信号,控制 8259A 进入中断服务状态。

(6) 数据总线缓冲器。数据总线控制器是 8 位的三态缓冲器,是 CPU 和 8259A 之间的数据接口。当 CPU 对 8259A 进行读操作时,数据总线缓冲器保存的是 8259A 发送给 CPU 的数据/状态信息和中断类型码;写操作时,数据总线缓冲器保存的是 CPU 要写入 8259A

的控制命令字。

（7）R/W 控制逻辑。该部件实现的是对 8259A 的读、写操作控制。接收 $\overline{RD}$、$\overline{WR}$、$\overline{CS}$、A_0 控制信号,完成对 8259A 读写操作。

（8）级联缓冲器/比较器。该部件在多个 8259A 级联的时候使用。使用一个 8259A 芯片可管理 8 级中断,采用级联的方式可扩充至 64 级中断(使用 9 个 8259A,1 个主芯片,8 个从芯片),主从 8259A 的 $CAS_0 \sim CAS_7$ 并接在一起,作为级联总线。

2. 8259A 的连接方式

采用 8259A 中断控制器后,外设的 INTR 引脚和 CPU 的 $\overline{INTA}$ 引脚不再与外设接口直接相连,而是与中断控制器相连,外设的中断请求信号通过 $IR_7 \sim IR_0$ 引脚连接 8259A 中断控制器。优先级管理逻辑部件将最高优先级的中断请求的类型号保存至中断类型寄存器,并将中断服务寄存器的对应位置"1",并向 CPU 发 INTR 请求。CPU 发出响应信号后,中断控制器将中断向量号送出。在整个服务过程中,阻止较低优先级请求,等到中断服务结束后,将中断服务寄存器的对应位清"0",以便低优先级的中断请求得到响应。

8259A 在计算机系统中的位置和连接方式如图 9-18 所示。

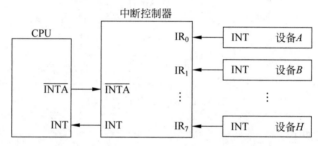

图 9-18　8259A 与 CPU 和外设之间的连接方式

利用中断控制器可以通过编程方式来设置或改变其工作方式,使用起来非常的灵活和方便。

9.5　DMA 方式及其接口

无论是程序查询方式还是程序中断方式,所有的数据传送都是由 CPU 执行指令来完成的,取指令、修改内存地址都需要花费时间,因此,其数据传输速率受限。对于高速的外设,与 CPU 之间进行高速大批量数据传输时,需要采用 DMA 方式,由硬件直接实现。

9.5.1　DMA 方式的基本概念

中断方式克服了查询方式中 CPU 查询、等待外设的问题,实现了外设和 CPU 的并行工作,提高了 CPU 的工作效率。但是 CPU 在执行中断服务程序时,仍要暂停当前的工作。如果 CPU 要与高速外设进行大批量频繁的数据交换,CPU 就要不断地暂停正在执行的工作,去执行中断服务任务,而且任何数据的传送都需要通过 CPU 才能进行。

直接存储器访问(DMA),是一种完全由硬件控制 I/O 的工作方式。在这种方式下,DMA 控制器从 CPU 完全接管对总线的控制,数据的交换不再经过 CPU,而直接在内存和外设之间进行。DMA 方式一般用于高速传送成组数据。

DMA 方式是在外设和主存之间建立一个由硬件管理的数据通路,它允许外设和存储器之间直接进行读写数据,不需要 CPU 的参与,整个数据传送操作是在一个称为"DMA 控制器(DMAC)"的控制下进行。DMA 控制器向内存发出地址和控制信号,实现内存和外设之间的 DMA 传送,CPU 除了在数据传送开始和结束时做一点处理外,整个传送过程 CPU 可以进行其他工作。这样,大部分时间内,CPU 和外设都在并行操作,使得计算机的效率大大提高。

DMAC 的传送结构示意图如图 9-19 所示。

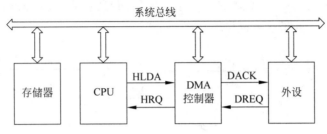

图 9-19 DMA 传送的示意图

假设外设需要通过 DMA 方式输入数据到主存,对于 CPU 来说,DMAC 首先是一个接口,CPU 针对于具体的输入设备,将有关参数(例如 DMAC 的工作方式、要写入的存储单元首地址、传送的字节数等)预先置入到 DMAC 的内部寄存器中。

当外设有数据传送需求时,它向 DMAC 发送 DMA 请求信号 DREQ,DMAC 收到信号后,向 CPU 发送总线请求信号 HOLD,希望占用总线。CPU 在当前总线周期结束后响应 HOLD 请求,然后 DMAC 再向外设发送 DMA 响应信号 DACK,外设收到信号后,DMA 传送就可以开始了。

DMA 方式和中断方式是不同的,中断方式涉及程序的切换。需要保护现场和恢复现场,而 DMA 方式只是在数据传送的开始和结束时 CPU 才参与进来。中断方式在中断服务过程中也需要 CPU 干预,而 DMA 方式在数据传送过程中 CPU 不干预。中断方式中对于中断请求的响应发生在每条指令执行完毕后,而 DMA 方式是发生在每个总线周期结束时。中断方式对异常事件具有处理能力,而 DMA 方式局限于完成传送信息块的 I/O 操作。

归纳起来,DMA 方式的特点是:

(1) DMA 方式下,DMAC 可以直接访问主存,而不只限于 CPU 访问主存。

(2) DMA 方式下,数据的地址和数据量的计算都是由硬件实现的。

(3) DMA 方式数据传送速度快,需要在主存中开辟专用的缓冲区,以便于及时提供数据和接收外设数据。

(4) DMA 方式实现 CPU 和外设并行工作,提高系统效率。

(5) DMA 方式只需要 CPU 在传送前进行预处理,结束后 DMAC 会以中断方式来通知 CPU,以便收回总线控制权。

DMA 方式是一种重要的数据传送方式,目前大部分计算机系统都支持该方式,其应用范围一般是主存和高速外设之间的简单数据传送。

9.5.2 DMA 的传送方式

DMA 方式的一个显著的特点是：数据传送时，CPU 可以继续执行主程序，但是有可能 DMA 控制器与 CPU 同时都要访问主存，这时就会产生冲突，那么如何处理这种冲突呢？通常有 3 种策略来解决。

1. 禁止 CPU 访问主存储器

当外设采用 DMA 方式传送数据时，会通过 DMA 接口向 CPU 发送一个停止信号，通知 CPU 让出地址线、数据线以及相关的控制线。接着 DMA 在获得总线控制权后，开始传送数据。在数据传送结束后，DMAC 向 CPU 发送信号，通知 CPU 收回总线控制权，CPU 正常访问主存储器。其运行过程如图 9-20 所示。

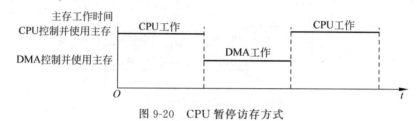

图 9-20　CPU 暂停访存方式

CPU 暂停访问主存方式的优点是控制比较简单，容易实现。但是，若外围设备速度不够高，DMA 访存阶段，存储器很多时间是空闲的，CPU 不能利用。因此，这种方式一般用于数据传输率很高的设备进行成组的数据传送。

2. 周期窃取方式

或者叫做周期挪用方式。如果外设没有 DMA 请求，则 CPU 访问主存。当外设通过 DMAC 将 CPU 发出请求时，CPU 将总线控制权交给 DMAC，外设可以窃取一个或者若干个主存周期的总线占用权。

在 DMA 传送时可能遇到几种情况：

若 CPU 正在处理内部信息（像乘、除指令的执行阶段），不需要访问主存，则 DMA 传送占用内存不会对 CPU 造成干扰。

若 CPU 正在访问主存，这时必须等到存取周期结束后，CPU 才能将总线控制权让出。

CPU 也要访问主存（例如要取指令、取操作数，或者将运算结果写入内存等），这时就形成冲突，为了防止数据丢失，所以 I/O 设备需要"窃取"（或"挪用"）一两个存取周期，使得 CPU 延缓访问主存。

这种方式一般会遇到下面两种情况：

（1）此时 CPU 不需要访问内存，此时 I/O 不会和 CPU 产生访问内存的冲突，即 I/O 设备"窃取"一两个内存周期对 CPU 执行程序没有任何影响。

（2）I/O 设备和 CPU 同时访问内存时，会产生冲突，这时 I/O 设备优先访问内存，但这就要求前一个 I/O 数据必须在下一个访内请求到来之前存取完毕。显然，在这种情况下，I/O 设备挪用的一两个内存周期，就意味着 CPU 延缓了对指令的执行，相当于在 CPU 访问内存过程中插入了 DMA 请求。

I/O 设备每次挪用的主存周期都要先申请总线的控制权，再占用总线控制权，使用完毕后归还总线控制权。周期窃取方式示意图如图 9-21 所示。

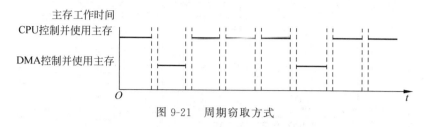

图 9-21 周期窃取方式

因此周期窃取的方式适用于 I/O 设备读写周期大于内存的存储周期的情况。

周期窃取方式既实现了 I/O 传送,又较好地发挥了内存和 CPU 的效率,已成为 DMA 方式的主要传送方式,在许多计算机系统中得到了应用。

3. DMA 与 CPU 交替访存方式

交替访问方式的示意图如图 9-22 所示。这种方式是针对 CPU 的工作周期比主存存取周期长的情况。这种方式下,CPU 和 DMAC 都能访问主存,不需要总线的申请、建立和归还过程。总线和存储的访问权是分时控制的。它将一个 CPU 周期分成两个部分,一部分时间专门提供给 CPU 访问主存,另一部分时间专门提供给 DMA 访问主存。二者交替使用存储总线,互不相干扰。

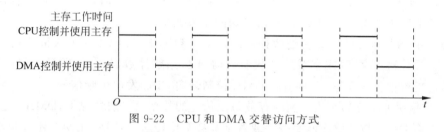

图 9-22 CPU 和 DMA 交替访问方式

这种方式又称为"透明 DMA"方式,因为 CPU 觉察不到 DMA 的操作,它既不停止程序的运行,也不进入等待状态,没有过多的主存使用权的移交过程,所以效率较高。但是硬件投资较大,实现逻辑也复杂很多。而且是 CPU 工作周期要比存储周期长得多的情况下才适用。

9.5.3 简单 DMA 控制接口

DMA 接口在进行数据传送时,数据的整个传输过程完全是由 DMAC 来控制,因此,DMAC 应具有以下功能:

(1) 向 CPU 发送 DMA 申请。

(2) 在 CPU 响应 DMA 请求后,能够处理总线控制权的转移,避免 DMA 获得总线控制权后影响 CPU 的正常工作或引起总线的竞争。

(3) 在 DMA 获得总线控制权期间,DMAC 能够管理总线,控制数据的传送。

(4) 能够确定传送数据的首地址和长度,能够修改整数据传送过程中数据的地址和数据长度。

(5) 在数据传送结束后,能向 CPU 发送 DMA 结束信号。

因此,DMAC 应该由以下逻辑部件组成,如图 9-23 所示。

DMA 控制器各部件的功能如下。

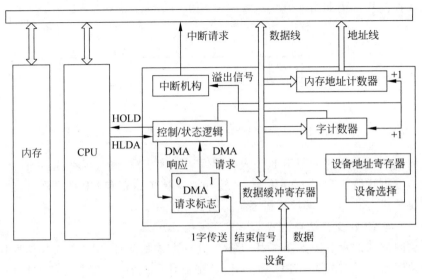

图 9-23 简单 DMA 控制器的结构

(1) 内存地址计数器。用于存放内存中要交换的数据地址。该寄存器的初始值为内存缓冲区的首地址,在传送前由程序写入。每进行一次 DMA 传送后,内存地址寄存器自动修改,修改量取决于数据总线的宽度(一次传送的字节数)。

(2) 字计数器。用于记录传送数据块的长度。初始化时由 CPU 装入待传送的数据块长度初值,没传送一个字(或字节),计数器自动加 1,当字计数器溢出(即最高位产生进位)时,表示这批数据传送完毕,于是引起 DMA 控制器向 CPU 发出中断信号。

(3) 数据缓冲寄存器。用于暂时存放每次传送的数据。一般情况下,DMA 与主存是按字传送的,而 DMA 与外设之间是按字或者字节甚至位传送的,因此,DMA 还可能要包含装配和拆卸字信息的硬件(如数据移位缓冲寄存器,字节计数器等)。

(4) 命令/状态逻辑。该部件是由控制和时序电路以及状态标志等组成,具有决定传送方向()的控制位,还决定了内存地址寄存器的修改量是增加还是减少(加计数或减计数)的指示位等一些其他的命令或状态信息。

(5) DMA 请求标志。负责 DMA 请求的产生。当外设准备好一个数据字后,会发送一个控制信号,将 DMA 请求标志置"1"。该标志置位后,使"控制/状态"逻辑向 CPU 发出 DMA 请求(总线使用权的请求信号 HOLD),CPU 响应该请求后会向"控制/状态"逻辑发出响应信号 HLDA。"控制/状态"逻辑发出 DMA 响应信号,使得 DMA 请求标志复位,为交换下一个字做好准备。

(6) 中断控制逻辑。该部件负责申请 CPU 对 DMA 进行预处理和结束后的处理。该中断控制方式与程序中断方式相同,不过目的不同。中断方式是为了输入输出数据,而 DMA 控制器中的中断的目的是为了报告一组数据的传送结束,请求 CPU 进行后处理。

9.5.4 选择型和多路型 DMA 控制器

前面介绍的是最基本的 DMA 控制器,一个控制器只控制一个 I/O 设备。在实际应用中常采用的是选择型和多路型 DMA 控制器。

1. 选择型 DMA 控制器

选择型 DMA 控制器在物理连接上可以连接多个 I/O 设备，但在实际工作中，只能对多个设备分时服务，也即在某一时间段内只能为一个设备服务。其逻辑框图如图 9-24 所示。

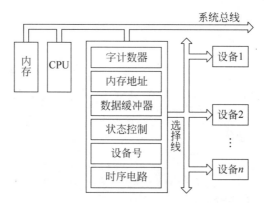

图 9-24　选择型 DMA 控制器逻辑

和基本的 DMA 控制器相同外，选择型 DMA 控制器还有一个设备号寄存器。其数据传送是以数据块为单位进行的，在传送前的预置阶段，不但要给出数据块的传送个数、起始地址和操作命令外，还要给出所选择的设备号。从预置开始直至这个数据块传送结束，DMA 控制器只服务于该设备。等到下一次在进行数据传送前若指定新设备号，DMA 控制器将为该设备服务。选择型 DMA 控制器类似逻辑开关，根据 I/O 指令来控制此开关与某个设备连接。

选择型 DMA 控制器特别适合数据传输率高的设备，在很快传送完一个数据块后，控制器又可以为其他设备提供服务。

2. 多路型 DMA 控制器

选择型 DMA 控制器不适合慢速设备，多路型 DMA 控制器却适合为多个慢速设备服务。

当一个 DMA 控制器连接多台速度较慢 I/O 设备时，让多个外设同时工作，以字或字节方式传送，使多个外设轮流交叉使用系统总线进行 DMA 传送，即为多路型 DMA 控制器。多路型 DMA 控制器还有两种不同的连接结构，如图 8-25 和图 8-26 所示。

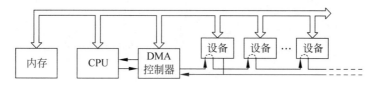

图 9-25　链式多路型 DMA 控制器

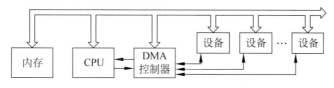

图 9-26　独立请求式多路型 DMA 控制器

多路型 DMA 控制器一般采用与外设借口分离的连接方式,数据传送不经过 DMA 控制器,而是直接在内存与接口之间进行传送。DMA 控制器只负责接收接口的请求信号,并向 CPU 提出 DMA 请求,在收到 CPU 的响应信号后,通知接口,DMA 传送周期开始。

9.5.5　8237DMA 控制器

DMA 控制器中具有代表性的产品如 Intel 8237,它是一种高性能的可编程 DMA 控制器,是早期 8086/8088 计算机系统常用的 DMAC 芯片。本节以 8237DMA 控制器为例,介绍 DMA 控制器的结构与功能。

1. 8237DMA 的基本功能

8237DMA 控制器具有如下性能:

(1) 具有 4 个相对独立的 DMA 通道,每个通道有独立的地址寄存器和字寄存器,而控制器、状态寄存器为 4 个通道公用。

(2) 每个通道的请求可以分别被允许或者禁止。

(3) 4 个通道具有不同的优先级。

(4) 提供 4 种工作模式:单字节传送、数据块传送、请求传送和级联传送。

(5) 提供 3 种数据传送类型:读传送、写传送和校验传送。

2. 8237DMA 控制器的内部结构

如图 9-27 所示为 8237 的内部组成和结构,从图中可以看出,8237 主要有以下几个部分组成。

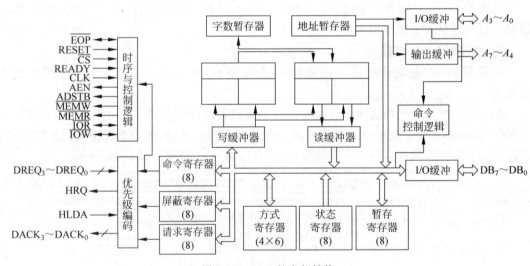

图 9-27　8237 的内部结构

(1) DMA 通道。8237A 内部包含 4 个独立通道,每个通道包含 2 个 16 位的地址寄存器、2 个 16 位的字节数寄存器、2 个 16 位的方式寄存器、1 个 DMA 请求触发器和 1 个 DMA 屏蔽触发器。

(2) 时序与控制逻辑电路。对在 DMA 请求服务之前,CPU 编程对给定的命令字和方式控制字进行译码,以确定 DMA 的工作方式,并控制产生所需要的定时信号。

(3) 优先级编码逻辑。对通道进行优先级编码,确定在同时接收到不同通道的 DMA 请求时,能够确定相应的先后次序。通道的优先级可以通过编程确定为是固定的或者是旋转的。

(4) 公用寄存器。除了每个通道中的寄存器外,8237 还有一些公用的寄存器:1 个 8 位控制器、1 个 8 位状态寄存器、1 个 8 位暂存器、1 个 8 位屏蔽寄存器和 1 个 8 位请求寄存器。

(5) 数据线和地址线。8237 的数据线和地址线都是双向的,具有三态缓冲器,可以占有或者释放总线。

① 8 根的数据线 $DB_7 \sim DB_0$ 在 CPU 的控制下对 8237 编程或者读取其内部的状态寄存器的内容。在 DMA 操作期间,由 $DB_7 \sim DB_0$ 输出高 8 位的地址信号 $A_{15} \sim A_8$,利用 ADSTB 信号锁存改地址信号。在主存不同区域之间的 DMA 传送数据时,除了送出地址信号外,还分时输入从主存源区读出的数据,送入暂存寄存器中,等到主存写周期是,再将这些数据通过 $DB_7 \sim DB_0$,由 8237 的暂存寄存器送到系统数据总线上,再写入到规定的存储单元中去。

② 8237 的地址总线中,$A_3 \sim A_0$ 在空闲周期接收来自于 CPU 的 4 位地址信号,来寻址 8237 内的不同的寄存器(组)。在 DMA 传送时,这组地址线输出要访问的存储单元或者 I/O 端口地址的低 4 位。$A_7 \sim A_4$ 用于在 DMA 传送时,输出要访问的存储单元或者 I/O 端口低 8 位地址中的高 4 位。

3. 8237DMA 控制器的工作模式

DMA 控制器 8237A 依靠它的可编程特性可以实现对多种 DMA 传送方式的控制。用程序的方法置入控制字(或称命令字)可以设置和改变 DMA 传送方式。置入控制寄存器的控制字控制着与整个 DMA 控制器有关的工作方式。置入各通道内方式寄存器的控制器的控制字控制着本通道的工作方式。

8237A 在 DMA 传送时有 4 种工作方式。

(1) 单字节传送方式。单字节传送方式是编程为一次只传送 1B,数据传送后字节计数器减量,地址要相应修改(增量或减量取决于编程),HRQ 变为无效,释放系统总线。若传送使字节数减为零,TC 产生或者终结 DMA 传送,或重新初始化。

在这种方式下,DREQ 信号必须保持有效,直至 DACK 信号变为有效,但是若 DREQ 有效的时间覆盖了单字节传送所需要的时间,则 8237A 在传送完成 1B 后,先释放总线,然后再产生下一个 DREQ,完成下 1B 的传送。

单字节传送方式的特点是:一次传送 1B,效率较低,但它会保证在两次 DMA 传送之间,CPU 有机会获得总线控制权,执行一次 CPU 总线周期。

(2) 成组传送方式。在成组传送方式下,8237A DREQ 启动后,开始连续地传送数据,直至字节计数器减到 0,产生 TC,或者由外部输入有效的 EOP 信号来终结 DMA 传送。

在这种方式下,DREQ 信号需要维持到数据块传送完成或终结操作。

成组传送方式的特点是,一次请求传送一个数据块,效率高,但在整个 DMA 传送期间,CPU 长时间无法控制总线(无法响应其他 DMA 请求,无法处理其他中断等)。

(3) 请求传送方式。在请求传送方式下,8237A 可以进行连续的数据传送。

请求传送方式的特点是,DMA 操作可由外设利用 DREQ 信号控制数据传送的过程。

级联方式用于通过级联以扩展通道。第 2 级的 HRQ 和 HLDA 信号连到第 1 级的 DREQ 和 DACK 上,如图 9-28 所示。第 2 级各个片子的优先权等级与所连的通道相对应。在这种工作情况下,第 1 级只起优先权网络的作用,除了由某一个 2 级的请求向 CPU 输出 HRQ 信号外,并不输出任何其他信号,实际的操作是由第 2 级的片子完成的,若有需要,还可以由第 2 级扩展到第 3 级等等。

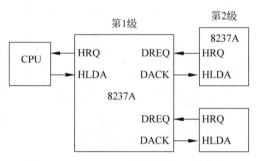

图 9-28　8237 DMA 控制器的级联方式

级联方式的特点是:可扩展多个 DMA 通道。

DMA 传送有 3 种类型:DMA 读、DMA 写和 DMA 校验。

DMA 读传送是把数据由存储器传送至外设,操作时由 MEMR 有效从存储器读出数据,由 IOW 有效把数据传送给外设。

DMA 写传送是把由外设输入的数据写至存储器中,操作时由 IOR 信号有效从外设输入数据,由 MEMW 有效把数据写入内存。

校验操作是一种空操作,8237A 本身并不进行任何校验,而只是像 DMA 读传送或 DMA 写传送一样产生时序和地址信号,但是存储器和 I/O 控制线保持无效,所以并不进行传送,而外设可以利用这样的时序进行校验。

9.6　通道控制方式

DMA 方式显著地提高了 I/O 设备和主机之间的数据传送的速度,提高了系统的运行效率,因此得到了广泛的应用。但是对于目前的大中型计算机系统来说,一般配置的外设比较多,而且数据传送频繁,若仍采用 DMA 方式,可能会存在一些问题。

一方面,如果数量众多的的外设都配备专用的 DMA 控制器,将大幅度增加硬件成本。而且为了解决多 DMA 同时访问主存时的冲突,控制的复杂度大大增大。另一方面,众多外设采用 DMA 传送,都需要 CPU 为它们进行初始化,也占用了 CPU 的很多时间。对于频繁地让 CPU 暂停或者挪用 CPU 周期也降低了 CPU 的工作效率。

因此为了避免这些问题,在中、大型计算机系统中,一般采用 I/O 通道方式交换数据。

9.6.1　通道的基本概念

通道控制方式与 DMA 控制方式类似,也是一种以内存为中心,实现设备与内存直接交换数据的控制方式。但是,通道方式所需要的 CPU 干预更少,从而进一步减轻了 CPU 负担。通道本质上是一个简单的处理器,专门负责输入输出控制,具有执行 I/O 指令的能力,并通过执行通道 I/O 程序来控制 I/O 操作。

在 CPU 启动通道后,通道能自动从主存中取出通道指令并执行,直到数据传送结束,通道会向 CPU 发出中断请求,进行通道结束的处理工作。通道具有以下功能。

(1) 可根据 CPU 的要求选定某外设与系统相连,并向该外设发出操作命令,对其进行初始化。

(2) 指出外设进行读写信息的位置以及交换信息的主存缓冲区地址。

(3) 控制外设和主存进行信息交换,完成数据字的分拆与装配。

(4) 指明数据传送结束后的操作内容,并检查外设的状态。

通道使用通道指令来控制外设进行数据传送操作,并以通道状态字的形式接收设备控制器提供的外围设备的状态。因此,设备控制器是通道对输入输出设备实现传输控制的执行机构。

总之,相比 DMA 传送方式,通道传送方式除了承担 DMA 的全部功能以外,还承担了设备控制器的初始化工作,并包含低速外设单个字符传送的程序中断功能。通道承担了 I/O 系统的大部分功能,把 CPU 从烦琐的 I/O 事务中解放出来,提高了 CPU 与外设、外设之间的工作的并行度。

9.6.2 通道的类型与结构

1. 通道的结构

通道是一种数据的 I/O 控制的设备,它独立于计算机的 CPU 而独立对外设的 I/O 操作进行控制,使得 CPU 可以和外设并行工作。因此,通道又可称为 I/O 处理机。在有通道的的计算机系统中,CPU 不再执行 I/O 指令来控制与外设的数据交换,而是使用通道内的一个专门的处理器来执行控制。

如图 9-29 所示是大、中型计算机系统的典型结构。

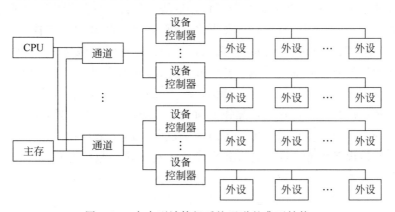

图 9-29 大中型计算机系统通道的典型结构

从图中可以看出,大、中型计算机系统一般采用通道方式进行管理多个外设。通道方式组织输入输出多使用"主机—通道—设备控制器—外设"4 级的连接方式。通道是完成 I/O 操作的主要部件。在 CPU 启动通道后,通道自动从主存取指令并执行指令,直至数据交换完成,通道向 CPU 发出中断请求,进行通道结束处理工作。

2. 通道的类型

一台计算机中可以有多条通道,一条通道总线也可以连接多个设备控制器。设备控制器类似于 I/O 设备的接口,它接收通道控制器的命令并向设备发出控制命令。一个设备控制器可控制多个同类的设备,只要这些设备是轮流工作的。通道处理器中只运行 I/O 控制程序。每个通道可以连接多个外围设备,根据数据传送方式,通道可分成字节多路通道、选择通道和数组多路通道 3 种类型。

(1) 选择通道。对于高速的设备,例如磁盘等,要求较高的数据传输速度。对于这种高速传输,通道难以同时对多个这样的设备进行操作,只能一次对一个设备进行操作。这种通道称为选择通道,如图 9-30 所示。

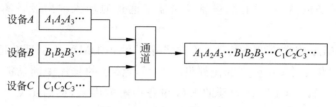

图 9-30　选择通道的方式

它与设备之间的传输一直维持到设备请求的传输完成为止,然后为其他外围设备传输数据。选择通道的数据宽度是可变的,通道中包含一个保存输入输出数据传输所需的参数寄存器。参数寄存器包括存放下一个主存传输数据存放位置的地址和对传输数据计数的寄存器。选择通道的输入输出操作启动之后,该通道就专门用于该设备的数据传输直到操作完成。选择通道的缺点是设备申请使用通道的等待时间较长。

(2) 数组多路通道(又称成组多路通道)。数组多路通道以数组(数据块)为单位在若干高速传输操作之间进行交叉复用。这样可减少外设申请使用通道时的等待时间。数组多路通道适用于高速外围设备,这些设备的数据传输以块为单位。通道用块交叉的方法,轮流为多个外设服务。当同时为多台外设传送数据时,每传送完一块数据后选择下一个外设进行数据传送,使多路传输并行进行。数组多路通道既保留了选择通道高速传输的优点,又充分利用了控制性操作的时间间隔为其他设备服务,使通道的功能得到有效发挥,因此数组多路通道在实际系统中得到较多的的应用。特别是对于磁盘和磁带等一些块设备,它们的数据传输本来就是按块进行的。而在传输操作之前又需要寻找记录的位置,在寻找的期间让通道等待是不合理的。数组多路通道可以先向一个设备发出一个寻找的命令,然后在这个设备寻找期间为其他设备服务。在设备寻找完成后才真正建立数据连接,并一直维持到数据传输完毕。因此采用数组多路通道可提高通道的数据传输吞吐率。

(3) 字节多路通道。字节多路通道用于连接多个慢速的和中速的设备,这些设备的数据传送以字节为单位。每传送 1B 数据都要等待较长时间,例如终端设备等。因此,通道可以以字节交叉方式轮流为多个外设服务,以提高通道的利用率。其传送方式如图 9-31 所示。

这种通道的数据宽度一般为单字节,是一种简单的共享通道。图中字节多路通路先选择设备 A,为其传送 1B 长度的 A_1;再选择设备 B,为其传送 1B 长度的 B_1;然后选择设备 C,为其传送 1B 长度的 C_1。当为每个设备都传送 1B 的内容后,再回过头来开始为 A 传送下一个 1B 的内容,一次重复上述传送过程,直至轮流为所有设备完成信息传送为止。

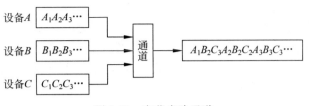

图 9-31 字节多路通道

1B 长度的多路通道包括多个子通道,每个子通道为一个设备控制器服务,可独立执行通道指令。所有子通道的控制部分是公共的,由所有子通道共享。

字节多路通道和数组多路通道都是多路通道,在一段时间内可以交替地执行多个设备的通道程序,使这些设备同时工作。但两者也有区别,首先数组多路通道允许多个设备同时工作,但只允许一个设备进行传输型操作,而其他设备进行控制型操作;而字节多路通道不仅允许多个路同时操作;而且允许它们同时进行传输型操作。其次,数组多路通道与设备之间的数据传送的基本单位是数据块,通道必须为一个设备传送完一个数据块以后才能为别的设备传送数据块,而字节多路通道与设备之间的数据传送基本单位是字节。通道为一个设备传送 1B 数据之后,又可以为另一个设备传送 1B 的内容,因此各设备与通道之间的数据传送是以字节为单位交替进行的。

9.6.3 通道的工作过程

通道包括通道控制器、状态寄存器、中断机构、通道地址寄存器、通道指令寄存器等。这里,通道地址寄存器类似于一般 CPU 中的程序计数器。

通道控制器的功能比较简单,它不含大容量的存储器,通道的指令系统也只是几条与输入输出操作有关的命令。它要在 CPU 的控制下工作,某些功能还需 CPU 承担,例如通道程序的设置、输入输出的异常处理、传送数据的格式转换和校验等。因此,通道不是一个完全独立的处理器。

通道状态字类似于 CPU 内部的程序状态字,用于记录输入输出操作结束的原因,以及输入输出操作结束时通道和设备的状态。通道状态字通常存放在内存的固定单元中,由通道状态字反映中断的性质和原因。

CPU 在进行一个输入输出操作之前,首先准备好通道程序,然后设置好数据缓冲区,再给通道和设备发启动命令。CPU 准备好的通道程序存放在内存中,由通道控制器读取并执行。

通道接到启动信号后,首先到指定的内存单元中取通道地址字,放在通道地址寄存器(Channel Address Word,CAW)中。这个存放通道地址字的内存单元的地址可以是固定的,然后根据通道地址寄存器中的值到内存中去取第一条通道指令,并放在通道指令寄存器中。通道程序执行时通过在通道指令寄存器中的相应位进行设置来告诉通道指令执行机构在执行完成当前指令后,自动转入下一条指令或者结束数据传送过程。通道程序的最后一条指令是一条结束指令,通道在执行到这条结束指令时就不再取下一条指令,而是通知设备结束操作。在通道程序执行完毕后,由通道向 CPU 发中断信号,并将通道状态字写入内存专用单元,CPU 根据通道状态字(Channel Status Word,CSW)分析这次输入输出操作的执行情况。

通道与设备控制器之间的接口是计算机的一个重要界面。为了便于用户根据不同需要配置不同设备,通道—设备控制器的接口一般采用总线式标准接口,使得各设备和通道之间都有相同的接口线和相同的工作方式。这样,在更换设备时,通道不需要作任何变动。

本 章 小 结

本章首先介绍了计算机的输入和输出系统的功能和发展,接着详细阐述了输入输出系统的组成。主要的内容是I/O模块中外设和主机之间数据传送的控制方式不同,输入输出系统的几种数据传送方式的功能及特点,其中重点论述了程序查询方式、中断控制方式以及DMA方式3种。通过本章的学习,可以了解I/O模块在计算机系统中的位置和作用,掌握I/O接口的功能(解决不同设备与CPU之间的速度差异、数据变换及缓冲等),掌握程序查询方式、中断方式及DMA等方式的功能及特点。

习 题 9

一、基础题

1. 中断向量指的是(　　)。
   A. 子程序入口地址　　　　　　　　B. 中断服务程序入口地址指示器
   C. 中断服务程序入口地址　　　　　D. 中断返回地址
2. 当采用(　　)对设备进行编址的情况下,不需要专门的I/O指令组。
   A. 统一编址法　　　　　　　　　　B. 单独编址法
   C. 两者都不是　　　　　　　　　　D. 两者都可以
3. 下述I/O控制方式中,主要由程序实现的是(　　)。
   A. 外围处理及方式　　　　　　　　B. 中断方式
   C. DMA方式　　　　　　　　　　　D. 通道方式
4. 响应中断请求的条件是(　　)。
   A. 一条指令执行结束　　　　　　　B. 一次I/O操作结束
   C. 机器内部发生故障　　　　　　　D. 一次DMA操作结束
5. 周期挪用方式常用于(　　)方式的输入输出中。
   A. DMA　　　　B. 中断　　　　C. 程序传送　　　　D. 通道
6. DMA数据传送是以(　　)为单位进行的。
   A. 字节　　　　B. 字　　　　　C. 位　　　　　　　D. 数据块
7. 通道程序是由(　　)组成的。
   A. I/O指令　　　　　　　　　　　B. 通道指令(通道控制字)
   C. 通道状态字　　　　　　　　　　D. 中断程序
8. 对外围设备编址的方法有两种,一是将主存与外围设备进行_____编址;另一种是_____编址,为外围设备设置专用的I/O指令。

9. CPU响应中断的过程大致分成_____、_____、_____、_____4个部分。

10. 简要阐述程序查询方式、中断方式和DMA方式的特点。

二、提高题

1. 如果认为CPU等待设备的状态信号是处于非工作状态(踏步状态)，那么在下面几种CPU与设备数据传送方式中，(　　)CPU与设备是串行工作的，(　　)CPU与设备是并行工作的，(　　)CPU与外围设备是并行运行的。

  A. 程序查询方式　　　B. 中断方式　　　C. DMA方式

2. 如果有多个中断同时发生，系统将根据中断优先级响应优先级最高的中断请求。若要调整中断事件的响应顺序，可以利用(　　)。

  A. 中断嵌套　　　B. 中断向量　　　C. 中断响应　　　D. 中断屏蔽

3. 在采用DMA方式高速传输数据时，数据传送是(　　)。

  A. 在总线控制器发出的控制信号控制下完成的

  B. 在DMA控制器本身发出的控制信号控制下完成的

  C. 由CPU执行的程序完成的

  D. 由CPU响应硬中断处理完成的

4. 下列陈述中正确的是(　　)。

  A. 在DMA周期内，CPU不能执行程序

  B. 中断发生时，CPU首先执行入栈指令将程序计数器的内容保护起来

  C. DMA传送方式中，DMA控制器每传送一个数据就窃取一个指令周期

  D. 输入输出操作的最终目的是要实现CPU与外设之间的数据传输

5. 一个由微处理器构成的实时数据采集系统，其采样周期为20ms，A/D转换时间为25μs，当CPU使用(　　)传送方式读取数据时，其效率最高。

  A. 查询　　　　　　　　　　　　B. 中断

  C. 无条件传送　　　　　　　　　D. 延时传送

6. 中断处理过程可以嵌套进行。_____的设备可以中断_____的中断服务程序。

7. 如果CPU处于中断允许状态，则可立即接受中断请求进行响应，一旦进入中断响应过程，CPU会立即自动_____，并将当前_____和_____的内容保存到_____中。

8. DMA控制器采用_____、_____、_____这3种方法进行访存。

9. DMA技术的出现使得_____可以通过_____直接访问_____，与此同时CPU可以继续执行程序。

10. 选择型DMA控制器在物理上可以连接多个设备，而在逻辑上只允许连接一个设备，适合于连接_____设备。

11. 多路型DMA控制器不仅在_____上而且在_____上可以连接多个设备，适用于连接_____设备。

12. 通道是一个特殊功能的_____，它有自己的_____专门负责数据输入输出的传输控制，CPU只负责_____功能。

13. 中断处理的过程包括哪些步骤？

14. DMA传送数据的过程是什么？

15. 比较中断方式与DMA方式的异同。

16. 程序查询方式实现与多台设备进行数据交换的程序流程图如图 9-32 所示,根据此图分析这种处理方式存在的问题以及改进措施。

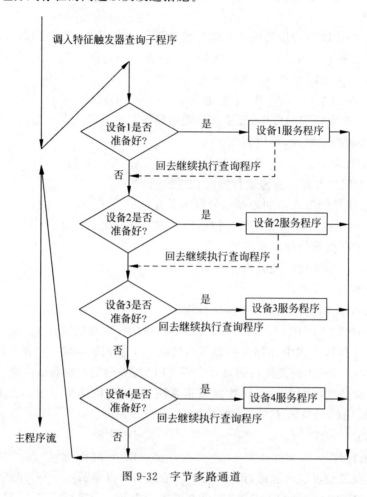

图 9-32 字节多路通道

17. CPU 响应中断应具备哪些条件,画出程序中断方式处理过程流程图。

第 10 章　计算机结构新技术

"计算速度"是计算机技术发展永恒的主题。计算机元器件的发展远不能满足计算机性能提高的需要。通过优化计算机系统结构来提高计算机性能是十分有效的方法。通过优化计算机结构来提速的基本原理就是"并行",所以新的高速计算机结构基本都是"并行结构"。本章首先介绍并行概念,然后对多通道内存技术、超线程技术、多核技术、多处理机和计算机集群做简单介绍。

10.1　并　行　技　术

1. 并行的概念

计算机中的并行是指计算机系统能在同一时刻或同一时间间隔内完成两种或两种以上性质相同或不相同的工作。如果两个或两个以上的事件在同一时刻发生,人们称之为同时性。如果两个或两个以上的事件在同一时间段内发生,人们称之为并发性。所以,计算机中的并行包含了同时性和并发性两种情况。

计算机系统中的并行性可从不同的层次上实现。

(1) 指令内部的并行。计算机在指令执行中的各个微操作实现并行操作。

(2) 指令间的并行。计算机中两条或多条指令的执行是并行进行的。

(3) 任务处理的并行。程序被分解成可以并行处理的多个处理任务。计算机并行处理两个或多个任务。

(4) 作业处理的并行。计算机并行处理两个或多个作业,例如多道程序设计、分时系统等。

(5) 字串位并。计算机顺序处理各个字,但对每一个字可以同时操作字内的所有位。

(6) 字并位串。计算机可以同时对多个字的同一位进行操作。

(7) 字位全并行。计算机可以同时对许多字的所有位进行操作。

并行处理的目标是在计算机系统中尽可能多地使用并行,使计算机的效率达到最高。并行处理需要软硬件结合才能实现,是一项复杂的技术。

2. 并行技术分类

(1) 时间重叠。时间重叠是在并行性概念中引入时间因素,即多个处理过程在时间上相互错开,轮流重叠地使用同一套硬件设备的各个部件,以加快硬件周转而赢得速度。这类并行措施最典型的应用就是"流水线"。

(2) 资源重复。资源重复是在并行性概念中引入空间因素。这种措施提高计算机处理速度最直接,但由于受硬件价格昂贵的限制而不能广泛使用。目前,随着硬件价格的降低,已在多种计算机系统中使用,例如单处理机中的多存储体方式、多处理机系统、阵列式处理机等。

(3) 时间重叠+资源重复。指时间重叠和资源重复的综合应用,既采用时间并行性又采用空间并行性。这种方式效益最高,在实践中使用最多。

(4) 资源共享。资源共享也是在并行性概念中引入时间因素,它是通过软件的方法实现的。资源共享时表现为多个用户按一定的时间顺序轮流使用同一套硬件设备,例如多个设备按一定的时间顺序共享 CPU,此时 CPU 与外围设备在工作时间上通常是重叠的。这种并行措施表现在多道程序和分时系统中,而分布式处理系统和计算机网络则是更高层次的资源共享。

3. 单处理机系统中的并行运用

早期单处理机的发展过程中,并行处理主要表现为时间并行,即流水线技术。实现时间并行的物质基础是"部件功能专用化",即把一件工作按照功能分割为若干相互联系的部分,把每一部分指定专门部件完成;然后按照时间重叠原理把各部分执行过程在时间上重叠起来,使所有部件依次分工完成一组同样的工作。计算机系统中指令并行运行就是最典型的时间并行。

空间并行在单处理机中也有使用,例如多体存储器和多操作部件。在多操作部件处理机中,通用部件被分解成若干个专用操作部件,例如加法部件、乘法部件、逻辑运算部件等。一条指令需要的操作部件只要空闲就可以开始执行这条指令,这也是指令级并行。

4. 多处理机中的并行运用

引入"并行处理"是构建多处理机系统的主要目的之一。多处理机实现并行的原理依然是时间重叠、资源重复和资源共享,但措施和技术有所不同,系统结构趋向多样化。

紧耦合系统又称直接耦合系统,处理机之间一般通过总线或高速开关实现互连,有较高的传输带宽,共享主存,可以快速并行处理作业或任务。

松耦合系统又称间接耦合系统,一般通过通道或通信线路实现处理机之间的互连,可以共享外设。松耦合系统常见两种形态。一种是多台计算机和共享的外设连接,不同处理机之间进行功能上分工,处理机处理的结果以文件或数据集的形式送到共享外设,供其他处理机使用处理。另一种是计算机网络,多台计算机通过通信线路连接,进行大范围内的资源共享。

多处理机为了实现时间重叠,将处理功能分散到各个专用处理机去完成,各处理机之间按照时间重叠原理进行工作,例如,数组运算、高级语言编译、数据库管理等都交给专用处理机完成,处理机之间采用直接耦合,发展出的这样一类多处理机系统称为异构多处理机系统。

为了提高处理速度,各个处理机之间使用专用高速网络互连,并行处理的任务能在各个处理机之间随机地调度,各个处理机地位相等,功能相同。作为发展结果,同构多处理机系统诞生了。

芯片技术飞速发展为多处理机系统研究和设计提供了物质保障,各种类型的并行计算机系统纷纷问世。我国的曙光、深腾、天河、神威等超级计算机都是典型代表。

10.2 多通道内存技术

多通道内存技术是一种通过内存控制和管理实现数据并行传输的技术。在微型机中使用比较多的是双通道内存。

微型计算机中的双通道内存,就是在北桥芯片里设计两个内存控制器,这两个内存控制器可以相互独立工作。每个控制器控制一个内存通道,连接一个内存条,如图 10-1 所示。在这种结构中,CPU 可对两个通道上的存储器分别寻址、读取数据,可以使两个通道上的存储器并行工作,所以理论上可使内存的带宽增加一倍。

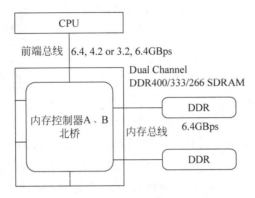

图 10-1　双通道主板工作原理示意图

双通道是一种主板芯片组所采用新技术,与内存本身无关,任何 DDR 内存都可工作在支持双通道技术的主板上。双通道内存安装时通常要求按主板上内存插槽的颜色成对安装内存条,如图 10-2 所示。成对的内存条通常要求具有相同型号,此外还要根据主板说明书设置一下 BIOS。

图 10-2　双通道主板的内存插槽对

10.3　超线程技术

现代处理机广泛使用指令流水线技术来提高指令执行效率。但是流水线的断流问题严重影响了流水线的功效。有一个经常引起流水线断流的情况是处理机访问 Cache 缺失,因为执行部件要长时间等待访问主存的结果。为此,片上多线程(On-chip Multithreading)技术应运而生。该技术允许 CPU 同时运行多个硬件线程,如果一个线程被迫暂停,其他线程可继续执行,这样就可保证硬件资源充分利用。

2002年,Intel公司成功推出采用超线程(Hyper Threading)技术的 Pentium 4 处理机(图 10-3)。超线程技术是同时多线程技术在微处理机上的具体实现。在经过特殊设计的处理机中,原有的单个物理内核经过扩展后被模拟成两个逻辑内核,能够同时执行两个相互独立的程序,减少了处理机的闲置时间,充分利用了中央处理机的执行资源。Intel 公司表示超线程的 Pentium 4 在超线程操作系统支持下可以实现 15%~30% 的效能提升。

图 10-3　支持超线程技术的 CPU 标识

超线程技术使并行处理从指令级扩展到线程级。虽然采用超线程技术能并行执行两个线程,但它并不像两个真正的 CPU 那样,每个 CPU 都具有独立的资源。当两个线程都同时需要某一个资源时,其中一个要暂时停止,并让出资源,直到这些资源闲置后才能继续。因此超线程的性能并不等于两颗 CPU 的性能。

使用超线程时也要注意,只有 CPU、主板、操作系统、应用软件(程序)都支持超线程时,计算机才能发挥出超线程的优势,否则计算机性能非但不会提高,还可能会下降甚至出故障。

10.4　多核技术

多核技术是指利用集成电路新工艺将几个处理机核心集成在一块芯片内而制作多核处理机的技术。与提高处理机主频相比,在一个芯片内集成多个相对简单而主频稍低的处理机核可以更容易解决功耗、互联延迟和设计复杂度,并可以实现真正意义上的多线程并行,从而提高处理机性能。不过,从单处理机发展到多核处理机并不是处理机生产商根据市场需求做出的主动选择,而是在物理规律限制下的无奈之举。

1. 多核处理机的优势

与单核处理机相比,多核处理机有多方面的优势。

(1) 高并行性。无须提高处理机内核的性能,仅通过多核进一步提高并行处理能力,就极大地提高了处理机性能。

(2) 高通信效率。多个核集成于一个片内,各个处理机核只需要在核内部相对较小的区域内交换数据,降低了通信延迟,提高了通信效率。

(3) 高资源利用率。多核结构可以有效支持片内资源共享,从而提高了片上资源利用率。

(4) 低功耗。处理机功耗随着主频增加呈指数级增长,而随着内核数目增加呈线性增长。所以,多个简单低速核集成在一起的多核处理机要比高速复杂处理机的功耗低。如果进一步采用动态管理技术对多核的工作状态进行优化的话,功耗会进一步降低。

（5）低设计复杂度。多核处理机中的每一个核的结构相对简单，易于优化设计，扩展性强。

（6）较低的成本。多核处理机的多个核共享器件封装和芯片 I/O 资源，可以大大降低芯片封装和 I/O 成本。另外设计复杂度降低也可降低开发成本。

基于这些优势，从 2005 年 Intel 公司率先推出双核 Pentium D 微处理器以后，多核处理机便逐渐取代了单核处理机。

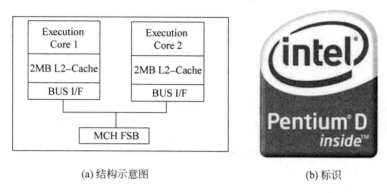

(a) 结构示意图　　　　　　　　(b) 标识

图 10-4　Intel 推出的 Pentium D CPU

2. 多核处理机的组织结构

（1）同构多处理机和异构多核处理机。多核处理机按照其内核的地位对等与否，可分为同构多核处理机和异构多核处理机。同构多核处理机内的所有计算内核结构相同、地位对等。异构多核处理机内的各个计算内核结构不同，地位不对等。同构多核处理机的多个核通常采用相同的通用处理机核心。每个处理机核心可以独立执行任务。异构多核处理机通常根据不同的应用需求配置不同的处理机核心，多采用"主处理核＋协处理核"的主从架构。异构多核处理机可以同时发挥不同类型处理机核的特长来满足不同类型应用需求。例如可以把通用处理机、数字信号处理机（DSP）、媒体处理机、网络处理机等集成在一起，通用处理机作为主核负责总控和通用计算，其他核负责特定应用加速。

研究表明，异构多核处理机比同构多核处理机执行任务更有效，实现了资源的最佳配置，并降低了系统功耗。

（2）对称多核与非对称多核。同构多核和异构多核是对处理机内核硬件结构和地位一致性的划分。如果再考虑各个核之上的操作系统，从用户角度，可以把多核处理机的运行模式分为对称（Symmetric Multiprocessing，SMP）多核和非对称（Asymmetric Multiprocessing，AMP）多核两种类型。

对称多核是指处理机内包含相同结构的核，多个核紧密耦合，并运行一个统一的操作系统。每一个核的地位对等，共同处理操作系统的所有任务。对称多核处理机由多个同构的处理机核和共享存储器构成，由一个操作系统实例同时管理所有处理机核，并将应用程序分配到各个核上运行。只要有一个核空闲可用，操作系统就会在线程队列中分配下一个线程给这个空闲内核运行。应用程序无须关心在哪个核上运行，完全由操作系统调配，共享资源。

多核处理机的核是同构,但是每个运行一个独立的操作系统或者同一操作系统的独立实例,就是非对称多核。异构多核也可以实现非对称运行。

(3) 多核处理机的 Cache 组织。在设计多核处理机时,除了考虑处理机的结构和数量之外,还要考虑 Cache 的组织。多核处理机的 Cache 组织结构常见的有 4 种。

① 仅 L1 Cache 在片内且私有处理机的 Cache 分两级,每个核拥有自己的私有 L1 Cache,多核共享的 L2 Cache 置于处理机芯片之外。广泛使用的 ARM11 微处理器的 MPCore 型号就采用了这种结构。

② L1 Cache 和 L2 Cache 都在片内,且都私有。这种结构是把 L2 Cache 移到片内,并且各个核私有,所有处理机核共享芯片外的主存。AMD 公司的皓龙(Opteron)处理机就采用了这种结构。

③ L1 Cache 和 L2 Cache 都在片内,L1 私有,L2 共享。这种结构采用了片内共享 L2 Cache,片外共享主存。片内共享 L2 要比片内私有 L2 性能高,因为共享 Cache 有助于提高 Cache 命中率,共享 Cache 的空间可以在不同核之间动态分配,共享 Cache 可以作为各个核之间的数据通道,另外还可以降低 Cache 一致性难度。Intel 的第一代酷睿双核(Core Duo)处理机就采用了这种结构。

④ L1 Cache、L2 Cache 和 L3 Cache 都在片内,L1 和 L2 都私有,L3 共享。把 L3 Cache 也集成到芯片内并共享,可以进一步提高多核处理机性能。Intel 于 2008 年推出的高性能 64 位处理机 Core i7 就采用了这种结构。

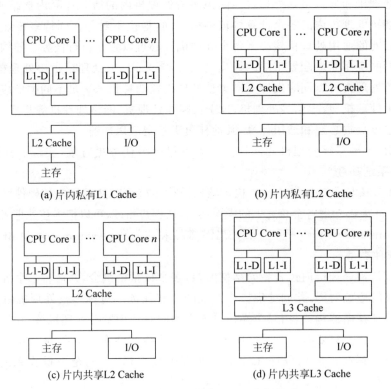

图 10-5 多核处理机的 Cache 组织类型

10.5 多处理机

在单个处理机性能一定的情况下,进一步提高计算能力的简单方法就是让多个处理机协同工作,共同完成任务。

广义而言,使用多台计算机协同工作来完成所要求任务的计算机系统称为多处理机(Multiprocessor)系统。多处理机系统由多台独立的处理机组成,每台处理机都能够独立执行自己的程序和指令流,相互之间通过专门的网络连接,实现数据的交换和通信,共同完成某项大的计算任务。多处理机系统中的各台处理机由操作系统管理,实现作业级或任务级并行。而狭义的多处理机系统是指在同一计算机内,处理机之间通过共享存储器方式通信的并行计算机系统。与狭义多处理机系统相对应,由不共享内存的多个处理机系统构成的并行计算系统称为多计算机系统(Multicomputer)。每个处理机系统有自己的私有内存,通过消息传递的方式进行通信。多计算机系统有各种不同的形状和规模。

1. 多处理机系统分类

现有的多处理机系统可以分为 4 类。

(1) 并行向量处理机(PVP)。向量处理机是面向向量型并行计算、以流水线结构为主的并行处理计算机。向量计算机一般为巨型机,从 20 世纪 70 年代就开始有产品出现。几台向量处理机以共享存储器方式互连可构成并行向量处理机。

(2) 对称多处理机(SMP)。一组处理机和一组存储器模块经过互联网络连接可构成对称多处理机。每个处理机能力完全相同,是对称的。每次访问存储器时,数据在处理机和存储器模块间的传送都要经过互连网络。由于是紧耦合系统,不管访问的数据在哪一个存储器模块中,访问存储器所需延迟都一样。

(3) 分布共享存储器多处理机(DSM)。多台处理机也是通过专用互连网络构成一个紧耦合系统。每台处理机都由自己的本地存储器,共享存储器分布在各台处理机中。这些分布在各台处理机中的存储器通过统一编址,在逻辑上组成一个共享存储器。每台处理机除了能访问本地存储器之外,还能通过互连网络直接访问其他处理机—存储器单元中的"远程存储器"。处理机访问本地存储器要比访问"远程存储器"时间延迟小得多。

(4) 大规模并行处理机(MPP)。大规模并行处理采用松耦合方式。每个计算机模块成为一个结点。每个结点有一台处理机和它的局部存储器(LM)、结点接口(NIC),有的还有自身的 I/O 设备,这几部分通过结点内总线连在一起。计算机模块再通过结点接口接入互连网。现在一般是把整个结点上的计算机做到一个芯片上。

在这种松耦合的多计算机系统中,各台计算机之间数据传递速度低、延迟长,而且因为各个结点距离不等,对需要结点间频繁传递数据的任务需要布置在近邻结点中执行,使用起来多有不便。不过,这种系统成本低,而且可以组成大规模并行处理系统。

使用最为普遍的是对称多处理机,下面详细介绍。

2. SMP

(1) SMP 定义。SMP 是具有如下特征等的独立计算机系统:

① 两个以上功能相似的处理机。

② 多个处理机共享同一主存和 I/O 设备,紧耦合在一起,各个处理机访存时间大致一样。

③ 所有处理机能完成同样的功能。

④ 系统被一个集中式操作系统控制。

SMP 还有一个特点:多处理机多用户透明,由操作系统实际关注各个处理机上的进程或线程调度以及处理机同步。

(2) SMP 典型结构。SMP 的一般结构如图 10-6 所示,使用分时共享总线进行处理机的互连。总线由控制、地址和数据线组成。总线能够区别总线的各个模块,能够对各个模块的使用申请进行仲裁。各个模块分时共享总线。

与其他方式比较,总线组织方式具有简易性、灵活性、可靠性优点。

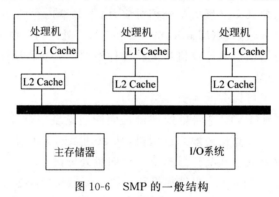

图 10-6　SMP 的一般结构

10.6　计算机集群

计算机集群简称集群(Cluster),是一种常见的多计算机系统,它由一组独立的计算机通过高性能网络或局域网互连而组成。集群可以被看作是一台计算机,其中的每台计算机称为结点。集群也是一种技术,现代超级计算机、云计算等都离不开集群。

1. 计算机集群的目的

(1) 提高性能。一些计算密集型应用,例如天气预报、核试验模拟等,需要计算机具有很强的运算处理能力,现有的技术,即使普通的大型计算机也很难胜任。这时,一般都使用计算机集群技术,集中几十台甚至上百台计算机的运算能力来满足要求。提高处理性能一直是集群技术研究的重要目标之一。

(2) 降低成本。在达到同样性能的条件下,一般来说采用计算机集群比采用同等运算能力的大型计算机具有更高的性价比。

(3) 提高可扩展性。如果用户若想扩展系统能力,对于计算机集群系统,只需要将新的服务器加入集群中即可。对于客户来看,接受的服务无论从连续性还是性能上都几乎没有变化,好像系统在不知不觉中完成了升级。

(4) 增强可靠性。集群技术使系统在故障发生时仍可以继续工作,将系统停运时间减到最小。集群系统在提高系统的可靠性的同时,也大大减小了故障损失。

2. 计算机集群分类

计算机集群按照组成集群系统的计算机之间的体系结构是否相同可分为同构集群与异构集群两种。而按功能和结构可以分成以下几类。

(1) 高可用性集群(High-availability Cluster)。一般是指当集群中有某个结点失效的时候,其上的任务能自动转移到其他正常结点上,还指可以将集群中的某结点进行离线维护再上线,该过程并不影响整个集群的运行。

(2) 负载均衡集群(Load balancing Cluster)。负载均衡集群运行时一般通过一个或者多个前端负载均衡器将工作负载分发到后端的一组服务器上,从而达到整个系统的高性能和高可用性。这样的计算机集群有时也被称为服务器群(Server Farm)。一般高可用性集群和负载均衡集群会使用类似的技术,或同时具有高可用性与负载均衡的特点。

(3) 高性能计算集群(High-performance Cluster)。高性能计算集群是把计算任务分配到集群的不同计算结点,让各个结点协同工作,从而提高计算能力,主要应用在科学计算领域。

(4) 网格计算(Grid Computing)。网格计算或网格集群是一种与集群计算非常相关的技术。网格与传统集群的主要差别是网格是连接一组相关并不信任的计算机,它的运作更像一个计算公共设施而不是一个独立的计算机。还有,网格通常比集群支持更多不同类型的计算机集合。

本 章 小 结

计算机系统结构是计算机学科重要分支之一。为了提高计算机性能,人们提出了很多优化计算机系统结构的理论和方法,研究出了很多结构类型的高性能计算机。优化计算机结构来提速的基本原理就是并行,所以新的高速计算机结构基本都是并行结构。通过本章学习,读者应当理解并行概念,了解计算机多通道内存技术、超线程技术、多核技术、多处理机和计算机集群技术。

习 题 10

1. 关于超线程,不正确的是(   )。
   A. 超线程技术可以把一个物理内核模拟成两个逻辑核心,降低处理部件的空闲时间
   B. 超线程处理机比多核处理机具有更低的成本
   C. 超线程技术可以与多核技术同时使用
   D. 超线程技术是一种指令级并行技术
2. 总线共享 Cache 的缺点是(   )。
   A. 结构简单
   B. 通信速度高
   C. 可扩展性较差
   D. 数据传输并行度高

3. 以下说法不正确的是(   )。

   A. 超标量技术让多条流水线同时运行,其实质是以空间换时间

   B. 多核处理机中,要充分发挥处理机性能,必须保证各个核心上负载均衡

   C. 现代计算机系统的存储容量越来越大,足够软件使用,故称为"存储墙"

   D. 异构多核处理机可以同时发挥不同类型处理机的特长来满足不同的应用需求

4. 理解下列名词术语:时间并行、空间并行、多线程并行、多核处理机、多处理机。

5. 如果一条指令的执行过程分为取指、译码、执行 3 个子过程,每个子过程的时间都是 100ns。

   (1) 分别计算机顺序执行和流水执行 1000 条指令需要的时间。

   (2) 流水方式比顺序方式执行指令的速度提高多少倍?

参考文献

[1] 白中英,戴志涛.计算机组成原理[M].5版.北京:科学出版社,2013.
[2] 蒋本珊.计算机组成原理[M].3版.北京:清华大学出版社,2013.
[3] 纪禄平,罗克露,刘辉,等.计算机组成原理[M].4版.北京:电子工业出版社,2017.
[4] 唐朔飞.计算机组成原理[M].2版.北京:高等教育出版社,2008.
[5] 李继民,何欣枫,王兵,等.计算机组成原理[M].2版.北京:中国铁道出版社,2013.
[6] 王诚,刘卫东,宋佳兴.计算机组成与设计[M].3版.北京:清华大学出版社,2008.
[7] 徐洁.计算机系统结构[M].北京:中国铁道出版社,2012.
[8] 毛爱华.计算机组成原理[M].北京:冶金工业出版社,2003.
[9] 黄钦胜,朱娟.计算机组成原理[M].北京:电子工业出版社,2003.
[10] 高建生,黄正坤,谭志虎.计算机组成原理[M].武汉:华中科技大学出版社,2004.
[11] 陈黎,袁莉萍,文字焱.计算机组成原理[M].北京:冶金工业出版社,2004.

附录 A 数字逻辑基础知识

A.1 布尔代数

在生活中,常常会遇到许多逻辑关系问题,在研究逻辑问题的各种方法中,最基本的数学理论是爱尔兰数学家乔治·布尔(George Boole,1815—1864)在 1849 年创立的布尔代数(Boolean Algebra),这一理论后来得到了亨廷顿和香农等人的发展和应用,形成了一个完整的理论体系。随着电子技术和计算机技术的发展,布尔代数在数字逻辑电路的分析和设计中得到了广泛的应用,因此布尔代数也被称为逻辑代数(Logic Algebra)。

A.1.1 逻辑变量

1. 逻辑变量的分类

逻辑变量分为输入和输出变量。

2. 逻辑变量的取值

逻辑变量有真、假两种取值,常用"1"代表"真","0"代表"假"。

3. 逻辑变量与二进制数的区别

"1"与"0"是逻辑概念,仅代表真与假,没有数量的大小,运算规律依照逻辑运算进行。

A.1.2 逻辑函数

1. 定义

逻辑函数是用数学表达式描述逻辑关系问题。

$$Y = f(A,B)$$

逻辑条件是输入变量,即自变量,逻辑结论是输出变量,即因变量。

2. 表示方法

逻辑函数可用真值表、逻辑函数、逻辑图、卡诺图、状态转换图(表)5 种方法表示,它们之间可相互转换,各有特定用途。

3. 真值表

真值表是用表格形式列出输入变量的所有取值组合(有 2^n 个)所对应的输出。

A.2 逻辑门

所有数字逻辑电路的基本结构是逻辑门,逻辑功能是通过门与门之间的互连实现的。

一个逻辑门是对输入信号进行简单的布尔运算产生输出信号的电路。数字电路中常用的门有与门、或门、非门、与非门、或非门、异或门和同或门。

A.2.1 逻辑门符号表示

按国家标准规定,逻辑门由方框和标注在方框内的总限定符号组成。一般而言,输入信号在方框左或上,输出信号在方框右或下,如图 A-1 所示。

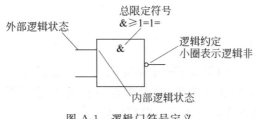

图 A-1 逻辑门符号定义

A.2.2 国内外基本逻辑图符号对照

国内外基本逻辑图符号对照表如表 A-1 所示。

表 A-1 逻辑门

国标符号 GB/T 4728—2018	国外常用符号	逻辑表达式
与门		$Y=AB$
或门		$Y=A+B$
非门		$Y=\overline{A}$
与非门		$Y=\overline{AB}$
或非门		$Y=\overline{A+B}$
异或门		$Y=A\oplus B$
同或门		$Y=A\odot B$

每个逻辑门有一个或者两个输入和一个输出。当输入的数据发生变化时,输出的信号几乎会同时变化,它仅仅延迟了信号经过此门的传播时间,这个延迟时间被称为门延迟(Gate Delay)。

需要说明的是,在表 A-1 中所描述的逻辑门,输入的信号一般可采用 3 个、4 个或者更多个,例如 $X+Y+Z$ 就可以用一个三输入的或门来实现。

在实际应用中不是所有类型的逻辑门都使用,只有当使用一种或两种类型的门时,设计和生产才会比较简单,因此识别门的功能完全集(Functionally Complete Set)很重要。这表明任何一个逻辑函数只要使用完全集中的逻辑门就能实现。以下是功能完全集:

(1) 与门、或门和非门;

(2) 与门和非门;

(3) 或门和非门;

(4) 与非门;

(5) 或非门。

很显然,与门、或门和非门组成了一个功能完全集。它们代表了逻辑代数的3种运算。要用与门和非门构成一个功能完全集,必须能有一种运算,它能把"与"和"非"运算综合成"或"运算,实现此运算的方式可以用摩根定理得到:

$$A + B = \overline{\overline{A} \cdot \overline{B}}$$

同样,"或"和"非"运算也是功能完全集,因为它们也能综合成"与"运算。

逻辑门涉及计算科学和工程,是设计和实现各种复杂数字逻辑电路的基础。一般来说,一个复杂的数字系统总是可以分解成若干个子系统,每个子系统又可以再分解成更小的子系统。这些子系统可以由各种基本逻辑单元实现,也可以直接由基本逻辑门实现。

A.3　组合逻辑电路

一个组合逻辑电路是一组互连的逻辑门组成的,在任何时刻,它们的输出仅仅是输入的函数,和单个的逻辑门一样,输入的外部特性几乎和输出的外部特性同时出现,只是经过门的延迟时间。

一般来讲,一个组合逻辑电路由 n 个二进制输入和 m 个二进制输出组成。和单个门一样,组合逻辑电路用3种方法来定义:

(1) 真值表:对于每个输入信号的两种可能组合,列出了 m 个输出信号每一个的二进制值。

(2) 图形符号:描述了门的互连的功能布局。

(3) 逻辑函数(布尔代数):每个输出信号用其输入信号的布尔函数来表示。

下面对计算机中几种常用的组合逻辑电路进行介绍。

A.3.1　加法器

加法器是产生数的和的装置。加数和被加数为输入,和数与进位为输出的装置为半加器。若加数、被加数与低位的进位数为输入,而和数与进位为输出则为全加器,常用于计算机算术逻辑部件,执行逻辑操作、移位与指令调用。在电子学中,加法器是一种数位电路,可进行数字的加法计算。在电子计算机中,加法器置于算术逻辑单元(ALU)之中。加法器可以用来表示各种数值,例如 BCD、加三码,加法器主要是以二进制作运算。

二进制加法与布尔代数加法的区别在二进制加法在结果中包含了一个进位项。但二进制加法仍能用布尔项来处理。在表 A-2 中表示了一个一位全加器的逻辑,它将两个输入位相加产生一位和项和一个进位项,并可以处理低位的进位。

表 A-2 一位全加器

C_i	A	B	C_0	S
0	0	0	0	0
0	0	1	0	1
0	1	0	0	1
0	1	1	1	0
1	0	0	0	1
1	0	1	1	0
1	1	0	1	0
1	1	1	1	1

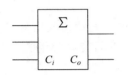

图 A-2 全加器的逻辑符号

通过真值表可以得出全加器的输出逻辑表达式：
$$S = A \oplus B \oplus C_i$$
$$C_0 = AB + (A \oplus B)C_i$$
全加器的逻辑符号如图 A-2 所示。
多位加法器实现方法可参考数字逻辑方面的相关图书，在此不再赘述。

A.3.2 多路转换器

多路转换器将多个输入连到单个输出。在任何时候，可选择输入中的一个传至输出，也称为数据选择器。一个多路器连接 m 个输入，由 n 个选择变量来决定这 m 个输入中的哪一个被送至输出端（通常 $m = 2^n$）。

最简单的是 2 选 1 的多路转换器，常用的有 4 选 1、8 选 1 电路等。下面介绍一个典型的 8 选 1 的多路转换器，它的结构和电路符号如图 A-3 所示。

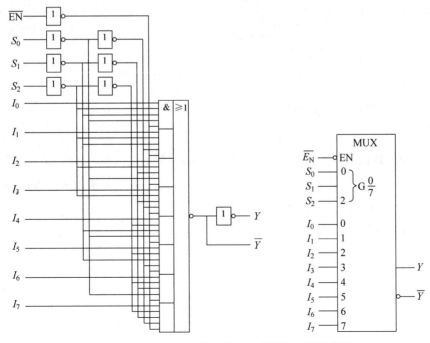

图 A-3 8 选 1 的多路转换器的电路结构及逻辑符号

从图 A-3 中的电路结构可以得出 8 选 1 的多路转换器的输出逻辑表达式：

$$Y = \sum_{i=0}^{7} EN \cdot m_i \cdot I_i$$

其中参数的含义如下：

EN 称为使能端，EN=0 时，Y=0，表示不选通；当 EN=1 时，$Y=\sum m_i \cdot I_i$，选通有效，这时 m_i 就决定了选择哪个输入端 I_i 送到输出。

m_i 是由 S_0、S_1、S_2 这 3 个数据选择控制端所构成的 8 个最小项。

如果将多个多路转换器进行串联，就可以将多路器的输入端继续扩展。

A.3.3 译码器

译码器是将一组以某种代码表示的输入变量变换成另一种代码表示的输出变量，其中最常见的是将二进制码表示的 n 个输入转换成 2^n 个输出变量。下面就对常用的 3-8 译码器进行分析，其电路结构及逻辑符号如图 A-4 所示。

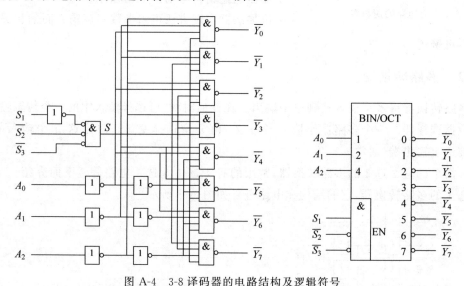

图 A-4 3-8 译码器的电路结构及逻辑符号

由图 A-4 不难得出 3-8 译码器输出逻辑表达式：

$$\overline{Y_0} = \overline{\overline{A_2} \cdot \overline{A_1} \cdot \overline{A_0} \cdot (S_1 \cdot \overline{S_2} \cdot \overline{S_3})}$$

其中，S_1、S_2、S_3 是控制输入信号，也就是相当于多路器的 EN 端的功能，也即当使能端有效的条件下，3-8 译码器的输出就分别成为 A_2、A_1、A_0 这 3 个变量的相应编号的最小项，$\overline{Y_0} = \overline{m_0}$。因此，这样的译码器也称为最小项译码器。

因此，3-8 译码器 8 个输出端可以改写成如下形式：

$$Y_i = m_i \cdot (S_1 \cdot \overline{S_2} \cdot \overline{S_3}) = m_i \cdot S$$

在计算机系统中，常常用译码器产生各个单元或设备的选通信号，在这种使用场合下，需要预先给它们赋予编号（地址），然后将译码器的相应输出连到每个单元的选通输入端。译码器的输入端则由计算机的 CPU 控制，当 CPU 要启动某个单元或者设备，就向译码器输出其的地址，该地址就会被选通。

A.3.4 编码器

编码器可以看成是译码器的逆向功能器件,最常见的编码器是将 m 个输入状态变换成一个 n 位二进制码,其中 m、n 满足 $2^n \geqslant m$,称之为 $m-n$ 编码器。

编码器有普通编码器和优先编码器两种。

(1)普通编码器在同一个时刻只能允许有一个输入(单个事件),实际并不实用。

(2)优先编码器允许多个事件同时发生,对输入事件先设定不同的优先级,在同一个时刻允许 2 个以上的输入信号有编码请求,但只对优先级高的进行编码输出。

下面介绍一个实用的 8-3 优先编码器结构和功能,如图 A-5 所示,其真值表如表 A-3 所示。

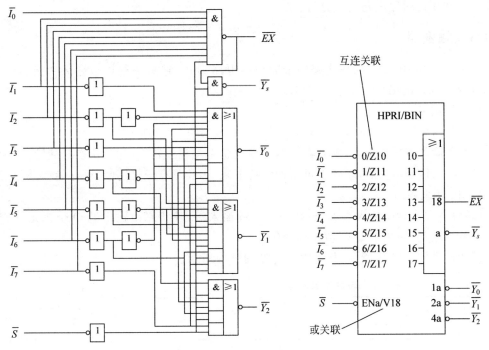

图 A-5 8-3 优先编码器的电路结构及逻辑符号

表 A-3 8-3 优先编码器的真值表

输入								输出		
A_7	A_6	A_5	A_4	A_3	A_2	A_1	A_0	Y_2	Y_1	Y_0
0	0	0	0	0	0	0	1	0	0	0
0	0	0	0	0	0	1	0	0	0	1
0	0	0	0	0	1	0	0	0	1	0
0	0	0	0	1	0	0	0	0	1	1
0	0	0	1	0	0	0	0	1	0	0
0	0	1	0	0	0	0	0	1	0	1
0	1	0	0	0	0	0	0	1	1	0
1	0	0	0	0	0	0	0	1	1	1

编码器的应用举例如下。

(1) 普通编码器：将十进制数转换为 BCD 码的译码器。

(2) 优先编码器：计算机主机控制外设的译码器。

A.4 时序电路

组合电路实现了数字计算机的基本功能，除了特殊的 ROM 以外，它们不提供存储或状态的信息，然而这些信息对数字电路的操作却是必需的。为了实现后一个目的，采用了一种更复杂的数字逻辑电路——时序电路。时序电路的当前输出不仅取决于当前的输入，还跟电路当前的状态有关。也就是说，时序电路和组合电路不同的是，时序电路有记忆功能。下面就一些常用的时序电路进行分析。

A.4.1 触发器

触发器(Flip-flop)是时序电路中最简单的电路形式，它是一种具有记忆功能的电子器件，是能够存储(记忆)1 位二值信号的基本单元电路。

触发器的基本特性：

(1) 有两个稳定状态(简称稳态)，正好用来表示逻辑"0"和"1"。

(2) 在输入信号作用下，触发器的两个稳定状态可相互转换(称为状态的翻转)。

(3) 输入信号消失后，新状态可长期保持下来，因此具有记忆功能，可存储二进制信息。

1. RS 触发器

RS 触发器有两个输入端 R、S 和一个时钟输入端，其状态由输出端 Q 值来定义，当时钟脉冲触发之后，输出端 Q 的值才会变化。

其特性表如表 A-4 所示，其逻辑符号如图 A-6 所示。

表 A-4 RS 触发器的特性表

R_D	S_D	Q^{n+1}
0	0	Q^n
0	1	1
1	0	0
1	1	不定

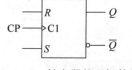

图 A-6 RS 触发器的逻辑符号

RS 触发器的特性方程：$Q^{n+1}=S+\bar{R}Q^n$(RS 不能同时有效)

2. D 触发器

由于 RS 触发器存在输入信号不能同时有效的情况，所以通过将 RS 触发器的 R 和 S 取反作为一根输入端，可以保证 S 和 R 永远互补，从而避免了 RS 触发器的输出不确定现象。这种触发器称为 D 触发器。其特性表如表 A-5 所示，其逻辑符号如图 A-7 所示。

D 触发器的特性方程：$Q^{n+1}=D$。

D 触发器的特点是输出总是等于输入端 D 的值，当时钟脉冲信号 CP 的上升沿到来时，它记录并输出了该时刻 D 的状态信息。

表 A-5 D 触发器特性表

Q^n	Q^{n+1}	
	$D=0$	$D=1$
0	0	1
1	0	1

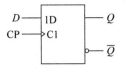

图 A-7 D 触发器的逻辑符号

3. JK 触发器

JK 触发器是一种很有用的触发器,同 RS 触发器类似,它有两个输入端,但是 JK 触发器没有约束方程,也就是说 J、K 所有的输入状态组合都是有效的,每种输入状态组合都可以产生不同的输出状态,如表 A-6 所示,其逻辑符号如图 A-8 所示。

表 A-6 JK 触发器特性表

J	K	Q^{n+1}	说明
1	0	1	置"1"
0	1	0	置"0"
0	0	Q^n	保持
1	1	$\overline{Q^n}$	翻转

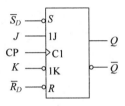

图 A-8 JK 触发器的逻辑符号

图 A-8 中,$\overline{S_D}$ 和 $\overline{R_D}$ 是异步的置位和复位端,不受时钟信号 CP 的控制。

A.5 寄 存 器

CPU 中一个很重要的基本单元就是寄存器,寄存器就是一个触发器的实际应用。一个寄存器是一个用于 CPU 中存储一个或者更多数据位的数字电路,寄存器常用的两种基本类型是:并行寄存器和移位寄存器。

A.5.1 并行寄存器

并行寄存器是将 n 位二进制数据一次存入寄存器或从寄存器读出,这种方式只需要一个时钟脉冲就可以完成数据操作,但是需要 n 根输入和 n 根输出数据线。

并行寄存器的一般结构如图 A-9 所示,一个 n 位的并行寄存器是由 n 个 D 触发器构成的,D 触发器的输入端作为寄存器的数据输入端,D 触发器的输出端作为寄存器的数据输出端。

当要向寄存器输入数据时,首先将要存储的数据送至 DI_0 到 DI_{n-1} 保持稳定,在有效的 CP 脉冲作用下,数据就被存储在寄存器中了。当数据存储在寄存器中后,在数据输出端 DO_0 到 DO_{n-1} 就呈现了寄存器中的数据,随时可以被其他设备读取。并行寄存器的逻辑符号如图 A-10 所示。

在实际的集成电路中,并行寄存器通常还带有异步的清"0"信号,其典型结构如图 A-11 所示。

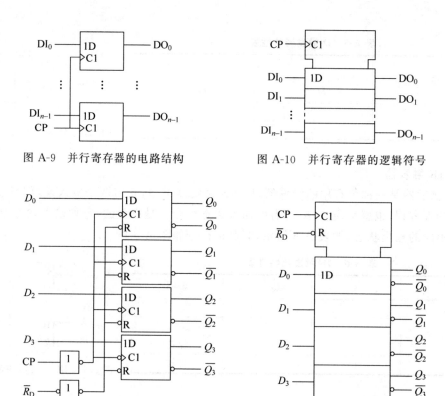

图 A-9 并行寄存器的电路结构　　　图 A-10 并行寄存器的逻辑符号

(a) 电路结构　　(b) 逻辑符号

图 A-11 带异步清"0"信号的并行寄存器的电路结构和逻辑符号

A.5.2 移位寄存器

一个移位寄存器串行输入输出数据流时,每个时钟脉冲只接收一位数据,数据同时在寄存器的各个触发器之间移动,其方向取决于内部输入输出的连接方式,串行输出可以从寄存器末端的触发器中获得。如图 A-12 所示,移位寄存器由于每个时钟脉冲都导致数据从一个触发器迁移到下一个触发器因而得名。

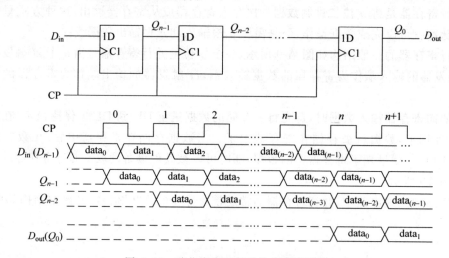

图 A-12 移位寄存器的结构和输出波形

移位寄存器一般应用于串行 I/O 设备的接口,另外,还可以用于算术逻辑部件中的执行逻辑移动和循环功能。在后一种应用中,它们需要安装与串行一样的并行读写电路。

A.6 计 数 器

计数是数字电路的一个基本功能,一个计数器通常由一组触发器构成,该组触发器按照预先给定的顺序改变其状态。

A.6.1 异步进位计数器

如果计数器中的每个触发器的时钟部分或全部不同,则这种计数器被称为异步计数器。图 A-13 就表示了这种计数器的典型电路。

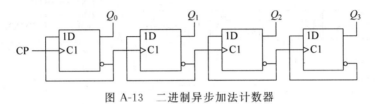

图 A-13 二进制异步加法计数器

通过分析该计数器时序可知:

(1) 如果将输出端 $Q_3Q_2Q_1Q_0$ 作为一个 4 位二进制数,那么该计数器可以实现 16 位的加法计数。

(2) 每级输出的频率都是前一级的二分之一,所以这种电路也称为脉冲分频电路,n 级触发器可以构成 2^n 分频电路。

异步进位计数器的特点是电路结构简单,但存在动态冒险现象。

A.6.2 同步计数器

如果所有触发器的状态改变是在同一时钟脉冲的有效边沿上发生的,也就是所有触发器都是接的系统统一时钟信号,这种计数器称为同步计数器。它克服了异步进位计数器的门延迟与计数器的长度成正比的缺点。

比较简单的同步计数器有环形计数器、扭环形计数器还有十进制同步计数器等。

在实际应用中,集成电路同步计数器为了达到更强的通用性,往往还带有同步置数、同步或异步复位等功能,下面介绍一种具有代表性的同步计数器电路。如图 A-14 所示。

该同步计数器的功能如表 A-7 所示。

表 A-7 典型 4 位同步计数器的功能

$\overline{\text{CLK}}$	$\overline{\text{LOAD}}$	ENP	ENT	功能
0	×	×	×	复位(清"0")
1	0	×	×	加载(置数)
1	1	1	1	计数
1	1	0	×	保持
1	1	×	0	保持

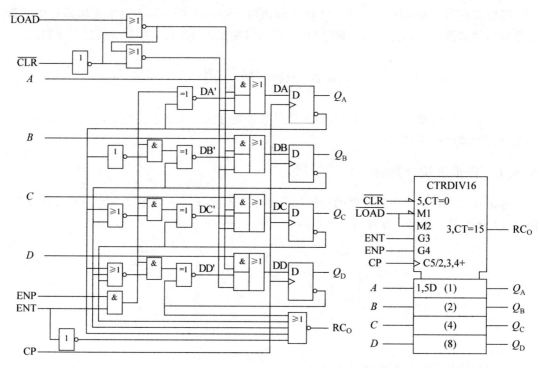

图 A-14 典型 4 位同步计数器的电路结构和逻辑符号

$\overline{\text{CLK}}$:同步清"0"端,当 $\overline{\text{CLK}}=0$ 时,在 CP 作用下,计数器输出端被清"0"。

$\overline{\text{LOAD}}$:同步置数端,当 $\overline{\text{LOAD}}=0$ 时,在 CP 作用下,计数器输出端被置为 A、B、C、D 的值。

ENP 和 ENT:计数允许,ENP 和 ENT 都为 1 时,计数器允许计数,否则计数器将保持原有的计数值不变。另外,ENT 还有进位输入的作用。

图书资源支持

感谢您一直以来对清华版图书的支持和爱护。为了配合本书的使用,本书提供配套的资源,有需求的读者请扫描下方的"书圈"微信公众号二维码,在图书专区下载,也可以拨打电话或发送电子邮件咨询。

如果您在使用本书的过程中遇到了什么问题,或者有相关图书出版计划,也请您发邮件告诉我们,以便我们更好地为您服务。

我们的联系方式:

地　　址:北京市海淀区双清路学研大厦 A 座 714

邮　　编:100084

电　　话:010-83470236　010-83470237

客服邮箱:2301891038@qq.com

QQ:2301891038(请写明您的单位和姓名)

资源下载: 关注公众号"书圈"下载配套资源。

书圈

获取最新书目

观看课程直播